"十四五"职业教育国家规划教材

高职高专网络技术专业岗位能力构建系列教程

网络综合布线实用技术
（第4版）

褚建立 主编
董会国 刘霞 马雪松 副主编

清华大学出版社
北京

内 容 简 介

本书主要是以 2017 年 4 月 1 日开始实施的国家最新标准《综合布线系统工程设计规范》(GB/T 50311—2016)和《综合布线系统工程验收规范》(GB/T 50312—2016)为主要依据,并参考了国际最新标准和我国通信行业最新其他标准,以及最新发布的数据中心布线系统设计与施工技术,光纤、屏蔽布线系统的设计与施工检测技术,综合布线系统的管理与运行维护等白皮书,反映了综合布线系统领域最新的技术和成果。

本书以企业需求为导向,以任务实施过程为主线,根据综合布线系统的知识及技能结构和人的认知规律,其内容讲解顺序涵盖了网络综合布线系统的认识、设计、实施、连接、测试、验收、管理和监理等环节。本书适用于高职高专网络技术类、计算机类、通信类等专业学生作为教材,适用于综合布线系统工程产品选型、方案设计、安装施工、测试验收管理等相关工程技术人员作为参考书,也可作为综合布线系统工程培训班教材。

本书配有教学课件、教学资源、试卷、微课等,可扫描书中二维码使用。

本书封面贴有清华大学出版社防伪标签,无标签者不得销售。
版权所有,侵权必究。举报: 010-62782989, beiqinquan@tup.tsinghua.edu.cn。

图书在版编目(CIP)数据

网络综合布线实用技术/褚建立主编. —4 版. —北京: 清华大学出版社,2019(2024.2重印)
(高职高专网络技术专业岗位能力构建系列教程)
ISBN 978-7-302-52103-7

Ⅰ. ①网… Ⅱ. ①褚… Ⅲ. ①计算机网络—布线—高等职业教育—教材 Ⅳ. ①TP393.03

中国版本图书馆 CIP 数据核字(2019)第 011262 号

责任编辑:张 弛
封面设计:傅瑞学
责任校对:袁 芳
责任印制:沈 露

出版发行:清华大学出版社
网　　址: https://www.tup.com.cn, https://www.wqxuetang.com
地　　址: 北京清华大学学研大厦 A 座　　　邮　编: 100084
社 总 机: 010-83470000　　　　　　　　　　邮　购: 010-62786544
投稿与读者服务: 010-62776969, c-service@tup.tsinghua.edu.cn
质量反馈: 010-62772015, zhiliang@tup.tsinghua.edu.cn
课件下载: https://www.tup.com.cn, 010-83470410

印 装 者: 艺通印刷(天津)有限公司
经　　销: 全国新华书店
开　　本: 185mm×260mm　　印　张: 23.25　　字　数: 591 千字
版　　次: 2019 年 5 月第 4 版　　　　　　　　印　次: 2024 年 2 月第 15 次印刷
定　　价: 69.90 元

产品编号: 081143-02

出版说明

信息技术是当今世界社会经济发展的重要驱动力,网络技术对信息社会发展的重要性更是不言而喻。随着互联网技术的普及和推广,人们日常学习和工作越来越依赖于网络。目前,各行各业都处在全面网络化和信息化建设进程中,对网络技能型人才的需求也与日俱增,计算机网络行业已成为技术人才稀缺的行业之一。为了培养适应现代信息技术发展的网络技能型人才,高职高专院校网络技术及相关专业的课程建设与改革就显得尤为重要。

近年来,众多高职高专院校对人才培养模式、专业建设、课程建设、师资建设、实训基地建设等进行了大量的改革与探索,以适应社会对高技能人才的培养要求。在网络专业建设中,从网络工程、网络管理岗位需求出发进行课程规划和建设,是网络技能型人才培养的必由之路。基于此,我们组织高校教育教学专家、专业负责人、骨干教师、企业管理人员和工程技术人员对相应的职业岗位进行调研、剖析,并成立教材编写委员会,对课程体系进行重新规划和组织。

本系列教材的编写委员会成员由从事高职高专教育的专家,高职院校主管教学的院长、系主任、教研室主任等组成,主要编撰者都是院校网络专业负责人或相应企业的资深工程师。

本系列教材采用项目导向、任务驱动的教学方法,以培养学生的岗位能力为着眼点,面向岗位设计教学项目,融教、学、做为一体,力争做到学得会、用得上。在讲授专业技能和知识的同时,也注重学生职业素养、科学思维方式与创新能力的培养,并体现新技术、新工艺、新标准。本系列教材对应的岗位能力包括计算机及网络设备营销能力、计算机设备的组装与维护能力、网页设计能力、综合布线设计与施工能力、网络工程实施能力、网站策划与开发能力、网络安全管理能力及网络系统集成能力等。

为了满足教师教学的需要,我们免费提供教学课件、习题解答、素材库等,以及其他辅助教学的资料。

我们还将密切关注网络技术和教学的发展趋势,以及社会就业岗位的新需求和变化,及时对系列教材进行完善和补充,吸纳新模式、适用的课程教材。同时,非常欢迎专家、教师对本系列教材提出宝贵意见,也非常欢迎专家、教师积极参与我们的教材建设,群策群力,为我国高等职业教育提供优秀的、有鲜明特色的教材。

高职高专网络技术专业岗位能力构建系列教材编写委员会
清华大学出版社
2019年3月

随着城市建设及信息通信事业的发展,现代化的商住楼、办公楼、综合楼及园区等各类民用建筑及工业建筑对信息的要求已成为城市建设的发展趋势。城市的数字化建设需要综合布线系统为之服务,综合布线系统是一条适应信息时代的建筑物内的"信息高速公路"。习近平总书记在党的二十大报告中提出:"育人的根本在于立德。全面贯彻党的教育方针,落实立德树人根本任务,培养德智体美劳全面发展的社会主义建设者和接班人。"

综合布线实用技术课程是计算机网络技术专业课程体系中的一门专业核心课程,具有重要的地位。在网络综合布线实用技术课程教学改革中,要坚持立德为先,将家国情怀、团队协作、安全意识、文化自信、劳动精神等思政元素巧妙植入课程教学的各个章节、各个环节、各个方面,构建全课程育人格局,为党和国家培养又红又专、德才兼备的优秀高技能人才,更好地为国家的信息化建设提供有力的人才支撑。目前,需要综合布线系统技术人员的单位主要有大型系统集成商、综合布线系统产品生产厂家销售部门、综合布线系统施工单位、政府、学校、企业、网络工程监理公司等,从事综合布线系统产品的选型、方案设计、系统安装、系统测试、验收、维护和工程管理等工作。

本书第 1 版被教育部认定为普通高等教育"十一五"国家级规划教材,此次重新再版主要是以 2017 年 4 月 1 日开始实施的国家最新标准《综合布线系统工程设计规范》(GB/T 50311—2016)和《综合布线系统工程验收规范》(GB/T 50312—2016)为主要依据,并参考了《商业大楼通风综合布线标准》(ANSI/TIA/EIA 568B/C)、《信息技术——用户基础设施结构化布线》(ISO/IEC 11801:2002)等国际最新标准和我国通信行业最新其他标准,如《大楼通信综合布线系统》(YD/T 926.1~3—2009)、《综合布线系统工程施工监理暂行规定》(YD 5124—2005)等,以及最新发布的数据中心布线系统设计与施工技术,光纤、屏蔽布线系统的设计与施工检测技术,综合布线系统管理与运行维护技术等白皮书,反映了综合布线系统领域最新的技术和成果。

本书以企业需求为导向,以任务实施过程为主线,根据综合布线系统的知识及技能结构和人的认知规律,其内容讲解顺序涵盖了网络综合布线系统的认识、设计、实施、连接、测试、验收、管理和监理等环节。根据这几个环节,本书内容分为五大模块,18 个任务,内容安排如下。

模块一:认识综合布线系统,包括布线缆线及其连接器件;模块二:综合布线系统工程设计,包括综合布线工程网络方案设计、系统设计、工程施工图的绘制;模块三:综合布线系统工程施工,包括综合布线系统工程施工组织、工程管槽安装施工、工程电缆布线敷设、工程光缆布线敷设、工作区用户跳线和信息插座的端接、电信间缆线端接、综合布线系统链路的连接、综合布线管理系统的标识;模块四:综合布线系统工程测试与验收,包括铜缆链路的测试与故障排除、光纤信道和链路测试、综合布线系统工程验收;模块五:综合布线系统工程管理,包括综合布线系统工程招投标、工程项目管理。

从网络工程师职业成长过程来看,在掌握综合布线系统这门技术性很强的内容时,顺序为认识、施工(缆线敷设、打线)、测试和验收,在积累了一定的经验后才能进行综合布线系统的设计和项目管理、招投标以及从事监理工作。因此,教师在教学时可以根据职业实际需求调整教学顺序。

本书适用于高职高专网络技术类、计算机类、通信类等专业学生作为教材;适用于综合布线系统工程产品选型、方案设计、安装施工、测试验收管理等相关工程技术人员作为参考书;也可作为综合布线系统工程培训班教材。

本书由邢台职业技术学院褚建立担任主编,董会国、刘霞、马雪松担任副主编。其中,褚建立编写了任务3、任务18;董会国编写了任务1、任务2、任务6、任务7;刘霞编写了任务4、任务5;马雪松编写了任务8、任务9;邵慧莹编写了任务10、任务11;王沛编写了任务12、任务13;钱孟杰编写了任务14、任务15;路俊维编写了任务16、任务17。在本书的编写过程中,高欢、张静、董会国等教师承担了本书的资料整理、校对、绘图等工作。同时还得到了河北宜和友联、河北蓝天、河北三佳等公司的支持,在此一并表示深深的感谢。

由于综合布线系统的技术发展速度较快,且尚有不少课题需继续深入探讨和开拓研究,今后必然会逐渐完善和提高。此外,限于编者的业务素质和技术水平以及实际经验有限,书中难免有疏忽、遗漏和错误,恳请读者提出宝贵意见和建议,以便今后改进和修正。编者 E-mail 地址为 xpcchujl@126.com。

编 者

2022 年 11 月

教学课件及试卷

教学资源包

模块一 综合布线系统基础知识

任务1 认识综合布线系统 ··· 3
  1.1 任务描述 ··· 3
  1.2 相关知识 ··· 3
    1.2.1 了解智能建筑的概念及组成 ··· 3
    1.2.2 了解综合布线系统的概念和特点 ··· 4
    1.2.3 综合布线系统标准 ··· 7
    1.2.4 综合布线系统的组成 ··· 8
  1.3 任务实施：掌握综合布线系统的构成 ··· 16
  习题 ··· 16

任务2 认识综合布线系统的布线缆线及其连接器件 ··· 18
  2.1 任务描述 ··· 18
  2.2 相关知识 ··· 18
    2.2.1 综合布线系统工程中使用的传输介质 ··· 18
    2.2.2 双绞线连接器件 ··· 27
    2.2.3 光纤连接器件 ··· 32
    2.2.4 机柜 ··· 37
    2.2.5 综合布线产品市场现状 ··· 38
  习题 ··· 39

模块二 综合布线系统工程设计

任务3 综合布线工程网络方案设计 ··· 43
  3.1 任务描述 ··· 43
  3.2 相关知识 ··· 43
    3.2.1 综合布线系统网络拓扑结构 ··· 43
    3.2.2 综合布线系统的实际工程结构 ··· 44
    3.2.3 综合布线系统的链路和信道 ··· 50

　　　　3.2.4　铜缆系统信道 ……………………………………………………………… 50
　　　　3.2.5　光缆系统信道 ……………………………………………………………… 52
　　　　3.2.6　综合布线系统缆线长度划分 ……………………………………………… 53
　　　　3.2.7　综合布线系统缆线方案选择 ……………………………………………… 57
　　　　3.2.8　系统应用 …………………………………………………………………… 62
　　　　3.2.9　工业环境布线系统 ………………………………………………………… 65
　　　　3.2.10　以太网在线供电 …………………………………………………………… 66
　　3.3　综合布线系统链路缆线选择 ……………………………………………………… 67
　　　　3.3.1　综合布线系统链路缆线选择 ……………………………………………… 67
　　　　3.3.2　全光缆布线方案 …………………………………………………………… 68
　　　　3.3.3　光缆＋电缆布线方案 ……………………………………………………… 69
　　　　3.3.4　全电缆布线方案 …………………………………………………………… 70
　　习题 ……………………………………………………………………………………… 70

任务4　综合布线系统设计 ……………………………………………………………… 72
　　4.1　任务描述 …………………………………………………………………………… 72
　　4.2　相关知识 …………………………………………………………………………… 72
　　　　4.2.1　综合布线系统设计流程 …………………………………………………… 72
　　　　4.2.2　工作区子系统设计 ………………………………………………………… 75
　　　　4.2.3　配线子系统设计 …………………………………………………………… 82
　　　　4.2.4　干线子系统设计 …………………………………………………………… 98
　　　　4.2.5　电信间设计 ………………………………………………………………… 107
　　　　4.2.6　设备间设计 ………………………………………………………………… 114
　　　　4.2.7　进线间设计 ………………………………………………………………… 119
　　　　4.2.8　管理子系统 ………………………………………………………………… 120
　　　　4.2.9　建筑群子系统的设计 ……………………………………………………… 124
　　　　4.2.10　综合布线系统的其他设计 ………………………………………………… 129
　　4.3　工程设计 …………………………………………………………………………… 133
　　　　4.3.1　一个楼层的综合布线工程设计 …………………………………………… 133
　　　　4.3.2　一幢楼的综合布线工程设计 ……………………………………………… 133
　　　　4.3.3　一个园区的综合布线工程设计 …………………………………………… 133
　　习题 ……………………………………………………………………………………… 133

任务5　综合布线工程施工图的绘制 …………………………………………………… 137
　　5.1　任务描述 …………………………………………………………………………… 137
　　5.2　相关知识 …………………………………………………………………………… 137
　　　　5.2.1　通信工程制图的整体要求和统一规定 …………………………………… 137
　　　　5.2.2　识图 ………………………………………………………………………… 139
　　　　5.2.3　绘制综合布线工程施工图 ………………………………………………… 141
　　　　5.2.4　绘图软件与综合布线工程图纸 …………………………………………… 146
　　习题 ……………………………………………………………………………………… 147

模块三 综合布线系统工程施工

任务 6 综合布线系统工程施工组织 ·· 151
 6.1 任务描述 ·· 151
 6.2 相关知识 ·· 151
  6.2.1 综合布线系统工程安全施工 ·· 151
  6.2.2 综合布线系统工程施工概述 ·· 152
  6.2.3 综合布线系统工程施工前的准备工作 ·· 154
 6.3 综合布线系统工程组织和施工管理 ·· 157
  6.3.1 综合布线系统工程施工管理 ·· 157
  6.3.2 综合布线系统工程实施模式 ·· 160
  6.3.3 综合布线系统的工程监理 ·· 160
 习题 ·· 164

任务 7 综合布线系统工程管槽安装施工 ··· 166
 7.1 任务描述 ·· 166
 7.2 相关知识 ·· 166
  7.2.1 管路和槽道 ·· 166
  7.2.2 管槽施工工具 ·· 167
  7.2.3 线管 ·· 167
  7.2.4 线槽 ·· 169
  7.2.5 桥架 ·· 170
 7.3 任务实施：综合布线系统工程管槽安装施工 ·· 172
  7.3.1 管路和槽道安装的基本要求 ·· 172
  7.3.2 管路和槽道施工与土建工程的配合 ·· 173
  7.3.3 建筑物水平布线的管槽安装施工 ·· 174
  7.3.4 建筑物干线通道施工 ·· 178
  7.3.5 建筑群地下通信管道施工 ·· 180
 习题 ·· 180

任务 8 综合布线系统工程电缆布线敷设 ··· 182
 8.1 任务描述 ·· 182
 8.2 相关知识 ·· 182
  8.2.1 缆线敷设施工的一般要求 ·· 182
  8.2.2 缆线敷设方式 ·· 183
  8.2.3 双绞线电缆布线工具 ·· 185
 8.3 配线子系统电缆敷设施工 ·· 186
  8.3.1 检查水平电缆通道 ·· 186
  8.3.2 规划并建立工作区 ·· 187
  8.3.3 拉绳和引线的安装 ·· 187

            8.3.4　支起电缆盘或电缆箱 …………………………………… 187
            8.3.5　电缆末端标记 …………………………………………… 187
            8.3.6　制作缆线牵引端 ………………………………………… 187
            8.3.7　电缆牵引 ………………………………………………… 188
            8.3.8　收尾 ……………………………………………………… 190
    8.4　干线子系统电缆敷设施工 ………………………………………… 190
            8.4.1　检查干线电缆通道 ……………………………………… 190
            8.4.2　规划并建立工作区 ……………………………………… 191
            8.4.3　干线通道内拉绳的安装 ………………………………… 191
            8.4.4　支起电缆盘或电缆箱 …………………………………… 191
            8.4.5　电缆和电缆盘的标记 …………………………………… 191
            8.4.6　制作缆线牵引端 ………………………………………… 191
            8.4.7　干线电缆的牵引方式 …………………………………… 192
            8.4.8　干线电缆的支撑方式 …………………………………… 195
    习题 ……………………………………………………………………… 196

任务 9　综合布线系统工程光缆布线敷设 …………………………………… 198
    9.1　任务描述 …………………………………………………………… 198
    9.2　相关知识 …………………………………………………………… 198
            9.2.1　光缆施工的基本要求 …………………………………… 198
            9.2.2　光缆的装卸和运输 ……………………………………… 199
            9.2.3　光缆敷设环境 …………………………………………… 200
            9.2.4　光缆敷设方式 …………………………………………… 200
            9.2.5　室外光缆敷设要求 ……………………………………… 200
            9.2.6　室内光缆敷设要求 ……………………………………… 206
    9.3　建筑物内光缆的敷设施工 ………………………………………… 206
            9.3.1　光缆布线施工工具 ……………………………………… 206
            9.3.2　建筑物配线子系统光缆敷设 …………………………… 206
            9.3.3　建筑物干线子系统光缆敷设 …………………………… 207
    9.4　建筑群干线光缆敷设施工 ………………………………………… 208
            9.4.1　管道光缆的敷设 ………………………………………… 209
            9.4.2　直埋光缆的敷设 ………………………………………… 210
            9.4.3　架空光缆的敷设 ………………………………………… 211
            9.4.4　墙壁光缆施工 …………………………………………… 213
            9.4.5　光缆通过进线间引入建筑物 …………………………… 214
    习题 ……………………………………………………………………… 218

任务 10　工作区用户跳线和信息插座的端接 ……………………………… 219
    10.1　任务描述 …………………………………………………………… 219
    10.2　相关知识 …………………………………………………………… 219
            10.2.1　双绞线电缆终接的基本要求 …………………………… 219

		10.2.2 信息模块的端接要求 ································· 221
		10.2.3 双绞线端接工具 ······································ 221
10.3	子任务 1：工作区信息模块的端接 ······························· 223
10.4	子任务 2：双绞线跳线现场制作方法 ····························· 226
		10.4.1 5e 类双绞线跳线现场制作方法 ···················· 226
		10.4.2 6 类双绞线跳线现场制作方法 ····················· 228
习题	·· 229

任务 11 电信间缆线端接 ·· 230

11.1	任务描述 ·· 230
11.2	相关知识 ·· 230
	11.2.1 电信间的缆线端接原理 ································· 230
	11.2.2 机柜安装的基本要求 ···································· 231
	11.2.3 配线架在机柜中的安装要求 ·························· 231
	11.2.4 光缆连接的类型和施工内容及要求 ··············· 232
	11.2.5 电信间布线施工工具 ···································· 235
11.3	电信间电缆端接施工 ·· 236
	11.3.1 标准机柜和配线架等的安装 ·························· 236
	11.3.2 RJ-45 型模块式快速配线架的安装与端接 ········ 236
	11.3.3 通信配线架的安装与端接 ····························· 238
	11.3.4 双绞线链路的整理 ·· 239
11.4	电信间光缆施工 ··· 241
	11.4.1 光缆交接盒中的光纤熔接 ····························· 241
	11.4.2 光纤配线架的施工步骤 ································· 245
	11.4.3 光纤连接器件的管理与标识 ·························· 245
习题	·· 247

任务 12 综合布线系统链路的连接 ·· 249

12.1	任务描述 ·· 249
12.2	相关知识 ·· 249
	12.2.1 电信间连接方式 ··· 249
	12.2.2 电信间的形式 ·· 252
	12.2.3 光纤端接的方法 ··· 260
	12.2.4 综合布线系统中光缆的极性管理 ··················· 261
习题	·· 265

任务 13 综合布线管理系统的标识 ·· 266

13.1	任务描述 ·· 266
13.2	相关知识 ·· 266
	13.2.1 综合布线管理系统概述 ································· 266

13.2.2　综合布线系统分级管理及标识要求 …………………………… 268
　　　13.2.3　综合布线系统标签设置 ……………………………………… 272
　　　13.2.4　综合布线管理系统设计 ……………………………………… 274
　　　13.2.5　综合布线系统标识产品 ……………………………………… 275
　13.3　综合布线系统工程标识示例 …………………………………………… 277
　习题 ……………………………………………………………………………… 279

模块四　综合布线系统工程测试与验收

任务14　铜缆链路的测试与故障排除 …………………………………………… 283
　14.1　任务描述 ………………………………………………………………… 283
　14.2　相关知识 ………………………………………………………………… 283
　　　14.2.1　综合布线系统测试概述 ……………………………………… 283
　　　14.2.2　综合布线系统测试类型 ……………………………………… 284
　　　14.2.3　综合布线系统测试标准 ……………………………………… 285
　　　14.2.4　电缆的认证测试模型 ………………………………………… 285
　　　14.2.5　对绞电缆布线系统测试规定 ………………………………… 286
　　　14.2.6　电缆的认证测试参数 ………………………………………… 287
　　　14.2.7　测试仪器 ……………………………………………………… 289
　　　14.2.8　电缆通道测试 ………………………………………………… 290
　　　14.2.9　解决测试错误 ………………………………………………… 291
　14.3　任务实施：双绞线链路测试实施 ……………………………………… 292
　　　14.3.1　双绞线连通性简单测试 ……………………………………… 292
　　　14.3.2　双绞线链路或跳线验证测试 ………………………………… 293
　　　14.3.3　双绞线链路及信道认证测试 ………………………………… 296
　习题 ……………………………………………………………………………… 302

任务15　光纤信道和链路测试 …………………………………………………… 303
　15.1　任务描述 ………………………………………………………………… 303
　15.2　相关知识 ………………………………………………………………… 303
　　　15.2.1　光纤信道和链路测试 ………………………………………… 303
　　　15.2.2　综合布线系统光纤链路测试 ………………………………… 306
　　　15.2.3　光纤测试设备 ………………………………………………… 308
　　　15.2.4　测试仪器的常规操作程序 …………………………………… 311
　15.3　任务实施：综合布线系统光纤链路测试 ……………………………… 311
　　　15.3.1　连通性简单测试 ……………………………………………… 311
　　　15.3.2　光缆链路连通性测试 ………………………………………… 312
　习题 ……………………………………………………………………………… 314

任务 16	综合布线系统工程验收	315
16.1	任务描述	315
16.2	相关知识	315
	16.2.1 工程验收的依据和标准	315
	16.2.2 工程验收阶段	315
	16.2.3 综合布线系统工程验收条件、组织和方式	316
	16.2.4 物理验收	317
	16.2.5 文档和系统测试验收	321
16.3	综合布线系统验收实施	322
	16.3.1 施工前检查	322
	16.3.2 随工验收	322
	16.3.3 初步/竣工验收	323
习题		327

模块五　综合布线系统工程管理

任务 17	综合布线系统工程招投标	331
17.1	任务描述	331
17.2	相关知识	331
	17.2.1 建设方发包综合布线工程	331
	17.2.2 投标	333
	17.2.3 综合布线系统工程投标报价	335
	17.2.4 评标	336
17.3	任务实施	338
	17.3.1 拟定招标文件	338
	17.3.2 指定投标文件	338
	17.3.3 签订合同	338
习题		338

任务 18	综合布线系统工程项目管理	340
18.1	任务描述	340
18.2	相关知识	340
	18.2.1 概述	340
	18.2.2 方案设计	341
	18.2.3 系统设计	342
	18.2.4 综合布线系统施工方案	346
	18.2.5 综合布线系统的维护管理	347
	18.2.6 验收测试	347
	18.2.7 培训、售后服务及保证期	347
附件		347
习题		358

模块一

综合布线系统基础知识

建筑物综合布线系统（Premises Distribution System，PDS）的兴起与发展是在计算机技术和通信技术发展的基础上进一步适应社会信息化和经济国际化的需要，也是通信技术、建筑技术与信息技术相结合的产物，它的设计与实施是一项系统工程，是计算机网络工程的基础。

通过下面两个任务来认识综合布线系统，掌握综合布线系统的构成，了解综合布线系统的产品及选型。

任务1　认识综合布线系统

任务2　认识综合布线系统的布线缆线及其连接器件

任务 1 认识综合布线系统

1.1 任务描述

综合布线系统是一种模块化的、灵活性极高的建筑物内或建筑物之间的信息传输通道。它将数据通信设备、交换设备和语音系统及其他信息管理系统集成,形成一套标准的、规范的信息传输系统。综合布线系统是建筑物智能化必备的基础设施。

那么有必要首先了解综合布线系统是由哪几部分组成的;在综合布线系统工程建设实践中,目前在国内外有哪些标准可遵循。

1.2 相关知识

1.2.1 了解智能建筑的概念及组成

1. 智能建筑概念

我们办公用的大楼、家庭居住的住宅楼等建筑,具有哪些特征才能称得上智能建筑呢?

在国家标准《智能建筑设计标准》(GB/T 50314—2015)中对智能建筑(Intelligent Building, IB)作了以下定义:以建筑物为平台,基于对各类智能化信息的综合应用,集架构、系统、应用、管理及优化组合为一体,具有感知、传输、记忆、推理、判断和决策的综合智慧能力,形成以人、建筑、环境互为协调的整合体,为人们提供安全、高效、便利及可持续发展功能环境的建筑。

2. 智能建筑的构成

根据国标《智能建筑设计标准》(GB/T 50314—2015),从设计的角度出发,智能建筑的智能化系统工程设计宜由智能化集成系统、信息设施系统、信息化应用系统、建筑设备管理系统、公共安全系统、机房工程和建筑环境等设计要素构成。智能化系统工程设计,应根据建筑物的规模和功能需求等实际情况,选择配置相关的系统。

智能建筑是信息时代的必然产物,是建筑业和电子信息业共同谋求发展的方向,是现代计算机(Computer)技术、现代控制(Control)技术、现代通信(Communication)技术、现代图形显示(CRT)技术(简称 4C 技术)密切结合的结晶。它将 4C 技术和建筑等各方面的先进技术相互融合、集成为最优化的整体。它是在建筑物内建立一个以计算机综合网络为主体的,使建筑物实现智能化的信息管理控制,结合现代化的服务和管理方式,给人们提供一个安全和舒适的生活、学习、工作的环境空间。

在 20 世纪 90 年代的房地产开发热潮中,房地产开发商发现了智能建筑这个"标签"的商业价值,为开发商建筑冠以"智能大厦""3A 建筑""5A 建筑"甚至"7A 建筑"等名词。

智能建筑的基本功能主要由三大部分构成,即建筑自动化或楼宇自动化(Building

Automation,BA)、通信自动化(Communication Automation,CA)和办公自动化(Office Automation,OA)。这就是上述的3A。某些房地产开发商为了突出某项功能,以提高建筑等级、工程造价和增加卖点,又提出防火自动化(FA)和信息管理自动化(MA),即形成5A智能建筑。

1.2.2 了解综合布线系统的概念和特点

1. 综合布线系统的起源

在过去设计大楼内的语音及数据业务线路时,常使用各种不同的传输线、配线插座以及连接器件等。例如,用户电话交换机通常使用对绞电话线,而局域网络(LAN)则可能使用对绞线或同轴电缆,这些不同的设备使用不同的传输线来构成各自的网络;同时,连接这些不同布线的插头、插座及配线架均无法互相兼容,相互之间达不到共用的目的。

随着全球社会信息化与经济国际化的深入发展,人们对信息共享的需求日趋迫切,这就需要一个适合信息时代的布线方案。美国电话电报(AT&T)公司贝尔(Bell)实验室的专家们经过多年的研究,在办公楼和工厂试验成功的基础上,于20世纪80年代末期率先推出SYSTIMATMPDS(建筑与建筑群综合布线系统),现时已推出结构化布线系统(Structure Cabling System,SCS)。在国家标准GB/T 50311—2000中将其命名为综合布线系统(Generic Cabling System,GCS)。

现在将所有语音、数据、图像及多媒体业务的设备的布线网络组合在一套标准的布线系统上,并且将各种设备终端插头插入标准的插座内已属可能之事。在综合布线系统中,当终端设备的位置需要变动时,只需做一些简单的跳线,这项工作就完成了,而不需要再布放新的电缆以及安装新的插座。

2. 综合布线系统的概念

综合布线系统是一种模块化的、灵活性极高的建筑物内或建筑群之间的信息传输网络。它将语音、数据、图像和多媒体业务设备的布线网络组合在一套标准的布线系统上,它以一套由共用配件所组成的单一配线系统,将各个不同制造厂家的各类设备综合在一起,使各设备互相兼容,同时工作,实现综合通信网络、信息网络和控制网络间的信号互联互通。应用系统的各种设备终端插头插入综合布线系统的标准插座内,再在设备间和电信间对通信链路进行相应的跳接,就可运行各应用系统了。

综合布线系统应支持具有TCP/IP通信协议的视频安防监控系统、出入口控制系统、停车库(场)管理系统、访客对讲系统、智能卡应用系统、建筑设备管理系统、能耗计量及数据远传系统、公共广播系统、信息引导(标识)及发布系统等弱点系统的信息传输。

综合布线系将建筑物内各方面相同或类似的信息缆线、接续构件按一定的秩序和内部关系组合成整体,几乎可以为楼宇内部的所有弱电系统服务,这些子系统包括以下几个。

- 电话(音频信号)。
- 计算机网络(数据信号)。
- 有线电视(视频信号)。
- 保安监控(视频信号)。
- 建筑物自动化(低速监控数据信号)。
- 背景音乐(音频信号)。
- 消防报警(低速监控数据信号)。

目前,对于综合布线系统存在着两种看法:一种主张将所有的弱电系统都建立在综合布线系统中;另一种则主张将计算机网络、电话布线纳入综合布线系统中,其他的弱电系统仍采用其特有的传统布线。目前,大多采用第二种看法。综合布线系统更适合于计算机网络的各种高速数据通信综合应用,对于视频信号、低速监控数据信号等非高速数据传输,则不需要很高的灵活性,应使用专用的缆线材料,以免增加建设成本。由于行业的要求,消防报警和保安监控所用的线路应单独敷设,不宜纳入综合布线系统中。

2010 年 6 月 30 日,国务院办公厅正式下发通知,公布第一批三网融合试点地区/城市名单,包括北京、上海、深圳等在内的 12 个城市。

三网融合是指电信网、计算机网和有线电视网三大网络通过技术改造,能够提供包括语音、数据、图像等综合多媒体的通信业务。电话、电视和数据都将在 IP 网络上传输,综合布线系统将是一种网络数据的综合布线系统了。

3. 综合布线系统的特点

综合布线系统可以满足建筑物内部及建筑物之间的所有计算机、通信及建筑物自动化系统设备的配线要求,具有兼容性、开放性、灵活性、可靠性、先进性、模块化和标准化等特点。

(1) 兼容性。综合布线系统将所有语音、数据与图像及多媒体业务的设备的布线网络经过统一的规划和设计,组合到一套标准的布线系统中传送。并且将各种设备终端插头插入标准的插座。在使用时,用户可不用定义某个工作区的信息插座的具体应用,只把某种终端设备(如个人计算机、电话、视频设备等)插入这个信息插座,然后在电信间和设备间的配线设备上做相应的接线操作,这个终端就被接入各自的系统中了。

(2) 开放性。综合布线系统采用开放式体系结构,符合各种国际上现行的标准,因此它几乎可以对所有著名厂商的产品都是开放的,如计算机设备、交换机设备等,并对相应的通信协议也是支持的。

(3) 灵活性。综合布线系统采用标准的传输缆线和相关连接硬件,模块化设计。因此,所有通道都是通用与共享的,设备的开通及更改均不需要改变布线,只需增减相应的应用设备以及在配线架上进行必要的跳线管理即可。另外,组网也可灵活多样,甚至在同一房间为用户组织信息流提供了必要条件。

(4) 可靠性。综合布线系统采用高品质的材料和组合的方式构成了一套高标准的信息传输通道。所有线槽和相关连接件均通过 ISO 认证,每条通道都要采用专用仪器测试以保证其电气性能。应用系统布线全部采用点到点端接,任何一条链路故障均不影响其他链路的运行,这就为链路的运行维护及故障检修提供了方便,从而保障了应用系统的可靠运行。

(5) 先进性。综合布线系统采用光纤与双绞线电缆混合布线方式,极为合理地构成一套完整的布线。所有布线均符合国标,采用 8 芯双绞线,带宽可达 16~600MHz。根据用户的要求可把光纤引到桌面(FTTD)。适用于 100Mbps 以太网、155Mbps ATM 网、千兆位以太网和万兆位以太网,并完全具有适应未来的语音、数据、图像、多媒体对传输的带宽要求。

(6) 模块化。综合布线系统中除去固定于建筑物内水平缆线外,其余所有的设备都应当是可任意更换插拔的标准组件,以方便使用、管理和扩充。

(7) 标准化。综合布线系统要采用和支持各种相关技术的国际标准、国家标准及行业标准,这样可以使得作为基础设施的综合布线系统不仅能支持现在的各种应用,还能适应未来的技术发展。

另外,综合布线系统可以采用相应的软件和电子配线系统进行维护管理,提高效率,降低物业管理费用。

4. 综合布线系统和智能建筑的关系

综合布线系统是智能建筑中的神经中枢,是智能建筑的关键部分和基础设施之一。综合布线系统在建筑内和其他设施一样,都是附属于建筑物的基础设施,为智能建筑中的用户服务。它们在规划、设计、施工、测试验收及使用的全过程中,关系是极为密切的,具体表现在以下几点。

(1) 综合布线系统是智能建筑中必备的基础设施。综合布线系统将智能建筑内的通信、计算机、监控等设备及设施,相互连接形成完整配套的整体,从而实现高度智能化的要求。在智能建筑中如没有综合布线系统,各种设施和设备会因无信息传输媒质连接而无法相互联系,正常运行,智能化也难以实现,这时也就不能称为智能建筑。在建筑物中只有敷设了综合布线系统,才有实现智能化的可能性,这是智能建筑中的关键内容。

(2) 综合布线系统是衡量智能建筑智能化程度的重要标志。在衡量智能建筑的智能化程度时,主要是看建筑物内综合布线系统承载信息系统的种类和能力,看设备配置是否成套,各类信息点分布是否合理,工程质量是否优良,这些都是决定智能建筑的智能化程度高低的重要因素。智能建筑能否为用户更好地服务,综合布线系统是具有决定性作用的。

(3) 综合布线系统能适应智能建筑今后的发展需要。综合布线系统具有较高的适应性和灵活性,能在今后相当长一段时间内满足通信的发展需要,为此,在新建的公共建筑中,应根据建筑物的使用对象和业务性质以及今后发展等各种因素,积极采用综合布线系统。

总之,综合布线系统分布于智能建筑中,必然会有互相融合的需要,同时又可能发生彼此矛盾的问题。因此,在综合布线系统的规划、设计、施工、测试验收及使用等各个环节,都应与负责建筑工程的有关单位密切联系和配合协调,采取妥善合理的方式来处理,以满足各方面的要求。

5. 综合布线系统应用范围

目前,智能建筑综合布线系统应用范围有两类:一类是单幢的建筑物内,如建筑大厦;另一类是由若干建筑物构成的建筑群小区,如智能住宅小区、学校园区等。

根据国际综合布线系统标准《信息技术——用户建筑物综合布线系统》(ISO/IEC 11801:1995E)、美国国家标准《商业建筑物电信布线标准》(ANSI/TIA/EIA 568A—1995)以及我国通信行业标准《大楼通信综合布线系统第一部分:总规范》(YD/T 926.1—2009)的规定,综合布线系统工程范围是指跨越距离不超过 3000m,房屋建筑办公总面积不超过 $1\,000\,000 m^2$ 的布线区域(场所),区域内的人员数量为 50～50 000 人。综合布线系统可以支持语音、数据和视频等各种应用。国际综合布线系统标准《信息技术——用户基础设施结构化布线》(ISO/IEC 11801:2002)还规定如果布线区域超出上述范围,也可以参照国际标准的布线原则。

单幢建筑内的综合布线系统工程范围,一般是指在整幢建筑内部敷设的缆线及其附件,由建筑物内敷设的管路、槽道、缆线、接续设备以及其他辅助设施(如电缆竖井和专用的房间等)组成。此外,还应包括引出建筑物与外部信息网络系统互相连接的通信线路;各种终端设备连接线和插头等,在使用前随时可以连接安装,一般不需要设计和施工。

建筑群体因建筑幢数不一、规模不同,其工程范围难以统一划分,但不论其规模如何,综合布线系统的工程范围为除包括每幢建筑内的布线外,还需包括各幢建筑物之间相互连接的布线。

1.2.3 综合布线系统标准

从综合布线系统出现到现在已有近30年的时间,其间,相关标准不断完善和提高。不论国外标准(包括国际标准、其他国家标准)还是国内标准都是从无到有、从少到多的,而且标准的类型、品种和数量都在逐渐增加,标准的内容也日趋完善丰富。表1.1所示是与综合布线系统相关的一些主要标准,这些也是综合布线系统方案中引用最多的标准。在实际工程项目中,虽然并不需要涉及所有的标准和规范,但作为综合布线系统的设计人员,在进行综合布线系统方案设计时应遵守综合布线系统性能、系统设计标准。综合布线施工工程应遵守布线测试、安装、管理标准,以及防火、防雷接地标准。

表1.1 综合布线系统相关的一些主要标准

项 目	国际布线标准	北美布线标准	中国布线标准
综合布线系统性能、系统设计	ISO/IEC 11801:2002 ISO/IEC 61156-5 ISO/IEC 61156-6	ANSI/TIA/EIA 568A ANSI/TIA/EIA 568B ANSI/TIA/EIA 568C ANSI/TIA/EIA TSB 67—1995 ANSI/TIA/EIA/IS 729	GB/T 50311—2016 GB 50373—2006 YD/T 926.1—2009 YD/T 926.2—2009 YD/T 926.3—2009
安装、测试和管理	ISO/IEC 14763-1 ISO/IEC 14763-2 ISO/IEC 14763-3	ANSI/TIA/EIA 569 ANSI/TIA/EIA 606 ANSI/TIA/EIA 607	GB 50312—2016 GB 50374—2006 YD/T 1013—1999

1. 美国布线标准

美国国家标准委员会(ANSI)是ISO的主要成员,在国际标准化方面扮演着重要的角色。ANSI布线的美洲标准主要由TIA/EIA制定,ANSI/TIA/EIA标准在全世界一直起着综合布线产品的导向工作。美洲标准主要包括TIA/EIA 568A、TIA/EIA 568B、TIA/EIA 568C、TIA/EIA 569A、TIA/EIA 569B、TIA/EIA 570A、TIA/EIA 606A和TIA/EIA 607A等。

2. 国际布线标准

国际标准组织由ISO(国际标准化组织)和IEC(国际电工技术委员会)组成,1995年制定颁布了ISO/IEC 11801国际标准,名为"信息技术——用户通用布线系统"。该标准是根据ANSI/TIA/EIA 568制定的,非常相似,但该标准主要针对欧洲使用的电缆。目前该标准版本有以下几种。

(1) ISO/IEC 11801:1995 第一版。
(2) ISO/IEC 11801:2002 第二版。
(3) ISO/IEC 11801:2008 第二版增补一。
(4) ISO/IEC 11801:2010 第二版增补二。
(5) ISO/IEC 11801:20×× 第三版(草案)。

在ISO/IEC 11801:2002(E)中定义了6类(250MHz)、7类(700MHz)缆线的标准,把CAT 5/Class D的系统按照CAT 5+重新定义,以确保所有的CAT 5/Class D系统均可运行吉比特以太网,定义了CAT 6/Class E和CAT 7/Class F链路,并考虑了电磁兼容性(EMC)问题。

ISO/IEC 11801目前正在修订第三版(Edition 3),将原先分散的多部结构化布线标准,包含ISO/IEC 24702工业部分、ISO/IEC 15018家用布线、ISO/IEC 24764数据中心整合到一部完整的、通用的结构化布线标准,同时新加入了针对无线网、楼宇自控、物联网等楼宇内公共设施结构化布线设计。

3. 中国布线标准

现在国内综合布线系统标准分为两类,即国家标准和通信行业标准。

1) 国家标准

国家标准的制定主要是以 ANSI/TIA/EIA 568A 和 ISO/IEC 11801 等作为依据,并结合国内具体实际情况进行了相应的修改。

2017 年,建设部和国家质监总局发布国标《综合布线系统工程设计规范》(GB/T 50311—2016)和《综合布线系统工程验收规范》(GB/T 50312—2016)。2017 年 4 月 1 日这两个标准开始实施,同时原标准(2007 年版)作废。

与综合布线系统设计、实施和验收有关的国家标准主要包括以下两个。

- 《综合布线系统工程设计规范》(GB/T 50311—2016)。
- 《综合布线系统工程验收规范》(GB/T 50312—2016)。

2) 通信行业标准

2009 年,工业和信息化部发布通信行业标准《大楼通信综合布线系统》(YD/T 926—2009),同时 YD/T 926—2001 作废。

相关的通信行业标准如下。

- 《住宅通信综合布线系统》(YD/T 1384—2005)。
- 《综合布线系统工程施工监理暂行规定》(YD 1524—2005)。

4. 综合布线系统工程标准的应用

在综合布线系统工程建设中,以执行国内标准为主,但也可参考国外标准,并密切注意近期的科技发展动态和有关标准状况,考虑是否符合国内工程中的实际需要,必要时需再进行深入调查、分析研究,根据客观要求来合理确定能否选用。

1.2.4 综合布线系统的组成

1. 企业园区网层次化设计

园区网是一个由众多 LAN 组成的企业网,这些 LAN 位于一幢或多幢建筑物内,它们彼此相连且位于同一个地方。在构建满足中小型企业园区网需求的 LAN 时,如果采用分层设计模型,更容易管理和扩展,排除故障也更迅速。

分层网络设计需要将网络分成互相分离的层。每层提供特定的功能,这些功能界定了该层在整个网络中扮演的角色。通过对网络的各种功能进行分离,可以实现模块化的网络设计,这样有利于提高网络的可扩展性和性能。分层设计模型根据用户需求可分为二层或三层。

1) 典型的三层网络结构

典型的三层网络结构由接入层、分布层和核心层构成,如图 1.1 所示。客户 PC 以百兆或千兆连接接入层交换机;多台接入层交换机以千兆接入分布层;核心层交换机以万兆或千兆互连各台分布层交换机,提供二层或三层交换以及二/三/四层服务的功能;该方案结构清晰,各层次功能划分得当,适用于非常大的网络规模,比如多栋办公楼组成的园区网。

(1) 接入层。接入层负责连接终端设备(例如 PC、打印机和 IP 电话)以提供对网络中其他部分的访问。接入层中可能包含路由器、交换机、网桥、集线器和无线接入点。接入层的主要目的是提供一种将设备连接到网络并控制允许网络上的哪些设备进行通信的方法。

(2) 分布层。分布层首先汇聚接入层交换机发送的数据,再将其传输到核心层,最后发送

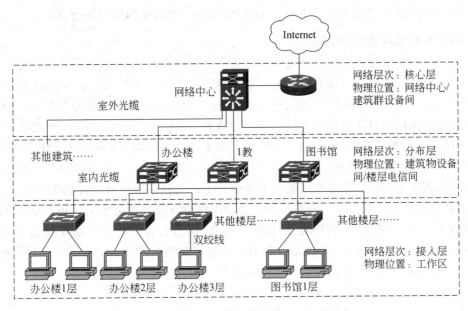

图 1.1 三层网络结构模型

到最终目的地。分布层使用策略控制网络的通信流并通过在接入层定义的虚拟 LAN（VLAN）之间执行路由（Routing）功能来划定广播域。利用 VLAN，可将交换机上的流量分流到不同的网段，置于互相独立的子网（Subnetwork）内。例如，在大学中，可以根据教职员、学生和访客分离流量。为确保可靠性，分布层交换机通常是高性能、高可用性和具有高级冗余功能的设备。

（3）核心层。分层设计的核心层是网际网络的高速主干。核心层是分布层设备之间互连的关键，因此核心层保持高可用性和高冗余性非常重要。核心层也可连接到 Internet 资源。核心层汇聚所有分布层设备发送的流量，因此它必须能够快速转发大量的数据。

2）二层网络结构

二层网络结构由核心层和接入层构成，如图 1.2 所示。客户 PC 以百兆或千兆连接接入层交换机；核心层交换机以千兆互连各台接入层交换机，同时提供二层或三层交换以及二/三/四层服务的功能；服务器以千兆接入核心层或接入层交换机；该方案非常易于实现，但其规模往往局限于核心交换机的千兆端口密度，而且网络规模的扩展可能会对现有网络拓扑带

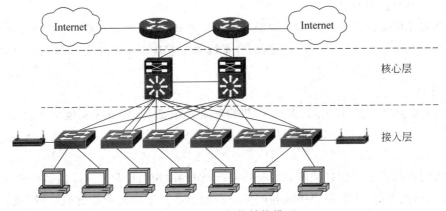

图 1.2 二层网络结构模型

来较大影响,所以该方案比较适合于中小型网络,比如一栋大楼内的网络建设。

2. 综合布线系统基本构成

目前在国内,对于综合布线系统的组成及各子系统组成说法不一,甚至在国内标准中也不一样。如在国家标准《综合布线系统工程设计规范》(GB/T 50311—2016)中将综合布线系统分为工作区、配线子系统、干线子系统、建筑群子系统、设备间、进线间、管理7部分。而在通信行业标准《大楼通信综合布线系统第一部分:总规范》(YD/T 926.1—2009)规定综合布线系统由建筑群主干布线子系统、建筑物主干布线子系统和水平布线子系统三个布线子系统构成,工作区布线因是非永久性的布线方式,由用户在使用前随时布线,在工程设计和安装施工中一般不列在内,所以不包括在综合布线系统工程中。上述两种标准有明显的差别。

其主要原因在于目前综合布线系统的产品和工程设计以及安装施工中所遵循的标准有两种:一种是国际标准化组织/国际电工委员会标准《信息技术——用户房屋综合布线系统》(ISO/IEC 11801);另一种是美国标准《商用建筑电信布线标准》(ANSI/TIA/EIA 568)。我国按照国际标准制定了《大楼通信综合布线系统第一部分:总规范》(YD/T 926.1—2009),按照美国标准制定了《综合布线系统工程设计规范》(GB/T 50311—2016)。国际标准将其划分为建筑群主干布线子系统、建筑物主干布线子系统和水平布线子系统3部分。美国国家标准把综合布线系统划分为建筑群子系统、干线子系统、配线子系统、设备间子系统、管理子系统和工作区子系统,共6个独立的子系统。

在我国通常将通信线路和接续设备组成整体与完整的子系统,划分界限极为明确,这样有利于设计、施工和维护管理。如按美国国家标准将设备间子系统和管理子系统与干线子系统和配线子系统分离,会造成系统性不够明确,界限划分不清,因子系统过多,出现支离破碎的情况,在具体工作时会带来不便,尤其在工程设计、安装施工和维护管理工作中产生难以划分清楚的问题。例如,管理子系统它本身不能成为子系统,它是分散在各个接续设备上的缆线连接管理工作,不能形成一个较为集中体现、具有系统性的有机整体。设备间本身是一个专用房间名称,不是综合布线系统本身固有的组成部分。

3. 国标《综合布线系统工程设计规范》中综合布线系统的组成

《综合布线系统工程设计规范》(GB/T 50311—2016)和《大楼通信综合布线系统第一部分:总规范》(YD/T 926.1—2009)都将综合布线系统由3个子系统为基本组成,但在《综合布线系统工程设计规范》(GB/T 50311—2016)中是3个子系统和7个部分同时存在。

综合布线
系统组成

综合布线系统采用模块化结构。按照每个模块的作用,依照国家标准《综合布线系统工程设计规范》(GB/T 50311—2016),园区网综合布线系统应按以下7个部分进行设计,如图1.3所示。

1) 工作区

工作区是包括办公室、写字间、作业间、机房等需要电话、计算机或其他终端设备(Terminal Equipment,TE)(如网络打印机、网络摄像头、监视器、各种传感器件等)设施的区域或相应设备的统称。

工作区由终端设备至信息插座(Telecommunication Outlet,TO)的连接器件组成,包括跳线、连接器或适配器等,实现用户终端与网络的有效连接。工作区子系统的布线一般是非永久的,用户根据工作需要可以随时移动、增加或减少布线,既便于连接,也易于管理。

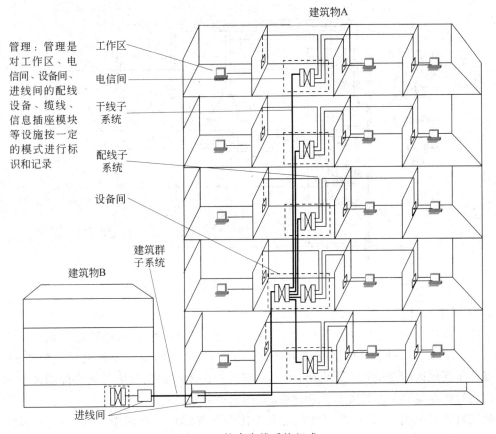

图 1.3 综合布线系统组成

根据标准的综合布线设计，每个信息插座旁边要求有一个单相电源插座，以备计算机或其他有源设备使用，且信息插座与电源插座的间距不得小于 20cm。

2）配线子系统

配线子系统应由工作区的信息插座模块、信息插座模块至电信间配线设备（Floor Distributor,FD）的配线电缆和光缆、电信间的配线设备及设备缆线和跳线等组成。

配线子系统通常采用星型网络拓扑结构，它以电信间楼层配线架 FD 为主节点，各工作区信息插座为分节点，二者之间采用独立的线路相互连接，形成以 FD 为中心向工作区信息插座辐射的星型网络，如图 1.4 所示。

配线子系统的水平电缆、水平光缆宜从电信间的楼层配线架直接连接到通信引出端（信息插座）。

在楼层配线架和每个通信引出端之间允许有一个转接点（TP）。进入和接出转接点（TP）的电缆线对或光纤芯数一般不变化，应按 1∶1 连接以保持对应关系。转接点处的所有电缆、光缆应做机械终端。转接点只包括无源连接硬件，应用设备不应在这里连接。

配线子系统通常由超 5 类、6 类、6A 类 4 对非屏蔽双绞线组成，由工作区的信息插座连接至本层电信间的配线柜内。当然，根据传输速率或传输距离的需要，也可以采用多模光纤。配线子系统应当按楼层各工作区的要求设置信息插座的数量和位置，设计并布放相应数量的水平线路。通常，在工程实践中，配线子系统的管路或槽道的设计与施工最好与建筑物同步进行。

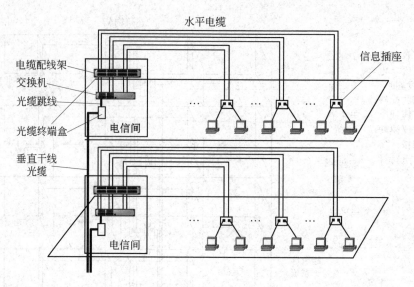

图 1.4　配线子系统

3）干线子系统

干线子系统（又称建筑物主干布线子系统、垂直子系统）是指从建筑物配线架（Building Distributor,BD）（设备间）至楼层配线架（FD）（电信间）之间的缆线及配套设施组成的系统。该子系统包括屋内的建筑物主干电缆、主干光缆及其在建筑物配线架和楼层配线架上的机械终端和建筑物配线架上的接插软线和跳线，如图1.3所示。

建筑物主干电缆、主干光缆应直接终端连接到有关的楼层配线架，中间不应有转接点和接头。

在通常情况下，干线子系统主干缆线，语音电缆通常可采用大对数电缆，数据电缆可采用超5类或6类、6A类双绞线电缆。如果考虑可扩展性或更高传输速率等，则应当采用光缆。干线子系统的主干缆线通常敷设在专用的上升管路或电缆竖井内。

4）建筑群子系统

大中型网络中都拥有多幢建筑物，建筑群子系统用于实现建筑物之间的各种通信。建筑群子系统（Campus Backbone Subsystem）（又称建筑群主干布线子系统）是指建筑物之间使用传输介质（电缆或光缆）和各种支持设备（如配线架、交换机）连接在一起，构成一个完整的系统，从而实现语音、数据、图像或监控等信号的传输。建筑群子系统包括建筑物之间的主干布线及建筑物中的引入口设备，由楼群配线架（Campus Distributor,CD）及其他建筑物的楼宇配线架（BD）之间的缆线及配套设施组成。

建筑群子系统的主干缆线采用多模或单模光缆，或者大对数双绞线，既可采用地下管道敷设方式，也可采用悬挂方式。缆线的两端分别是两幢建筑的设备间中建筑群配线架的接续设备。在建筑群环境中，除了需在某个建筑物内建立一个主设备间外，还应在其他建筑物内都配一个中间设备间（通常和电信间合并）。

5）设备间

设备间是在每幢建筑物的适当地点进行网络管理和信息交换的场地。对于综合布线系统工程设计，设备间主要安装建筑物配线设备、电话交换机、计算机主机设备及入口设施，也可与配线设备安装在一起。

设备间是一个安放共用通信装置的场所,是通信设施、配线设备所在地,也是线路管理的集中点。设备间子系统由引入建筑的缆线、各个公共设备(如计算机主机、各种控制系统、网络互联设备、监控设备)和其他连接设备(如主配线架)等组成,把建筑物内公共系统需要相互连接的各种不同设备集中连接在一起,完成各个楼层配线子系统之间的通信线路的调配、连接和测试,并建立与其他建筑物的连接,从而形成对外传输的路径。

设备间是建筑物中电信设备、计算机网络设备及建筑物配线设备(BD)安装的地点,同时也是网络管理的场所,由设备间电缆、连接器和相关支承硬件组成,将各种公用系统连接在一起。

6)进线间

进线间是建筑物外部信息通信网络管线的入口部位,并可作为入口设施和建筑群配线设备的安装场地。

7)管理系统

管理是针对布线系统工程的技术文档及工作区、电信间、设备间、进线间的配线设备、缆线、信息插座模块等设施按一定的模式进行标识、记录。内容包括管理方式、标识、色标、连接等。这些内容的实施,将给今后维护和管理带来很大的方便,有利于提高管理水平和工作效率。特别是较为复杂的综合布线系统,如采用计算机,其效果将十分明显。

4. 综合布线系统的典型结构和组成

综合布线系统是一个开放式的结构,该结构下的每个分支子系统都是相对独立单元,对每个分支单元系统的改动都不会影响其他子系统。只要改变节点连接可在星型、总线型、环型等各种类型网络拓扑间进行转换,它应能支持当前普遍采用的各种局域网及计算机系统,同时支持电话、数据、图像、多媒体业务等信息的传递。

《综合布线系统工程设计规范》(GB/T 50311—2016)和《大楼通信综合布线系统第一部分:总规范》(YD/T 926.1—2009)都将综合布线系统由3个子系统为基本组成,但在《综合布线系统工程设计规范》(GB/T 50311—2016)中是3个子系统和7个部分同时存在。在《综合布线系统工程设计规范》(GB/T 50311—2016)中规定,综合布线系统基本组成如图1.5所示。

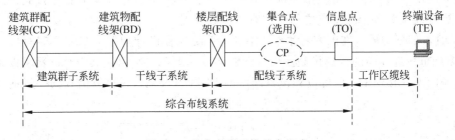

图1.5 综合布线系统基本组成

为便于理解,在综合布线系统实际工程中,综合布线系统基本构成示意图如图1.6所示。和图1.5相比,在图1.6中增加了房屋建筑群。

在图1.6中,根据工程的实际情况,FD与FD、BD与BD之间可以建立直达的路由。预先将管槽敷设完毕,待以后需要时再完成缆线的布放。这个路由的存在为实现配线和网络的实时调度与管理带来了许多的方便之处。但不同层的FD之间是否要设路由可根据以后的网络应用而定。因为竖井已将缆线路由做了沟通,只是缆线是否布放而已。

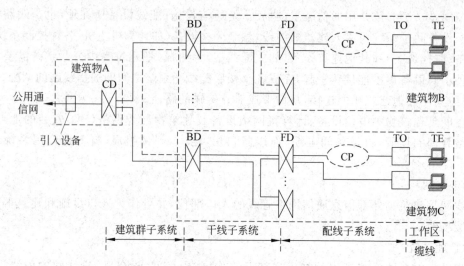

图 1.6 综合布线系统基本构成结构

综合布线系统构成图对于电缆和光缆系统都是适用的。但在工程的实际应用中应加以正确理解,因为光缆布线与电缆布线有许多不同之处。

(1) 建筑群子系统。从建筑群配线架到各建筑物配线架的布线属于建筑群子系统。该布线子系统包括建筑群干线电缆、光缆及其在建筑群配线架和建筑物配线架上的机械终端及建筑群配线架上的接插线和跳线。一般情况下,建筑群子系统宜采用光缆。建筑群干线电缆、建筑群干线光缆也可用来直接连接两个建筑物的配线架。

(2) 干线子系统。从建筑物配线架到各楼层电信间配线架的布线属于干线子系统(垂直子系统)。该子系统由设备间至电信间的干线电缆和光缆、安装在设备间的建筑物配线架(BD)及设备缆线和跳线组成。建筑物干线电缆、光缆应直接端接到有关的电信间楼层配线架,中间不应有集合点或接头。

(3) 配线子系统。从电信间的楼层配线架到各信息点的布线属于配线子系统(水平子系统)。配线子系统由工作区的信息插座模块、信息插座模块至楼层配线架(FD)的配线电缆和光缆、电信间的配线设备及设备缆线和跳线等组成。水平电缆、光缆一般直接连接到信息点。必要时,楼层配线架和各个信息点之间允许有一个集合点。

(4) 引入部分构成。在国家标准《综合布线系统工程设计规范》(GB/T 50311—2016)中规定了综合布线进线间的入口设施及引入缆线构成如图 1.7 所示。其中对设置了设备间的建筑物,设备间所在楼层的 FD 可以和设备间中的 BD/CD 及入口设施安装在同一场地。

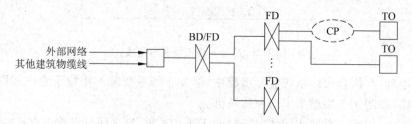

图 1.7 综合布线系统引入部分构成

在实际综合布线系统中,各个子系统有时叠加在一起。例如,位于大楼一层的电信间也常常合并到大楼一层的网络设备间,进线间也经常设置在大楼一层的网络设备间。

同时，在信息点数量较少，传输距离小于 90m 的情况下，水平电缆可以直接由信息点 (TO)连接至 BD(光缆不受 90m 长度限制)，如图 1.8 所示。另外，楼层配线架(FD)也可不经过建筑配线架(BD)而直接通过干线缆线连接至建筑群配线架(CD)。这些都和工作区用户性质和网络构成有关。

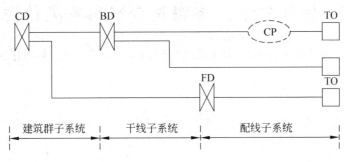

图 1.8　综合布线子系统简化

5. 综合布线系统组成部件

在综合布线系统构成图中包含的部件主要有以下几部分。

(1) 建筑群子系统：由连接多个建筑物之间的干线电缆或光缆、建筑群配线架(CD)、设备缆线和跳线组成。

(2) 建筑群主干缆线(Campus Backbone Cable)：可为建筑群主干电缆或主干光缆，用在建筑群内连接建筑群配线架与建筑物配线架的电缆、光缆。

(3) 建筑群配线架(Campus Distributor,CD)：终接建筑群主干缆线的配线设备。

(4) 干线子系统：由设备间至电信间的干线电缆和光缆，安装在设备间的建筑物配线架(BD)及设备缆线和跳线组成。

(5) 建筑物主干缆线(Building Backbone Cable)：可为主干电缆或主干光缆，用来连接建筑物配线设备至楼层配线设备及建筑物内楼层配线设备之间相连接的缆线。

(6) 建筑物配线架(Building Distributor,BD)：为建筑物主干缆线或建筑群主干缆线终接的配线设备。

(7) 配线子系统：由工作区的信息插座模块、信息插座模块至楼层配线架(FD)的配线电缆和光缆、电信间的配线设备及设备缆线和跳线等组成。

(8) 水平缆线(Horizontal Cable)，楼层配线设备到信息点之间的连接缆线。

(9) 楼层配线架(Floor Distributor,FD)：终接水平电缆、水平光缆和其他布线子系统［干线电(光)缆］终接的配线设备。

(10) 集合点(Consolidation Point,CP)：楼层配线架与工作区信息点之间水平缆线路由中的连接点。可以设置也可以不设置。

(11) 信息点(Telecommunications Outlet,TO)：各类电缆或光缆终接的信息插座模块。

(12) CP 链路：楼层配线架与集合点之间，包括各端的连接器件在内的永久性的链路。

(13) CP 缆线：连接集合点至工作区信息点的缆线。

(14) 工作区缆线：也就是通常用的接插软线(Patch Calld)，一端或两端带有连接器件的软电缆或软光缆。

(15) 终端设备(Terminal Equipment,TE)：接入综合布线系统的终端设备。

(16) 设备缆线(Equipment Cable)：包括设备电缆、设备光缆，通信设备连接到配线设备的电缆、光缆。

(17) 跳线(Jumper)：不带连接器件或带连接器件的电缆线对与带连接器件的光纤，用于配线设备之间进行连接。

1.3 任务实施：掌握综合布线系统的构成

到校园、企业单位调查采用综合布线系统的网络实际工程结构，画出相应的综合布线系统构成图。

习　　题

一、选择题

1. 综合布线系统三级结构和网络树形三层结构的对应关系是(　　)。
   A. BD 对应核心层、CD 对应分布层　　B. CD 对应核心层、BD 对应分布层
   C. BD 对应核心层、FD 对应接入层　　D. CD 对应核心层、BD 对应接入层
2. 综合布线系统二级结构和网络树形二层结构的对应关系是(　　)。
   A. BD 对应核心层、FD 对应分布层　　B. BD 对应核心层、FD 对应接入层
   C. FD 对应核心层、BD 对应接入层　　D. FD 对应核心层、BD 对应分布层
3. 在综合布线系统结构中，从设备间配线架到工作区，正确的顺序是(　　)。
   A. BD-FD-CD-TO-CP-TE　　B. CD-BD-FD-CP-TO-TE
   C. CD-FD-BD-TO-CP-TE　　D. BD-CD-FD-TO-CP-TE
4. 综合布线系统中直接与用户终端设备相连的部分是(　　)。
   A. 工作区　　　　　　　　　　　B. 配线子系统 E
   C. 干线子系统　　　　　　　　　D. 管理
5. 综合布线系统中用于连接两幢建筑物的子系统是(　　)。
   A. 进线子系统　　　　　　　　　B. 配线子系统 E
   C. 干线子系统　　　　　　　　　D. 建筑群子系统
6. 综合布线系统中用于连接电信间配线架和建筑物配线设备的子系统是(　　)。
   A. 进线子系统　　　　　　　　　B. 配线子系统 E
   C. 干线子系统　　　　　　　　　D. 建筑群子系统
7. 综合布线系统中用于连接电信间配线架和工作区信息插座的子系统是(　　)。
   A. 进线子系统　　　　　　　　　B. 配线子系统 E
   C. 干线子系统　　　　　　　　　D. 建筑群子系统
8. 下面关于综合布线系统组成的说法，正确的是(　　)。
   A. 建筑群必须有一个建筑群设备间　　B. 建筑物的每个楼层都需设置楼层电信间
   C. 建筑物设备间需与进线间分开　　　D. 每台计算机终端都需独立设置为工作区
9. 根据国标 GB/T 50311—2016 的规定，综合布线系统宜按(　　)部分设计。
   A. 3　　　　　B. 6　　　　　C. 7　　　　　D. 5
10. 根据通信行业标准 YD/T 926—2009 的规定，综合布线系统由(　　)个子系统构成。
    A. 3　　　　　B. 6　　　　　C. 7　　　　　D. 5

二、名词解释

综合布线系统　　设备间　　工作区　　电信间

三、思考题

1. 什么是智能建筑？什么是综合布线系统？
2. 简述综合布线系统和智能建筑的关系。
3. 综合布线系统和传统布线系统比较，其主要优点是什么？
4. 建筑物内通常包括哪些弱电系统？
5. 综合布线系统通常应用在什么场所？
6. 列出5种有代表性的常用国外综合布线系统标准。
7. 在中国，综合布线系统标准有哪些？
8. 综合布线系统主要由哪几部分组成？各部分包括哪些范围？
9. 综合布线系统包括哪些布线部件？

四、实训题

参观访问本校校园网，画出相应的综合布线系统简图。通过参观，区分系统中的不同部分，了解综合布线系统所用的设备及其为用户提供的服务业务。

任务 2 认识综合布线系统的布线缆线及其连接器件

2.1 任务描述

在任务 1 中,我们已经学到,综合布线系统由 7 部分组成,分布于建筑物的不同位置,分别起着各自重要的作用。同时我们也已经了解到这 7 部分由许多部件构成,例如:
- 建筑群主干缆线(Campus Backbone Cable);
- 建筑群配线架(Campus Distributor,CD);
- 建筑物主干缆线(Building Backbone Cable);
- 建筑物配线设备(Building Distributor,BD);
- 水平缆线(Horizontal Cable);
- 楼层配线架(Floor Distributor,FD);
- CP 缆线;
- 信息点(Telecommunications Outlet,TO);
- 工作区缆线;
- 设备缆线(Equipment Cable);
- 跳线(Jumper)。

这些部件的连接组成了综合布线系统链路。这些链路是由缆线、连接器件等连接在一起组成的。

目前,在市场上有大量的综合布线产品供应商,不同厂商提供的产品各有特点。

在综合布线系统中各组成部分分别有哪些布线材料呢?

2.2 相关知识

2.2.1 综合布线系统工程中使用的传输介质

在计算机之间进行相互联网时,首先要解决的是通信线路和通道传输问题。计算机网络通信分为有线通信和无线通信两大类。有线通信系统是利用电缆或光缆来作为信号的传输载体的,通过连接器、配线设备及交换设备将计算机连接起来,形成通信网络;而无线通信系统则是利用卫星、微波、红外线来作为信号的传输载体,借助空气来进行信号的传输,通过相应的信号收发器将计算机连接起来,形成通信网络。

在有线通信系统中,缆线主要有铜缆和光缆两大类。铜缆又可分为对绞电缆和同轴电缆两种;光缆则可分为单模光纤和多模光纤两种。

在综合布线系统中,除传输介质外,传输介质的连接也非常重要。不同区域的传输介质要通过连接件连接从而形成通信链路。

1. 对绞电缆

1) 认识对绞电缆

对绞电缆(Twisted Pair Wire,TP)是综合布线系统工程中最常用的有线通信传输介质。是由一对或多对按一定绞距反时针方向相互缠绕在一起的金属导体线对(Pair)包裹绝缘护套层构成的。电缆护套可以保护其中的导体线对免遭机械损伤和其他有害物质的损坏,也能提高电缆的物理性能和电气性能,如图 2.1 所示。

在对绞电缆(也称双扭线电缆或对称双绞电缆,为便于统一,本书中统一用对绞电缆表示)内,不同线对具有不同的扭绞长度,按逆时针方向扭绞。把两根绝缘的铜导线按一定密度互相绞合在

图 2.1 双绞线图解

一起,每一根导线在传输中辐射出来的电波会被另一根导线上发出的电波抵消,提高了抗系统本身电子噪声和电磁干扰的能力,但不能防止周围的电子干扰。一般扭线越密其抗干扰能力就越强。

对绞电缆的直径通常用美国缆线标准(American Wire Gauge,AWG)单位来衡量。AWG值越小,电线直径却越大。双绞线的绝缘铜导线线芯大小有 22、24 和 26 等规格。

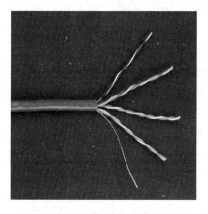

图 2.2 5e 类 4 对 UTP

2) 非屏蔽对绞电缆

按对绞电缆包缠的是否有金属屏蔽层分为非屏蔽对绞电缆和屏蔽对绞电缆。

非屏蔽对绞电缆(Unshielded Twisted Pair,UTP)是指不带任何屏蔽物的对绞电缆。具有重量轻、体积小、易安装和价格便宜等优点,但抗外界电磁干扰的性能较差,不能满足电磁兼容(EMC)规定的要求。同时,这种电缆在传输信息时宜向外辐射泄漏,安全性差,图 2.2 所示为一条 5e 类 4 对 8 芯非屏蔽对绞电缆。

3) 屏蔽对绞电缆

电缆屏蔽层的设计有屏蔽整个电缆、屏蔽电缆中的线对和屏蔽电缆中的单根导线三种形式。

电缆屏蔽层由金属箔、金属丝或金属网构成。屏蔽对绞电缆与非屏蔽对绞电缆一样,电缆芯是铜对绞电缆,护套层是塑橡皮。只不过在护套层内增加了金属层。按金属屏蔽层数量和金属屏蔽层绕包方式,屏蔽对绞电缆可分为以下几种。

(1) 电缆金属箔屏蔽对绞电缆(F/UTP),图 2.3 所示为 F/UTP 横截面结构图。

(2) 线对金属箔屏蔽对绞电缆(U/FTP)。

(3) 电缆金属编织网加金属箔屏蔽对绞电缆(SF/UTP),图 2.4 所示为 SF/UTP 横截面结构图。

(4) 电缆金属箔编织网屏蔽加上线对金属箔屏蔽对绞电缆(S/FTP)。

不同的屏蔽电缆会产生不同的屏蔽效果。一般认可金属箔对高频、金属编织网对低频的

电磁屏蔽效果为佳。如果采用双重屏蔽(SF/UTP 和 S/FTP)则屏蔽效果更为理想,可以同时抵御线对之间和来自外部的电磁屏蔽辐射干扰,减少线对之间及线对对外部的电磁辐射干扰。

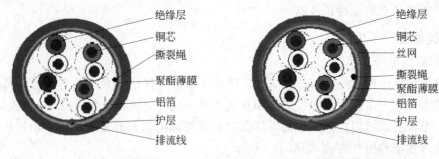

图 2.3　F/UTP 横截面结构　　　　　图 2.4　SF/UTP 横截面结构

为了起到良好的屏蔽作用,屏蔽布线系统中的每一个元件(双绞线、水晶头、信息模块、配线架等)必须全部是屏蔽结构,且接地良好。

4) 对绞电缆等级

TIA/EIA 为对绞电缆根据性能定义了以下几种(见表 2.1)。不同等级的对绞电缆的标注方法是这样规定的:如果是标准类型,按 CAT x 方式标注,如常用的 5 类线和 6 类线,在缆线的外包皮上标注为 CAT 5 和 CAT 6;如果是增强版的,就按 CAT xe 方式标注,如超 5 类线就标注为 CAT 5e。

表 2.1　常用对绞电缆分类标准

系统产品类别	系统分级	支持最高带宽(Hz)	备　注
CAT 1	A	100k	只用于 20 世纪语音传输,不用于数据传输
CAT 2	B	1M	用于语音传输和最高传输速率 4Mbps 的数据传输
CAT 3(大对数)	C	16M	用于语音传输和最高传输速率 10Mbps 的数据传输
CAT 5(屏蔽和非屏蔽)	D	100M	用于语音传输和最高传输速率 100Mbps 的数据传输
CAT 5e(屏蔽和非屏蔽)	D	100M	用于语音传输和最高传输速率 1000Mbps 的数据传输
CAT 6(屏蔽和非屏蔽)	E	250M	用于语音传输和最高传输速率 1000Mbps 的数据传输
CAT 6A(屏蔽和非屏蔽)	EA	500M	用于语音传输和最高传输速率 10GMbps 的数据传输
CAT 7(屏蔽)	F	600M	屏蔽电缆,用于最高传输速率 10GMbps 的数据传输
CAT 7A(屏蔽)	FA	1000M	屏蔽电缆,用于最高传输速率 10GMbps 的数据传输
GAT 8.1(兼容 6A)	I	2000M	屏蔽,为 4 万兆和 20 万兆准备的电缆
GAT 8.2(兼容 7)	II	2000M	屏蔽,为 4 万兆和 20 万兆准备的电缆

5) 对绞电缆对数

通常将对绞电缆分为 4 对对绞电缆和大对数(25 对、50 对、100 对)缆线。

(1) 4 对对绞电缆。

在综合布线工程中,配线布线通常用到的是 4 对对绞电缆,如图 2.2 所示。为了便于安装与管理,每对双绞线有颜色标识。4 对 UTP 电缆的颜色分别是蓝色、橙色、绿色、棕色。在每个线对中,其中一根的颜色为线对颜色加一个白色条纹或斑点(纯色),另一根的颜色是白色底色加线对颜色的条纹或斑点,即电缆中的每一对对绞电缆都是互补颜色。具体的颜色编码如表 2.2 所示。

表2.2 4对UTP电缆颜色编码

线 对	颜色编码	简 写	线 对	颜色编码	简 写
1	白-蓝	W-BL	3	白-绿	W-G
	蓝	BL		绿	G
2	白-橙	W-O	4	白-棕	W-BR
	橙	O		棕	BR

6类电缆的绞距比超5类更密,线对间的相互影响更小。为了减少衰减,电缆绝缘材料和外套的损耗应最小。在电缆中通常使用聚乙烯和聚四氟乙烯两种材料。6类电缆的结构有两种:一种结构与5类电缆类似,采用紧凑的原型设计方式及平行隔离带技术,它可获得较好的电气性能;另一种结构是采用中心扭十字技术,电缆采用十字分隔器,线对之间的分隔可阻止线对间串扰,其物理结构如图2.5所示。十字星形填充的对绞电缆构造是在电缆中建一个十字交叉中心,把4条线对分成不同的信号区,这样就可以提高电缆的抗近端串扰性能,减少在安装过程中由于电缆连接和弯曲引起的电缆物理上的失真,十字骨架构造在保证前后位置精准方面做了更多的改进。

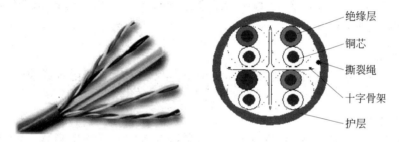

图2.5 类双绞线结构图

(2)大对数缆线。

大对数缆线即大对数干线电缆,通常有25对、50对和100对等型号,大对数缆线只有UTP电缆。5类、5e类、6类一般只有25对缆线,3类才有25对、50对、100对、300对等型号缆线。其中5e类、6类大对数可支持到1 000Mbps,并向下兼容。5类和3类常用于语音通信的干线子系统中。通常每一门电话使用1对芯线。

同样,为便于安装和管理,大对数缆线采用25对国际工业标准彩色编码进行管理。每个线对束都有不同的颜色编码,同一束内的每个线对又有不同的颜色编码。25线对束的UTP电缆颜色编码方案如表2.3所示。

表2.3 25线对束的UTP电缆颜色编码方案

01	02	03	04	05	06	07	08	09	10	11	12	13	14	15	16	17	18	19	20	21	22	23	24	25
白					红					黑					黄					紫				
蓝	橙	绿	棕	灰	蓝	橙	绿	棕	灰	蓝	橙	绿	棕	灰	蓝	橙	绿	棕	灰	蓝	橙	绿	棕	灰

主色:白、红、黑、黄、紫;辅色:蓝、橙、绿、棕、灰。

任何综合布线系统只要使用超过1对的线对,就应该在25个线对中按顺序分配,不要随意分配线对。25线对束的UTP电缆颜色编码如表2.4所示。

表 2.4　25 线对束的 UTP 电缆颜色编码

线对	颜色编码	线对	颜色编码	线对	颜色编码
1	白-蓝　蓝-白	10	红-灰　灰-红	19	黄-棕　棕-黄
2	白-橙　橙-白	11	黑-蓝　蓝-黑	20	黄-灰　灰-黄
3	白-绿　绿-白	12	黑-橙　橙-黑	21	紫-蓝　蓝-紫
4	白-棕　棕-白	13	黑-绿　绿-黑	22	紫-橙　橙-紫
5	白-灰　灰-白	14	黑-棕　棕-黑	23	紫-绿　绿-紫
6	红-蓝　蓝-红	15	黑-灰　灰-黑	24	紫-棕　棕-紫
7	红-橙　橙-红	16	黄-蓝　蓝-黄	25	紫-灰　灰-紫
8	红-绿　绿-红	17	黄-橙　橙-黄		
9	红-棕　棕-红	18	黄-绿　绿-黄		

6) 双绞线的电气特性参数

双绞线的电气特性直接影响了它的传输质量。双绞线的电气特性参数也是布线过程中的测试参数。双绞线的电气特性参数主要有特性阻抗、直流环路电阻、衰减、近端串音、近端串音功率和、衰减串音比值、远端串扰、等电平远端串音、等电平远端串音功率和、回波损耗、传播时延、传播时延偏差、插入损耗。

2．同轴电缆

同轴电缆曾经应用于各种类型的网络，目前更多地使用于有线电视或视频（监控和安全）等网络应用中。

1) 同轴电缆的结构

同轴电缆由两个导体组成，其结构是一个外部圆柱形空心导体围裹着一个内部导体。同轴电缆的组成由里向外依次是导体、绝缘层、屏蔽层和护套，如图 2.6 所示。内部导体可以是单股实心线也可以是绞合线；外部导体可以是单股线也可以是编织线。内部导体的固定用规则间隔的绝缘环或者用固体绝缘材料，外部导体用一个罩或者屏蔽层覆盖。因为同轴电缆只有一个中心导体，所以它通常被认为是非平衡传输介质。中心导体和屏蔽层之间传输的信号极性相反，中心导体为正，屏蔽层为负。

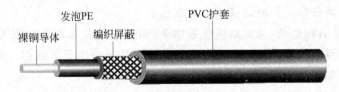

图 2.6　同轴电缆结构截面

中心导体和电缆屏蔽层以同一个轴为对称中心构成了两个同心圆结构，可以保证中心导体处在中心位置，并保证它与屏蔽层之间的距离的准确性，这两个电缆部件用绝缘层隔开。

目前，进行综合布线系统时已经不再使用同轴电缆，但同轴电缆曾一度在网络传输介质中占有很重要的地位，为了帮助大家了解同轴电缆，在这里简单介绍一下。

2) 同轴电缆的类型

常用的同轴电缆有 RG-6/RG-59 同轴电缆、RG-8 或 RG-11、RG-58/U 或 RG-58C/U、RG-62。计算机网络一般选用 RG-8（粗缆）和 RG-58（细缆），但随着局域网速率的提高和 UTP、光缆的价格降低,RG-8(粗缆)和 RG-58(细缆)已经不再用于计算机局域网络。

3. 光纤传输介质

光纤是光导纤维的简称,光导纤维是一种传输光束的细而柔软的媒质,是数据传输中最有效的一种传输介质。光缆由 2 芯或以上光纤组成。

1) 光纤的结构

计算机网络中的光纤主要是用石英玻璃(SiO_2)制成的横截面很小的双层同心圆柱体。裸光纤由光纤芯、包层和涂覆层三部分组成。最里面的是光纤芯;包层将光纤芯围裹起来,使光纤芯与外界隔离,以防止与其他相邻的光导纤维相互干扰。包层的外面涂覆一层很薄的涂覆层,涂覆材料为硅酮树脂或聚氨基甲酸乙酯,涂覆层的外面套塑(或称二次涂覆),套塑的原料大都采用尼龙、聚乙烯或聚丙烯等塑料。裸光纤的结构如图 2.7 所示。

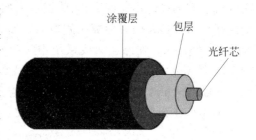

图 2.7 裸光纤结构图

光纤芯是光的传导部分,而包层的作用是将光封闭在光纤芯内。光纤芯和包层的成分都是玻璃,光纤芯的折射率高,包层的折射率低,这样可以把光封闭在光纤芯内,如图 2.8 所示。

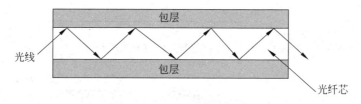

图 2.8 光纤中的光传输

2) 光纤的分类

光纤的种类很多,可以根据构成光纤的材料、光纤的制造方法、光纤的传输总模数、光纤横截面上的折射率分布和工作波长进行分类。

(1) 按构成光纤的材料分类。

按照构成材料,光纤一般可分为以下三类。

① 玻璃光纤。光纤芯与包层都是玻璃,损耗小,传输距离长,成本高。

② 胶套硅光纤。光纤芯是玻璃,包层是塑料,损耗小,传输距离长,成本较低。

③ 塑料光纤。光纤芯与包层都是塑料,损耗大,传输距离很短,价格很低。多用于家电、音响以及短距离的图像传输。

(2) 按传输模式分类。

将光纤按照传输模式分类,有单模光纤(Single Mode Fiber,SMF)和多模光纤(Multi Mode Fiber,MMF)两种。

① 单模光纤(SMF)。单模光纤对给定的工作波长只能传输一个模式。单模光纤采用固定激光器作为光源,若入射光的模样为圆形光斑,射出端仍能观察到圆形光斑,即单模光纤只允许一束光传输,没有模分散特性,因此,单模光纤的光纤芯相应较细、传输频带宽、容量大、传输距离长。单模光纤的光纤芯直径很小,为 4~10μm,包层直径为 125μm。目前,常见的单模光纤主要有 8.3/125μm、9/125μm、10/125μm 等规格。单模光纤通常用在工作波长为

1310nm 或 1550nm 的激光发射器中。

由于单模光纤只传输主模,从而避免了模态色散,使得这种光纤的传输频带很宽,传输容量大,适用于大容量、长距离的光纤通信。通常在建筑物之间或地域分散时使用。

② 多模光纤(MMF)。多模光纤采用发光二极管作为光源。多模光纤可以传输若干个模式,多模光纤允许多束光在光纤中同时传播,形成模分散,模分散限制了多模光纤的带宽和距离,因此,多模光纤的光纤芯粗、传输速率低、距离短、整体的传输性能差,但其成本一般较低。特别适合于多接头的短距离应用场合。多模光纤的光纤芯直径一般在 $50\sim75\mu m$,包层直径为 $125\sim200\mu m$。在综合布线系统中常用光纤芯直径为 $50\mu m$、$62.5\mu m$,包层均为 $125\mu m$,也就是通常所说的 $50\mu m$、$62.5\mu m$。多模光纤的光源一般采用 LED(发光二极管),工作波长为 850nm 或 1300nm。多模光纤常用于建筑物内干线子系统、水平子系统或建筑群之间的布线。

单模光纤和多模光纤如图 2.9 所示。

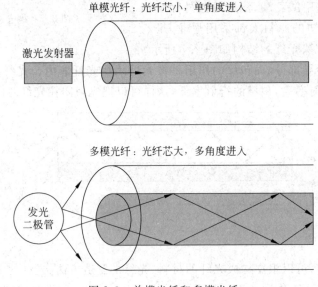

图 2.9 单模光纤和多模光纤

(3) 按工作波长分类。

按光纤的工作波长分类,有短波长光纤、长波长光纤和超长波长光纤。多模光纤的工作波长为短波长 850nm 和长波长 1300nm,单模光纤的工作波长为长波长 1310nm 和超长波长 1550nm。

3) 光纤通信系统

目前,在局域网中实现的光纤通信是一种光电混合式的通信结构。通信终端的电信号与光缆中传输的光信号之间要进行光电转换,光电转换通过光电转换器完成,如图 2.10 所示。

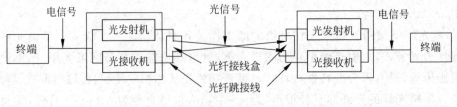

图 2.10 光电转换

利用光纤传递光脉冲可以完成通信。光源被放置在发送端,光源可以是发光二极管或半导体激光发射器,使光源在电脉冲的作用下产生光脉冲,在接收端利用发光二极管制成光检测器,可以检测到光脉冲时便可还原出电脉冲。

由于光信号目前只能单方向传输,所以,目前光纤通信系统通常都是用 2 芯,一芯用于发送信号,一芯用于接收信号。

由于传输的光线没有向外部溢出,只存在玻璃中的损耗,可以使光线在光纤中传播较长的距离。如果采用损耗低的石英玻璃作为光纤芯,效果会更好。

与铜缆相比,光纤通信系统的主要优点如下。

- 光纤通信的频带很宽,理论可达 30GHz,通信容量大。
- 线路损耗低,衰减较小,传输距离远。
- 不受电磁场和电磁辐射的影响,完全的电磁绝缘,抗干扰能力强,安全性高。
- 线径细,重量轻。
- 抗化学腐蚀能力强,适用于某些特殊环境下的布线。
- 不带电,使用安全,可用于易燃、易爆场所。没有电流通过,不产生热和火花,所以不怕雷击、不怕静电,不必担心串扰以及回波损耗等。

4)光纤的传输性能

目前,世界数据通信传输量的 80% 以上是由光通信系统完成传输的。因此,光纤的传输性能在光通信系统中是非常重要的。多模光纤的传输性能包括光源与光纤的耦合、光纤的数值孔径、光纤的损耗、光纤的模式带宽、光纤的色散、截止波长。

5)光缆及其结构

光纤传输系统中直接使用的是光缆而不是光纤。光缆结构的主旨在于想方设法保护内部的光纤,不受外界机械应力和水、潮湿的影响。因此光缆设计、生产时,需要按照光缆的应用场合、敷设方法设计光缆结构。光纤的最外面是缓冲保护层、光缆加强元件和光缆护套。

(1)光纤。光缆的核心是光纤,光纤在前面已经介绍过。

(2)缓冲保护层。在光纤涂覆层外面还有一层缓冲保护层,给光纤提供附加保护。在光缆中这层保护分为紧套管缓冲和松套管缓冲两类。

① 紧套管缓冲。紧套管是直接在涂覆层外加的一层塑料缓冲材料,约 $650\mu m$,与涂覆层合在一起,构成一个 $900\mu m$ 的缓冲保护层。

紧套管缓冲光缆主要用于室内布线。由于它的尺寸较小,所以使用灵活,并在安装过程中允许有大的弯曲半径,使得安装起来比较容易。

② 松套管缓冲。松套管缓冲光缆使用塑料套管作为缓冲保护层,套管直径是光纤直径的几倍,在这个大的塑料套管的内部有一根或多根已经有涂覆层保护的光纤。光纤在套管内可以自由活动,并且通过套管与光缆的其他部分隔离开来。

松套管缓冲一般用于室外布线,光缆的结构可以防止室外电缆管道内的长距离牵引带来的损害,同时还可以适应室外温度变化较大的环境特点。此外,大多数厂家还在松套管上加了一层防水凝胶,以利于光纤隔离外界潮湿。

(3)光缆加强元件。为保护光缆的机械强度和刚性,光缆通常包含一个或几个加强元件。在光缆被牵引的时候,加强元件使得光缆有一定的抗拉强度,同时还对光缆有一定的支持保护作用。光缆加强元件有芳纶砂、钢丝和纤维玻璃棒三种。

(4)光缆护套。光缆护套是光缆的外围部件,它是非金属元件,作用是将其他的光缆部件加固在一起,保护光纤和其他光缆部件免受损害。

6）光缆的物理性能和环境性能

光缆的传输性能是由光缆中的光纤的质量决定的,而光缆的物理性能和环境性能则是由护套层来决定的。光缆的设计寿命一般为40年,要保证光缆的传输性能,必须对光缆的物理性能和环境性能提出严格的技术要求,并进行有效的保护。

（1）光缆的物理性能。光缆的物理性能应能保证光缆为光纤提供足够的保护,使光纤在运输、施工及运行维护期内不会遭受损坏,并能保持光纤的优良传输性能。

（2）光缆的环境性能。光缆的环境性能是指光缆高低温性能、渗水性能和滴流性能。敷设在室外的光缆,其性能与周围环境的变化有关。

7）光缆的分类

光缆的分类有多种方法,通常的分类方法如下。

- 按照应用场合分类：室内光缆、室外光缆、室内外通用光缆等。
- 按照敷设方式分类：架空光缆、直埋光缆、管道光缆、水底光缆等。
- 按照结构分类：紧套管光缆、松套管光缆、单一套管光缆等。
- 按照光缆缆芯结构分类：层绞式、中心束管式、骨架式和带状式4种基本形式。
- 按照光缆中光纤芯数分类：4芯、6芯、8芯、12芯、24芯、36芯、48芯、72芯、……、144芯等。

8）光缆的型号和识别

根据我国通信行业标准《光缆型号命名方法》(YD/T 908—2000)的规定,光缆型号由光缆形式和规格两大部分组成,中间用空格分开。

（1）光缆形式。光缆形式由5个部分构成,各部分均用代号表示,如图2.11所示。具体各部分含义参看我国通信行业标准《光缆型号命名方法》(YD/T 908—2000)的规定。

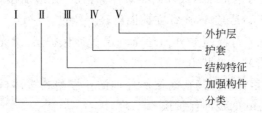

图 2.11　光缆形式的构成

（2）规格。光缆规格是由光纤和导电芯线的有关规格组成。限于篇幅,请参看我国通信行业标准《光缆型号命名方法》(YD/T 908—2000)的规定。

4. 无线传输介质与综合布线系统

无线传输是指在自由空间利用电磁波或其他方式发送信号和接收信号。地球上的大气层为大部分无线传输提供了物理通道。

常用的无线传输介质有微波、激光、红外线等几种,可以组建 Ad-Hoc 无线局域网、Infrastructure 无线局域网和无线有线一体化局域网。

目前,国内的综合布线系统主要采用双绞线和光缆,但有时有线网络在很多时候需要无线技术作为补充和扩展,而无线网络的使用也离不开有线网络的支持。因而,在综合布线系统设计中可以考虑采用无线网络与有线网络并用的方式,使无线网络和有线网络相互配合,相得益彰,从而使得综合布线系统更加灵活、方便、经济,功能更加完善。

2.2.2 双绞线连接器件

在综合布线系统中除了需要使用传输介质外,还需要与传输介质对应的连接器件,这些器件用于端接或直接连接电缆,从而组成一个完整的信息传输通道。

双绞线的主要连接器件有配线架、信息插座和接插软线(跳接线)。信息插座采用信息模块和 RJ-45 连接头连接。在电信间,对绞电缆端接至配线架,再用跳接线连接。

1. RJ-45 连接器

RJ-45 连接器(8 针)是一种塑料接插件,又称 RJ-45 水晶头。用于制作双绞线跳线,实现与配线架、信息插座、网卡或其他网络设备(如集线器、交换机、路由器等)的连接。

根据端接的双绞线的类型,有 5 类、5e 类、6 类 RJ-45 连接器;有非屏蔽 RJ-45 连接器(如图 2.12 所示,用于和非屏蔽双绞线端接)和屏蔽 RJ-45 连接器(如图 2.13 所示,用于和屏蔽双绞线端接)。

图 2.12 非屏蔽 RJ-45 连接器

图 2.13 屏蔽 RJ-45 连接器

在使用对绞电缆布线时,通常要使用双绞线跳线来完成布线系统与相应设备的连接。所谓双绞线跳线,是指两端带有 RJ-45 连接器的一段对绞电缆,如图 2.14 所示。在计算机网络中使用的双绞线跳线有直通线、交叉线、反接线三种类型。制作双绞线跳线时可以按照 TIA/EIA 568A 或 TIA/EIA 568B 两种标准之一进行,但在同一工程中只能按照同一个标准进行,一般多采用 TIA/EIA 568B 标准。

2. 信息插座

信息插座通常由信息模块、面板和底盒三部分组成。信息模块是信息插座的核心,对绞电缆与信息插座的连接实际上是与信息模块的连接。信息模块所遵循的标准,决定着信息插座所适用的信息传输通道。面板和底盒的不同,决定着信息插座所适用的安装环境。图 2.15 所示给出了信息插座的结构图。

图 2.14 双绞线跳线

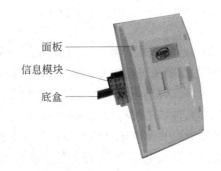
图 2.15 信息插座结构

1) RJ-45 信息模块

信息插座中的信息模块通过配线子系统与楼层配线架相连,通过工作区跳线与应用综合布线的终端设备相连。信息模块的类型必须与配线子系统和工作区跳线的缆线类型一致。RJ-45 信息模块是根据国际标准 ISO/IEC 11801、TIA/EIA 568 设计制造的,该模块为 8 线式插座模块,适用于对绞电缆的连接。RJ-45 信息模块除了安装到信息插座外,还可以安装到模块化配线架中。

RJ-45 信息模块用于端接水平电缆,模块中有 8 个与电缆导线连接的接线。要辨别一个插孔上的金属针针位,可以拿起插孔,面对着模块式插头要连接的那一面,确信有卡条的那一面是朝下的。这时,金属针 1 就是最左边的一根,金属针 8 就是最右边的一根。

图 2.16 分别是 RJ-45 信息模块的正视图、侧视图、立体图。

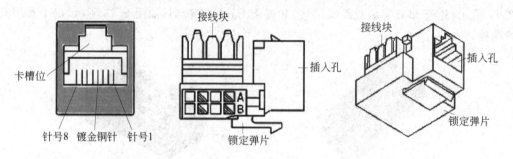

图 2.16　RJ-45 信息模块的正视图、侧视图、立体图

RJ-45 信息模块的类型是与对绞电缆的类型相对应的,比如,根据其对应的对绞电缆的等级,RJ-45 信息模块可以分为 3 类、5 类、5e 类和 6 类 RJ-45 信息模块等。

RJ-45 信息模块也可分为非屏蔽信息模块和屏蔽信息模块。图 2.17 所示是非屏蔽信息模块,图 2.18 所示是屏蔽信息模块。

图 2.17　非屏蔽信息模块

图 2.18　屏蔽信息模块

RJ-45 信息模块根据打线方式可分为打线式信息模块和免打线式信息模块(如图 2.19 所示)。打线式信息模块需要用专用的打线工具将双绞线导线压到信息模块的接线块里;而免打线式信息模块只需用连接器帽盖将双绞线导线压到信息模块的接线块里(也可用专用的打线工具)。目前,市场上流行的是免打线式信息模块,可实现快速布线。

屏蔽对绞电缆和非屏蔽对绞电缆的端接方式相同,都是利用 RJ-45 信息模块上的接线块通过线槽来连接对绞电缆的,底部的锁定弹片可以在面板等信息出口装置上固定 RJ-45 信息模块。当安装屏蔽电缆系统时,整个链路都必须屏蔽,包括电缆和连接器。屏蔽双绞线的屏蔽层和连接硬件端接处屏蔽罩必须保持良好接触。电缆屏蔽层应与连接硬件屏蔽罩 360°圆周

图 2.19　免打线式信息模块

接触,接触长度不宜小于 10mm。

2) 信息插座面板

信息插座面板用于在信息出口位置安装固定信息模块。插座面板有单口型号和双口型号,也有三口或四口的型号。面板一般为平面插口,也有斜口插口的,如图 2.20 所示。

图 2.20　信息插座面板

3) 信息插座底盒

信息插座底盒一般为塑料材质,预埋在墙体里的底盒也有金属材料的。底盒都预留了穿线孔,有的底盒穿线孔是通的,有的底盒在多个方向预留有穿线位,安装时凿穿与线管对接的穿线位即可,图 2.21 所示为信息插座单接线底盒。

4) 信息插座的分类

信息插座根据其所采用信息模块的类型不同,以及面板和底盒的结构不同有很多种分类方法。在综合布线系统,通常是根据安装位置的不同,把信息插座分成墙面型、桌面型和地面型等几种类型。

(1) 墙面型插座。墙面型插座多为内嵌式插座,安装于墙壁内或护壁板中,主要用于与主体建筑同时完工的综合布线工程。为了防止灰尘,目前使用的大部分墙面型插座都带有扣式防尘盖或弹簧防尘盖。

(2) 桌面型插座。桌面型插座适用于主体建筑完成后进行的综合布线工程。桌面型插座有多种类型,一般可以直接固定在桌面上,如图 2.22 所示。

图 2.21　信息插座单接线底盒　　　　图 2.22　桌面型插座

（3）地面型插座。在地板上进行信息插座安装时，需要选用专门的地面型插座。地面型插座多为铜质。铜质地面型插座有旋盖式、翻扣式和弹起式3种，其中弹起式地面型插座应用最为广泛，如图2.23所示。弹起式地面型插座采用铜合金或铝合金材料制成，可以安装在建筑物内任意位置的地板平面上，适用于大理石、木地板、架空地板等各种地面。

图2.23　弹起式地面型插座

3．对绞电缆配线架

配线架是电缆或光缆进行端接和连接的装置。在配线架上可进行互联或交接操作。建筑群配线架是端接建筑群干线电缆、干线光缆的连接装置。建筑物配线架是端接建筑物干线电缆、干线光缆并可连接建筑群干线电缆、干线光缆的连接装置。楼层配线架是端接水平电缆、水平光缆与其他布线子系统或设备相连接的装置。光纤配线架在后面部分还会单独介绍，这里介绍的都是铜缆配线架。

铜缆配线架系统分110型配线架系统，也称IDC配线架和模块式快速配线架系统。相应地，许多厂商都有自己的产品系列，并且对应3类、5类、5e类、6类和7类缆线分别有不同的规格和型号。在具体项目中，可参考产品手册，根据实际情况进行配置。

1）IDC配线架

IDC配线架需要和11连接块配合使用，用于端接配线电缆或干线电缆，并通过跳线连接配线子系统和干线子系统。IDC配线架是由高分子合成阻燃材料压模而成的塑料件，它的上面装有若干齿形条，每行最多可端接25对线。双绞电缆的每根线压入齿形条的槽缝里，利用充压工具就可以把线压入110连接块上。

（1）110A型配线架。

110A型配线架配有若干引脚，俗称"带脚的110配线架"，以便为其后面的安装电缆提供空间；配线架侧面的空间，可供垂直跳线使用。110A型配线架可以应用于所有场合，特别是可用于大型语音点和数据点缆线管理，也可以应用在交接间接线空间有限的场合。110A型配线架通常直接安装在二级交接间、电信间或设备间墙壁的胶木板上。每个交连单元的安装角使接线块后面留有缆线走线用的空间。110A型线对的接线块应在现场端接。图2.24所示为机架式110A型配线架，这种机架式110A型配线架适用于电信间、设备间水平布线或设备端接、集中点的互配端接。

（2）110P型配线架。

110P型配线架有300对和900对两种型号，由300对线的188B2垂直底板和相对应的188E2水平过线槽组成的110P型配线架，安装在一个金属背板支架上，底部有一个半封闭状的过线槽，如图2.25所示。

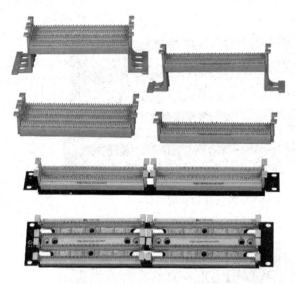

图 2.24　机架式 110A 型配线架

图 2.25　110P 型配线架

110P 型配线架没有支撑腿，不能安装在墙上，只能用于某些空间有限的特殊环境，如装在 19in 的机柜内。在 110P 型配线架上配有 188C2 和 188D2 垂直底板，分别配有分线环，以便为 110P 型终端块之间的跳线提供垂直通路；188E2 底板为 110P 型配线架终端块之间的条线提供水平通路。

（3）110 连接块。

110 连接块是一个单层耐火的塑料模密封器，内含熔锡快速接线夹子，当连接块被推入配线架的齿形条时，夹子就切开连线的绝缘层建立起连接。连接块的顶部用于交叉连接，顶部的连线通过连接块与齿形条内的连线相连。常用的连接块有 4 对线和 5 对线两种规格，如图 2.26 所示。

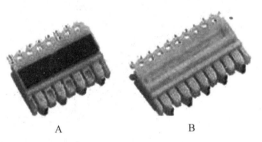

图 2.26　常用的连接块（A：4 对；B：5 对）

2）模块化快速配线架

模块化快速配线架又称快接式（插拔式）配线架、机柜式配线架，是一种 19in 的模块化嵌座配线架。它通过背部的卡线连接水平或垂直干线，并通过前面的 RJ-45 水晶头将工作区终端连接到网络设备。

按安装方式，模块化快速配线架有壁挂式和机架式两种。常用的配线架，通常在 1U 或 2U 的空间可以提供 24 个或 48 个标准的 RJ-45 接口。

模块化快速配线架中还有混合多功能型配线架，它只提供一个配线架空板，用户可以根据自己的应用情况选择 6 类、5e 类、5 类模块或光纤模块进行安装，并且可以混合安装。

图 2.27 所示为一款 48 口模块化快速配线架，图 2.28 所示为一款 24 口面板可翻转模块化快速配线架。

角型高密度配线架允许缆线直接从水平方向进入垂直的缆线管理器，而不需要水平缆线管理器，从而增加了机柜的密度，可以容纳更多的信息点数量。角型高密度配线架的构成如图 2.29 所示。

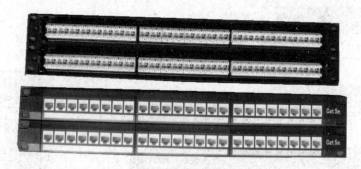

图 2.27　48 口模块化快速配线架

图 2.28　24 口面板可翻转模块化快速配线架

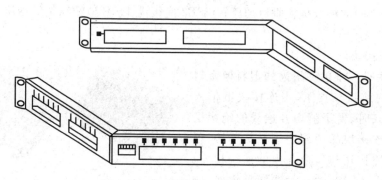

图 2.29　角型高密度配线架的构成

2.2.3　光纤连接器件

连接器件主要有配线架、端接架、接线盒、光缆信息插座、各种连接器（如 ST、SC、FC 等）以及用于光缆与电缆转换的器件。它们的作用是实现光缆线路的端接、接续、交连和光缆传输系统的管理，从而形成综合布线系统光缆传输系统通道。

1. 光纤连接器

光纤连接器是光纤通信中使用量最多的光无源器件，是用来端接光纤的。光纤连接器的首要功能是把两条光纤的芯子对齐，提供低损耗的连接。大多数的光纤连接器是由三部分组成，两个光纤接头和一个耦合器。耦合器是把两条光缆连接在一起的设备，使用时把两个连接器分别插到光纤耦合器的两端。耦合器的作用是把两个连接器对齐，保证两个连接器之间有一个低的连接损耗。耦合器多配有金属或非金属法兰，以便于连接器的安装固定。光纤连接器使用卡口式、旋拧式、n 型弹簧夹和 MT-RJ 等方法连接到插座上。光纤连接器件之间的组成如图 2.30 所示。

图 2.30 光纤连接器件之间的组成

要传输数据,至少需要两根光纤。一根光纤用于发送,另一根用于接收。光纤连接器根据光纤连接的方式被分为两种。

- 单连接器在装配时只连接一根光纤。
- 双连接器在装配时要连接两根光纤。

(1) ST 型光纤连接器。ST 型光纤连接器外壳呈圆形,是双锥型连接器。图 2.31 所示为 ST 型光纤连接器。ST 型光纤连接器采用卡口式锁定机构。在新的布线工程中不推荐使用 ST 型光纤连接器。

(2) SC 型光纤连接器。SC 型光纤连接器外壳呈矩形,紧固方式采用插拔销闩式,轻微的压力就插入或拔出,不需旋转。图 2.32 所示为 SC 型光纤连接器。适用于工作区、水平布线和管理区。

图 2.31 ST 型光纤连接器

(3) FC 型光纤连接器。FC(Ferrule Connector)型光纤连接器如图 2.33 所示。外部采用金属套,紧固方式为螺丝扣。此类连接器结构简单,操作方便,制作容易,多用于电信光纤网络。

(4) LC 型光纤连接器。LC 产品是一款新型的 SFF 产品,如图 2.34 所示。LC 型光纤连接器是著名 Bell 研究所研究开发出来的,采用操作方便的模块化插孔闩锁机理制成,其所采用的插针和套筒的尺寸是普通 SC、FC 等所用尺寸的一半,为 1.25mm,这样可以提高光缆配线架中光纤连接器的密度,主要应用于 SFP(Small From Pluggable)模块连接。

图 2.32 SC 型光纤连接器　　图 2.33 FC 型光纤连接器　　图 2.34 LC 型光纤连接器

(5) MT-RJ SFF 型光纤连接器。MT-RJ SFF 型光纤连接器是 Tyco Electronics 和 Siecor 联合开发的,如图 2.35 所示。

(6) MU 型光纤连接器。MU(Miniature Unit Coupling)型光纤连接器是一种直插式连接方式的连接器,实际上是 SC 型光纤连接器的小型化,是以目前使用最多的 SC 型光纤连接器为基础,由 NTT 研制开发出来的世界上最小的单芯光纤连接器,其体积约为 SC 型光纤连接器的 2/5。图 2.36 所示为 MU 型光纤连接器。该连接器采用 1.25mm 直径的套管和自保持机构，能实现高密度安装。

（7）VF-45 型光纤连接器。在 VF-45 型光纤连接器中，光纤通过注塑成型的热塑 V 形槽来进行对准，并被悬挂在间隙为 4.5mm 的缝隙中，双芯一体化，由连接器外壳进行保护。当插入插座时，光纤稍微弯曲以构成物理接触，如图 2.37 所示。

图 2.35　MT-RJ SFF 型光纤连接器　　图 2.36　MU 型光纤连接器　　图 2.37　VF-45 型光纤连接器

2. 光纤跳线和光纤尾纤

1) 光纤跳线

光纤跳线是由一段 1～10m 的互联光缆与光纤连接器组成，用在配线架上交接各种链路。光纤跳线有单芯和双芯、单模和多模之分。由于光纤一般只是单向传输，需要进行全双工通信的设备需要连接两根光纤来完成收发工作，因此如果使用单芯跳线，就需要两根跳线。

根据光纤跳线两端的连接器的类型，光纤跳线有以下多种类型。

（1）ST-ST 跳线。两端均为 ST 型光纤连接器的光纤跳线，如图 2.38 所示。

（2）SC-SC 跳线。两端均为 SC 型光纤连接器的光纤跳线。

（3）FC-FC 跳线。两端均为 FC 型光纤连接器的光纤跳线，如图 2.39 所示。

（4）LC-LC 跳线。两端均为 LC 型光纤连接器的光纤跳线，如图 2.40 所示。

图 2.38　双芯 ST 光纤跳线　　图 2.39　双芯 FC 光纤跳线　　图 2.40　LC 光纤跳线

（5）ST-SC 跳线。一端为 ST 型光纤连接器，另一端为 SC 型光纤连接器的光纤跳线。

（6）ST-FC 跳线。一端为 ST 型光纤连接器，另一端为 FC 型光纤连接器的光纤跳线。

（7）FC-SC 跳线。一端为 FC 型光纤连接器，另一端为 SC 型光纤连接器的光纤跳线。

2) 光纤尾纤

光纤尾纤只有一端有连接头，另一端是一根光缆纤芯的断头，通过熔接可与其他光缆纤芯相连。它常出现在光纤终端盒内，用于连接光缆与光纤收发器。同样有单芯和双芯、单模和多模之分。一条光纤跳线剪断后就形成两条光纤尾纤。

3. 光纤适配器(耦合器)

光纤适配器(Fiber Adapter)又称光纤耦合器,实际上就是光纤的插座,它的类型与光纤连接器的类型对应,有 ST、SC、FC、LC、MU 等几种,和光纤连接器是对应的,图 2.41 所示为常见的几种。光纤耦合器一般安装在光纤终端箱上,提供光纤连接器的连接固定。市场上有单售的光纤耦合器,供网络布线人员在现场将其安装到终端盒上,也有的厂家在光电转换器、光纤网卡上已经安装了光纤耦合器,用户只需插入光纤连接器即可。

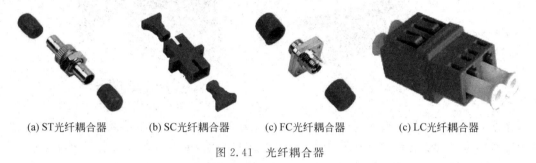

(a) ST光纤耦合器　　　(b) SC光纤耦合器　　　(c) FC光纤耦合器　　　(c) LC光纤耦合器

图 2.41　光纤耦合器

图 2.42 所示为两端为不同连接口的光纤耦合器。

图 2.42　不同连接口的光纤耦合器

一根光纤安装光纤连接器后插入光纤耦合器的一端,另一根光纤安装光纤连接器后插入光纤耦合器的另一端(光纤连接器和光纤耦合器的类型对应),插接好后就完成了两根光纤的连接。

4. 光纤配线设备

光纤配线设备主要分为室内配线设备和室外配线设备两大类。其中,室内配线设备包括机架式(光纤配线架、混合配线架)、机柜式(光纤配线柜、混合配线柜)和壁挂式(光纤配线箱、光纤终端盒、综合配线箱),室外配线设备包括光缆交接箱、光纤配线箱、光缆接续盒。这些配线设备主要由配线单元、熔接单元、光缆固定开剥保护单元、存储单元及连接器件组成。

(1) 机架式光纤配线架。光纤配线架是用于室内光缆与光设备的连接设备,具有光缆的固定、分支、接地保护,以及光纤的分配、组合、连接等功能。随着目前光纤配线架终端技术的改进,光纤配线架在配线中的应用越来越普遍,如图 2.43 所示。

(2) 光缆交接箱。光缆交接箱是一种为主干层光缆、配线层光缆提供光缆成端、跳接的交接设备。光缆引入光缆交接箱后,经固定、端接、配纤后,使用跳纤将主干层光缆和配线层光缆连通,如图 2.44 所示。

图 2.43　机架式光纤配线架

图 2.44　光缆交接箱

光缆交接箱是安装在室外的连接设备,对它最根本的要求就是能够抵受剧变的气候和恶劣的工作环境。它要具有防水汽凝结、防水和防尘、防虫害和鼠害、抗冲击损坏能力强的特点。

光缆交接箱的容量是指光缆交接箱最大能成端纤芯的数目。实际上,通常所说的光缆交接箱的容量应该是指它的配纤容量,即主干光线配纤容量与分支光线配纤容量之和。光缆交接箱的容量实际上应包括主干光缆直通容量、主干光线配线容量和分支光缆配线容量三部分。

（3）光纤接续盒。在光缆布线中有时需要将两根光缆连接起来,也是采用将光缆剥开露出光纤,然后进行熔接的方法,并对光纤熔接点进行保护,防止外界环境的影响,这时就要用到光纤接续盒。光纤接续盒的功能是将两段光缆连接起来,它具备光缆固定和熔接功能,内设光缆固定器、熔接盘和过线夹。光纤接续盒分为室内和室外两种类型,室外光纤接续盒可以防水,但也可以用到室内,如图 2.45 所示。

图 2.45　光纤接续盒

（4）光纤配线箱。光纤配线箱适用于光缆与光通信设备的配线连接,通过配线箱内的适配器,用光跳线引出光信号,实现光配线功能。适用于光缆和配线尾纤的保护性连接,也适用于光纤接入网中的光纤终端点采用,如图 2.46 所示。

（5）光缆终端盒。光缆终端盒主要用于光缆终端的固定,光缆与尾纤的熔接及余纤的收容和保护,如图 2.47 所示。

图 2.46　光纤配线箱

图 2.47　光缆终端盒

（6）光纤数字综合配线架。光纤数字综合配线架将数字配线架和光纤配线架融为一体，具有光纤配线和数字配线综合功能。

5．光纤信息插座

光纤到桌面时，需要在工作区安装光纤信息插座。光纤信息插座的作用和基本结构与使用 RJ-45 信息模块的双绞线信息插座一致，是光缆布线在工作区的信息出口，用于光纤到桌面的连接，如图 2.48 所示。实际上就是一个带光纤耦合器的光纤面板。光缆敷设到光纤信息插座的底盒后，光缆与一条光纤尾纤熔接，尾纤的连接器插入光纤面板上的光纤耦合器的一端，光纤耦合器的另一端用光纤跳线连接计算机。

图 2.48　光纤面板

为了满足不同应用场合的要求，光纤信息插座有多种类型。例如，如果配线子系统为多模光纤，则光纤信息插座中应选用多模光纤模块；如果配线子系统为单模光纤，则光纤信息插座中应选用单模光纤模块。另外，还有 SC 信息插座、LC 信息插座、ST 信息插座等。

2.2.4　机柜

机柜具有增强电磁屏蔽、削弱设备工作噪声、减少设备地面面积占用的优点，被广泛应用于综合布线配线设备、网络设备、通信设备等安装工程中。

1．机柜的结构和规格

综合布线系统一般采用 19in 宽的机柜，称为标准机柜，用以安装各种配线模块和交换机等网络设备。尽管各厂家生产的配线产品的尺寸和结构有所不同，但对 19in 标准的安装尺寸是一样的，标准机柜结构简洁，主要包括基本框架、内部支撑系统、布线系统和散热通风系统。

2．机柜的分类

从不同的角度可以将机柜进行不同的分类。

（1）根据外形可将机柜分为立式机柜（如图 2.49 所示）、挂墙式机柜（如图 2.50 所示）和开放式机架（如图 2.51 所示）三种。

立式机柜主要用于设备间。挂墙式机柜主要用于没有独立房间的楼层配线间。与机柜相比，开放式机架具有价格便宜、管理操作方便、搬动简单的优点。机架一般为敞开式结构，不像机柜采用全封闭或半封闭结构，所以自然不具备增强电磁屏蔽、削弱设备工作噪声等特性。同时在空气洁净程度较差的环境中，设备表面更容易积灰。机架主要适合一些要求不高和要经常性对设备进行操作管理的场所，用它来叠放设备减少了占地面积。目前，各高校建立的网络技术实验室/实训室和综合布线实验室/实训室大多采用开放式机架来叠放设备。

图 2.49　立式机柜　　　　图 2.50　挂墙式机柜　　　图 2.51　开放式机架

（2）从应用对象来看，除可分为布线型机柜（又称为网络型机柜）、服务器型机柜两种类型外，还有控制台型机柜、ETSI 机柜、X Class 通信机柜、EMC 机柜、自调整组合机柜及用户自行定制机柜等。

布线型机柜就是 19in 的标准机柜，它的宽度为 600mm，深度为 600mm。服务器型机柜由于要摆放服务器主机、显示器、存储设备等，和布线型机柜相比要求空间要大，通风散热性能更好。所以它的前门门条和后门一般都带透气孔，风扇也较多。根据设备大小和数量多少，宽度和深度一般要选择 600mm×800mm、800mm×600mm、800mm×800mm 机柜，甚至要选购更大尺寸的产品。

在 19in 标准布线型机柜内，设备安装所占高度用一个特殊单位 U 表示，1U＝44.45mm，使用 19in 的标准机柜的设备面板一般都是按 nU 的规格制成，机柜的容量通常用 nU 来表示，多少个 U 的机柜表示能容纳多少个 U 的配线设备和网络设备。立式机柜和挂墙式机柜的产品规格如表 2.5 所示。

表 2.5　立式机柜和挂墙式机柜的产品规格

种　类	规　格	高度(m)	种　类	规　格	高度(m)
立式机柜	47U	2.2	立式机柜	22U	2.0
	42U	2.0		27U	1.8
	37U	1.8	挂墙式机柜	12U	0.8
	32U	1.6			
	27U	2.2		7U	0.6

2.2.5　综合布线产品市场现状

综合布线最早是从美国引入我国的，因此，市场上最早的综合布线产品主要是美国品牌，随着市场的发展，欧洲、澳洲等地的产品相继进入中国市场。近年来，国内综合布线市场呈现一片繁荣景象，国内一些厂商根据国际标准和国内标准，结合我国国情，吸取国外产品的先进经验，自行开发研制出了适合我国使用的产品，打破了国外厂商在综合布线产品领域的垄断，价格也在逐年下降。

据统计，目前进入国内市场的国外布线厂家有 30 多家。北美地区主要有康普、西蒙、泛达、AT&T、欧博、百盛、安普、IBDN、3M、百通等品牌；欧洲地区主要有罗格朗、罗森伯格、MMC、莱尼、耐克森、德特威勒、施耐特、科龙等品牌；澳洲主要有奇胜等品牌。这些厂家以生产和销售具有高性能的高端产品所著称，在行业内有着很高的品牌知名度和行业认知度，价格也相对较高。

国内布线厂家，如同方股份有限公司、大唐电信、普天、TCL、VCOM、鸿雁电器、宁波东方等。

同时，在内地还活跃着一些港台布线厂家，如友讯、万泰、鼎志等，它们生产的产品具有良好的性价比，介于高端和低端之间。

习　　题

一、选择题

1. 对绞电缆的每个线对都有颜色编码，4对对绞电缆的4种颜色编码是（　　）。
   A. 蓝色、橙色、绿色和紫色　　　　　B. 蓝色、橙色、绿色和红色
   C. 蓝色、橙色、绿色和棕色　　　　　D. 蓝色、白色、绿色和紫色
2. 在下列传输介质中，抗电磁干扰性最好的是（　　）。
   A. 双绞线　　　　　　　　　　　　　B. 同轴电缆
   C. 光缆　　　　　　　　　　　　　　D. 无线介质
3. 在下列传输介质中，典型传输速率最高的是（　　）。
   A. 双绞线　　　　　　　　　　　　　B. 同轴电缆
   C. 光缆　　　　　　　　　　　　　　D. 无线介质
4. 屏蔽双绞线的英文为（　　）。
   A. SDP　　　　　B. UDP　　　　　C. UTP　　　　　D. STP
5. 5e类对绞电缆支持的最大带宽是（　　）MHz。
   A. 100　　　　　B. 200　　　　　C. 250　　　　　D. 600
6. 6类对绞电缆支持的最大带宽是（　　）MHz。
   A. 100　　　　　B. 200　　　　　C. 250　　　　　D. 600
7. 常用的50/125μm多模光纤中的50μm是指（　　）。
   A. 光纤芯外径　　B. 包层后外径　　C. 包层厚度　　　D. 涂覆层厚度
8. 单模光纤波长一般为（　　）。
   A. 850nm　　　　B. 1500nm　　　　C. 1300nm　　　　D. 专利
9. 单模光纤和多模光纤主要区别在于（　　）。
   A. 光折射方式　　B. 模的数量　　　C. 名称　　　　　D. 传输距离
10. （　　）用于端接对绞电缆或干线电缆，并通过跳线连接配线子系统和干线子系统。
    A. 模块化配线架　B. 110型配线架　C. 110型连接块　D. ODF
11. 光纤的主要成分是（　　）。
    A. 电导体　　　　B. 石英　　　　　C. 介质　　　　　D. 塑料
12. 标准机柜是指（　　）。
    A. 2m高的机柜　　　　　　　　　　B. 1.8m高的机柜
    C. 18in机柜　　　　　　　　　　　D. 19in机柜

二、填空题

1. 对绞电缆的每个线对都有颜色编码,以易于区分连接。4 对对绞电缆的 4 种颜色编码依次为_____、_____、_____和_____。
2. 对绞电缆按其包缠的是否有金属屏蔽层,可以分为_____和_____两大类。在目前的综合布线系统工程中,除了某些特殊场合外,通常都采用_____。
3. 超 5 类对绞电缆的传输频率为_____,6 类对绞电缆支持的带宽为_____,7 类对绞电缆支持的带宽高达_____。
4. 信息插座通常由_____、_____和_____三部分组成。
5. 对绞电缆内,不同线对具有不同的扭绞长度,这样可以_____串音。一般来讲,导线扭绞的越_____,其抗干扰能力就越强。
6. _____是综合布线系统推荐的光缆,_____常用于传输距离大于 2000m 的建筑群子系统。
7. 按传输模式分类,光纤可以分为_____和_____两类。
8. 单模室内光缆的颜色是_____,多模室内光缆的颜色是_____。

三、思考题

1. 在综合布线系统中,常见的传输介质有哪些?各有什么特点?各自适合应用在什么环境?
2. 屏蔽双绞线和非屏蔽双绞线在性能与应用上有什么差别?
3. UTP 电缆如何划分?分别适用于什么样的频率?
4. 在双绞线的外护套上有哪些文字标识?其中长度标识的含义及作用是什么?
5. 屏蔽对绞电缆有哪几种?
6. 对绞电缆连接器有哪些?
7. 信息插座面板有哪几类?
8. 简述光纤光缆的结构。
9. 光缆如何分类?
10. 什么是单模光纤?什么是多模光纤?
11. 常用的光纤连接器有哪几类?这些连接器如何与光缆连接,从而构成一条完整的通信链路?
12. 光纤跳线和尾纤有什么区别?
13. 实际观察单模光纤和多模光纤,区别一下室内和室外型光缆,看看光缆外护套上标注了哪些特性指标?

四、实训题

1. 到市场上调查目前常用的 5 个品牌的 4 对 5e 类和 6 类非屏蔽对绞电缆,观察双绞线的结构和标记,对比两种对绞电缆的价格和性能指标。
2. 到市场上或互联网上调查目前常用的 5 个品牌的综合布线系统产品,并列出其生产的电缆产品系列。
3. 到市场上或互联网上调查目前常用的 5 个品牌的综合布线系统产品,并列出其生产的光缆产品系列。
4. 走访你所在的学院或所能够接触到的其他采用综合布线系统的网络,了解该综合布线系统所采用的传输介质、连接器件和布线器件,分析各种产品在综合布线系统中的作用。

模块二

综合布线系统工程设计

综合布线系统应能支持电话、数据、图文、图像等多媒体业务的需要。综合布线系统应根据《综合布线系统工程设计规范》(GB/T 50311—2016),按照工作区、配线子系统、干线子系统、建筑群子系统、设备间、进线间和管理7部分进行设计。

任务3　综合布线工程网络方案设计
任务4　综合布线系统设计
任务5　综合布线工程施工图的绘制

任务 3 综合布线工程网络方案设计

3.1 任务描述

从某种意义上讲,综合布线系统布线设计不仅决定网络性能和布线成本,甚至决定网络能否正常通信。例如,采用 5e 类 UTP 电缆,通常只能支持 100Mbps 的传输速率;在相距较远的建筑间采用多模光纤,将可能导致建筑物间无法通信或不能支持高传输速率;在电磁干扰严重的场所采用非屏蔽双绞线,将导致通信失败。因此,在设计综合布线系统工程时,应充分考虑各个方面的因素,并严格执行各种布线标准。

那么有必要掌握在综合布线系统工程中传输介质的选择。选择屏蔽双绞线还是非屏蔽双绞线?5e、6 类、6A 类不同级别双绞线如何选择?对于不同系统的传输介质,是选择电缆,还是光缆?

3.2 相关知识

3.2.1 综合布线系统网络拓扑结构

综合布线系统应采用星型网络拓扑结构,该结构下的每个分支子系统都是相对独立的单元,对每个分支单元系统改动都不影响其他子系统。只要改变节点连接就可使网络在星型、总线型、环型等各种类型间进行转换。

综合布线系统采用的开放式星型网络拓扑结构应能支持当前普遍采用的各种计算机网络系统,如快速以太网、吉比特以太网、万兆位以太网、光纤分布数据接口 FDDI、令牌环网(Token Ring)等。

综合布线系统的主干线路连接方式均采用星型网络拓扑结构,要求整个布线系统的干线电缆或光缆的交接次数一般不应超过两次,即从楼层配线架到建筑群配线架之间,只允许经过一次配线架,称为 FD-BD-CD 的结构形式。这是采用两级干线系统(建筑物干线子系统和建筑群配线子系统)进行布线的情况。如果没有建筑群配线子系统,而只有一次交接,则称为 FD-BD 的结构形式。这是采用一级干线系统(建筑物干线子系统)的布线。

建筑物配线架至每个楼层配线架的建筑物干线子系统的干线电缆或光缆一般采取分别独立供线给各个楼层的方式,在各个楼层之间无连接关系。这样当线路发生故障时,影响范围较小,容易判断和检修,有利于安装施工。但线路长度和条数增多,工程造价提高,安装敷设和维护的工作量增加。

1. 星型网络拓扑结构

星型网络拓扑结构是在大楼设备间放置 BD、楼层配线间放置 FD 的结构,每个楼层配线架 FD 连接若干个信息点 TO,也就是传统的两级星型网络拓扑结构,如图 3.1 所示,它是单幢智能建筑物综合布线系统的基本形式。

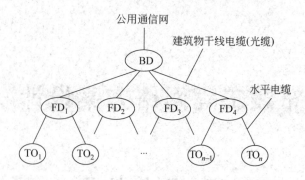

图 3.1 星型网络拓扑结构

2. 树型网络拓扑结构

以建筑群 CD 为中心,若干建筑物配线架 BD 为中间层,相应地有再下一层的楼层配线架和配线子系统,构成树型网络拓扑结构,也就是常用的三级星型网络拓扑结构,如图 3.2 所示。这种形式在智能小区中经常使用,其综合布线系统的建设规模较大,网络结构也较复杂。

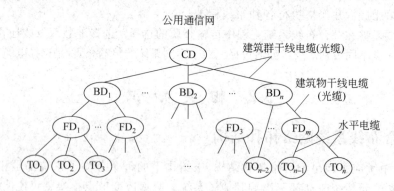

图 3.2 树型网络拓扑结构

第一级由建筑群总配线设备(CD)通过建筑群主干缆线(电缆或光缆)连接至建筑物总配线设备(BD);第二级由建筑物总配线设备(BD)通过建筑物主干缆线(电缆或光缆)连接至楼房配线设备(FD);第三级由楼房配线设备(FD)通过水平缆线连接至工作区的信息插座(TO);并且同一级的配线、设备之间(BD 与 BD 之间、FD 与 FD 之间)可以建立直通的路由。

有时为了使综合布线系统网络的结构具有更高的灵活性和可靠性,允许在同级的配线架(如 BD 或 FD)之间增加直通连接缆线,如图 3.2 中的虚线。同时采用简化的综合布线系统结构时,可以将 CD 与 FD 或 BD 与 TO 直接相连。

3.2.2 综合布线系统的实际工程结构

标准规范的设备配置分为建筑物 FD-BD 一级干线布线系统结构和建筑群 FD-BD-CD 两级干线布线系统结构两种形式,但在实际工程中,往往会根据管理的要求、设备间和配线间的空间要求、信息点的分布等多种情况对建筑物综合布线系统进行灵活的设备配置。

1. 建筑物标准 FD-BD 结构

建筑物标准 FD-BD 结构是两次配线点设备配置方案,这种结构是在大楼设备间放置 BD、电信间放置 FD 的结构,每个楼层配线架 FD 连接若干个信息点 TO,也就是传统的两级星型网络拓扑结构,是国内普遍使用的典型结构,也可以说是综合布线系统基本的设备配置方案之一,如图 3.3 所示。

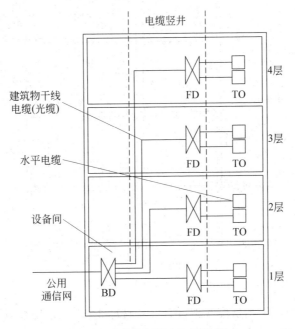

图 3.3 建筑物标准 FD-BD 结构

这种结构只有建筑物子系统和配线子系统,不会设置建筑群子系统和建筑群配线架。主要适用于单幢的中小型智能化建筑,其附近没有其他房屋建筑,不会发展成为智能化建筑群体。这种结构较常用,只有两级,具有网络拓扑结构简单,维护管理简单,调度较灵活等优点。

2. 建筑物 FD-BD 结构

建筑物 FD-BD 结构是一次配线点设备配置方案,这种结构是大楼没有电信间,只配置建筑物配线架(BD),将建筑物子系统和配线子系统合二为一,缆线从 BD 直接连接到信息点(TO),如图 3.4 所示。它主要适用于以下场合。

(1) 建设规模很小,楼层层数不多,且其楼层平面面积不大的单幢智能化建筑。

(2) 用户的信息业务要求(数量和种类)均较少的住宅建筑。

(3) 别墅式的低层住宅建筑。

(4) TO 至 BD 之间电缆的最大长度不超过 90m 的场合。

(5) 当建筑物不大但信息点很多时,且 TO 至 BD 之间电缆的最大长度不超过 90m,为便于管理维护和减少对空间占用的目的也可采用这种结构。例如,高校旧学生宿舍楼的综合布线系统,每层楼信息点很多,而旧大楼大多在设计时没有考虑综合布线系统,如果占用房间做电信间,势必占用宿舍资源。

高层房屋建筑和楼层平面面积很大的建筑均不适用。这种结构具有网络拓扑结构简单(只有一级),设置配置数量少,工程建设费用和维护开支少,维护工作和人为故障机会均有所减少等优点。但灵活调度性差,有时使用不便。

3. 建筑物 FD-BD 共用电信间结构

建筑物 FD-BD 共用电信间结构也是两次配线点设备配置方案(中间楼层供给相邻楼层),

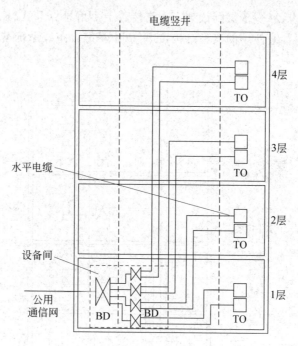

图 3.4 建筑物 FD-BD 结构

根据每个楼层需要进行配置楼层配线架(FD),采取每 2~4 个楼层设置 FD,分别供线给相邻楼层的信息点 TO,要求所有最远的 TO 到 FD 之间的水平缆线的最大长度不应超过 90m 的限制,如超过则不应采用本方案,如图 3.5 所示。

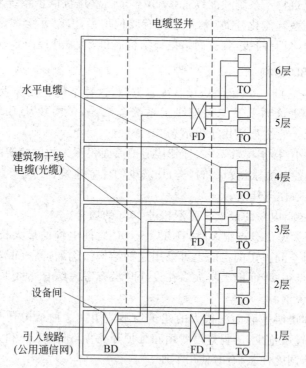

图 3.5 建筑物 FD-BD 共用电信间结构

这种结构主要适用于单幢的中型智能化建筑中,其楼层面积不大,用户信息点数量不多或因各个楼层的用户信息点分布极不均匀,有些楼层用户信息点数量极少(如地下室),为了简化网络结构和减少接续设备,可以采取这种结构的设备配置方案。但在智能化建筑中用户信息点分布均匀且较密集的场合不应使用。

这种结构具有网络拓扑结构简单,楼层配线设备数量少和工程建设费用低以及维护开支等优点。

4. 综合建筑物 FD-FD-BD 结构

综合建筑物 FD-FD-BD 结构可以采用两次配线点,也可以采用三次配线点。这种结构需要设置二级交接间和二级交接设备,视客观需要可采取两次配线点或三次配线点,如图 3.6 所示。在图 3.6 中有两种方案。

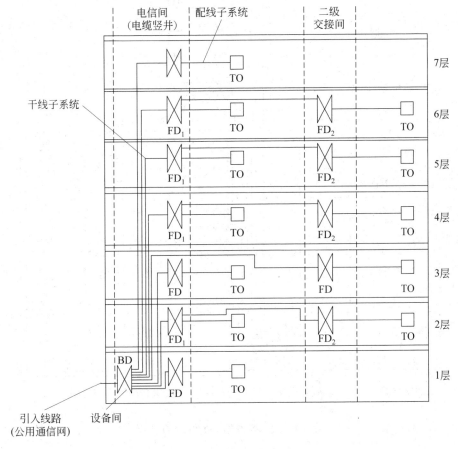

图 3.6 综合建筑物 FD-FD-BD 结构

(1) 第 3 层楼层为两次配线点,建筑物干线子系统的缆线直接连到二级交接间的 FD 上,不经过干线交接间的 FD,这种方案为两次配线点。

(2) 第 2、4、5、6 层楼层为三次配线点,建筑物干线子系统的缆线均连接到干线交接间的 FD_1,然后再连接到二级交接间的 FD_2 上,形成三次配线点的方案。

这种结构适用于单幢大中型的智能化建筑,楼层面积较大(超过 $1000 m^2$)或用户信息点较多,因受干线交接面积较小,无法装设容量大的配线设备等限制。为了分散安装缆线和配线设备,有利于配线和维修,且楼层中有设置二级交接间条件的场合。

这种结构具有缆线和设备分散设置,增加安全可靠性,便于检修和管理,容易分隔故障等优点。

5. 综合建筑物 FD-BD-CD 结构

综合建筑物 FD-BD-CD 结构是三次配线点设备配置方案,在建筑物的中心位置设置建筑群配线架(CD),各分座分区建筑物中设置建筑物配线架(BD)。建筑群配线架(CD)可以与所在建筑中的建筑物配线架合二为一,各个分区均有建筑群子系统与建筑群配线架(CD)相连,各分区建筑物干线子系统、配线子系统及工作区布线自成体系,如图 3.7 所示。

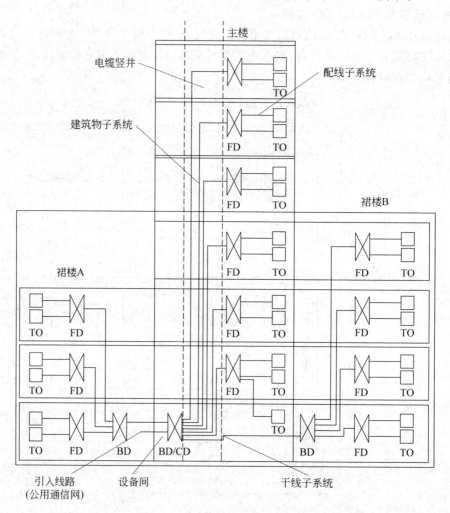

图 3.7 综合建筑物 FD-BD-CD 结构

这种结构适用于单幢大型或特大型的智能化建筑,即当建筑物是主楼带附楼结构,楼层面积较大,用户信息点数量较多时,可将整幢智能建筑进行分区,将各个分区视为多幢建筑物组成的建筑群。建筑物中的主楼、裙楼 A 和裙楼 B 被视作多幢建筑,在主楼设置建筑群配线架,在裙楼 A 和裙楼 B 的适当位置设置建筑物配线架(BD),主楼的建筑物配线架(BD)可与建筑群配线架(CD)合二为一,这时该建筑物包含在同一建筑物内设置的建筑群子系统。

这种结构具有缆线和设备合理配置,既有密切配合又有分散管理,便于检修和判断故障,网络拓扑结构较为典型,可调度使用,灵活性较好等优点。

组合的建筑群相对集中,只需一处设置入口设施,如图 3.8 所示。

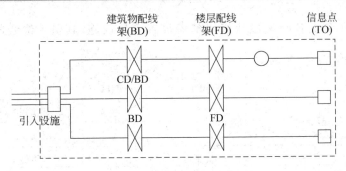

图 3.8 组合的建筑群入口设施

6. 建筑群 FD-BD-CD 结构

建筑群 FD-BD-CD 结构适用于建筑物数量不多、小区建设范围不大的场合。选择位于建筑群中心的建筑物作为各建筑物通信线路和对公用通信网络连接的汇接点,并在此安装建筑群配线架(CD),建筑群配线架(CD)可与该建筑物的建筑物配线架(BD)合设,达到既能减少配线接续设备和通信线路长度,又能降低工程建设费用的目的。各建筑物中装设建筑物配线架(BD)作为中间层,敷设建筑群子系统的主干线路并与建筑群配线架(CD)相连,相应的有再下一层的楼层配线架和配线子系统,构成树型网络拓扑结构,也就是常用的三级星型网络拓扑结构,如图 3.9 所示。

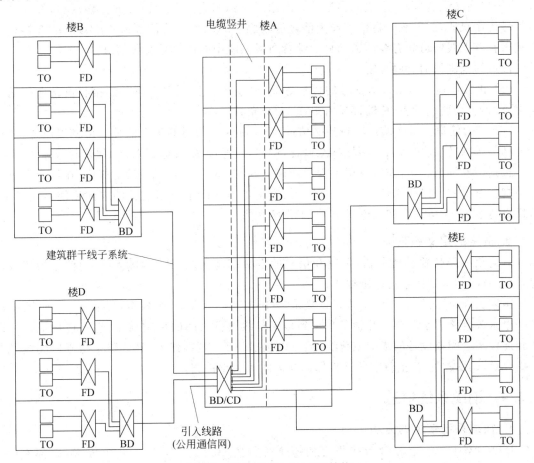

图 3.9 建筑群 FD-BD-CD 结构

分散设置的建筑群各幢房屋建筑内都需设置入口设施,其引入缆线的结构如图 3.10 所示。

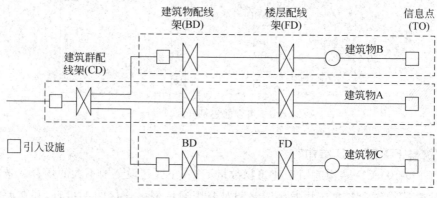

图 3.10　分散设置的建筑群入口设施

3.2.3　综合布线系统的链路和信道

1. 信道的定义和范围

信道是任何一种通信系统中必不可少的组成部分,它是指从发送设备的输出端到接收设备(或用户终端设备)输入端之间传送信息的通道。因为它是各种信号的传输通道,故又被称为信号传输媒质,所以有时将信道作为信号传输媒质的总称。从信源形式所对应的变换处理方式来看有无线信道和有线信道两种。综合布线系统中的信道是有线信道。

信道的范围目前有两种定义。

(1) 狭义信道。是指传送信号的传输媒质,其范围仅指从发送设备到接收设备之间的传输媒质,不包括两端设备,传输媒质有电缆、光纤光缆。

(2) 广义信道。所指的范围较狭义信道要广,除狭义信道的传送信号的传输媒质外,还包括各种信号的转换设备,以及两端终端设备,例如,发送设备、接收设备、调制解调器等。

根据国家标准《综合布线系统工程设计规范》(GB/T 50311—2016)的规定,在综合布线系统中的信道范围是以狭义信道来设定的。信道是指连接两个应用设备的端到端的传输通道,包括设备电缆、设备光缆和工作区电缆、工作区光缆。

2. 链路的定义和范围

从通信线路传输功能分析,链路和信道的定义基本相同,都是通信(信息)信号的传输通道,只是链路的范围比信道范围要小。

国家标准《综合布线系统工程设计规范》(GB/T 50311—2016)规定：链路是一个 CP 链路或一个永久链路。永久链路是指信息点到楼层配线设备之间的传输线路,它不包括工作区缆线和连接楼层配线设备的缆线或跳线,但可以包括一个 CP 链路。CP 链路是指楼层配线设备与集合点(CP)之间,包括各端的连接器件在内的永久型链路。

3.2.4　铜缆系统信道

1. 铜缆系统信道的分级

ISO/IEC 11801 将综合布线系统铜缆系统分为 A、B、C、D、E、F 6 个等级,国标 GB/T 50311—2016 按照系统支持的带宽和使用的双绞线的类别不同,参照 ISO/IEC 11801 也将综合布线铜缆系统分为 A、B、C、D、E、F 6 个等级,铜缆等级表示由电缆和连接器件组成的链路与信道中的每一对双绞线所能支持的传输带宽,用频率"Hz"表示,如表 3.1 所示。实际工程中,可用等级也可用类别来表示综合布线系统,例如,E 级综合布线系统就是 6 类综合布线系统。

表 3.1　电缆布线系统的分级与类别

系统分级	支持带宽(Hz)	支持应用器件		系统分级	支持带宽(Hz)	支持应用器件	
		电　　缆	连接硬件			电　　缆	连接硬件
A	100k	—	—	E_A	500M	6_A 类(屏蔽和非屏蔽)	6_A 类
B	1M	—	—	F	600M	7 类(屏蔽)	7 类
C	16M	3 类(大对数)	3 类	F_A	1000M	7_A 类(屏蔽)	7_A 类
D	100M	5/5e 类(屏蔽和非屏蔽)	5/5e 类	I	2000M	8.1 类(屏蔽)	8.1 类兼容 6A 类
E	250M	6 类(屏蔽和非屏蔽)	6 类	II	2000M	8.2 类(屏蔽)	8.2 类兼容 7 类

注:3 类、5/5e 类(超 5 类)、6 类、7 类、8 类布线系统应能支持向下兼容的应用。

目前,在综合布线工程中,特性阻抗为 100Ω 的布线产品应用情况如下。

(1) 3 类 100Ω 双绞线电缆及连接器件,传输性能支持 16MHz 及以下传输带宽使用,主要用于支持语音业务。通常采用大对数双绞线电缆。

(2) 5 类 100Ω 双绞线电缆及连接器件,传输性能支持 100MHz 及以下传输带宽使用,主要用于高速宽带信息网络。5e 类仍属 5 类布线范畴(以下统一用 5 类表示)。

(3) 6 类 100Ω 双绞线电缆及连接器件,传输性能支持 250MHz 及以下传输带宽使用,主要用于高速宽带信息网络。

(4) 6A 类 100Ω 双绞线电缆及连接器件,传输性能支持 500MHz 及以下传输带宽使用,主要用于高速宽带信息网络。

(5) 7 类 100Ω 双绞线电缆及连接器件,传输性能支持 600MHz 及以下传输带宽使用,主要用于高速宽带信息网络。

(6) 7A 类 100Ω 双绞线电缆及连接器件,传输性能支持 1000MHz 及以下传输带宽使用,主要用于高速宽带信息网络。

2. 铜缆的综合布线系统构成

在国家标准 GB/T 50311—2016 中规定,综合布线系统由信道、永久链路、CP 链路组成。信道通常由 90m 长的水平缆线和 10m 长的跳线与设备缆线及最多 4 个连接器件组成,永久链路则由 90m 水平缆线及 3 个连接器件组成。但 F 级的永久链路包括 90m 水平缆线和 2 个连接器件(不包括 CP 连接器件),如图 3.11 所示。

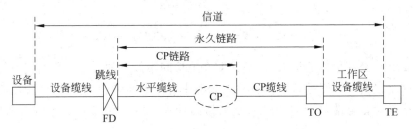

图 3.11　综合布线系统构成

与 3 类和 5 类布线系统不相同的是,5e 和 6 类布线系统中引出了 CP 链路和永久链路的内容。CP 链路是随着 CP 集合点的存在而设置,并属于永久链路的范围之内。永久链路则可看成一个不会被更改的布线路由,可以包括 CP 集合点,信道则是由不同的缆线和连接器件组成的。

在 7 类布线中,为了保证传输特性,其永久链路仅应包括 90m 水平缆线和 2 个连接器件(不包括 CP 连接器件)。

3.2.5 光缆系统信道

1. 光缆系统的光纤信道分级

在国标 GB/T 50311—2016 中规定,综合布线系统光纤信道应采用标称波长为 850nm 和 1300nm 的多模光纤(OM1、OM2、OM3、OM4),标称波长为 1310nm 和 1550nm (OS1),1310nm、1383nm 和 1550nm(OS2)的单模光纤。

注:OM1 是指 850/1300nm 满注入带宽在 200/500MHz·km 以上的 50μm 或 62.5μm 芯径多模光纤。OM2 是指 850/1300nm 满注入带宽在 500/500MHz·km 以上的 50μm 或 62.5μm 芯径多模光纤。OM3 和 OM4 是 850nm 激光优化的 50μm 芯径多模光纤,在采用 850nm VCSEL 的 10Gbps 以太网中,OM3 光纤传输距离可以达到 300m,OM4 光纤传输距离可以达到 550m。

2. 光纤信道的构成和连接方式

在实际工程中,综合布线系统采用光纤光缆传输系统时,其网络结构和设备配置可以简化。例如,在建筑物内各个楼层的电信间可不设置传输或网络设备,甚至可以不设楼层配线接续设备。但是全程采用的光纤光缆应选用相同类型和品种的产品,以求全程技术性能统一,以保证通信质量优良,不致产生不匹配的或不能衔接的问题。当干线子系统和配线子系统均采用光纤光缆并混合组成光纤信道时,其连接方式应符合以下规定。

(1) 光纤信道构成(一):光缆经电信间 FD 光纤跳线连接。

水平光缆和主干光缆都敷设到楼层电信间的光纤配线设备(FD),通过光纤跳线连接构成光纤信道,并应符合如图 3.12 所示的连接方式。

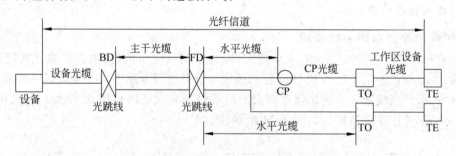

图 3.12 光缆经电信间 FD 光纤跳线连接

在图 3.12 中,光纤信道的构成,水平光缆在电信间不作延伸。在一般情况下,信息的传递通过计算机网络设备经主干端口下传。主干光缆中并不包括水平光缆的容量在内,它只满足工作区接入终端设备电端口所需的接入至电信间计算机网络设备骨干光端口所需求的光纤容量。

(2) 光纤信道构成(二):光缆在电信间 FD 做端接。

水平光缆和主干光缆在楼层电信间应经端接构成。水平光缆和主干光缆在楼层电信间应经端接(熔接或机械连接)构成,FD 只设光纤之间的连接点,如图 3.13 所示。

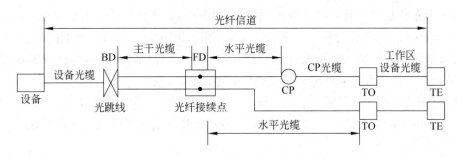

图 3.13 光缆在电信间 FD 做端接

在图 3.13 中，水平光缆和主干光缆在 FD 处做端接，光纤的连接可以采用光纤熔接或机械连接。水平光缆经主干光缆延伸，主干光缆光纤应包括网络设备主干端口和水平光缆所需求的容量。

（3）光纤信道构成（三）：光缆经过电信间 FD 直接连接至设备间 BD。

水平光缆经过电信间直接连至大楼设备间光配线设备构成。水平光缆经过电信间直接连至大楼设备间。光配线设备构成光纤信道，如图 3.14 所示。

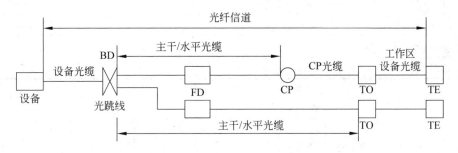

图 3.14 光缆经过电信间 FD 直接连接至设备间 BD

在图 3.14 中，水平光缆直接路经电信间，连接至设备间总配线设备，中间不做任何处理。

当有些用户需要其工作区的用户终端设备或某些工作区域的企业网络设备直接与公用数据网互相连接沟通时，为了简化网络拓扑结构，宜将光纤光缆直接从工作区敷设到智能化建筑内的入口设施处与光纤配线设备连接，以便与公用通信网引入的光纤光缆连接。此时要求智能化建筑内所用的光纤光缆的类型与品种应与公用通信网的引入光纤光缆保持一致，通常宜采用单模光纤光缆，如图 3.15 所示。

图 3.15 工作区光纤光缆直接与公用通信网光缆相连接

3.2.6 综合布线系统缆线长度划分

综合布线系统缆线长度划分是极为丰富且复杂的，是系统中极为重要的技术指标。无论哪一个缆线部分都有一定的极限数值，不得超标，以保证综合布线系统传送信息的质量。

综合布线系统缆线长度包含有信道的传输距离（长度）、综合布线系统的全程长度、水平布线长度和主干布线长度以及各级设备处的跳线、设备缆线、工作区缆线的长度等。

由于国家标准《综合布线系统工程设计规范》(GB/T 50311—2016)和通信行业标准《大楼通信综合布线系统第一部分：总规范》(YD/T 926.1—2009)是先后编制的，内容必然有些差异，在这里只介绍国家标准 GB 50311—2016 中的规定。

在《综合布线系统工程设计规范》(GB/T 50311—2016)中列出了以下长度要求。

(1) 综合布线系统水平缆线与建筑物主干缆线及建筑群主干缆线之和所构成信道的总长度不应大于 2000m。

但在 ISO/IEC 11801:2002 版中对水平缆线与主干缆线之和的长度做出了规定。为了使工程设计者了解布线系统各部分缆线长度的关系及要求，特依据 TIA/EIA 568B.1 标准列出表 3.2 和画出图 3.16，以供工程设计中应用。

表 3.2 综合布线系统主干缆线长度限制

缆线类型	各线段长度限值(m)		
	A	B	C
100Ω 对绞电缆	800	300	500
62.5m 多模光缆	2000	300	1700
50m 多模光缆	2000	300	1700
单模光缆	3000	300	2700

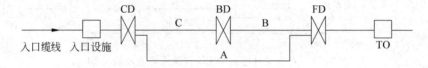

图 3.16 综合布线系统主干缆线组成

注：
① 如 B 距离小于最大值时，C 为对绞电缆的距离可相应增加，但 A 的总长度不能大于 800m。
② 表中 100Ω 对绞电缆作为语音的传输介质。
③ 单模光纤的传输距离在主干链路时允许达 60km，但被认可至本规定以外范围的内容。
④ 对于电信业务经营者在主干链路中接入电信设施能满足的传输距离不在本规定之内。
⑤ 在总距离中可以包括入口设施至 CD 之间的缆线长度。
⑥ 建筑群与建筑物配线设备所设置的跳线长度不应大于 20m，如超过 20m 主干长度应相应减少。
⑦ 建筑群与建筑物配线设备连至设备的缆线不应大于 30m，如超过 30m 主干长度应相应减少。

上面按照《用户建筑综合布线》(ISO/IEC 11801:2002)与 TIA/EIA 568B.1 标准的规定，列出了综合布线系统主干缆线及水平缆线等的长度限值，但是综合布线系统在网络的应用中，可选择不同类型的电缆和光缆，因此，在相应的网络中所能支持的传输距离是不相同的。在 IEEE 802.3 an 标准中，综合布线系统 6 类布线系统在 10G 以太网中所支持的长度应不大于 55m，但 6A 类和 7 类布线系统支持长度仍可达到 100m。为了更好地执行本规范，现将相关标准对于布线系统在网络中的应用情况，在表 3.3 中列出电缆在通信业务网中的应用等级与传输距离，在表 3.4 中分别列出在 100M、1G、10G 以太网中光纤的应用传输距离(两个有源设备之间的最大距离)，仅供设计者参考。

表 3.3 电缆在通信业务网中的应用等级与传输距离

应用网络	布线类别	应用距离(m)	备 注
10Base-T 以太网	3,5e,6,6A	100	
100Base-T 以太网	5e,6,6A	100	
1000Base-T 以太网	5e,6,6A	100	
10GBase-T 以太网	6A	100	
ADSL	3,5e,6,6A	5000	1.5~9Mbps
模拟电话	3,5e,6,6A	800	

表 3.4 在 100M、1G、10G 以太网中光纤的应用传输距离

光线类别		多模光纤					单模光纤	
		62.5/125μm TIA492AAAA (OM1)		50/125μm TIA492AAAB (OM2)		50/125μm TIA492AAAC (OM3)	TIA492CAAA(OS1) TIA492CAAB(OS2)	
应用网络	波长(nm)	850	1300	850	1300	850	1300	1310	1550
10/100Base-SX	应用距离	300		300		300			
100Base-FX	应用距离		2000		2000		2000		
1000Base-SX	应用距离	270		550		800			
1000Base-LX	应用距离		550		550		550	5000	
1000Base-LX4	应用距离		300		300		300		
10GBase-S	应用距离	33		82		300			
10GBase-LX4	应用距离		300		300		300	10 000	
10GBase-L	应用距离							10 000	
10GBase-LRM	应用距离		220		220		220		
40GBase-LR4	应用距离							2000	
100GBase-LR4	应用距离							2000	
100GBase-ER4	应用距离							2000	

(2) 主干缆线[建筑物或建筑群配线设备之间(FD 与 BD、FD 与 CD、BD 与 BD、BD 与 CD 之间)]组成的信道出现 4 个连接器件时,主干缆线的长度不应小于 15m。

(3) 配线子系统信道的最大长度不应大于 100m,如图 3.17 所示,长度应符合表 3.5 的规定。

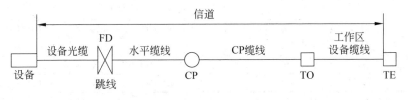

图 3.17 配线子系统缆线

① 配线子系统信道应由永久链路的水平缆线和设备缆线组成,可包括跳线和 CP 缆线,通常可采用 4 种方式,如图 3.18 所示。

表 3.5 配线子系统缆线长度

连接类型	最小长度(m)	最大长度(m)
FD-CP	15	85
CP-TO	5	—
FD-TO(无 CP)	15	90
工作区设备缆线①	2	5
跳线	2	—
FD 设备缆线②	2	5
设备缆线与跳线总长度	—	10

注：① 此处没有设置跳线时,设备缆线的长度不应小于1m。
② 此处不采用交叉连接时,设备缆线的长度不应小于1m。

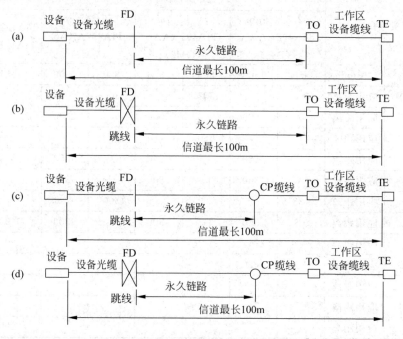

图 3.18 配线子系统信道连接方式

② 配线子系统信道长度计算方法应符合表3.6的规定。

表 3.6 配线子系统信道长度计算方法

连接模型	对应图号	等级		
		D	E 或 EA	F 或 FA
FD 互连-TO	图 3.18(a)	H=109−FX	H=107−3−FX	H=107−2−FX
FD 交叉-TO	图 3.18(b)	H=107−FX	H=106−3−FX	H=106−3−FX
FD 互连-CP-TO	图 3.18(c)	H=107−FX−CY	H=106−3−FX−CY	H=106−3−FX−CY
FD 交叉-CP-TO	图 3.18(d)	H=105−FX−CY	H=105−3−FX−CY	H=105−3−FX−CY

注：① 计算公式中,H 为水平缆线的最大长度(m);F 为楼层配线设备(FD)缆线和跳线及工作区设备缆线总长度(m);C 为集合点(CP)缆线的长度(m);X 为设备缆线和跳线的插入损耗(dB/m)与水平缆线的插入损耗(dB/m)之比;Y 为集合点(CP)缆线的插入损耗(dB/m)与水平缆线的插入损耗(dB/m)之比;2 和 3 为余量,以适应插入损耗值的偏离。
② 水平电缆的应用长度应受到工作环境温度的影响。当工作环境温度超过 20℃时,屏蔽电缆长度按每摄氏度减少 0.2%计算,对非屏蔽电缆长度则按每摄氏度减少 0.4%(20～40℃)和每摄氏度减少 0.6%(>40～60℃)计算。

(4) 干线子系统信道长度应符合下列规定。

① 干线子系统信道应由主干缆线、跳线和设备缆线组成，如图 3.19 所示。

图 3.19　干线子系统信道组成

② 干线子系统信道长度计算方法应符合表 3.7 规定。

表 3.7　干线子系统信道长度计算

类别	等级							
	A	B	C	D	E	EA	F	FA
5	2000	B=250−FX	B=170−FX	B=105−FX				
6	2000	B=260−FX	B=185−FX	B=111−FX	B=105−3−FX			
6A	2000	B=260−FX	B=189−FX	B=114−FX	B=108−3−FX	B=105−3−FX		
7	2000	B=260−FX	B=190−FX	B=115−FX	B=109−3−FX	B=107−3−FX	B=105−3−FX	
7A	2000	B=260−FX	B=192−FX	B=117−FX	B=111−3−FX	B=105−3−FX	B=105−3−FX	B=105−3−FX

注：① 计算公式中，B 为主干缆线的长度(m)；F 为设备缆线与跳线总长度(m)；X 为设备缆线的插入损耗(dB/m)与主干缆线的插入损耗(dB/m)之比；3 为余量，以适应插入损耗值的偏离。

② 当信道包含的连接点大于或小于 6 个时，缆线敷设长度应减少或增加。减少与增加缆线长度的原则为：5 类电缆，按每个连接点对应 2m 计；6 类、6A 类和 7 类电缆，按每个连接点对应 1m 计。而且宜对 NEXT、RL 和 ACR-F 予以验证。

③ 主干电缆(连接 FD-BD、BD-BD、FD-CD、BD-CD)的应用长度会受到工作环境温度的影响。当工作环境的温度超过 20℃时，屏蔽电缆长度按每摄氏度减少 0.2%计算，对非屏蔽电缆长度则按每摄氏度减少 0.4%(20~40℃)和每摄氏度减少 0.6%(>40~60℃)计算。

同样当干线子系统、建筑群子系统也采用铜缆布线时，同样遵循图 3.18 所示的信道长度限制。当干线子系统、建筑群子系统的长度超过电缆的传输距离时，就需要采用光缆传输系统。

3.2.7　综合布线系统缆线方案选择

1. 屏蔽系统与非屏蔽系统的选择

综合布线系统的产品有非屏蔽和有屏蔽两种。这两种系统产品的优劣，综合布线系统中是否采用屏蔽结构的布线系统，一直有不同的意见。在欧洲屏蔽系统是消费主流，而且已成为地区的法规，而以北美为代表的其他国家则更喜欢非屏蔽系统(UTP)。我国最早从美国引入综合布线系统，所以工程中使用最多的是非屏蔽系统(UTP)。

当建筑物在建或已建成但尚未投入使用时，为确定综合布线系统的选型，首先应做好需求分析，应测定建筑物周围环境的干扰强度，对系统与其他干扰源之间的距离是否符合规范要求进行摸底，根据取得的数据和资料，用规范中规定的各项指标要求进行衡量，选择合适的器件和采取相应的措施。

我们必须熟悉不同系统的电气特性，以便在实际综合布线系统工程中根据用户需求和现场环境等条件，选择合适的非屏蔽系统或屏蔽系统产品。

1) 选择非屏蔽系统

采用非屏蔽系统主要基于以下考虑。

(1) UTP 缆线结构设计可以很好地抗干扰。由于 UTP 双绞线电缆中的线对采取完全对称的平衡传输技术,其结构本身安排科学合理,各线对双绞的结构使得电磁场耦合产生的互相干扰影响相等,从而彼此抵消和有效去除,可以将线对的干扰减少到最低限度,甚至可忽略不计。

(2) 电缆传输数据速率不高。UTP 双绞线主要用在综合布线系统中接入桌面的配线子系统,网络接入层是 100Mbps 快速以太网或 1000Mbps 及比特以太网,使用 5e 或 6 类 UTP 电缆就可以了。

(3) 管槽系统的屏蔽作用。在配线子系统中,UTP 电缆都是敷设在钢筋混凝土结构的房屋内,如果 UTP 电缆再敷设在金属线槽、金属桥架或金属线管中,则形成了多层屏蔽层。因此,配线子系统的电缆所受到的电磁干扰的影响必然会大大地降低,一般布线的环境中电磁干扰场强的指标值绝大部分是低于标准规定的限制(3V/m)的。

(4) 安装维护方便,整体造价低。由于非屏蔽系统具有重量轻、体积小、弹性好、种类多、价格便宜,技术比较成熟和安装施工简便等很多优点,并且,现在的 5e 类或 6 类布线系统也支持 1000Mbps。所以,目前大部分综合布线系统大都采用非屏蔽系统。

(5) 当综合布线工程现场的电磁干扰场强低于防护标准的规定,或采用非屏蔽布线系统能满足安装现场条件对电缆的间距要求时,综合布线系统宜采用非屏蔽布线系统。

(6) 屏蔽系统安装困难、技术要求较高和工程造价较高。屏蔽系统整体造价比非屏蔽系统高,在安装施工中,要求屏蔽系统的所有电缆和连接硬件的每一部分,都必须是完全屏蔽而无缺陷,并要求有正确的接地系统,才能取得理想的屏蔽效果。

2) 选择屏蔽系统

随着网络技术的高速发展,人们对信息的要求越来越高,要求信息传输必须非常精确、迅速、安全、保密。同时在有强电磁场干扰环境的综合布线系统工程中,非屏蔽系统难以达到较好的抗干扰效果,这时可以考虑采用屏蔽系统。

(1) 屏蔽系统和非屏蔽系统相比的优势。

① 屏蔽系统的传输性能比非屏蔽系统好。在 100Mbps 快速以太网中传送数据,采用 UTP 好。如果数据传输频率超过 100MHz,传输速率在 1Gbps 以上时,非屏蔽系统链路比屏蔽系统链路会出现更多错误,如丢失帧、节点混杂、记号出错、突发的错误等,整个网络传输效果不良甚至失败。

② 屏蔽系统的对外辐射、保密性比非屏蔽系统好。UTP 系统的近端串扰和衰减值的是屏蔽系统低很多(约低 10dB),即 UTP 电缆对外辐射是屏蔽系统的 10 倍。这样,使用 UTP 电缆很容易被外界窃取信息,其安全性和保密性较差。

(2) 屏蔽系统的方式。

当布线环境处在强电磁场附近需要对布线系统进行屏蔽时,可以根据环境电磁干扰的强弱,采取三个层次不同的屏蔽效果。

① 在一般电磁干扰的情况下,可采用金属槽管屏蔽的方法,即把全部电缆都封闭在预先敷设好的金属桥架和管道中,并使金属桥架和管道保持良好的接地。

② 在存在较强电磁场干扰源的情况下,可采用屏蔽双绞线和屏蔽连接件的屏蔽系统,再辅助以金属桥架和管道。

③ 在有极强电磁干扰的情况下,可以采用光缆布线。

3) 如何选择屏蔽系统或非屏蔽系统

在综合布线系统工程中应根据用户通信要求、现场环境条件(建筑物周围环境的干扰场强度)等实际情况,本着技术先进、经济合理、安全使用的设计原则在满足电气防护各项指标的前提下,确定选用屏蔽系统或非屏蔽系统。

在 GB/T 50311—2016 中规定,当遇到下列情况之一时可采用屏蔽系统。

(1) 当综合布线区域内存在的电磁干扰场强高于 3V/m 时,宜采用屏蔽系统进行防护。

(2) 用户对电磁兼容性有电磁干扰和防信息泄露等较高的要求时,或有网络安全保密的需要时,如在政府机关、金融机构和军事、公安等重要部门,宜采用屏蔽系统。

(3) 采用非屏蔽系统无法满足安装现场条件对绞电缆的间距要求时,宜采用屏蔽系统。

(4) 当布线环境温度影响到非屏蔽系统的传输距离时,宜采用屏蔽系统。

并且当采用屏蔽系统时应保证屏蔽系统采用的电缆、连接器件、跳线、设备电缆都应是屏蔽的,并应保持屏蔽层的连续性。

2. 超 5 类与 6/6A 类布线系统选择

目前,5e 类和 6/6A 类非屏蔽双绞线在综合布线系统中被广泛应用于配线子系统,在综合布线工程中常常存在是选择超 5 类还是选择 6/6A 类布线系统的问题。综合布线系统是信息化平台的基础部分,系统的性能对整个信息化进程产生直接的影响,如何选择一套投资合理、满足需求、适当超前的布线系统是布线工程师在规划和设计阶段就得思考的问题。

1) 5e 类和 6 类布线系统标准介绍

5 类布线标准主要是针对 100Mbps 网络提出的,该标准成熟,2000 年以前是市场的主流。后来开发千兆以太网时,许多厂商根据 TIA/EIA 568B 标准,把可以运行千兆以太网的 5 类产品冠以"增强型"Enhanced CAT 5(简称 5e)推向市场。5e 也被人们称为"超 5 类"或"5 类增强型"。

2002 年 6 月正式通过的 6 类布线标准成了 TIA/EIA 568B 标准的附录,它被正式命名为 TIA/EIA 568B.2-1。该标准已被国际标准化组织(ISO)批准,标准号为 ISO/IEC 11801:2002。与 5e 类布线系统相比,6 类布线系统的优势主要体现对 1000Mbps 以上网络的支持上。

表 3.8 列出了 5e 类和 6 类布线系统的电气性能比较。

表 3.8 5e 类和 6 类布线系统的电气性能比较

参数(Items)	CAT 5e	CAT 6
频率范围(Frequency Range)	1～100MHz	1～250MHz
传输时延(Delay)	与 TSB95 相同	与 TSB95 相同
时延差(Delay Skew)	与 TSB95 相同	与 TSB95 相同
衰减(Attenuation)	与 CAT 5 相同	比 CAT 5 更严格 43%
近端串扰(NEXT)	比 CAT 5 更严格 41%	比 CAT 5 更严格 337%
综合近端串扰(PSNEXT)	与 CAT 5 相同	比 CAT 5 更严格 216%
等效远端串扰(ELFEXT)	比 CAT 5 更严格 5%	比 CAT 5 更严格 104%
综合等效远端串扰(PSELFEXT)	与 TSB95 相同	比 CAT 5 更严格 95%
回波损耗(Return Loss)	比 CAT 5 更严格 26%	比 CAT 5 更严格 58%

从表 3.8 中可以看出，影响高速网络传输性能的近端串扰及综合近端串扰、等效远端串扰与综合等效远端串扰、回波损耗和衰减等测试标准，6 类布线系统都比 5e 类布线系统有了大大的改善，从而保证了吉比特以太网乃至万兆位以太网的使用。

2) 5e 类布线系统的网络应用

国际电气和电子工程师协会(IEEE 802.3ab)任务小组于 1997 年发布了千兆以太网标准 1000Base-T，该技术采用先进的 5 级脉冲调幅(PAM)编码方式，在 4 对超 5 类双绞线上全双工传输，即每对线在发送信号的同时又接收信号，每对线上的传输速率是 250Mbps。1000Base-T 采用多级编码方式，可以降低网络传输时对每对线的带宽要求，每对线所需带宽不到 80MHz；由于采用这种双工传输技术会产生信号回波，导致信噪比(SNR)过高，网络接收端无法获得正常的信号。为了消除双工传输带来的回波影响，在网络设备上必须加多一个数字信号处理器(DSP)，专门处理网络传输中产生的噪声，从而可以降低网络传输误码率。但 DSP 价格不菲，约占千兆以太网卡成本的 50%。总之，在超 5 类布线系统中，虽也可满足千兆的传输，但由于它将用于网络传输的 2 对线改为 4 对线的传输，且两端的设备必须为全双工模式，因此，这种可达到千兆传输的超 5 类布线系统仍然很少或几乎没有在实际的网络中加以应用。

总之，超 5 类双绞线主要用于 100Mbps 的网络，能支持到 1000Mbps，不支持万兆位以太网技术。但超 5 类在应用于吉比特以太网时，使用全部 4 对线，4 对线都在全双工模式运行，每对线支持 250Mbps 的数据速率(每个方向)，如图 3.20 所示。

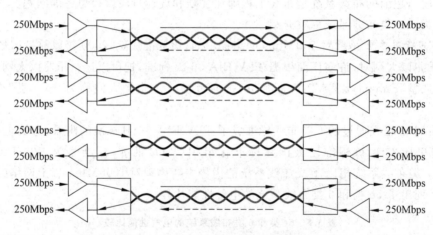

图 3.20　1000Base-T 的传输模型

3) 6 类布线系统的网络应用

为了克服 1000Base-T 高成本的问题，2002 年 TIA/EIA 854 颁布新的千兆以太网标准 1000Base-TX。该标准定义了一种使用 6 类产品的千兆以太网技术 1000Base-TX。由此提供了一种更为经济的千兆以太网解决方案。该技术使用 4 对线单工传输，其中两对线用于发送，另外两对线用于接收，每对线平均传输速率提高到 500Mbps。1000Base-TX 在每对线上需要 125MHz 带宽，需要有更好的 6 类布线系统来支持。由于 1000Base-TX 采用单工传输方式，解决了 1000Base-T 因采用双工传输方式而产生的噪声过高问题，因而在网络设备上不必采用昂贵的 DSP 芯片来消除回波，显著降低了网络设备的电缆复杂程度，1000Base-TX 网络设备制造成本较 1000Base-T 降低了大约 50%。

6 类双绞线支持 1000Base-T 技术和支持万兆位以太网技术。在应用于吉比特以太网时，也使用全部 4 对线,但是两对线接收,两对线发送(类似于 100Base-TX),如图 3.21 所示。

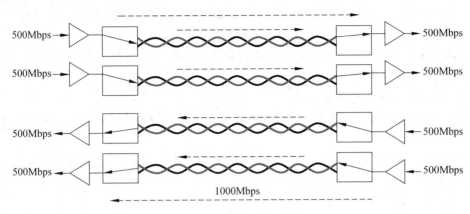

图 3.21　1000Base-TX 的传输模型

IEEE 802.3ab 中标准 1000Base-T 定义,可以采用 5e 类、6 类双绞线,IEEE 802.3an 支持 6A 类双绞线铜缆。在《用户建筑综合布线》(ISO/IEC 11801:2002-09)5.7 与 7.2 条款和 TIA/EIA 568B.1 标准中都规定了综合布线系统主干缆线及水平缆线等的长度限值。但是综合布线系统在网络的应用中,可选择不同类型的电缆和光缆,因此,在相应的网络中所能支持的传输距离是不相同的。在 IEEE 802.3an 标准中,综合布线系统 6 类布线系统在 10G 以太网中所支持的长度应不大于 55m,但 6A 类和 7 类布线系统支持长度仍可达到 100m,如表 3.9 所示。

表 3.9　对绞电缆应用传输距离

应用网络	布线类别	传输距离(m)	备注
100Base-TX 以太网	5e,6,6A	100	2 对
1000Base-T 以太网	5e,6,6A	100	4 对
10GBase-T 以太网	6	55	4 对
10GBase-T 以太网	6,7,7A	100	4 对

4) 6 类布线系统的选用

综合布线系统是否选用 6 类布线系统产品,必须以紧密结合工程实际情况为出发点,要根据智能化建筑或智能小区的不同类型、主体工程性质、所处环境地位、技术功能要求和工程建设规模等具体特点。此外,要考虑不同的综合布线系统的服务对象,其信息需求是有显著差别的,例如,国际商务中心和一般商业区是大为不同的,所以,在综合布线系统选用产品类型时应有区别,绝不能盲目攀比或超前追求高标准和新技术。

随着 1Gbps 网络的流行,6 类布线产品也正逐渐为用户所接受,在政府机关、校园网等工程中得到了广泛的应用,并得到认可。

3. 双绞线与光缆的选择

光纤与双绞线相比具有更高的带宽,允许的距离更长,安全性更高,完全消除了 FRI 和 EMI,允许更靠近电力电缆,而且不会对人身健康产生辐射威胁。

1) 吉比特以太网的光纤选择

吉比特以太网包括 1000Base-SX、1000Base-LX、1000Base-LH 和 1000Base-ZX 4 个标准。

其中，SX（Short wave）为短波，LX（Long wave）为长波，LH（Long-haul）和 ZX（Extended range）为超长波，1000Base-SX 和 1000Base-LX 既可使用单模光纤，也可使用多模光纤；而 1000Base-LH 和 1000Base-ZX 则只能使用单模光纤。

吉比特以太网在多模和单模上的规定距离如表 3.4 所示。可根据表中的数据，根据光纤布线距离选择合适的光纤型号。

2）10Gbps 以太网的光纤选择

10Gbps 光纤以太网中光纤在不同应用网络类型下的有效网络传输距离如表 3.4 所示。

3）光纤布线的使用

目前，在绝大多数的综合布线系统工程中，数据主干都采用光缆，主要有以下优点。

(1) 干线用缆量不大。

(2) 用光缆不必为升级疑虑。

(3) 处于电磁干扰较严重的弱电井，光缆比较理想。

(4) 光缆在弱电井布放，安装难度较小。

(5) 对于光纤到桌面（FTTD）来说，光缆布线可以考虑省去 FD，直接从 BD 引至桌面。

(6) 光纤布线长度可以比铜缆长，几层楼合用光纤集线器（或交换机）的范围大。

正是由于具有以上优势，加上小型化（SFF）光纤连接器、理想的 VCSEL（垂直腔表面发射激光）光源和光电介质转换器等发展，极大地促进了光纤在综合布线系统的使用。

但是光纤布线还不能完全取代双绞线电缆，主要体现在以下几方面。

(1) 价格高。使用光缆布线会大幅度增加成本，不但光纤布线系统（光缆、光纤配线架、耦合器、光纤跳线等）本身价位比铜缆高，而且使用光纤传输的网络连接设备，如带光纤端口的交换机、光纤网卡等价格也较高。

(2) 光纤安装施工技术要求高以及安装难度大。

(3) 从目前和今后几年的网络应用水平来看，并不是所有的桌面都需要 1000Mbps 的传输速率。

因此，未来的解决方案光缆在综合布线系统中有着重要的地位，但在目前和今后一定时期，它还不能完全取代双绞线电缆。光缆主要应用在建筑物间和建筑物内的主干线路，而双绞线电缆将会在距离近、分布广和要求低的到工作区的配线子系统广泛应用，只是当水平布线距离较远，电缆无法到达，桌面应用有高带宽和高安全性等要求时，配线子系统水平布线才需要采用光纤布线系统。

光纤的应用和发展是一个循序渐进的过程，从光纤到路边、光纤到楼、光纤到户发展到光纤到桌面，实现全光网络，也许还需要时间。因此，光纤主干系统＋双绞线配线子系统还是相当长一段时间内综合布线系统的首选方案。

3.2.8 系统应用

综合布线系统工程设计应按照近期和远期的通信业务，计算机网络拓扑结构等需要，选用合适的布线器件与设施。选用产品的各项指标应高于系统指标，才能保证系统指标，得以满足和具有发展的余地，同时也应考虑工程造价及工程要求，对系统产品选用应恰如其分。

(1) 同一布线信道及链路的缆线和连接器件应保持系统等级与阻抗的一致性。

对于综合布线系统，电缆和接插件之间的连接应考虑阻抗匹配和平衡与非平衡的转换适配。在工程（D级至F级）中特性阻抗应符合 100Ω 标准。在系统设计时，应保证布线信道和链路在支持相应等级应用中的传输性能,如果选用6类布线产品,则缆线、连接硬件、跳线等都应达到6类,才能保证系统为6类。如果采用屏蔽布线系统,则所有部件都应选用带屏蔽的硬件。

(2)综合布线系统工程的产品类别及链路、信道等级的确定应综合考虑建筑物的性质、功能、应用网络和业务对传输带宽及缆线长度的要求、业务终端的类型、业务的需求及发展、性能价格、现场安装条件等因素,并应符合表3.10的规定。

表3.10 布线系统等级与类别的选用

业务种类		配线子系统		干线子系统		建筑群子系统	
		等级	类别	等级	类别	等级	类别
语音		D/E	5/6(4 对)	C	3/5(大对数)	C	3(室外为大对数)
数据	电缆	D/E/EA/F/FA	5/6/6A/7/7A(4 对)	D/E/F	6/6A/7/7A(4 对)		在不超过90m时,也可采用室外4对对绞电缆
	光缆	OF-300 OF-500 OF-2000	OM1、OM2、OM3、OM4 多模光缆;OS1、OS2 单模光缆	OF-300 OF-500 OF-2000	OM1、OM2、OM3、OM4 多模光缆;OS1、OS2 单模光缆	OF-300 OF-500 OF-2000	OS1、OS2 单模光缆
其他应用		可采用5/6/6A类4对对绞电缆和OM1、OM2、OM3、OM4多模光缆;OS1、OS2单模光缆及相应等级连接器件					

注:其他应用是指数字监控摄像头、楼宇自控现场控制器(DDC)、门禁系统等采用网络端口传送数字信息时的应用。

在表3.10中,"其他应用"一栏应根据系统对网络的构成、传输缆线的规格、传输距离等要求选用相应等级的综合布线产品。

(3)综合布线系统光纤信道应采用标称波长为850nm和1300nm的多模光纤(OM1、OM2、OM3、OM4)及标称波长为1310nm和1550nm(OS1)、1310nm、1383nm和1550nm(OS2)的单模光纤。

(4)单模光缆和多模光缆的选用应符合网络的构成方式、业务的互联方式、以太网交换机端口类型及网络规定的光纤应用传输距离。在楼内宜采用多模光缆,超过多模光纤支持的应用长度或需直接与电信业务经营者通信设施相连时宜采用单模光缆。

(5)为保证传输质量,配线设备连接的跳线宜选用产业化制造的电、光各类跳线,跳线的类别应符合综合布线系统的等级要求。在电话应用时宜选用双芯对绞电缆。

跳线两端的插头,IDC指4对或多对的扁平模块,主要连接多端子配线模块;RJ-45指8位插头,可与8位模块通用插座相连;跳线两端如为ST、SC、SFF光纤连接器件,则与相应的光纤适配器配套相连。按以下原则选择。

①电话跳线宜按每根1对或2对对绞电缆容量配置,跳线两端连接插头采用IDC或RJ-45型。

②数据跳线宜按每根4对对绞电缆配置,跳线两端连接插头采用IDC或RJ-45型。

③光纤跳线宜按每根1芯或2芯光纤配置,光纤跳线连接器件采用ST、SC或SFF型。

(6)工作区信息点为电端口时,应采用8位模块通用插座(RJ-45),光端口宜采用SC或LC光纤连接器件及适配器。

信息点电端口如为7类布线系统时,采用RJ-45型或非对45型的屏蔽8位模块通用插座。

(7)FD、BD、CD配线设备应根据支持的应用业务、布线的等级、产品的性能指标选用,并应符合下列规定。

① 应用数据业务时,电缆配线模块应采用8位模块通用插座。

② 应用语音业务时,FD干线侧及BD、CD处配线模块应选用卡接式配线模块(多对、25对卡接式模块及回线型卡接模块),FD水平侧配线模块应选用8位模块通用插座。

③ 光纤配线模块应采用单工或双工的SC或LC光纤连接器件及适配器。

④ 主干光缆的光纤容量较大时,可采用预端接光纤连接器件(MPO)互通。

在ISO/IEC 11801:2002-09标准中,提出除了维持SC光纤连接器件用于工作区信息点以外,同时建议在设备间、电信间、集合点等区域使用SFF小型光纤连接器件及适配器。小型光纤连接器件与传统的ST、SC光纤连接器件相比体积较小,可以灵活地使用于多种场合。目前,SFF小型光纤连接器件被布线市场认可的主要有LC、MT-RJ、VF-45、MU和FJ。

电信间和设备间安装的配线设备的选用应与所连接的缆线相适应,具体可参照表3.11和表3.12内容。

表3.11 综合布线系统配线模块产品选用表

类别	产品类型		配线设备安装场地和连接缆线类型			
	配线设备类型	容量与规格	CP(集合点)	FD(电信间)	BD(设备间)	CD(设备间/进线间)
电缆配线设备	大对数卡接模块	采用4对卡接模块	4对水平电缆/4对CP电缆	4对水平电缆/4对主干电缆	4对主干电缆	4对主干电缆
		采用5对卡接模块		大对数主干电缆	大对数主干电缆	大对数主干电缆
	25对卡接模块	25对	4对水平电缆/4对CP电缆	4对水平电缆/4对主干电缆/大对数主干电缆	4对主干电缆/大对数主干电缆	4对主干电缆/大对数主干电缆
	回线型卡接模块	8回线	4对水平电缆/4对CP电缆	4对水平电缆/4对主干电缆	大对数主干电缆	大对数主干电缆
		10回线		大对数主干电缆	大对数主干电缆	大对数主干电缆
	RJ-45配线模块	一般为24口或48口	4对水平电缆/4对CP电缆	4对水平电缆/4对主干电缆	4对主干电缆	4对主干电缆
光缆配线设备	ST光纤连接盘	单工/双工,一般为24口	水平/CP光缆	水平/主干光缆	主干光缆	主干光缆
	SC光纤连接盘	单工/双工,一般为24口	水平/CP光缆	水平/主干光缆	主干光缆	主干光缆
	SFF小型光纤连接盘	单工/双工一般为24口、48口	水平/CP光缆	水平/主干光缆	主干光缆	主干光缆

(8) 集合点(CP)安装的连接器件应选用卡接式配线模块或8位模块通用插座或各类光纤连接器件和适配器。

当集合点(CP)配线设备为8位模块通用插座时,CP电缆宜采用带有单端RJ-45插头的产业化产品,以保证布线链路的传输性能。

表 3.12 综合布线系统配线模块与缆线的连接与装置

配线设备	连接与配置	
FD、BD、CD	连接至电信间的每1根水平电缆/光缆应终接相应的配线模块,配线模块的配置与缆线容量相适应	(1) 多线对端子配线模块可以选用4对或5对卡接模块,每个卡接模块应卡接1根4对对绞电缆。一般100对卡接端子容量的模块可卡接24根(采用4对卡接模块)或卡接20根(采用5对卡接模块)4对对绞电缆 (2) 25对端子配线模块可卡接1根25对大对数电缆或6根4对对绞电缆 (3) RJ-45配线模块(由24个或48个8位模块通用插座组成)每1个RJ-45插座应卡接1根4对对绞电缆 (4) 光纤连接器件每个单工端口应支持1芯光纤的连接,双工端口则支持2芯光纤的连接
	电信间FD主干侧各类配线模块和主干缆线应按照电话、计算机等网络的构成及配线模块与主干电缆/光缆的所需容量要求及规格进行配置	对语音业务,大对数主干电缆的对数应按每一个电话8位模块通用插座配置1对线,并在总需求线对的基础上至少预留约10%的备用线对,如语音信息点(8位模块)连接ISDN用户终端设备,并采用S接口(4线接口)时,相应的主干电缆应按2对线配置
		对于数据业务应以集线器(HUB)或交换机(SW)群(按4个HUB/SW组成一群);或以每个HUB或SW设备设置一个1个主干端口配置。每1群网络设备或每4个网络设备宜考虑1个备用端口。主干端口为电接口时,应按4对线容量,为光端口时则按2芯光纤容量配置
		当工作区至电信间的水平光缆延伸至设备间的光配线设备(BD/CD)时,主干光缆的容量应包括所延伸的水平光缆光纤的容量在内
	设备间BD(CD)、电信间FD采用的设备缆线和各类跳线应以通信设施和计算机网络设备的端口容量或按信息点的比例进行配置	电话跳线宜按每根1对或2对对绞电缆容量配置,跳线两端连接插头采用IDC、RJ-45型
		数据跳线应按每根4对对绞电缆容量配置,跳线两端连接插头采用IDC或RJ-45型
		光纤跳线应按每根1芯或2芯光纤配置,光纤跳线连接器件插头采用ST、SC或SFF型
		采用的设备缆线和各类跳线宜按计算机网络设备的使用端口容量和电话交换机的实装容量、业务的实际需求或信息点总数的比例进行配置,比例范围为25%~50%

3.2.9 工业环境布线系统

在高温、潮湿、电磁干扰、撞击、振动、腐蚀气体、灰尘等恶劣环境中应采用工业环境布线系统,并应支持语音、数据、图像、视频、控制等信息的传递。

(1) 工业环境布线系统设置规定。

① 工业及连接器件应用于工业环境中的生产区、办公区域或控制室与生产区之间的交界场所,也可用于室外环境。

② 在工业设备较为集中的区域应设置现场配线设备。

③ 工业环境中的配线设备应根据环境条件确定防护等级。

（2）工业环境布线系统应由建筑群子系统、干线子系统、配线子系统、中间配线子系统组成，如图 3.22 所示。

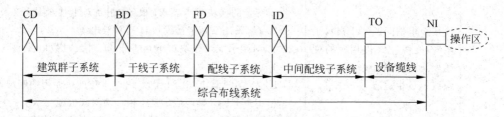

图 3.22　工业环境布线系统组成

（3）工业环境布线系统的各级配线之间宜设置备份或互通的路由，并应符合下列规定。

① 建筑群 CD 与每一建筑物 BD 之间应设置双路由，其中一条应为备份路由。

② 不同的建筑物 BD 与 BD，本建筑物 BD 与另一栋建筑物 FD 之间可设置互通的路由。

③ 本建筑物不同楼层 FD 与 FD，本楼层 FD 与另一楼层 ID 之间可设置互通路由。

④ 楼层内 ID 与 ID，ID 与非本区域的 TO 之间可设置互通的路由。

（4）布线信道中，含有中间配线子系统时，网络设备与 ID 配线模块之间应采用交叉或互连的连接方式。

（5）在工程应用中，工业环境的布线系统应由光纤信道和对绞电缆信道构成，中间配线设备 ID 志工作区 TO 信息点之间对绞电缆信道应采用 D、E、EA、F、FA 等级的 5、6、6A、7、7A 布线产品，不限等级不低于 D 级。光纤信道可分为塑料光纤信道 OF-25、OF-50、OF-100、OF-200，石英多模光纤信道 OF-100、OF-300、OF-500 及单模光纤信道 OF-2000、OF-5000、OF-10000 的信道等级。

（6）工业环境布线系统中，中间配线子系统、干线子系统等链路等级、链路长度应符合规定。

3.2.10　以太网在线供电

1. 以太网在线供电

以太网供电（Power over Ethernet，PoE）是一种将供电集成到标准局域网设备中的技术。它可通过使用同一根用于网络连接的电缆，将电源供应到网络设备上，例如，IP 电话机、网络摄像机或无线 AP 等。这样一来，在摄像机所在位置就无须再通过电源插座对摄像机进行供电，可通过集中使用 UPS 的方式来确保设备 7×24h 不间断运行，同时简化了管理。

PoE 技术遵循 IEEE 802.3af 标准，并且在不降低网络数据通信性能、缩小网络范围的基础上对网络设备进行供电。

在各种温度条件下，布线系统 D、E、F 级信道线对每一导体最小的传送直流电流应为 0.175A。

在各种温度条件下，布线系统 D、E、F 级信道线的任何导体之间应支持 48V 直流工作电压，每一线对的输出功率应为 15.4W，末端为 13W 受电设备。

2. 以太网在线供电（PoE）的工作方式

网络需要在链路上某个地方把电源"接入"链路中。通常有两种方法，即通过使用供电交换机或中间跨度设备实现。以太网在线供电（PoE）采用由具有供电功能的以太网网络交换机 SW，通过叠加在数据传输线对 1 和 2、3 和 6 向受电设备供电，或 1、2/3、6 信号，4、5/7、8 供电。

另一种方法是在交换机和配线架之间连接一台中间跨度设备（通常称为模块配线架式供电设备 SB），通过非数据线对 4 和 5、7 和 8 向受电设备提供电源。模块配线架式供电设备 SB 应兼容 IEEE 802.3af 标准，满足网络交换机协议，应能识别受电设备的正确供电电压，向受电设备不间断地提供要求的电源，受电设备有情况立即断电，当受电设备断开后停止供电。

3.3 综合布线系统链路缆线选择

3.3.1 综合布线系统链路缆线选择

综合布线系统
链路缆线选择

在任务 1 已经介绍过，在《综合布线系统工程设计规范》（GB/T 50311—2016）和《大楼通信综合布线系统第一部分：总规范》（YD/T 926.1—2009）中都提到综合布线系统由 3 个子系统为基本组成，但在《综合布线系统工程设计规范》（GB/T 50311—2016）中是 3 个子系统和 7 个部分同时存在。

这 3 个子系统为建筑群子系统、干线子系统和配线子系统，即建筑群子系统把分布层的各交换设备连接到核心层的交换设备上，干线子系统把各接入层的交换设备连接到本楼宇分布层的交换设备上，配线子系统把工作区的信息插座和接入层的交换设备的端口上。

在进行综合布线系统缆线的选择时，首先需要考虑用户需求；其次再考虑传输距离；最后考虑成本。

在任务 1 中已经介绍过，综合布线系统的对象分为两大类：一类是单幢建筑物，大都采用二层网络结构；另一类是由若干建筑物组成的建筑群，大都采用三层网络结构，在信息点较少的情况下也可采用二层网络结构。建筑群综合布线系统就是单幢建筑物综合布线系统和建筑群子系统的合集。

表 3.13 列出了单幢建筑物各子系统缆线的选择。表 3.14 列出了建筑群各子系统缆线的选择。

表 3.13 单幢建筑物各子系统缆线的选择

用户需求	干线子系统		配线子系统		信道技术方案
	带宽/速率	缆 线	带宽/速率	缆 线	
主干万兆，千兆到桌面	万兆	单/多模光缆	千兆	单/多模光缆	光缆
			千兆	6 类 UTP	光缆+电缆
	万兆	6A 类双绞线	千兆	6 类 UTP	电缆
主干万兆，百兆到桌面	万兆	单/多模光缆	百兆	单/多模光缆	光缆
			百兆	5e/6 类 UTP	光缆+电缆
	万兆	6A 类双绞线	百兆	5e/6 类 UTP	电缆
主干千兆，百兆到桌面	千兆	单/多模光缆	百兆	5e/6 类 UTP	光缆+电缆
	千兆	6/6A 类双绞线	百兆	5e/6 类 UTP	电缆
主干百兆，百兆到桌面	百兆	单/多模光缆	百兆	5e/6 类 UTP	光缆+电缆
	百兆	5e/6/6A 类双绞线	百兆	5e/6 类 UTP	电缆

表 3.14 建筑群各子系统缆线的选择

用户需求	建筑群子系统		干线子系统		配线子系统		信道技术方案
	带宽/速率	缆线	带宽/速率	缆线	带宽/速率	缆线	
主干万兆，千兆到桌面	万兆	单模光缆	万/千兆	单/多模光缆	千兆	单/多模光缆	光缆
			万/千兆	单/多模光缆	千兆	6类UTP	光缆+光缆+电缆
			万/千兆	6A类UTP	千兆	6类UTP	光缆+电缆+电缆
			千兆	6类UTP	千兆	6类UTP	光缆+电缆+电缆
	万兆	多模光缆	万/千兆	多模光缆	千兆	6类UTP	光缆+光缆+电缆
			万/千兆	6A类UTP	千兆	6类UTP	光缆+电缆+电缆
			千兆	6类UTP	千兆	6类UTP	光缆+电缆+电缆
主干万兆，百兆到桌面	万兆	单模光缆	万/千兆	单/多模光缆	百兆	单/多模光缆	光缆
			万/千兆	单/多模光缆	百兆	5e/6类UTP	光缆+光缆+电缆
			万/千兆	6A类UTP	百兆	5e/6类UTP	光缆+电缆+电缆
			千兆	6类UTP	百兆	5e/6类UTP	光缆+电缆+电缆
	万兆	多模光缆	万/千兆	单/多模光缆	百兆	单/多模光缆	光缆
			万/千兆	多模光缆	百兆	5e/6类UTP	光缆+光缆+电缆
			万/千兆	6A类UTP	百兆	5e/6类UTP	光缆+电缆+电缆
			千兆	6类UTP	百兆	5e/6类UTP	光缆+电缆+电缆
主干千兆，百兆到桌面	千兆	单模光缆	千兆	单/多模光缆	百兆	单/多模光缆	光缆
			千兆	单/多模光缆	百兆	5e/6类UTP	光缆+光缆+电缆
			千兆	6/6A类UTP	百兆	5e/6类UTP	光缆+电缆+电缆
			百兆	5e/6类UTP	百兆	5e/6类UTP	光缆+电缆+电缆
	千兆	多模光缆	千兆	多模光缆	百兆	多模光缆	光缆
			千兆	6/6A类UTP	百兆	5e/6类UTP	光缆+电缆+电缆
			百兆	5e/6类UTP	百兆	5e/6类UTP	光缆+电缆+电缆

3.3.2 全光缆布线方案

由表 3.13 和表 3.14 可以看到，综合布线系统选用缆线的技术方案有全光缆布线方案、光缆+电缆布线方案和全电缆布线方案等几种，首先介绍全光缆布线方案。

1. 全光缆布线方案结构图

在智能建筑或建筑群的综合布线系统中，所有缆线全部采用光纤光缆的布线方案组成了光纤信道，如图 3.23 所示。在建筑群子系统、干线子系统、配线子系统分别采用不同模式、不同芯数的光纤光缆。

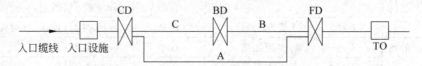

图 3.23 综合布线系统主干缆线组成

光纤信道的构成和连接方式可参考 3.2.5 节的图 3.12～图 3.14。

2. 全光缆布线方案的缆线长度

综合布线系统的缆线长度划分，其内容极为丰富且较复杂，是系统中极为重要的技术指标。不论哪一个缆线部分都有一定的极限数值，不得超标，以保证综合布线系统传送信息的质量。

综合布线系统缆线长度包含信道的传输距离（长度）、综合布线系统的全程长度、水平布线长度和主干布线长度以及各级设备处的跳线、设备缆线、工作区缆线的长度等。

上面按照《用户建筑综合布线》(ISO/IEC 11801：2002)与 TIA/EIA 568B.1 标准的规定，列出了综合布线系统主干缆线及水平缆线等的长度限值。但是综合布线系统在网络的应用中，可选择不同类型的电缆和光缆，因此，在相应的网络中所能支持的传输距离是不相同的。在表 3.3 和表 3.4 中分别列出光纤在 100M、1G、10G 以太网中支持的传输距离（两个有源设备之间的最大距离），仅供设计者参考。

3.3.3 光缆＋电缆布线方案

光缆＋电缆布线方案有三层网络结构和二层网络结构两种。其中，三层网络结构有光缆（建筑群子系统）＋光缆（干线子系统）＋电缆（配线子系统）、光缆（建筑群子系统）＋电缆（干线子系统）＋电缆（配线子系统）两种。二层网络结构为光缆（干线子系统）＋电缆（配线子系统）。

1. 光缆＋光缆＋电缆布线方案

在表 3.13 和表 3.14 中可以看到，光缆＋光缆＋电缆布线方案也就是在建筑群子系统和干线子系统采用光缆，在配线子系统采用电缆。这时整个综合布线系统会设有 1～2 个设备间作为网络中心机房及分机房，其余各楼宇不单独设设备间，而是将给楼宇的 BD 配线设备和交换设备放置在楼宇中间层次的电信间，也就是将 BD 和 FD 合并使用，如图 3.5 所示。

在选择光缆建筑物干线光缆、建筑群干线光缆的类型时参考表 3.3 和表 3.4，根据网络类型选择合适的光缆类型。

和 3.3.2 节全光缆布线方案中不同的是配线子系统，在这里配线子系统采用双绞线电缆，也就是采用了铜缆综合布线系统，其长度限制等请参看 3.2.4 节。

2. 光缆＋电缆＋电缆布线方案

同样在表 3.13 和表 3.14 中可以看到，光缆＋电缆＋电缆布线方案也就是在建筑群子系统采用光缆，在干线子系统和配线子系统采用电缆。这时整个综合布线系统会设有 1～2 个设备间作为网络中心机房及分机房，其余各楼宇不单独设设备间，而是将给楼宇的 BD 配线设备和交换设备放置在楼宇中间层次的电信间，也就是将 BD 和 FD 合并使用。其网络拓扑图和图 3.5 类似。

所不同的是建筑物干线子系统采用电缆，这样除了在兼做 BD 的电信间需要光纤终端盒外，其他电信间不需要光纤终端盒。建筑物干线电缆可以采用多条 4 对双绞线电缆，也可选用大对数电缆。

3. 光缆＋电缆布线方案

光缆＋电缆布线方案通常在一幢建筑物中使用，没有建筑群子系统。其网络拓扑图如图 3.24 所示的上部建筑物 A。

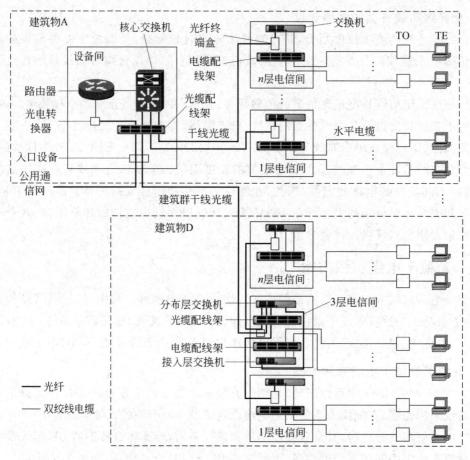

图 3.24 光缆＋电缆综合布线系统布线方案

3.3.4 全电缆布线方案

全电缆布线方案通常使用在一幢建筑物或特大型的智能化建筑，即当建筑物是主楼带附楼结构。

如果是一幢建筑物，通常为二层网络结构，干线子系统和配线子系统全部采用双绞线电缆。如果是一幢建筑物是主楼带附楼结构，则也可采用三层网络结构，即建筑群子系统、建筑物干线子系统、配线子系统。

建筑群子系统、建筑物干线子系统、配线子系统全部采用电缆，缆线的长度限制可参考 3.2.6 节。

习　　题

一、选择题

1. 50/125μm 多模光纤传输 1Gbps 网络的最长传输距离是(　　)m。
   A. 500　　　　　　B. 550　　　　　　C. 2000　　　　　　D. 5000
2. 62.5/125μm 多模光纤传输 1Gbps 网络的最长传输距离是(　　)m。
   A. 500　　　　　　B. 550　　　　　　C. 2000　　　　　　D. 5000

二、思考题

1. 综合布线系统中，信道和链路有何区别？
2. 在综合布线系统中，光纤系统信道分为几个级别？
3. 综合布线系统中铜缆系统信道分为几个级别？
4. 综合布线系统设计时各子系统的布线距离有什么限制？和采用的网络应用系统有什么样关系？
5. 综合布线系统应如何选用布线器件？
6. 屏蔽系统和非屏蔽系统相比有哪些优势？
7. 在综合布线系统中如何选择屏蔽系统或非屏蔽系统？
8. 在综合布线系统中如何选择 5e 类或 6 类布线系统？
9. 在综合布线系统中如何选择双绞线电缆或光纤系统？

三、实训题

实地考察你所在的学校的校园网综合布线系统中光纤链路采用了哪些种类的光纤及其连接器。

任务 4 综合布线系统设计

4.1 任务描述

综合布线系统设计是整个网络工程建设的蓝图和总体框架结构。综合布线系统按照工作区、配线子系统、干线子系统、建筑群子系统、设备间、进线间和管理 7 部分进行设计。

首先需要了解组成综合布线系统设计的工作区、配线子系统、干线子系统、建筑群子系统、设备间、进线间和管理 7 部分等主要内容。

4.2 相关知识

4.2.1 综合布线系统设计流程

网络综合布线系统设计是整个网络工程建设的蓝图和总体框架结构,网络方案的质量将直接影响到网络工程的质量和性价比。那么在设计综合布线系统方案时,应该遵循什么样的设计原则?从哪里入手呢?

1. 综合布线系统设计原则

综合布线系统以一套单一的配线系统,可以综合通信网络、信息网络及控制网络,以协助解决所面临的多种业务设备配线上的不便,并为未来的综合业务数字网络和宽带业务应用打下基础,有着极其广阔的应用前景。

综合布线系统设计原则主要包括以下内容。

(1) 综合布线系统的设施及管线的建设,应纳入建筑与建筑群相应城区的规划之中。对于园区还应将综合布线的管网纳入规划的综合管线统一考虑,以做到资源共享。在土木建筑、结构的工程设计中对综合布线信息插座箱体的安装、管线的敷设、电信间、设备间的面积需求和场地设置都要有所规划,防止今后增设或改造时造成工程的复杂和费用的浪费。

(2) 综合布线系统工程在建筑改建、扩建中要区别对待,设计时既要考虑实用,又要兼顾发展,在功能满足需求的情况下,尽量减少工程投资。

(3) 综合布线系统应与大楼的信息网络、通信网络、设备监控与管理等系统统筹规划,按照各种信息的传输要求,做到合理使用,并应符合相关的标准。

(4) 综合布线工程设计时,应根据工程项目的性质、功能、环境条件和近远期用户要求,进行综合布线系统设施和管线的设计。并必须保证综合布线系统质量和安全,考虑施工和维护方便,做到技术先进、经济合理。

(5) 综合布线系统工程设计时,必须选用符合国家或国际有关技术标准的定型产品。

(6) 综合布线系统工程设计时,必须符合国家现行的相关强制性或推荐性标准规范的规定。

(7) 综合布线系统作为建筑的公共电信配套设施在建设期应考虑一次性投资建设,能适应多家电信业务经营者提供通信与信息业务服务的需求,保证电信业务在建筑区域内的接入、开通和使用;使得用户可以根据自己的需要,通过对入口设施的管理选择电信业务经营者,避免造成将来建筑物内管线的重复建设而影响到建筑物的安全与环境。因此,在管道与设施安装场地等方面,工程设计中应充分满足电信业务市场竞争机制的要求。

2. 综合布线系统设计流程

对于一个综合布线系统工程,用户单位总是要有使用目的和需求,但用户单位不设计、不施工,因此设计人员要认真、详细地了解工程项目的实施目标和要求。应根据建筑工程项目范围来设计。通常,设计一个合理的综合布线系统一般有以下几个步骤。

- 用户需求分析。
- 了解地理布局。
- 获取工程相关的资料。
- 系统结构设计。
- 布线路由设计。
- 安装设计。
- 工程经费投资。
- 可行性论证。
- 绘制综合布线施工图。
- 施工的材料设备清单。
- 施工和验收。

1) 用户需求分析

通常,一个单位或一个部门要建设计算机网络总有自己的目的,也就是说要解决什么样的问题。用户(建设方)的问题往往是实际存在的问题或是某种要求。建设方在提出综合布线系统需求的时候,受自身经验和知识等方面的限制,往往是求大、求全、求新。事实证明,这样做会带来投资规模超出控制,最后完成的系统不能满足实际使用需求等很多问题。综合布线系统是一项精密的系统工程,各个组成部分必须紧密地、有机地结合在一起,必须采取正确的方法才能获得合理的用户需求。

(1) 确定工程实施的范围,主要包括:
- 实施综合布线系统工程的建筑物数量。
- 各建筑物的各类信息点数量及分布情况。
- 各建筑物电信间和设备间的位置。
- 整个建筑群中心机房的位置。

(2) 确定系统的类型。确定本工程是否包括计算机网络通信、电话语音通信、有线电视系统、闭路视频监控等系统,并要求统计各类系统信息点的分布和数量。

(3) 确定各类信息点接入要求,主要包括:
- 信息点接入设备类型。
- 未来预计需要扩展的设备数量。
- 信息点接入的服务要求。

(4) 确定系统业务范围,主要包括:
- 确定用户所需服务器的容量,并估算该部门的信息量,从而确定服务器。

- 确定选择网络操作系统。
- 确定选择网络服务软件,如 Web、E-mail、FTP、视频等。

2) 了解地理布局

对于地理位置布局,工程施工人员必须到现场查看,其中要注意的要点有以下几个。

- 用户数量及其位置。
- 任意两个用户之间的最大距离。
- 在同一楼内,用户之间的从属关系。
- 楼与楼之间布线走向,楼层内布线走向。
- 用户信息点数量和安装的位置。
- 建筑物预埋的管槽分布情况。
- 建筑物垂直干线布线的走向。
- 配线(水平干线)布线的走向。
- 特殊布局要求或限制。
- 与外部互联的需求。
- 设备间所在的位置。
- 设备间供电问题与解决方式。
- 电信间所在位置。
- 电信间供电问题与解决方式。
- 进线间所在位置。
- 交换机供电问题与解决方式。
- 对工程施工材料的要求。

3) 获取工程相关的资料

要尽可能全面地获取工程相关的资料,包括:

(1) 了解用户设备类型:要确定用户有多少,目前个人计算机有多少台,将来最终配置多少台个人计算机,需要配些什么设备,数量等问题。

(2) 了解网络服务范围,包括以下内容。

- 数据库、应用程序共享程度。
- 文件的传送存取。
- 用户设备之间的逻辑连接。
- 网络互联(Internet)。
- 电子邮件。
- 多媒体服务要求程序。

(3) 通信类型,主要包括以下内容。

- 数字信号。
- 视频信号。
- 语音信号(电话信号)。
- 通信是否是 X.25 分组交换网。
- 通信是否是数字数据网(DDN)。
- 通信是否是帧中继网。
- 通信是否是综合业务数字网(ISDN)。

- 是否包括多服务访问技术虚拟专用网(VPN)。

(4) 网络拓扑结构,选用星型网络拓扑结构、总线型网络结构或其他结构。

(5) 网络工程经费投资,包括以下内容。
- 设备投资(硬件、软件)。
- 网络工程材料费用投资。
- 网络工程施工费用投资。
- 安装、测试费用投资。
- 培训与运行费用投资。
- 维护费用投资。

4) 实地考察现场或获取建筑物平面图

一个好的网络方案,必须通过实地考察,确定建筑群的中心机房、各建筑物的设备间位置,以中心机房进行建筑群缆线的估算,以设备间为中心,进行缆线长度的估算,垂直干线的估算,以及缆线到工作区的路由选择等,从而建立起完整的系统结构。

5) 设计网络拓扑结构,确定系统结构

根据用户的具体需求,结合现场实际和设备间的位置,设计网络拓扑结构。现在的网络拓扑结构,一般为星型网络拓扑结构,比较复杂的网络布线,可以采用全光纤或光纤+电缆的组合布线方案,在4.1节已经介绍过。

6) 进行可行性论证

在可行性论证时,必须注意环境是否可行,性价比是否最优,从而选择一个技术先进、经济合理的系统方案。

7) 绘制综合布线施工图

方案经过论证后可行,就要按照方案绘制出施工图,方便施工人员现场的组织施工。

8) 编制综合布线材料预算清单

根据设计方案,首先进行材料数量计算,例如,双绞线需要多少箱,模块需要多少个,面板需要多少,光纤需要多少米,电缆配线架、光缆配线架、机柜等各需要多少。其次进行品牌选择,如AMP、康普、IBDN等;再根据各个厂家的产品供货价,编制出材料预算清单。最后根据最新的施工定额,进行施工费用的计算,得出工程的费用清单。

一个完善而又合理的综合布线系统,其目标是,在既定时间以内,允许在有新需求的集成过程中,不必再去进行水平布线,以免损坏建筑装饰而影响美观。

4.2.2 工作区子系统设计

1. 工作区子系统的设计范围

在综合布线系统中,一个独立的、需要设置终端设备的区域称为一个工作区。工作区是指办公室、写字间、工作间、机房等需要电话和计算机等终端设施的区域。

工作区子系统由终端设备连接到配线子系统的信息插座之间的连线组成,它包括装配软线、连接器和连接所需的扩展软线,并在终端设备和输入/输出之间搭接。

目前,建筑物的功能类型较多,因此,工作区面积划分应根据应用的场合做具体的分析后确定,工作区面积划分可参照表4.1所示的内容。

表 4.1　工作区面积划分

建筑物类型及功能	工作区面积(m^2)
网管中心、呼叫中心、信息中心等终端设备较为密集的场地	3～5
办公区	5～10
会议、会展	10～60
商场、生产机房、娱乐场所	20～60
体育场馆、候机室、公共设施区	20～100
工业生产区	60～200

注：(1) 对于应用场合，如终端设备的安装位置和数量无法确定时或使用彻底为大客户租用并考虑自设置计算机网络时，工作区面积可按区域(租用场地)面积确定。

(2) 对于 IDC 机房(为数据通信托管业务机房或数据中心机房)可按生产机房每个配线架的设置区域考虑工作区面积。对于此类项目，涉及数据通信设备的安装工程，应单独考虑实施方案。

为了满足不同功能与特点的建筑物的需求，综合布线系统工作区面积划分与信息点配置数量可参照 GB/T 50311—2016 中内容。由于篇幅所限，在此仅列出常用的 3 种建筑物工作区面积划分与信息点配置，参见表 4.2～表 4.4。

表 4.2　办公建筑工作区面积划分与信息点配置

项　　目		办公建筑	
		行政办公建筑	通用办公建筑
每一个工作区面积(m^2)		5～10	5～10
每一个用户单元区域面积(m^2)		60～120	60～120
每一个工作区信息插座类型与数量	RJ-45	一般：2个；政务：2～8个	2个
	光纤到工作区 SC 或 LC	2个单工或1个双工或根据需要设置	

表 4.3　教育建筑工作区面积划分与信息点配置

项　　目		教育建筑		
		高等学校	高级中学	初级中学或小学
每一个工作区面积(m^2)		办公：5～10；教室：30～50；多功能教室：20～50；实验室：20～50；公共区域：30～120；公寓、宿舍：每一套房/每一个床位	办公：5～10；教室：30～50；多功能教室：20～50；实验室：20～50；公共区域：30～120；公寓、宿舍：每一个床位	办公：5～10；教室：30～50；多功能教室：20～50；实验室：20～50；公共区域：30～120；宿舍：每一套房
每一个用户单元区域面积		公寓	公寓	—
每一个工作区信息插座类型与数量	RJ-45	2～4个	2～4个	2～4个
	光纤到工作区 SC 或 LC	2个单工或1个双工或根据需要设置		

表 4.4 住宅建筑工作区面积划分与信息点配置

项　　目		住 宅 建 筑
每一个房屋信息插座类型与数量	RJ-45	电话：客厅、餐厅、主卧、次卧、厨房、卫生间各 1 个；书房 2 个 数据：客厅、餐厅、主卧、次卧、厨房各 1 个；书房 2 个
	同轴	有线电视：客厅、主卧、次卧、厨房各 1 个
	光纤到桌面 SC 或 LC	根据需要，客厅、书房各 1 个双工
光纤到住宅用户		满足光纤用户要求，每一用户配置一个家具配线箱

2．工作区适配器的选用原则

每个工作区至少要配置一个信息插座盒。信息插座是终端与配线子系统连接的接口，其中最常用的为 RJ-45 信息插座。如果采用全光缆布线系统，则需要在工作区安装有光纤信息插座。

信息插座必须具有开放性，即能兼容多种系统的设备连接要求。一般来说，工作区应安装足够的信息插座，以满足计算机、电话机、电视机等终端设备的安装使用。例如，工作区配置 RJ-45 信息插座以满足计算机连接，配置 RJ-11 以满足电话机和传真机等电话话音设备的连接，配置有线电视 CATV 插座以满足电视机连接。随着三网融合的技术实施，语音、数据和视频将被统一为一种接口，即 RJ-45 信息插座。

一般来讲，工作区的电话和计算机等终端设备可用跳接线直接与工作区的信息插座相连接，但当信息插座与终端连接电缆不匹配时，需要选择适当的适配器或平衡/非平衡转换器进行转换，才能接到信息插座上。工作区适配器的选用应符合下列要求。

（1）设备的连接插座应与连接电缆的插头匹配，不同的插座与插头之间互通时应加装适配器。

（2）在连接使用信号的数/模转换、光/电转换、数据传输速率转换等相应的装置时，应采用适配器。

（3）对于网络规程的兼容，应采用协议转换适配器。

（4）各种不同的终端设备或适配器均应安装在工作区的适当位置，并应考虑现场的电源与接地。

3．工作区子系统的设计步骤

工作区子系统设计步骤

工作区是综合布线系统不可缺少的一部分，尽管工作区布线很简单，一般纳入综合布线系统范畴，但工作区的设计是后续各部分设计的基础，因此是十分重要的。

工作区子系统在设计时的步骤一般为首先与用户进行充分技术交流，了解建筑物的用途；其次进行工作区信息的统计；最后确定工作区信息点的位置。

1）用户信息需求的调查和分析

综合布线系统工程用户需求的调查、分析主要是针对信息点（通信引出端）的数量、位置以及通信业务需要进行的，如果建设单位能够提供工程中所有信息点的翔实资料，且能够作为设计的基本依据，可不进行这项工作。通常，对于不同的综合布线系统，其建设规模、使用功能、业务性质、人员数量、组成成分以及对外联系的密切程度都会有所区别。因此，用户需求的调查、预测是一项非常复杂，又极为细致、烦琐的工作。

用户信息调查、分析的结果是综合布线系统规划设计的基础数据,它的准确和详尽程度将会直接影响综合布线系统的网络结构、缆线分布、设备配置以及工程投资等一系列重要问题。

综合布线系统工程的用户需求调查、分析的主要内容包含以下内容。

(1) 用户信息点的种类。

(2) 用户信息点的数量。

(3) 用户信息点的分布情况。

(4) 原有系统的应用及分布情况。

(5) 设备间的位置。

(6) 进行综合布线施工建筑物的建筑平面图以及相关管线分布图。

需求分析首先从整栋建筑物的用途开始;其次按照楼层进行分析;最后再到楼层的各个工作区或者房间,逐步明确和确认每层和每个工作区的用途与功能,分析这个工作区的需求,规划工作区的信息点数量和位置。

需要注意的是,目前的建筑物往往有多种用途和功能。例如,一幢12层的教学主楼,1~7层为多媒体教室,8~12层为学院行政机关办公室。又如,一幢18层的写字楼,地下1层为停车场,1~2层为商铺,3~4层为餐厅,5~11层为写字楼,12~18层为宾馆。

2) 与用户进行技术交流

在前期用户需求分析的基础上,与用户进行技术交流。包括用户技术负责人、项目或行政负责人。进一步了解用户的需求,特别是未来的发展需求。在交流中,要重点了解每个房间或者工作区的用途,工作区域、工作台位置、设备安装位置等详细信息,并做好详细的书面记录。

3) 阅读建筑物图纸和工作区编号

索取和阅读建筑物设计图纸,通过阅读建筑物图纸掌握建筑物的土建结构、强电路径、弱电路径,特别是主要电气设备和电源插座的安装位置,重点了解在综合布线路径上的电气设备、电源插座、暗埋管线等。在阅读图纸时,进行记录或标记,这有助于将信息插座设计在合适的位置,避免强电或电气设备对综合布线系统的影响。

为工作区信息点命名和编号是非常重要的一项工作,命名首先必须准确表达信息点的位置或者用途,要与工作区的名称相对应,这个名称从项目设计开始到竣工验收以及后续维护要一致,如果在后续使用中改变了工作区名称或者编号,必须及时制作名称变更对应表,作为竣工资料保存。

4) 工作区信息点的配置

在表4.1中已经根据建筑物的用途不同,划分了工作区的面积。每个工作区需要设置一个数据点和电话点,或者按用户需要设置。也有部分工作区需要支持数据终端、电视机及监视器等终端设备。

每一个工作区(或房间)信息点数量的确定范围比较大,从现有的工程实际应用情况分析,有时有1个信息点,有时可能会有10个信息点;有时只需铜缆信息模块,有时还需要预留光缆备份的信息插座模块。因为建筑物用途不一样,功能要求和实际需求不一样,信息点数量不能仅按办公楼的模式确定,要考虑多功能和未来扩展需要,尤其是对于专用建筑(如电信、金融、体育场馆、博物馆等建筑)及计算机网络存在内外网等多个网络时,更应加强需求分析,做出合理的配置。

每个工作区信息点数量可按用户的性质、网络构成和需求来确定。表4.5中列出一些分类,仅提供给设计者参考。具体可参考GB/T 50311—2016。

表 4.5 信息点数量配置

建筑物功能区	信息点数量（每一工作区）			备 注
	电 话	数 据	光纤（双工端口）	
办公区（一般）	1个/区	1个/区		包括写字楼集中办公
办公区（重要）	1个/区	2个/区	1个/区	对数据信息有较大的需求，如网管中心、呼叫中心、信息中心
出租或大客户区	2个或2个以上	2个或2个以上	1个或2个以上	指整个区域配置量
办公区（政务工程）	2～5个/区	2～5个/区	1个/区或1个/区以上	涉及内外网时

工作区信息点为电端口时，应采用8位模块通用插座（RJ-45），光端口宜采用SFF小型光纤连接器及适配器。信息点端口如为7类布线系统时，采用RJ-45型或非RJ-45型的屏蔽8位模块通用插座。每一个工作区信息插座模块（光、电）数量不宜少于2个，并满足各种业务的需求。

5）工作区信息点点数统计

工作区信息点点数统计表简称点数表，是设计和统计信息点数量的基本工具与手段。在需求分析和技术交流的基础上，首先确定每个房间或者区域的信息点位置和数量，然后制作和填写点数统计表。点数统计表首先是按照楼层；其次是按照房间或者区域逐层逐房间的规划和设计网络数据、光纤口、语音信息点数；最后把每个房间规划的信息点数量填写到点数统计表对应的位置。每层填写完毕，就能够统计出该层的信息点数，全部楼层填写完毕，就能统计出该建筑物的信息点数。

点数统计表能够一次准确、清楚地表示和统计出建筑物的信息点数量。点数表的格式如表 4.6 所示。房间按照行表示，楼层按照列表示。

表 4.6 建筑物网络综合布线信息点点数统计表

建筑物网络和语音信息点点数统计表												
楼层编号	房间或者区域编号									数据点数合计	光纤点数合计	语音点数合计	信息点数合计
	01			03			…	09					
	数据	光纤	语音	数据	光纤	语音		数据	光纤	语音			
16层	2		2	2				3						
		1												
15层														
⋮														
1层														
合计														

在填写点数统计表时，从楼层的第一个房间或者区域开始，逐间分析需求和划分工作区，确认信息点数量和大概位置。在每个工作区首先确定网络数据信息点的数量；其次考虑电话

语音信息点的数量,同时还要考虑其他控制设备的需要,例如,在门厅和重要办公室入口位置考虑设置指纹考勤机、门警系统网络接口等。

根据点数统计表计算出每层支持语音(电话)的信息点的数量(用 T_{pn} 来表示)和每层支持数据(计算机)的信息点的数量(用 T_{dn} 来表示),并由此得出建筑物内支持数据的信息点的数量(T_d)和支持语音的信息点的数量(T_p)。

6) 确定跳线及 RJ-45 头所需的数量

接插跳线可以订购也可以现场压制。对于数据通信来说,一个数据信道需要两条跳线,一条用于从配线架到交换机的连接;另一条用于从信息插座到计算机的连接。

现场压制接插跳线时,RJ-45 头的需求量一般用下述方式计算:

$$m=n\times 4+n\times 4\times 15\%$$

式中:m——RJ-45 头的总需求量;

n——信息点的总量;

$n\times 4\times 15\%$——留有的富余量。

7) 确定信息插座数量

信息插座中的部件因布线系统不同而不同。就 AMP 布线系统来说,主要包括墙盒(或者地盒)、面板、信息模块。如果工作区配置单孔信息插座,那么信息插座、信息模块、面板数量应与信息点的数量相当。如果工作区配置双孔信息插座,那么信息插座、面板数量应为信息模块数量的一半。信息模块的需求量一般为

$$p=n+n\times 3\%$$

式中:p——实际需要信息模块数量;

n——信息点的总量;

$n\times 3\%$——富余量。

8) 工作区信息点安装位置

(1) 信息插座安装方式。

信息插座安装方式分为嵌入式和表面安装式两种,用户可根据实际需要选用不同的安装方式以满足不同的需要。

通常情况下,新建筑物采用嵌入式安装信息插座;已建成的建筑物则采用表面安装式信息插座。另外,还有固定式地板插座、活动式地板插座,这些还应考虑插座盒的机械特性(比如,机械强度、抗振强度等)。

① 新建筑物。新建筑物的信息点地盒必须暗埋在建筑物的墙里,一般使用金属底盒。

② 已建成的建筑物。已建成的建筑物增加网络综合布线系统时,设计人员必须到现场勘察,根据现场使用情况具体设计信息插座的位置、数量。旧建筑物增加信息插座一般为明装 86 系列插座。

(2) 信息插座安装位置。

安装在房间内墙壁或柱子上的信息插座、多用户信息插座或集合点配线模块装置,其底部离地面的高度宜为 300mm,以便维护和使用。如有高架活动地板时,其离地面高度应以地板上表面计算高度,距离也为 300mm。

工作区信息点的安装位置宜以工作台为中心进行,通常有以下几种情况。

① 如果工作台靠墙布置,信息插座一般设计在工作台侧面的墙面,通过跳线直接与工作台上的计算机、电话等连接。避免信息插座远离工作台,这样网络跳线比较长,既不美观,又可

能影响网络传输性能。

② 如果工作台布置在房间的中间位置,没有靠墙,信息插座一般设计在工作台下的地面,地面插座底盒低于地面。在设计时必须准确估计工作台的位置,避免信息插座远离工作台。

③ 如果是集中或者开放办公区域,即需要进行二次分割和装修的区域,宜在四周墙面设置,也可以在中间的立柱上设置。然后再以每个工位的工作台和隔断为中心,将信息插座安装在地面或隔断上。目前,市场销售的办公区隔断上都预留有两个86系列信息插座和电源插座安装孔。

新建项目选择在地面安装信息插座时,适合在办公家具和设备到位前综合布线系统竣工,也适合工作台灵活布局和随时调整,但是地面安装信息插座施工难度大,成本高。对于办公家具已经到位的工作区,宜在隔断上安装信息插座。

④ 在大门入口或者重要办公室门口宜设计门禁系统用信息插座。在公司大门或者门厅设计指纹考勤机、电子屏幕使用的信息插座。高度宜参考设备的安装高度设置。

⑤ 会议室信息点设计。在会议主席台、发言席、投影机位置等处至少各设计1个信息点,便于设备的连接和使用。在会议室墙面的四周也可以考虑一些信息点。

⑥ 学生宿舍信息点设计。随着高校信息化建设的发展,学生宿舍也开始配备信息接口,以满足学生的需要。这样在设计学生公寓建设时,就要考虑信息点的布局,设置信息点的学生公寓的学生人员多为4人,按1点/人设置。一般情况下,宿舍床铺的下部为学习区,安装有课桌和衣柜等,上面为床。这样就要根据床和课桌的位置安装信息插座,宜在非承重的隔墙两面对称安装。

⑦ 学校教学楼多媒体教室。多媒体教室中信息插座一般要靠近讲台放置计算机的位置,可安装在墙面或地面。

⑧ 大厅、展厅等在设备安装区域的地面宜设置足够的信息插座。超市、商场的收银区一般都靠近柱子,应将信息插座安装在柱子上。银行营业的大厅、ATM自助区信息插座的设置要考虑隐蔽性和安全性,不能暴露在外。

9)工作区信息点图纸设计

综合布线系统工作区信息点图纸设计是综合布线系统设计的基础工作,直接影响工程造价和施工难度,大型工程也直接影响工期,因此,工作区信息点图纸设计非常重要。在一般的综合布线系统工程设计中,不会单独设计工作区信息点布局图,而是综合在网络系统图纸中。

10)工作区电源插座的设置

工作区电源插座的设置除应遵循国家有关的电气设计规范外,还可参照表4.7的要求进行设计,一般情况下,每组信息插座附近宜配备220V电源三孔插座为设备供电,暗装信息插座与其旁边的电源插座应保持200mm的距离,电源插座应选用带保护接地的单相电源插座,保护接地与中性线应严格分开。

表4.7 工作区电源插座设计要求

设计等级	总容量	插座数量	单个插座容量	插座类型	备 注
甲级	≥60V·A/m²	≥20个/100m²	≥300V·A	带有接地极扁圆孔多用插座	建筑内保护线(PE)与电源中线严格分开
乙级	≥45V·A/m²	≥15个/100m²	≥300V·A		
丙级	≥35V·A/m²	≥10个/100m²	≥300V·A		

4.2.3 配线子系统设计

1. 配线子系统的设计范围

配线子系统又称水平布线子系统。配线子系统从工作区的信息点延伸到电信间的管理子系统,由工作区的信息插座、信息插座至电信间配线设备(FD)的水平电缆或光缆、电信间配线设备(FD)、设备缆线和跳线等组成。

配线子系统的布线路由遍及整个智能建筑,与每个房间和管槽系统密切相关,是综合布线系统工程量最大、最难施工的一个子系统。

因此,在设计配线子系统时,应充分考虑线路冗余、网络需求和网络技术的发展。配线子系统的设计涉及配线子系统的网络拓扑结构、布线路由、管槽设计、缆线类型选择、缆线长度确定、缆线布放、设备配置等内容。

配线子系统往往需要敷设大量的缆线,因此,如何配合建筑物装修进行水平布线,以及布线后如何更为方便地进行缆线的维护工作,也是设计过程中应注意考虑的问题。

配线子系统通常采用星型网络拓扑结构,它以电信间楼层配线架 FD 为主节点,各工作区信息插座为分节点,二者之间采用独立的线路相互连接,形成以 FD 为中心向工作区信息插座辐射的星型网络,如图 4.1 所示。

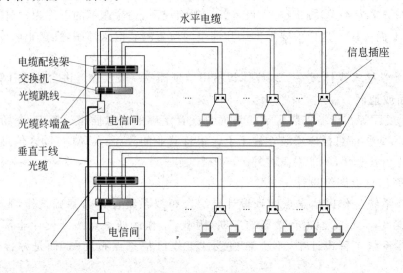

图 4.1 配线子系统星型网络拓扑结构

2. 配线子系统缆线选择

选择配线子系统的缆线,要根据建筑物信息的类型、容量、带宽和传输速率来确定。按照配线子系统对缆线及长度的要求,在配线子系统电信间到工作区的信息点之间,对于计算机网络和电话语音系统,应优先选择 4 对非屏蔽双绞线电缆;对于屏蔽要求较高的场合,可选择 4 对屏蔽双绞线电缆;对于要求传输速率高、保密性要求高或电信间到工作区超过 90m 的场合,可采用室内多模光缆或单模光缆直接布设到桌面的方案。

根据 ANSI TIA/EIA 568B.1 标准,在配线子系统中推荐采用的缆线型号如下。

(1) 4 线对 100Ω 非屏蔽双绞线(UTP)对称电缆。

(2) 4 线对 100Ω 屏蔽双绞线(SCTP)对称电缆。

(3) 50/125μm 多模光缆。

(4) 62.5/125μm 多模光缆。

(5) 8.3/125μm 单模光缆。

按照 GB 50311—2007 国家标准的规定,水平缆线属于配线子系统,并对缆线的长度作了统一规定,配线子系统各缆线长度应符合图 4.2 的划分。

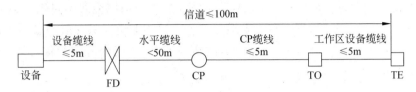

图 4.2 配线子系统缆线长度划分

配线子系统信道的最大长度不应大于 100m。其中,水平缆线长度不大于 90m,工作区设备缆线、电信间配线设备的跳线和设备缆线之和不应大于 10m,当大于 10m 时,水平缆线长度(90m)应适当减少。楼层配线设备(FD)跳线、设备缆线及工作区设备缆线各自的长度不应大于 5m。

3. 水平管槽系统设计

水平管槽系统设计

管槽系统是综合布线系统的基础设施之一,对于新建筑物,要求与建筑设计和施工同步进行。所以,在综合布线系统总体方案决定之后,对于管槽系统需要预留管槽的位置和尺寸、洞孔的规格和数量以及其他特殊工艺要求(如防火要求或与其他管线的间距等)。这些资料要及早提交给建筑设计单位,以便建筑设计中一并考虑,使管槽系统能满足综合布线系统缆线敷设和设备安装的需要。

管槽系统建成后,与房屋建筑成为一个整体,属于永久性设施,因此,它的使用年限应与建筑物的使用年限一致。这说明管槽系统的使用年限应大于综合布线系统缆线的使用年限。这样,管槽系统的规格尺寸和数量要依据建筑物的终期需要从整体和长远角度来考虑。

管槽系统由引入管路、电缆竖井和槽道、楼层管路(包括槽道和工作区管路)、联络管路等组成。它们的走向、路由、位置、管径和槽道的规格以及与设备间、电信间等的连接,都要从整体和系统的角度来统一考虑。此外,对于引入管路和公用通信网的地下管路的连接,也要相互衔接、配合协调,不应产生脱节和矛盾等现象。

综合布线系统工程施工的对象有新建筑、扩建(包括改建)建筑和已建建筑等多种情况;有不同用途的办公楼、写字楼、教学楼、住宅楼、学生宿舍等;有钢筋混凝土结构、砖混结构等不同的建筑结构。因此,设计配线子系统的路由时,应根据建筑物的使用用途和结构特点,从布线规范与否、路由的距离、造价的高低、施工的难易度、结构上的美观与否、与其他管线的交叉和间距以及布线的规范化和扩充简便等各方面加以考虑。在具体的不同建筑物中,设计综合布线时,往往会存在一些矛盾,考虑了布线规范却影响了建筑物的美观,考虑了路由长短却增加了施工难度,所以,设计配线子系统必须折中考虑,对于结构复杂的建筑物,一般都设计多套路由方案,通过对比分析,在全面考虑的基础上,折中选择出最切实际而又合理的布线方案。

在新建的建筑物中已将配线子系统所需的暗敷管路或槽道等支撑结构建成,所以选择水平缆线的路由会受到已建管路等的限制。目前,常用的水平缆线敷设方法有天花板吊顶内敷设和在地板下敷设两大类。

1) 天花板吊顶内敷设缆线方式

这类方法是在天棚或吊顶内敷设缆线,通常要求有足够的操作空间,以利于安装施工和维护、检修以及扩建、更换。此外,在吊顶的适当地方应设置检查口。天花板吊顶内敷设缆线方式适合于新建筑物和有天花板吊顶的已建建筑的综合布线系统工程。通常有分区方式、内部布线方式和电缆槽道方式3种。

(1) 吊顶内分区方式。将天花板内的空间分成若干个小区,敷设大容量电缆。从电信间利用管道或直接敷设到每个分区中心,由小区的分区中心分别把缆线经过墙壁或立柱引到信息点,也可在中心设置适配器,将大容量电缆分成若干根小电缆再引到信息点,如图4.3所示。这种方法配线容量大,经济实用,工程造价低,灵活性强,能适应今后的变化,但缆线在管道敷设时会受到限制,施工不太方便。

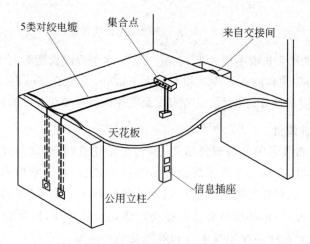

图4.3 吊顶内分区布线法

(2) 吊顶内部布线方式。吊顶内部布线方式是指从电信间将电缆直接辐射到工作区的信息点,如图4.4所示。内部布线方式的灵活性最大,不受其他因素限制,经济实用,无须使用其他设施且电缆独立敷设传输信号不会相互干扰,但需要的缆线条数较多。

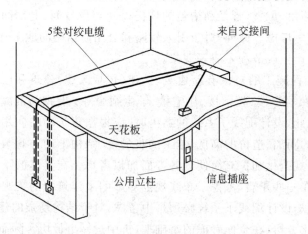

图4.4 吊顶内部布线法

(3) 吊顶内电缆槽道方式。适用于大型建筑物或布线系统较复杂的场合。线槽通常安装在吊顶内或悬挂在天花板上,用在大型建筑物或布线比较复杂而需要有额外支撑物的场合。用横梁式线槽将缆线引向所要布线的区域。由电信间出来的缆线先走吊顶内的线槽,到各房间后,经分支线槽从横梁式电缆管道分叉后将电缆穿过一段支管引向墙柱或墙壁,沿墙而下直到信息出口；或沿墙而上，在上一层楼板钻一个孔，将电缆引到上一层的信息出口，最后端接在用户的信息点上，如图 4.5 所示。

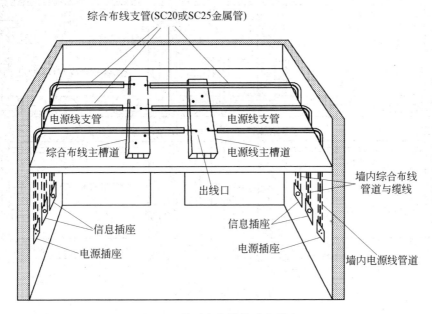

图 4.5　吊顶内电缆槽道布线法

在设计、安装线槽时应进行多方面的考虑，尽量将线槽放在走廊的吊顶内，并且至各房间的支管应当集中至检修孔附近，以便于维护。由于楼层内装修总是先走廊最后吊顶，所以集中布线施工只要在走廊吊顶之前即可，不仅减少布线工时，还利于已穿缆线的保护，不影响房内装修。一般走廊处于中间位置，布线的平均距离最短，节约缆线费用，提高了综合布线系统的性价比（线路越短，费用越低，传输性能越好），尽量避免线槽进入房间，否则不但费线，而且影响房间装修，不利于今后的维护。

在弱电线槽中，能布放综合布线系统、公用天线系统、闭路电视系统及楼宇自控系统信号线等弱电缆线。但上述缆线和线槽布放时，各系统电缆束间应采用金属板隔开，也称"同槽分隔"。总体而言，工程造价较低。同时由于支管经房间内吊顶沿墙而下至信息出口，在吊顶与别的系统管线交叉施工时，减少了工程协调量。

2）在地板下敷设缆线方式

在地板下敷设缆线方式在综合布线系统中使用较为广泛，尤其对新建和改建的房屋建筑更为适宜。缆线敷设在地板下面，既不影响美观，施工、安装、维护和检修又均在地面，具有操作空间大、劳动条件好等优点，深受施工和维护人员欢迎。

目前，在地板下的布线方式主要有暗埋管布线法、地面线槽布线法、高架地板布线法等。可根据客观环境条件予以选用。上述几种方法既可单独使用，也可混合使用。

（1）暗埋管布线法。地板下暗埋管布线法是将金属管道或阻燃高强度 PVC 管直接埋入混凝土楼板或墙体中，并从电信间向各信息点敷设，如图 4.6 所示。暗埋管布线法和新建筑物同时设计施工。暗管的转弯角度应大于 90°，在路径上每根暗管的转弯角度不得多于 2 个，并不应有 S 弯出现，有弯头的管道长度超过 20m 时，应设置管线过线盒装置；在有 2 个弯时，不超过 15m 应设置过线盒。

设置在墙面的信息点布线路经宜使用暗埋钢管或 PVC 管，对于信息点较少的区域管线可

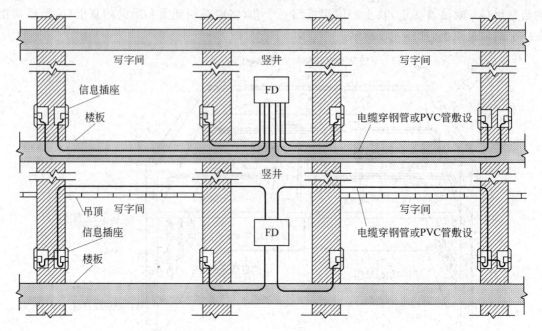

图 4.6 暗埋管布线法

以直接铺设到楼层的电信间机柜内,对于信息点比较多的区域先将每个信息点管线分别铺设到楼道或者吊顶上,然后集中接入楼道或者吊顶上安装的线槽或者桥架。

新建公共建筑物墙面暗埋管的路径一般有两种做法:第一种做法是从墙面插座向上垂直埋管到横梁,然后在横梁内埋管到楼道本层墙面出口,如图 4.7 所示。第二种做法是从墙面插座向下垂直埋管到横梁,然后在横梁内埋管到楼道下层墙面出口,如图 4.8 所示。

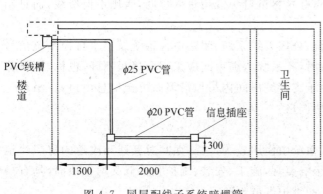

图 4.7 同层配线子系统暗埋管

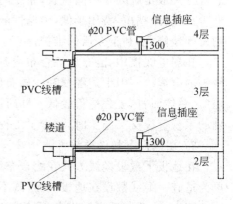

图 4.8 不同层配线子系统暗埋管

(2)地面线槽布线法。地面线槽布线法就是由电信间出来的缆线走地面线槽到地面出线盒或由过线盒出来的支管到墙上的信息出口。由于地面出线盒和过线盒不依赖于墙或柱体直接走地面垫层,因此这种方式比较适用于大开间或需要打隔断的场合。

地面线槽布线法将长方形的线槽打在地面垫层中(垫层厚度应≥6.5cm),每隔 4~8m 设置一个过线盒或出线盒(在支路上出线盒也起分线盒的作用),直到信息出口的接线盒。地面线槽布线法如图 4.9 所示。强弱电可以走同路由相邻的线槽,而且可以接到同一出线盒的各自插座,金属线槽应接地屏蔽,这种方式要求楼板较厚,造价较贵,多用于高档办公楼。走线槽有两种规格：70型和50型，其中，70型外形尺寸为70mm×25mm（宽×厚）；50型外形尺寸为50mm×25mm。分线盒与过线盒有单槽、两槽和三槽三种，均为正方形，每面可接一根、两根或三根地面线槽。因为正方形有四面，过线盒均有将2～3个分路汇成一个主路的功能或起到90°转弯的功能。四槽以上的分线盒都可由两槽或三槽过线盒拼接。若楼层信息点较多，应同时采用地面线槽与天花板吊顶内敷设线槽相结合的方式。

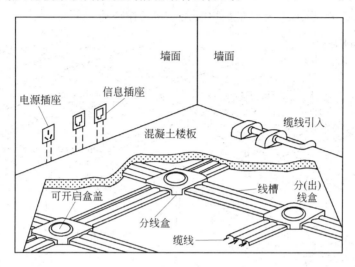

图4.9　地面线槽布线法

（3）预埋金属线槽与电缆沟槽结合布线法。预埋金属线槽与电缆沟槽结合布线法是地面线槽布线法的扩展，适用于大开间或需要隔断的场所，如图4.10所示。沟槽内电缆为主干布线路由，分束引入各预埋线槽，再在线槽上的出口处安装信息插座，不同种类的缆线应分槽或同槽分室（用金属板隔开）布放，线槽高度不宜超过25mm，电缆沟槽的宽度宜小于600mm。

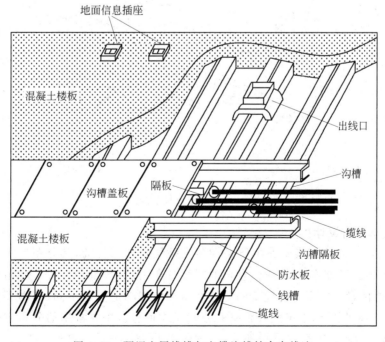

图4.10　预埋金属线槽与电缆沟槽结合布线法

其与地面线槽布线法相似,但其容量较大,适用于电缆条数较多的场合。缺点是安装施工难度大,造价也高。

(4) 地板下线槽布线法。地板下线槽布线法是由电线间出来的缆线走线槽到地面出线盒或墙上的信息插座,如图 4.11 所示。强弱电线槽宜分开,每隔 4～8m 或转弯处设置一个分线盒或出线盒。这种方法可提供良好的机械性保护、减少电气干扰、提高安全性,但安装费用较贵,并增加了楼面负荷,适用于大型建筑物或大开间工作环境。

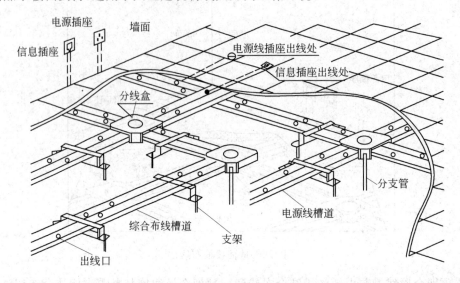

图 4.11 地板下线槽布线法

(5) 高架地板布线法。高架地板布线法和地板下线槽布线法类似,但安装费用较低,且外观良好,适用于普通办公室和家居布线,如图 4.12 所示。

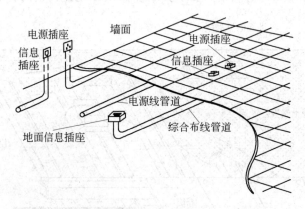

图 4.12 高架地板布线法

3) 水平管槽路由设计

(1) 路由方式。水平配线管路主要是在各个楼层平面布置的,其分布方式主要取决于建筑结构体系、平面房间布置、楼层中信息点的密度分布(包括数量和位置)、应用业务的性质和对信息的要求等因素。由于智能建筑的业务性质和使用功能有所不同,其内部房间大小和办公家具布置都有差别,所以水平配线管路的分布方式也有区别。常用的分布方式有蜂窝分布式、鱼骨分布式、梳状分布式、星状分布式等,如图 4.13 所示。

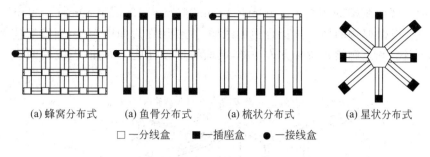

图 4.13 水平配线管路常用的分布方式

在同一工程中不能简单地采用同一种分布方式,需要根据各个楼层的不同情况采用一种或多种分布方式的结合,同时还要考虑线路敷设方式的不同。水平路由设计,不但影响整个系统以后的传输性能,而且该部分所投资金在整个系统中所占比重相当大。另外,在设计时还必须仔细研究其他系统的设计图纸,如水、电、暖等的施工图纸,特别是强电系统及其他弱电系统,应该与综合布线的设计统筹考虑,以寻求最合理的走线路由,这对于节省水平缆线长度,避免、减少与其他系统的冲突是非常必要的。

(2) 路由要求。预埋管线应尽可能采用直线管道,最大限度地避免采用弯曲管道,两个端口之间应当尽可能地采用直路径。

整个管道路径 90°拐角不能超过 2 个,整个管道路径的最大长度为 90m。当直线管道超过 30m 后仍需延长,应当设置引线盒,以便于敷设时牵引电缆。当需要采取弯曲管道时,要求每隔 15m 设置一个引线盒。另外,在 U 形弯处也必须设置引线盒。

4. 水平管槽明敷设布线方法

明敷设布线方式主要用于既没有天花板吊顶又没有预埋管槽的建筑物综合布线系统,适用于已建建筑物。在现有建筑物中选用和设计新的缆线敷设方法时,必须注意不应损害原有建筑物的结构强度和影响建筑物内部布局风格。

通常采用走廊槽式桥架和墙面线槽相结合的方式设计布线路由。通常水平布线路由从电信间的 FD 开始,经走廊槽式桥架,用支管到各房间,再经墙面线槽将缆线布放至信息插座(一般为明装)。当布放的缆线较少时,从电信间到工作区信息插座布线时也可全部采用墙面线槽方式。

1) 走廊槽式桥架方式

走廊槽式桥架是指将线槽用吊杆或拖臂架设在走廊的上方,如图 4.14 所示。线槽一般采用镀锌或镀彩两种金属线槽,镀锌线槽相对较便宜,镀彩线槽抗氧化性能好。

当缆线较少时也可采用高强度 PVC 线槽。槽式桥架方式设计施工方便,其最大的缺陷是线槽明敷,影响建筑物的美观。

目前,各高校校园网建设,企事业单位内部局域网建设中,老式学生宿舍、办公楼既没有预埋管道又没有天花板时,通常采用这种方式。

图 4.14 走廊槽式桥架方式

2) 墙面线槽方式

墙面线槽方式适用于既没有天花板吊顶又没有预埋槽管的已建建筑物的水平布线,如

图 4.15 所示。墙面线槽的规格有 20mm×10mm、40mm×20mm、60mm×30mm、100mm×30mm 等型号,根据缆线的多少选择合适的线槽,主要用在房间内布线,当楼层信息点较少时也用于走廊布线,和走廊槽式桥架方式一样,墙面线槽设计施工方便,但线槽明敷影响建筑物的美观。

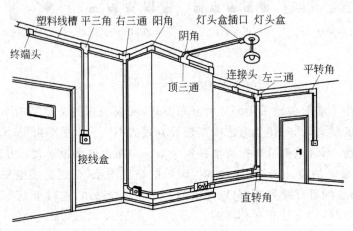

图 4.15 墙面线槽方式

3) 护壁板管道布线法

护壁板管道是一个沿建筑物墙壁护壁板或踢脚板以及木墙裙内敷设的金属或塑料管道,如图 4.16 所示。这种布线结构便于直接布放电缆。通常用在墙壁上装有较多信息插座的楼层区域。电缆管道的前面盖板是可活动的,插座可装在沿管道附近位置上。当选用金属管道时,电力电缆和通信电缆由连接接地的金属隔板隔离开来,可防止电磁干扰。

4) 地板导管布线法

采用这种布线方式时,地板上的胶皮或金属导管可用来保护沿地板表面敷设的裸露电缆,如图 4.17 所示。在这种方式中,电缆穿放在这些导管内,导管又固定在地板上,而盖板紧固在导管基座上。信息插座一般以墙上安装为主,地板上的信息插座应设在不影响活动的位置。地板导管布线法具有快速和容易安装的优点,适于通行量不大的区域(如各个办公室等)和不是通道的场合(如靠墙壁的区域),工程费用较低。一般不要在过道上主楼层区使用这种布线方式。

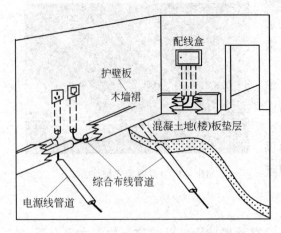

图 4.16 护壁板管道布线法

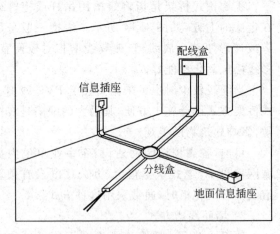

图 4.17 地板导管布线法

5）模压电缆管道布线法

模压管道是一种金属模压件,固定在接近顶棚(或天花板)与墙壁结合处的过道和房间的墙上,如图4.18所示。管道可以把模压件连接到配线间。在模压件后面,小套管穿过墙壁,以便使电缆经套管穿放到房间;在房间内,另外的模压件将连接到插座的电缆隐蔽起来。虽然这一方法一般来说已经过时,但在旧建筑物中仍可采用,只是灵活性较差。

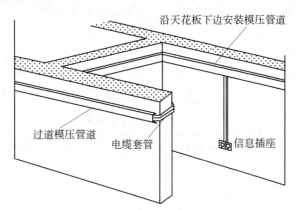

图4.18 模压电缆管道布线法

5. 开放型办公室布线方法

开放型办公室布线方法

所谓大开间,是指由办公用具或可移动的隔断代替建筑墙面构成的分隔式办公环境。一般是指办公楼、综合楼等商用建筑物或公共区域大开间的场地,由于其使用对象数量的不确定性和流动性等因素,宜按开放办公室综合布线系统要求进行设计,将缆线和相关的连接件配合使用,就会有很大的灵活性,节省安装时间和费用。开放型办公室布线系统设计方案有两种:多用户信息插座设计方案和集合点设计方案。

1）多用户信息插座设计方案

多用户信息插座(Multi-User Telecommunications Outlet,MUTO)是指将多个多种信息模块组合在一起的信息插座,处于配线子系统水平电缆的终端点,它相当于将多个工作区的信息插座集中设置于一个汇聚的箱体,完成水平电缆的集线,在业务使用时再通过工作区的设备缆线延伸至终端设备。按照从配线间到MUTO,然后从MUTO到工作区设备的链路连接方式进行连接,每个MUTO最多管理12个工作区(24~36个信息点),如图4.19所示。通常,多用户信息插座安装在吊顶内,然后用接插软线沿隔断、墙壁或墙柱而下,或安装在墙面或柱子等固定结构上,然后接到终端设备上。

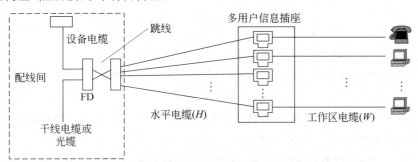

图4.19 多用户信息插座设计方案示意图

采用多用户信息插座时,每一个多用户信息插座包括适当的备用量在内,宜能支持12个工作区所需的8位模块通用插座;各段缆线长度可按表4.8选用,也可按下式计算。

$$C = \frac{102 - H}{1 + D}$$

$$W = C - T$$

式中:C——工作区设备电缆、电信间跳线和设备电缆的长度之和;

H——水平电缆的长度,$H + C \leqslant 100\text{m}$;

T——电信间内跳线和设备电缆长度;

W——工作区电缆的最大长度,且 $W \leqslant 22\text{m}$;

D——调整系数,对24号线规D取为0.2,对26号线规D取为0.5。

表4.8 各段缆线长度限值

水平布线电缆 H(m)	24号线规(24AWG)的非屏蔽和屏蔽电缆		26号线规(26AWG)的非屏蔽和屏蔽电缆	
	W(m)	C(m)	W(m)	C(m)
90	5	10	4	8
85	9	14	7	11
80	13	18	11	15
75	17	22	14	18
70	22	27	17	21

2) 集合点设计方案

集合点(CP)与多用户信息插座布线设计的不同点主要为设置位置不一样,集合点设置于水平电缆的路由位置。它相当于将水平电缆一截为二,并为此引出了CP链路(CP至FD)和CP缆线(CP至TO)的内容,而且,CP点对于电缆/光缆链路都是适用的。在工程实施中,实际上将水平缆线分成两个阶段完成,CP链路在前期土建施工阶段布放,CP缆线在房屋装修时安装,如图4.20所示。

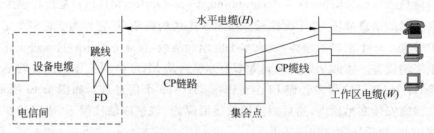

图4.20 集合点设计方案示意图

采用集合点设计时应注意以下几点。

(1) 集合点配线设备与FD之间水平缆线的长度应大于15m。

(2) 集合点配线设备容量宜以满足12个工作区信息点需求设置。

(3) 同一个水平电缆路由不允许超过一个集合点。

(4) 从集合点引出的CP缆线应终接于工作区的信息插座或多用户信息插座上。

(5) 集合点可用模块化表面安装盒(6口、12口)、配线架、区域布线盒(6口)等。

(6) CP点由无跳线的连接器件组成,在电缆与光缆的永久链路中都可以存在。

设置集合点的目的是针对那些偶尔进行重组的场合,不像多用户信息插座所针对时重组非常频繁的办公区,集合点应该容纳尽量多的工作区。

集合点配线箱目前没有定型的产品,但箱体的大小应考虑至少满足12个工作区所配置的信息点所连接4对对绞电缆的进出箱体的布线空间和CP卡接模块的安装空间。

3) 地板布线方式

高架地板是一种模块化的活动地板,是指在建筑地板上搭立一个金属支架(固定在建筑物地板上的铝质或钢质锁定支架),在金属支架上放置一定规格的具有一定强度的木质或塑料或其他材料的方块地板,其中某些地板留有信息出口,做地盒安装时使用。典型的架空地板一般是在钢地板胶粘多层泡花木板,然后再敷贴上一层磨耗层贴砖或聚乙烯贴砖。任何一块方板都能活动,以便维护检修或敷设拆除电缆。架空地板常用于计算机机房、设备间或大开间办公室。高架地板布线法如图4.12所示。

在架空地板下敷设线路主要目的是适应线路及信息点位置的经常改变,要考虑防止移动通信线路时损坏缆线,因此最理想的架空地板下布线方法是使用金属(或塑料)软管,并使用活动的模块化信息安装盒。

从竖井出来的水平配线接入房间后,不用穿槽进管,而是直接甩在地板上,拉伸到地板上的信息出口即可。当然,如果地板比较潮湿(这种情况在南方省份比较多),而电缆又不具有防潮功能,那么,最好还是在电缆下面垫上一层防潮的物质,或让电缆走塑料管。

6. 配线子系统配置

1) 配线子系统配置设计要求

配线子系统应根据下列要求进行设计。

(1) 配线子系统应根据工程提出的近期和远期终端设备的设置要求,用户性质、网络构成及实际需要确定建筑物各层需要安装信息插座模块的数量及其位置,配线应留有发展余地。

(2) 配线子系统缆线水平缆线采用的非屏蔽或屏蔽4对对绞电缆,室内多模光缆或单模光缆应与各工作区光、电信息插座类型相适应。

(3) 每一个工作区信息插座模块(电、光)数量不宜少于2个,并满足各种业务的需求。

(4) 底盒数量应以插座盒面板设置的开口数确定,不应作为过线盒使用。每一个底盒支持安装的信息点(RJ-45模块或光线适配器)数量不宜多于2个。

(5) 光纤信息插座模块安装的底盒大小应充分考虑到水平光缆(2芯或4芯)终接处的光缆预留长度的盘留空间和满足光缆对弯曲半径的要求。

(6) 工作区的信息插座模块应支持不同的终端设备接入,每一个8位模块通用插座应连接1根4对对绞电缆;对每一个双工或2个单工光纤连接器件及适配器连接1根2芯光缆。

(7) 从电信间至每一个工作区水平光缆宜按2芯光缆配置。满足用户群或大客户使用的工作区域时,水平光缆宜按4芯或2根2芯光缆配置,并至少应有2芯备份。

(8) 连接至电信间的每一根水平电缆/光缆应终接于FD处相应的配线模块,配线模块与缆线容量相适应。

(9) 电信间FD主干侧各类配线模块应按主干电缆/光缆的所需容量要求、管理方式及模块类型和规格进行配置。

(10) 电信间FD采用的设备缆线和各类跳线宜按计算机网络设备的使用端口容量和电话交换机的实装容量、业务的实际需求或信息点总数的比例进行配置,比例范围为25%~50%。

2) 水平缆线的配置

原则上每一根4对对绞电缆或2芯水平光缆连接至1个信息插座(光或电端口);在电信

间一侧则连接至 FD 的相应配线端子。

（1）5e 类电缆。可以支持语音及 1Gbps 以太网的应用，目前已完全取代 5 类产品。能完全满足语音业务应用，并有发展的余地。

（2）6 类电缆。可以支持语音及 $1\sim n$ Gbps 以太网的应用。

（3）6e 类电缆。可以支持语音及 10Gbps 以太网的应用。

（4）光缆。可以支持 $1\sim 10$ Gbps 以太网的应用。

3）光纤至桌面配置

光纤至桌面（FTTD）的应用，光插座应可以支持单个终端采用光接口时的应用，也可以满足某一工作区域组成的计算机网络主干端口对外部网络的连接作用。如果光纤布放至桌面，再加上综合业务的配线箱（网络设备和配线设备的组合箱体）的接入，可为末端大客户的用户提供一种全程的网络解决方案，具有一定的应用前景。光纤的路由形成大致有以下几种方式，以此作为对前面提到的光纤信道构成做补充说明，如图 4.21 所示。

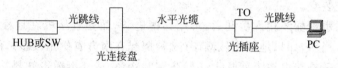

图 4.21　光纤信道构成

（1）工作区光插座配置。工作区光插座可以从 ST、SC 或超小型的 SFF（LC、MTJ、VF45）中去选用。但应考虑到连接器的光损耗指标、支持应用网络的传输速率要求、连接口与光纤之间的连接施工方式及产品的造价等因素综合考虑。

光插座（耦合器）与光纤的连接器件应配套使用，并根据产品的构造及所连接光纤的芯数分成单工与双工的性能。一般从网络设备光端口的工作状态出发，可采用双口光插座连接 2 芯光纤，完成信号的收、发，如果考虑光口的备份与发展，也可按 2 个双口光插座配置。

（2）水平光缆与光跳线配置。水平光缆的芯数可以根据工作区光信息插座的容量确定为 2 芯或 4 芯光缆。水平光缆一般情况下采用 $62.5\mu m$ 或 $50\mu m$ 的多模光缆，如果工作区的终端设备或自建的网络跨过大楼的计算机网络而直接与外部的互联网进行互通时，为避免多模/单模光纤相连时转换，也可采用单模光缆，如图 4.22 所示。

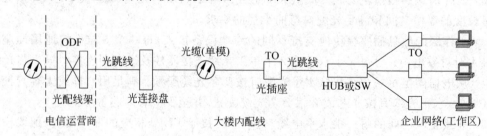

图 4.22　水平光缆与光跳线配置

在图 4.22 中，工作区企业网络的网络设备可直接通过单模光缆连接至电信运营商光缆配线架或相应通信设施完成宽带信息业务的接入。当然也可采用多模光缆经过大楼的计算机局域网及配线网络与外部网络连接，如图 4.23 所示。

由于光纤在网络中的应用传输距离远远大于双绞线电缆，因此，水平光缆（多模）也可以直接连接至大楼的 BD 光配线设备和网络设备与外部网络建立通信，如图 4.24 所示。

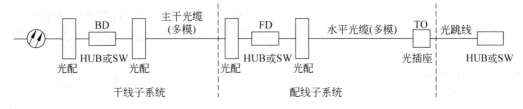

图 4.23　计算机局域网及配线网络与外部网络连接

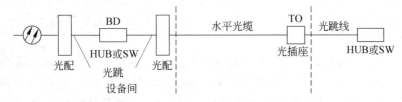

图 4.24　水平光缆连接至 BD 光配线设备和网络设备

光跳线主要起到将网络设备的光端口与光配线连接盘(光配线设备)中的耦合器进行连接的作用,以构成光的整个通路。光跳线连接(光插头)的产品类型和光耦合器(光插座)及网络设备光端口的连接器件类型保持一致,否则无法连通。如果网络设备的端口为电端口时,光跳线则需经过光/电转换设备完成。

7. 配线子系统的设计过程

配线子系统的设计,首先进行需求分析,与用户进行充分的技术交流并了解建筑物的用途;其次要认真阅读建筑物设计图纸,在工作区信息点数量和位置已确定的,并考虑与其他管线的间距的基础上,确定每个信息点的水平布线路由,根据缆线类型和数量确定水平管槽的规格。

1) 用户需求分析

需求分析是综合布线系统涉及的首项重要工作。配线子系统是综合布线系统中工程量最大的一个子系统,使用的材料最多、工期最长、投资最大,也直接决定每个信息点的稳定性和传输速率。主要涉及布线距离、布线路径、布线方式和材料的选择,对后续配线子系统的施工是非常重要的,也直接影响综合布线系统工程的质量、工期,甚至影响最终工程造价。

智能化建筑每个楼层的使用功能往往不同,甚至同一楼层不同区域的功能也不相同,有多种用途和功能,这就需要针对每个楼层,甚至每个区域进行分析和设计。例如,地下停车场、商场、超市、写字楼、宾馆、教学楼、学生公寓等楼层信息点的配线子系统有非常大的区别。需求分析首先按照楼层进行分析,分析每个楼层的电信间到工作区信息点的布线距离、布线路径,逐步明确和确认每个工作区信息点的布线距离和路径。

2) 技术交流

在进行需求分析后,要与用户进行技术交流,这是非常必要的。由于配线子系统往往覆盖每个楼层的立面和平面,布线路径也经常与照明线路、电气设备线路、电气插座、消防线路、暖气或空调线路有多次的交叉或者平行,因此,不仅要与技术负责人进行交流,也要与项目负责人或者行政负责人进行交流。通过交流了解每个信息点路径上的电路、水路、气路和电气设备的安装位置等详细信息,做好书面记录并及时整理。

3) 阅读建筑图纸

通过阅读建筑物设计图纸掌握建筑物的土建结构、强电路经、弱电路径,特别是主要电气设备和电源插座的安装位置,重点了解在综合布线路径上的电气设备、电源插座、暗埋管线等。在阅读建筑图纸时,进行记录或标记,正确处理配线子系统布线与电路、水路、气路和电气设备的直接交叉或者路径冲突问题。

4)确定缆线、槽、管的数量和类型

(1)管道利用率计算规定。

预埋暗敷的管路宜采用对缝钢管或具有阻燃性能的 PVC 管,且直径不能太大,否则对土建设计和施工都有影响。根据我国建筑结构的情况,一般要求预埋在墙壁内的暗管内径不宜超过 50mm,预埋在楼板中的暗管内径不宜超过 25mm,金属线槽的截面高度也不宜超过 25mm。

在配线子系统中,缆线必须安装在线槽或者线管内。缆线布放在线管与线槽内的管径和截面利用率,应根据不同类型的缆线做不同的选择。在管槽中敷设电缆时,应当留有一定的余量,以便于布线施工,并避免电缆受到挤压,使双绞线的扭绞状态发生变化,保证电缆的电气性能。在国家标准 GB/T 50311—2016 和 GB 50312—2007 中规定如下。

① 预埋线槽宜采用金属线槽,预埋或密封线槽的截面利用率应为 30%～50%。

② 敷设暗管宜采用钢管或阻燃聚氯乙烯硬质管。布放大对数主干电缆及 4 芯以上光缆时,直线管道的管径利用率应为 50%～60%,弯管道应为 40%～50%。暗管布放 4 对对绞电缆或 4 芯及以下光缆时,管道的截面利用率应为 25%～30%。

③ 管道的总体容量在遇到一个 90°拐角时就要减少 15%,两个 90°拐角会使管道容量减少 30%。

(2)管道内敷设缆线的数量。

可以采用管径和截面利用率的公式进行计算管道内允许敷设的缆线数量。

① 穿放缆线的暗管管径利用率的计算公式:

$$管径利用率 = \frac{d}{D}$$

式中:d——缆线的外径;

D——管道的内径。

在暗管中布放的电缆为屏蔽电缆(具有总屏蔽层和线对屏蔽层)或扁平型缆线(可为 2 根非屏蔽 4 对对绞电缆或 2 根屏蔽 4 对对绞电缆组合及其他类型的组合);主干电缆为 25 对及以上,主干光缆为 12 芯及以上时,宜采用管径利用率进行计算,选用合适规格的暗管。

② 穿放缆线的暗管截面利用率的计算公式:

$$截面利用率 = \frac{A_1}{A}$$

式中:A——管的内截面积;

A_1——穿在管内缆线的总截面积(包括导线的绝缘层的截面)。

在暗管中布放的对绞电缆采用非屏蔽或总屏蔽 4 对对绞电缆及 4 芯以下光缆时,为了保证线对扭绞状态,避免缆线受到挤压,宜采用管截面利用率公式进行计算,选用合适规格的暗管。

③ 可以采用以下简易公式计算应当采用的管槽尺寸:

$$N = \frac{管(槽)截面积 \times 70\% \times (40\% \sim 50\%)}{缆线截面积}$$

式中:N——容纳双绞线最多数量;

70%——布线标准规定允许的空间；

40%～50%——缆线之间浪费的空间。

（3）根据缆线的型号和根数决定管槽的尺寸和数量。

利用公式（长×宽）÷(3.14×R^2)×0.6得出线数即可。其中，长×宽＝桥架面积；3.14是圆周率π；0.6是填充系数(表示只估算60%的线量，如果100%表示无法穿线）；3.14×R^2＝单根线的面积。

标准的线槽容量计算方法为根据水平线的外径来确定线槽的容量，即缆线的横截面积之和×1.8。计算公式为：管材直径^2＝缆线直径^2×缆线根数×因数（因数一般选1.8，线槽留有约35%余量；因数最少选1.6，线槽最少留有约20%余量）。

（4）布线弯曲半径要求。

布线中如果不能满足最低弯曲半径要求，双绞线电缆的缠绕节距会发生变化，严重时，电缆可能会损坏，直接影响电缆的传输性能。例如，在铜缆布线系统中，布线弯曲半径会直接影响回波损耗值，严重时会超过标准规定值。在光缆布线系统中，会导致高衰减。因此，在设计布线路径时，尽量避免和减少弯曲，增加电缆的弯曲率半径值。

5）确定电缆的类型和长度

详见4.2.3节中配电子系统缆线选择。

6）确定配线子系统的布线方案

详见4.2.3节中水平管槽系统设计、水平管槽明敷设布线方法。

7）确定电信间配线设备配置

详见4.2.3节中配线子系统配置。

8）配线子系统缆线用量计算

（1）配线子系统水平电缆用量计算。

配线子系统水平电缆各部分之间的相互关系如图4.25所示。

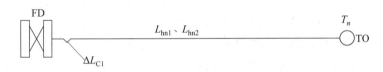

图4.25 配线子系统水平电缆各部分之间的相互关系

根据电信间及各信息插座的位置，计算出各层配线子系统水平电缆总长度，再计算出建筑物内配线子系统水平电缆总长度及总用量。

① 各层配线子系统水平电缆的平均长度

$$L_{hn}=(L_{hn1}+L_{hn2})÷2+\Delta L_{C1}$$

式中：L_{hn}——第 n 层水平电缆的平均长度；

L_{hn1}——第 n 层电信间至最近信息插座水平电缆的长度；

L_{hn2}——第 n 层电信间至最远信息插座水平电缆的长度；

ΔL_{C1}——在电信间电缆预留长度，长度一般为0.5～2m。

② 各层配线子系统水平电缆的总长度

$$L_{hzn}=L_{hn}×T_n$$

式中：L_{hzn}——第 n 层水平电缆的总长度。

③ 建筑物内配线子系统水平电缆的总长度

$$L_{hz} = \sum L_{hzn}$$

式中：L_{hz}——建筑物内水平电缆的总长度。

④ 建筑物内配线子系统水平电缆的总用量

$$X_h = L_{hz} \div 305$$

式中：X_h——建筑物内配线子系统水平电缆的总用量（取整数值）（箱）；

305——每箱电缆的长度（m/箱）。

(2) 配线子系统水平光缆用量计算。

配线子系统水平光缆各部分之间的相互关系如图 4.26 所示。

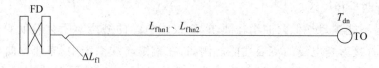

图 4.26 配线子系统水平光缆各部分之间的相互关系

根据电信间及各信息插座的位置，计算出各层配线子系统水平光缆总长度，再计算出建筑物内配线子系统水平光缆总用量。

① 各层配线子系统水平光缆的平均长度

$$L_{fhn} = (L_{fhn1} + L_{fhn2}) \div 2 + \Delta L_{fl}$$

式中：L_{fhn}——第 n 层水平光缆的平均长度；

L_{fhn1}——第 n 层电信间至最近信息插座水平光缆的长度；

L_{fhn2}——第 n 层电信间至最远信息插座水平光缆的长度；

ΔL_{fl}——在电信间光缆预留长度，长度一般为 3~5m。

② 各层配线子系统水平光缆的总长度

$$L_{fhzn} = L_{fhn} \times T_{dn}$$

式中：L_{fhzn}——第 n 层水平光缆的总长度；

T_{dn}——第 n 层光纤信息插座的数量。

③ 建筑物内配线子系统水平光缆的总长度

$$L_{fhz} = \sum L_{fhzn}$$

式中：L_{fhz}——建筑物内水平光缆的总长度。

4.2.4 干线子系统设计

1. 干线子系统的设计范围

干线子系统是综合布线系统中非常关键的组成部分，又称垂直子系统，它由设备间子系统与管理间子系统之间的布线组成，采用大对数电缆或光缆。两端分别连接在设备间和电信间的配线架上。它是建筑物内综合布线的主馈缆线，是建筑物设备间和电信间之间垂直布放（或空间较大的单层建筑物的水平布线）缆线的统称。

干线子系统包括：

(1) 供各条干线接线间之间的电缆走线用的竖向或横向通道。

(2) 主设备间与计算机中心间的电缆。

2. 干线子系统缆线类型的选择

通常情况下应根据建筑物的结构特点以及应用系统的类型,决定所选用的干线缆线类型。在干线子系统设计时通常使用以下缆线。

(1) 62.5/125μm 多模光缆。

(2) 50/125μm 多模光缆。

(3) 8.3/125μm 单模光缆。

(4) 100Ω 双绞线电缆[包括 4 对和大对数(25 对、50 对、100 对等)]。

在下列场合,应首先考虑选择光缆。

- 带宽需求量较大,如银行等系统的干线。
- 传输距离较长,如园区或校园网主干线。
- 保密性、安全性要求较高,如保密、安全国防部门等系统的干线。
- 雷电、电磁干扰较强的场合,如工厂环境中的主干布线。

在性能方面光缆具有许多电缆无法比拟的优点,同时随着光缆应用新技术的不断成熟及光缆成本的不断下降,选用光缆作数据主干缆线不失为一种明智的选择。另外是选择单模光缆还是多模光缆,要考虑数据应用的具体要求、光纤设备的相对经济性能指标及设备之间的最远距离等情况。根据单模光纤和多模光纤的不同特点,大楼内部的主干线路宜采用多模光纤,而建筑群之间的主干线路宜采用单模光纤。

5 类及以上大对数双绞线电缆容易引起线对之间的近端串扰以及它们之间的 NEXT 的叠加问题,这对于高速数据传输是十分不利的。一般情况下,可以考虑采用多根 4 对 5 类及以上双绞线电缆代替大对数双绞线对称电缆。

3. 干线子系统的结合方式

通常,干线子系统缆线的结合方式有三种:点对点端接、分支递减端接和电缆直接端接。设计人员要根据建筑物结构和用户要求,确定采用哪些结合方法。

1) 点对点端接

点对点端接是最简单、最直接的结合方法,如图 4.27 所示。首先要选择一根双绞线电缆

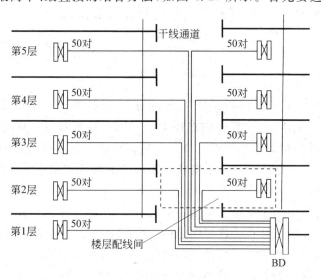

图 4.27 点对点端接

或光缆,其容量(电缆对数或光纤芯数)可以支持一个楼层的全部信息插座需要,而且,这个楼层只设一个电信间。其次从设备间引出这根电缆,经过干线通道,端接于该楼层的一个指定电信间的连接件。这根电缆到此为止,不再往别处延伸。这根电缆的长度取决于它要连往哪个楼层以及端接的电信间与干线通道之间的距离。

选用点对点端接方法,可能引起干线中的各根电缆长度各不相同(每根电缆的长度要足以延伸到指定的楼层和配线架,并留有端接的余地),而且粗细也可能不同。在设计阶段,电缆的材料清单应反映出这一情况。另外,在施工图上还应该详细说明哪根电缆接到哪一楼层和哪个电信间。

点对点端接方法可以避免使用特大对数电缆(一定程度上起到化整为零的作用)。在系统不是特别大的情况下,应首选这种端接方法。另外,该方法不必使用昂贵的绞接盒。缺点是穿过电信间的电缆数目较多。

2) 分支递减端接

分支递减端接是用一根大对数干线电缆来支持若干个电信间的通信容量,经过电缆接头保护箱分出若干根小电缆,它们分别延伸到相应的电信间,并终接于目的地的配线设备,如图 4.28 所示。

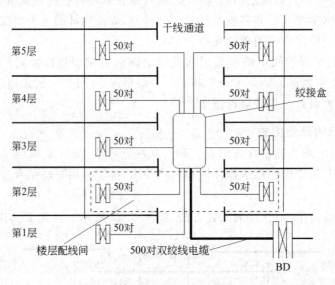

图 4.28 分支递减端接

当各电信间只用作通往二级交接间的电缆的过往点时,采用单楼层结合方法是比较合适的。也就是说,在这些电信间,没有提供端接 I/O 用的连接硬件。一根电缆通过干线通道而到达某个指定楼层,其容量足以支持该楼层所有电信间的所有连接信息插座需要。安装人员接着用一个适当大小的绞接盒把这根主电缆与粗细合适的若干根小的电缆连接起来,后者分别连往各个二级交接间。

多楼层结合方法通常用于支持 5 个楼层的信息需要(每 5 层为一组。)一根主电缆向上延伸到中间(第 3 层)。安装人员在该楼层的电信间里装上一个绞接盒,然后用它把主电缆与粗细合适的各根小电缆分别连接在一起,后者分别连往上下各两层楼。

分支递减端接方法的优点是干线中的主馈电缆总数较少,可以节省一些空间,但需要绞接盒。尽管如此,在某些场合下,分支递减端接法的成本还有可能低于点对点端接方法。

3）电缆直接端接

当设备间与计算机主机房处于不同的电信间,而且需要把语音电缆连接到设备间,把数据电缆连接到计算机机房时,可以采用电缆直接端接方法。即在设计中选取不同的干线电缆,采取各自的路由,来分别满足语音和数据的需要。相当于把语音干缆和数据干缆分开处理。可以在设备间和计算机主机房各设置一个大楼配线架 BD。

从设备间到主干通道与从计算机主机房到主干通道的横向通道是不一样的,但两者的垂直主干通道是一样的。一般地,把电缆或电缆组引入干线,通过干线通道下降或上升到相应的目的楼层,即到达设备间和计算机主机房。在必要时可在目的楼层的干线分出一些电缆,把它们横向敷设到各个房间,并按系统的要求对电缆进行端接。如果建筑物只有一层,没有垂直的干线通道,则可以把设备间内的端点用作计算距离的起点,然后,再估计出电缆到达二级交接间必须走过的距离。

典型的电缆直接端接如图 4.29 所示。

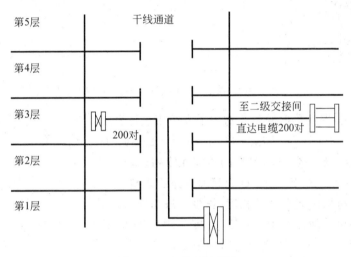

图 4.29　电缆直接端接

为了便于综合布线的路由管理,干线电缆、干线光缆布线的交接不应多于两次,即从楼层配线架到建筑群配线架之间只应通过一个配线架,即建筑物配线架(在设备间内)。

4. 干线缆线用量的确定

干线子系统所需要的对绞电缆根数、大对数电缆总对数及光缆光纤总芯数,应满足工程的实际需求与缆线的规格,并应留有备份容量。

干线子系统主干缆线宜设置电缆或光缆备份及电缆与光缆互为备份的路由。

一般而言,在确定每层楼的干线类型和数量时,都是根据配线子系统所有的各个语音、数据、图像等信息插座的需求与数量来进行推算的。主干缆线包括大对数语音及数据电缆、多模光纤和单模光纤、4 对双绞线电缆。它们的两端分别连接至 FD 与 BD 干线侧的模块,缆线与模块的配置等级与容量保持一致。

对于语音业务,大对数主干电缆的对数应按每 1 个电话 8 位模块通用插座配置 1 对线,并应在总需求线对的基础上预留不小于 10% 的备用线对。

对于数据业务,应按每台以太网交换机设置 1 个主干端口和 1 个备份端口配置。当主干端口为电接口时,应按 4 对线对容量配置,当主干端口为光端口时,应按 1 芯或 2 芯光纤容量配置。

当工作区至电信间的水平光缆需延伸至设备间的光配线设备时(BD/CD)时,主干光缆的容量应包括所延伸的水平光缆光纤的容量。

主干缆线侧的配线设备容量应与主干缆线的容量相一致;设备侧的配线设备容量应与设备应用的光、电主干端口容量相一致或与干线配线设备容量相等,也可考虑少量冗余量,并可根据支持的业务种类选择相应连接方式的配线模块。

1) 支持数据的干线子系统光缆用量计算

干线子系统建筑物主干光缆各部分之间的相互关系如图 4.30 所示。

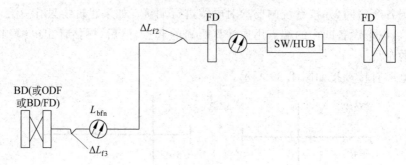

图 4.30 干线子系统建筑物主干线光缆各部分之间的相互关系

(1) 至各层(区)支持数据的建筑物主干光缆用量计算

$$L_{fn} = (L_{bfn} + \Delta L_{f3} + \Delta L_{f2}) \times G_{fn}$$

式中:L_{fn}——至第 n 层(区)支持数据的干线光缆用量;

L_{bfn}——第 n 层(区)FD 与 BD 之间缆线路由距离;

ΔL_{f2}——在电信间光缆预留长度,长度一般为 3~5m;

ΔL_{f3}——在设备间光缆预留长度,长度一般为 3~5m;

G_{fn}——至第 n 层干线子系统光缆的根数。

(2) 建筑物内支持数据的干线子系统光缆用量计算

$$L_f = \sum_{n=1}^{N} L_{fn}$$

式中:L_f——建筑物内支持数据的干线子系统光缆的总长度。

2) 支持数据的干线子系统 4 对双绞线电缆用量计算

支持数据的干线子系统 4 对双绞线电缆各部分之间的相互关系如图 4.31 所示。

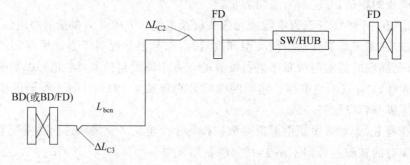

图 4.31 支持数据的干线子系统 4 对双绞线电缆各部分之间的相互关系

(1) 至各层(区)支持数据的干线子系统 4 对双绞线电缆根数计算

$$G_{bn} = 第 n 层(区)SW(或 HUB)或 SW 群(或 HUB 群)的数量 + 冗余数量$$

式中：G_{bn}——第 n 层(区)支持数据的 4 对双绞线电缆的根数；

　　冗余数量——当采用 SW 群(或 HUB 群)时，每 1 个 SW 群(或 HUB 群)备用 1～2 根 4 对双绞线电缆作为冗余。未采用 SW 群(或 HUB 群)时，每 2～4 台 SW (或 HUB)备用 1 根 4 对双绞线电缆作为冗余。

(2) 至各层(区)支持数据的干线子系统 4 对双绞线电缆用量计算

$$L_{bn} = (L_{bcn} + \Delta L_{C3} + \Delta L_{C2}) \times G_{bn}$$

式中：L_{bn}——至第 n 层(区)支持数据的 4 对双绞线电缆用量；

　　L_{bcn}——第 n 层(区)FD 与 BD 之间缆线路由距离；

　　ΔL_{C2}——在电信间光缆预留长度，长度一般为 0.5～2m；

　　ΔL_{C3}——在设备间光缆预留长度，长度一般为 3～5m；

　　G_{bn}——至第 n 层干线子系统光缆的根数。

(3) 建筑物内支持数据的干线子系统光缆用量计算

$$L_f = \sum_{n=1}^{N} L_{fn}$$

式中：L_f——建筑物内支持数据的干线子系统 4 对双绞线电缆的总长度。

(4) 建筑物内支持数据的干线子系统 4 对双绞线电缆用量计算

$$L_b = \sum_{n=1}^{N} L_{bn}$$

式中：L_b——建筑物内支持数据的干线子系统 4 对双绞线电缆的总长度。

3) 支持语音的干线子系统大对数电缆用量计算

支持语音的干线子系统大对数电缆各部分之间的相互关系如图 4.32 所示。

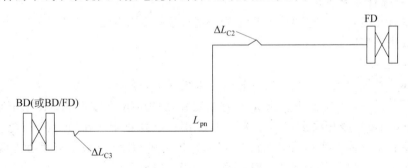

图 4.32　支持语音的干线子系统大对数电缆各部分之间的相互关系

(1) 至各层(区)支持数据的干线子系统 4 对双绞线电缆根数计算

$$G_{pn} = T_{pn} \times 1.1 \div 25(或 50、或 100)$$

式中：G_{pn}——至第 n 层(区)支持语音的 25 对(或 50 对、或 100 对)大对数电缆的根数，取整数值；

　　1.1 中的 0.1 为备份系数，一般按 10% 冗余考虑。

(2) 至各层(区)支持语音的干线子系统大对数电缆用量计算

$$L_{pn} = (L_{bpn} + \Delta L_{C3} + \Delta L_{C2}) \times G_{pn}$$

式中：L_{pn}——至第 n 层(区)支持语音的 25 对(或 50 对、或 100 对)大对数电缆用量；

L_{bpn}——第 n 层（区）FD 与 BD 之间缆线路由距离；

ΔL_{C2}——在电信间光缆预留长度，长度一般为 0.5～2m；

ΔL_{C3}——在设备间光缆预留长度，长度一般为 3～5m；

G_{pn}——至第 n 层干线子系统光缆的根数。

（3）建筑物内支持数据的干线子系统大对数电缆用量计算

$$L_{\text{p}} = \sum_{n=1}^{N} L_{\text{pn}}$$

式中：L_{p}——建筑物内支持数据的干线子系统 25 对（或 50 对、或 100 对）大对数电缆的总长度。

5. 干线子系统的布线路由设计

在建筑物若干设备间之间，设备间与进线间及同一层或各层电信间之间设置干线路由。当电话交换机和计算机设备设置在建筑物内不同的设备间时，宜采用不同的主干缆线来分别满足语音和数据的需要。

干线缆线布线路由的选择走向应选较短的、安全的路由。干线子系统的布线大多是垂直的，但也有水平的。路由的选择要根据建筑物的结构以及建筑物内预留的管道等决定。目前，垂直型的干线布线路由主要采用电缆井和电缆孔两种方法。对于单层平面建筑物水平型的干线布线路由主要有金属管道和电缆托架两种方法。

1）电缆通道类型

干线子系统是建筑物内的主馈电缆，在大型建筑物内，都有开放型通道和弱电间。开放型通道通常是从建筑物的最底层到楼顶的一个开放空间，中间没有隔断，如通风道或电梯通道。弱电间是一连串上下对齐的小房间，每层楼都有一间。在这些房间的地板上，预留圆孔或方孔。并将它们从地板上向上延伸 25mm，为所有电缆孔建造高的护栏。在综合布线中，将方孔称为电缆井，圆孔称为电缆孔。

干线子系统通道是由一连串弱电间地板垂直对准的电缆井或电缆孔组成。弱电间的每层封闭型房间称为电信间。

2）确定通道规模

确定干线子系统的通道规模主要就是确定干线通道和配线间的数目。确定的依据就是布线系统所要服务的可用楼层面积。如果所有给定楼层的所有信息插座都在电信间的 75m 范围之内，那么采用单干线接线系统。也就是说，采用一条垂直干线通道，且每个楼层只设一个电信间。如果有部分信息插座超出电信间 75m 范围之外，那就要采用双通道干线子系统，或者采用经分支电缆与设备间相连的二级交接间。

一般来说，同一幢大楼的电信间都是上下对齐的，如果未对齐，可采用大小合适的电缆管道系统将其连通。在电信间里，要将电缆井或电缆孔设置在靠近支持电缆的墙壁附近，但电缆井或电缆孔不应妨碍端接空间。

3）垂直通道布线

目前，干线子系统垂直通道有下列三种方式可供选择。

（1）电缆孔布线方法。干线通道中所用的电缆孔是很短的管道，通常是用一根或数根外径为 63～102mm 的金属管预埋在楼板内，金属管高出地面 25～50mm。电缆往往捆在钢丝绳上，而钢丝绳又固定到墙上已铆好的金属条上。当配线间上下都对齐时，一般可采用电缆孔布线方法，如图 4.33 所示。

(2) 电缆井布线方法。电缆井是指直接在地板上预留一个大小适当的长方形孔洞,孔洞一般不小于 600mm×400mm(也可根据工程实际情况确定),如图 4.34 所示。在很多情况下,电缆井不仅仅是为综合布线系统的电缆而开设的,其他许多系统比如监控系统、消防系统、保安系统等弱电系统所用的电缆也都与之共用同一个电缆井。在新建工程中,推荐使用电缆井布线方法。

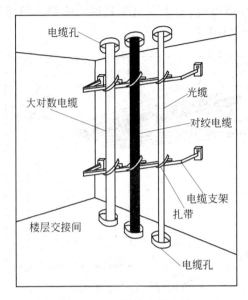

图 4.33 电缆孔布线方法

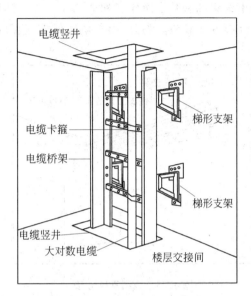

图 4.34 电缆井布线方法

在电缆井中安装电缆与电缆孔差不多,也是把电缆捆在或箍在支撑用的钢绳上,钢绳靠墙上金属条或地板三脚架固定住。电缆井的选择非常灵活,可以让粗细不同的各种电缆以任何组合方式通过。对于新建筑物,首先应考虑采用电缆井布线方法。

在多层楼房中,经常需要用到横向通道,干线电缆才能从设备间连接到干线通道或在各个楼层上从二级交接间连接到任何一个楼层配线间。横向通道需用一条易于安装的方便通路。

(3) 导管或桥架方式,包括明导管或暗导管或桥架敷设。

4) 横向通道布线

对于单层平面建筑物横向通道的干线布线,主要采用金属管道和电缆桥架两种方法。

(1) 金属管道方法。金属管道方法是指在水平方向架设金属管道,金属管道对干线电缆起到支撑和保护的作用。缆线穿放在管道等保护体内,管道可沿墙壁、顶棚明敷,也可暗敷于墙壁、楼板及地板等内部,图 4.35 所示为穿越墙壁的管道。由于相邻楼层上的干线接线间存在水平方向的偏距,因而出现了垂直的偏距通道。而金属管道允许把电缆拉入这些垂直的偏距通道。在开放式通道和横向干线走线系统中(如穿越地下室),管道对电缆起机械保护作用。可以说,管道不但有防火的优点,而且它提供的密封和坚固的空间使电缆可以安全地延伸到目的地。但是,管道很难重新布置,因而不太灵活,同时造价也高。在建筑设计阶段,必须周密考虑。土建施工阶段,要将选定的管道预埋在墙壁、地板或楼板中,并延伸到正确的交接点。

干线电缆穿入管道(金属管或硬质塑料管)的填充率(管径利用率),直线管路一般为 50%~60%,有弯曲的管路填充率不宜超过 50%。

（2）电缆桥架方法。电缆桥架包括梯架、托架、线槽三种形式。电缆梯架一般是铝制或钢制部件，外形很像梯子，但在两侧加上了挡板，是电缆桥架的一种。若将它们安装在建筑物墙壁上，就可供垂直电缆走线；若安装在天花板上（吊顶内），就可供水平电缆走线。电缆铺在梯架上，由水平支撑件固定住，如图4.36所示。必要时还可在托架下方安装电缆绞接盒，以保证在托架上方已装有其他电缆时可以接入电缆。梯架方法最适合电缆数量很多的情况。待安装的电缆粗细和数量决定了梯架的尺寸。梯架便于安放电缆，省去了电缆管道的麻烦。但梯架及支撑件比较贵。另外，由于电缆外露，很难防火，且不美观。

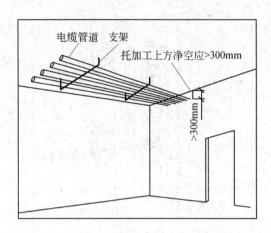

图 4.35 金属管道方法

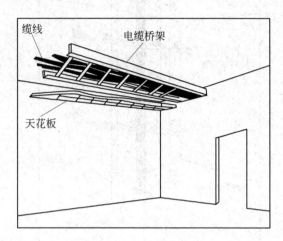

图 4.36 电缆桥架方法

在综合布线系统中，一般推荐使用封闭式线槽。吊装金属线槽如图4.37所示。在线槽底部与两侧的金属板上留有许多均匀的小孔，以排泄积水使用。托架主要应用于楼间的距离较短时，采用架空的方式布放缆线的场合。

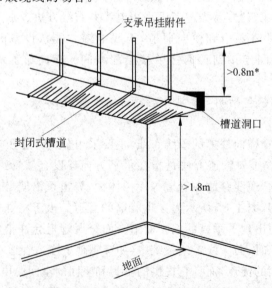

注：*为桥架顶部与楼板或梁之间应保持一定的距离，以利于缆线的布放。

图 4.37 吊装金属线槽安装示意图

5) 干线路由方案设计应注意的问题

(1) 不同主干缆线之间的隔离。布线设施中服务于不同功能的主干缆线应尽可能分离成独立的路径。例如,语音和数据主干应在两条分离的主干管道系统中或两组主干管道中走线。支持视频应用的缆线和光缆应穿入相关的第三条主干管道。主干缆线分离的目的是减少不同服务线路之间电磁干扰的可能性,并为不同种类的缆线(电缆和光缆)提供一层物理保护。这种分离可以简化整体缆线系统管理,为缆线提供整齐的路径、封装和端接。缆线的分离可以通过以下方法完成。

- 不同的主干管道。
- 主干管道中独立的内部通道。
- 独立的主干或套管。
- 线槽内金属隔板隔离。
- 铜通信缆线不能与强电缆线穿入同一路径,除非路径中有隔板分离通信缆线和电气缆线。整体绝缘结构的光缆可与其他缆线穿入同一路径,但也应尽量避免。

(2) 垂直缆线的支撑。垂直主干缆线的正确支撑不仅对于系统的性能,而且对于专用通信间中及四周工作人员的安全是至关重要的。如果缆线过重或支撑点过少会影响系统的长期性能。

在选择垂直支撑系统时,缆线可承受的垂直距离是一个要考虑的因素,垂直距离以米为单位,它是缆线在不降低系统等级的情况下,可以承受的长期拉伸应力的线性函数。不同的缆线对所能承受的最大拉力均有明确限制,在设计和施工中应注意满足其要求。

(3) 电缆井(孔)的防火。弱电竖井的烟筒效应对防火是非常不利的,因此当采用电缆井、电缆孔方式时,在缆线布放完后应该用防火材料密封所有的电缆井或电缆孔,包括其中有电缆的电缆井和电缆孔。

4.2.5 电信间设计

电信间主要为楼层安装配线设备(为机柜、机架、机箱等安装方式)和楼层计算机网络设备(HUB或SW)的场地,并可考虑在该场地设置缆线竖井、等电位接地体、电源插座、UPS配电箱等设施。在场地面积满足的情况下,也可设置建筑物诸如安防、消防、建筑设备监控系统、无线信号覆盖等系统的布缆线槽和功能模块的安装。如果综合布线系统与弱电系统设备合设于同一场地,从建筑的角度出发,称为弱电间。

1. 电信间设计要求

电信间又称楼层配线间、楼层交接间,主要为楼层配线设备(如机柜、机架、机箱等安装方式)和楼层计算机网络设备(交换机等)的场地,并可考虑在该场地设置缆线垂井、等电位接地体、电源插座、UPS配电箱等设施。

1) 电信间的位置和数量

楼层配线间的主要功能是供水平布线和主干布线在其间相互连接。电信间最理想的位置是位于楼层平面的中心,各楼层电信间、竖向缆线管槽及对应的竖井宜上下对齐。电信间内不应设置与安装的设备无关的水、风管及低压配电缆线管槽与竖井。

电信间应与强电间分开设置,以保证通信安全。电信间内信息通信网络系统设备及布线系统设备宜与弱电系统布线设备分设在不同的机柜内。当各设备容量配置较少时,也可在同一机柜内作空间物理隔离后安装。

电信间的数量应按所服务的楼层范围及工作区信息点密度与数量来确定。同楼层信息点数量不大于 400 个，水平缆线长度在 90m 范围以内，宜设置一个电信间；当超过这一范围或工作区的信息点数量大于 400 个时，宜设两个或多个电信间，以求减少水平电缆的长度，缩小管辖和服务范围，保证通信传输质量。当每个楼层的信息点数量较少，且水平缆线长度不大于 90m 时，宜几个楼层合设一个电信间。

2）电信间的面积和布局

一般情况下，综合布线系统的配线设备和计算机网络设备采用 19in 标准机柜安装。如果按建筑物每个楼层 1000m² 面积，电话和数据信息点各为 200 个考虑配置，大约需要有 2 个 19in（42U）的机柜空间，以此测算电信间面积至少应为 5m²（2.5m×2m）。也可根据工程中配线设备和网络设备的容量进行调整，其尺寸的确定可以参考表 4.9。

当有信息安全等特殊要求时，应将所有涉密的信息通信网络设备和布线系统设备等进行空间物理隔离或独立安装在专用的电信间内，并应设置独立的涉密机柜及布线管槽。

表 4.9　电信间的面积和布局

服务区面积(m²)	电信间的尺寸(m)
1000	3×3.4
800	3×2.8
500	3×2.2

3）电信间的供电

电信间的网络有源设备应由设备间或机房不间断电源（UPS）供电，并为了便于管理，可采用集中供电方式，并应设置至少 2 个 220V、10A 带保护接地的单相电源插座，但不作为设备供电电源。

4）电信间的环境

电信间内的温度应保持在 10～35℃，相对湿度应保持在 20%～80%。电信间温湿度按配线设备要求提出，如在机柜中安装计算机网络设备（HUB/SW）时的环境应满足设备提出的要求，温湿度的保证措施由空调专业负责解决。

电信间的水泥路面应高出本层地面不小于 100mm 或设置防水门槛。室内地面应具有防潮、防尘、防静电等措施。

电信间应采用外开防火门，房门的高度不应小于 2m，净宽不应小于 0.9m。电信间内梁下净高不应小于 2.5m。

电信间内以总配线设备所需的环境要求为主，适当考虑安装少量计算机网络等设备制定的规定，如果与程控电话交换机、计算机网络等主机和配套设备合装在一起，则安装工艺要求应执行相关规范的规定。

2．电信间配线设备

1）电信间配线设备的连接方式

电信间 FD 与电话交换配线及计算机网络设备之间的连接方式应符合以下要求。

（1）电话交换配线的连接方式。电话交换配线的连接方式应符合图 4.38 的要求。

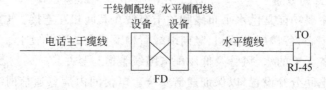

图 4.38　电话交换配线的连接方式

FD支持电话系统配线设备有两大类:FD配线设备采用IDC配线模块,如图4.39所示;FD配线设备建筑物主干侧采用IDC配线架和水平侧采用RJ-45配线模块,如图4.40所示。

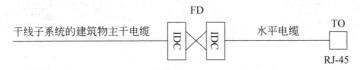

图4.39　FD配线设备采用IDC配线模块连接方式

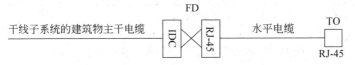

图4.40　FD配线设备建筑物主干侧采用IDC配线架和水平侧采用RJ-45配线模块连接方式

（2）计算机网络设备连接方式。计算机网络设备（也就是数据系统）连接方式通常由三种方式进行互通。

第一种方式是交叉连接方式,即跳线连接方式,如图4.41所示。在电信间内所安装的计算机网络设备通过设备缆线（电缆或光缆）连接至配线设备（FD）以后,经过跳线管理,将设备的端口经过水平缆线连接至工作区的终端设备,此种为传统的连接方式,称为交叉连接方式。

电信间计算机网络设备连接方式

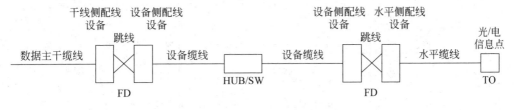

图4.41　交叉连接方式（经跳线连接）

FD支持数据系统配线设备有两大类：RJ-45配线模块和光纤互连装置盘,连接方法如图4.42～图4.44所示。

图4.42　数据系统连接方式（经跳线连接）（1）

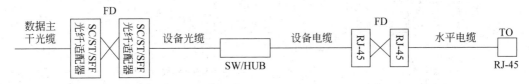

图4.43　数据系统连接方式（经跳线连接）（2）

第二种方式是互连连接方式,即经设备缆线连接方式,如图4.45所示。

在此种连接方式中,利用网络设备端口连接模块（点或光）取代设备侧的配线模块。这时,相当于网络设备的端口直接通过跳线连接至模块,既减少了线段和模块以降低工程造价,又提

图 4.44 数据系统连接方式(经跳线连接)(3)

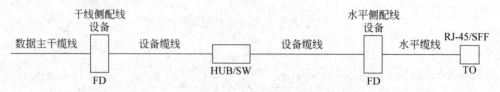

图 4.45 数据系统连接方式(经设备缆线连接)(1)

高了通路的整体传输性能。因此,可以认为是一种优化的连接方式。

FD 支持数据系统配线设备有两大类:RJ-45 配线模块和光纤互连装置盘,连接方法如图 4.46~图 4.48 所示。

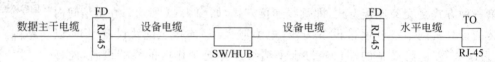

图 4.46 数据系统连接方式(经设备缆线连接)(2)

图 4.47 数据系统连接方式(经设备缆线连接)(3)

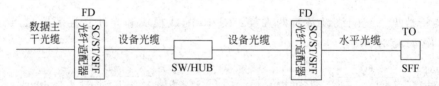

图 4.48 数据系统连接方式(经设备缆线连接)(4)

第三种方式是数据主干侧经设备缆线连接,水平侧经跳线连接如图 4.49 所示。

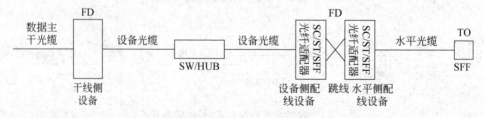

图 4.49 数据系统连接方式(经跳线连接)(4)

2) 电信间配线设备配置

电信间的配线模块(FD)分为水平侧、设备侧和干线侧等几类模块,模块可以采用 IDC 连接模块(以卡接方式连接线对的模块)和快速插接模块(RJ-45)。FD 在配置时应按业务种类分别加以考虑,设备间的 BD、CD 也可参照以下原则配置。

(1)配线模块选择原则。连接至电信间的每一根水平电缆/光缆应终接于相应的配线模块,配线模块与缆线容量相适应。电信间 FD 主干侧各类配线模块应按电话交换机、计算机网络的构成及主干电缆/光缆的所需容量要求及模块类型和规格的选用进行配置。根据现有产品情况配线模块可按以下原则选择。

① 多线对端子配线模块可以选用 4 对或 5 对卡接模块,每个卡接模块应卡接 1 根 4 对对绞电缆。一般 100 对卡接端子容量的模块可卡接 24 根(采用 4 对卡接模块)或卡接 20 根(采用 5 对卡接模块)4 对对绞电缆。

② 25 对端子配线模块可卡接 1 根 25 对大对数电缆或 6 根 4 对对绞电缆。

③ 回线式配线模块(8 回线或 10 回线)可卡接 2 根 4 对对绞电缆或 8/10 回线。回线式配线模块的每一回线可以卡接 1 对入线和 1 对出线。回线式配线模块的卡接端子可以为连通型、断开型和可插入型三类不同的型号。一般在 CP 处可选用连通型,在需要加装过压、过流保护器时采用断开型,可插入型主要使用于断开电路做检修的情况下,布线工程中无此种应用。

④ RJ-45 配线模块(由 24 个或 48 个 8 位模块通用插座组成)每 1 个 RJ-45 插座应可卡接 1 根 4 对对绞电缆。

⑤ 光纤连接器件每个单工端口应支持 1 芯光纤的连接,双工端口则支持 2 芯光纤的连接。

⑥ 各配线设备跳线可按以下原则选择与配置。

电话跳线宜按每根 1 对或 2 对对绞电缆容量配置,跳线两端连接插头采用 IDC 或 RJ-45 型。

数据跳线宜按每根 4 对对绞电缆配置,跳线两端连接插头采用 IDC 或 RJ-45 型。

光纤跳线宜按每根 1 芯或 2 芯光纤配置,光跳线连接器件采用 ST、SC 或 SFF 型。

(2)模块选择。

IDC 模块选择:

① 110 型。一般容量为 100 对至几百对卡接端子,此模块卡接水平电缆和插入跳线插头的位置均在正面。通常水平电缆与跳线之间的 IDC 模块有 4 对和 5 对两种。如采用 4 对 IDC 模块,则 1 个 100 对模块可以连接 24 根水平电缆;如采用 5 对 IDC 模块,则只能连接 20 根水平电缆。有的 6 类布线系统中采用 64 对 110 型模块。对语音通信通常采用此类模块。

② 25 对卡接式模块。此种模块呈长条形,具有 25 对卡线端子。卡接水平电缆与插接挑线的端子处于正反两个部位,每个 25 对模块最多可卡接 6 根水平电缆。

③ 回线式(8 回线或 10 回线)端接模块。该模块的容量有 8 回线和 10 回线两种。每回线包括两对卡线端子,1 对端子卡接进线,1 对端子卡接出线,称为 1 回线。按照两派卡线端子的连接方式可以分为断开型、连通型和可插入型三种。在综合布线系统中断开型模块使用在 CD 配线设备中,当有室外的电缆引入大楼时可以在模块内安装过压、过流保护装置以防止雷电或外部高压和大电流进入配电网。连通型的模块通常适用于开放型办公室的布线中。

上述各种 IDC 配线模块有 3 类、5 类、5e 类和 6 类产品,可以用来支持语音和数据通信网络的应用。

RJ-45 配线模块选择:此种模块以 12 口、24 口、48 口为单元组合,通常以 24 口为一个单元。RJ-45 端口有利于跳线的位置变更,经常使用在数据网络中。该模块有 5 类、5e 类、6 类和 7 类产品。

3）楼层配线设备 FD 容量的确定

（1）FD 的 IDC 配线模块容量确定。

FD 的 IDC 配线模块各部分之间的关系如图 4.50 所示，IDC 配线模块用于支持语音连接。

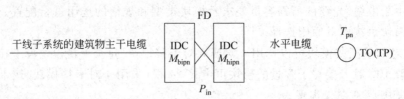

图 4.50　FD 的 IDC 配线模块各部分之间的关系

① 至水平侧支持语音 FD 的 IDC 配线模块基本单元（100 对）数量。

$$M_{hipn} = T_{pn} \div 24(20)$$

式中：M_{hipn}——第 n 层（区）楼层配线设备 FD 至水平电缆侧支持语音 IDC 配线模块的基本单元数量，取整数值；

T_{pn}——第 n 层（区）的电话信息点数量；

24(20)——采用 4(5) 对卡接模块时，1 个规格为 100 对基本单元的 IDC 配线架可支持 24(20) 个电话信息点。

② 至建筑物主干侧支持语音 FD 的 IDC 配线模块基本单元（100 对）数量。

$$M_{bipn} = T_{pn} \times 1.1 \div 100$$

式中：M_{bipn}——第 n 层（区）楼层配线设备 FD 至建筑物主干侧支持语音 IDC 配线模块的基本单元数量，取整数值。

③ FD 的 IDC 配线模块总容量（总对数）。

$$P_{in} = (M_{hipn} + M_{bipn}) \times 100$$

式中：P_{in}——第 n 层（区）楼层配线设备 FD 支持语音规格 100 对 IDC 配线模块的总容量。

④ FD 的 IDC 配线模块跳线。

跳线按每根 1 对双绞线电缆容量配置，跳线两端连接插头采用 IDC 型，跳线根数 = T_{pn} 根。

（2）支持语音 FD 和数据 FD 的 RJ-45 配线模块（24 口模块）容量的确定。

支持语音 FD 和数据 FD 的 RJ-45 配线模块各部分之间的关系如图 4.51 和图 4.52 所示。

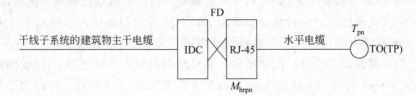

图 4.51　支持语音 FD 的 RJ-45 配线模块各部分之间的关系

① 至水平侧 FD 的 RJ-45 配线模块的基本单元数量。

$$M_{hrpn} = T_{pn} \div 24$$

$$M_{hrdn} = T_{dn} \div 24$$

式中：M_{hrpn}、M_{hrdn}——第 n 层（区）楼层配线设备 FD 至水平侧支持语音和数据规格 24 口 RJ-45 配线模块的基本单元数量，取整数值。

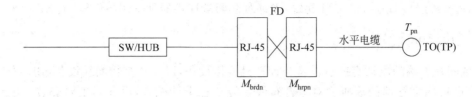

图 4.52　支持数据 FD 的 RJ-45 配线模块各部分之间的关系

② 至干线侧 FD 的 RJ-45 配线模块的基本单元数量。

$$M_{brdn} = M_{hrdn}$$

式中：M_{brdn}——第 n 层（区）楼层配线设备 FD 至建筑物主干电缆侧支持数据规格 24 口 RJ-45 配线模块的基本单元数量，取整数值。

③ FD 的 RJ-45 配线模块总量。

$$P_{rn} = (M_{hrpn} + M_{brdn} + M_{hrdn}) \times 24$$

式中：P_{rn}——第 n 层（区）楼层配线设备 FD 支持语音和数据规格 24 口 RJ-45 配线模块的总容量。

④ FD 的 IDC 和 RJ-45 配线模块跳线。

支持语音跳线：跳线按每根 1 对双绞线电缆容量配置，跳线一端连接插头采用 IDC 型，另一端连接插头采用 RJ-45 型，跳线根数 = T_{pn} 根。

支持数据跳线：跳线按每根 4 对双绞线电缆容量配置，跳线两端连接插头采用 RJ-45 型，跳线根数 = T_{dn} 根。

（3）支持数据 FD 的光纤连接盘容量的确定。

支持数据 FD 的光纤连接盘各部分之间的关系如图 4.53 所示。

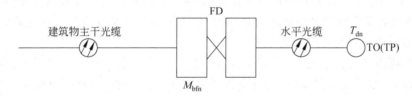

图 4.53　支持数据 FD 的光纤连接盘各部分之间的关系

① 至水平侧光纤 FD 的光纤连接盘的基本单元数量（6 口、12 口或 24 口双工连接器）。

$$M_{hfn} = T_{dn} \div 12$$

式中：M_{hfn}——第 n 层（区）楼层配线设备 FD 至水平侧支持数据光纤连接盘（双工）的基本单元数量，取整数值；

T_{dn}——第 n 层（区）的光纤信息点（双工）数量。

② 至干线侧 FD 的光纤连接盘的基本单元数量。

$$M_{bfn} = M_{hfn}$$

式中：M_{bfn}——第 n 层（区）楼层配线设备 FD 至建筑物主干侧支持数据光纤连接盘（双工）的基本单元数量，取整数值。

③ FD 的光纤连接盘总容量。

$$P_{fn} = (M_{hfn} + M_{bfn}) \times 12$$

式中：P_{fn}——第 n 层（区）楼层配线设备 FD 支持数据光纤连接盘（双工）的总容量。

④ 光纤跳线按每根 2 芯光纤配置,光纤跳线两端连接器件采用 ST、SC 或 SFF 型。

4.2.6 设备间设计

设备间是大楼的电话交换机设备和计算机网络设备,以及建筑物配线设备(BD)安装的地点,也是进行网络管理的场所。对综合布线系统工程设计而言,设备间主要安装总配线设备(BD 和 CD)。当信息通信设施与配线设备分别设置时考虑到设备电缆有长度限制的要求,安装总配线架的设备间与安装电话交换机及计算机主机的设备间之间的距离不宜太远。电话交换机、计算机主机设备及入口设施也可与配线设备安装在一起。

1. 设备间的设计要点

综合布线系统设备间设计主要是与土建设计配合协调,由综合布线系统工程提出对设备间的位置、面积、内部装修等统一要求,与土建设计单位协商确定,具体实施均属土建设计和施工的范围,工程界面和建设投资的划分也是按上述原则分别划定的。综合布线系统设备间设计主要是在设备间内安装通信或信息设备的工程设计和施工,主要是与土建设计与通信网络系统和综合布线系统有关的部分。具体内容主要包括以下几点。

1) 设备间的设置方案

设备间的位置及大小应根据设备的数量、规模、最佳网络中心、网络构成等因素,综合考虑确定。通常有以下几种因素会使设备间的设置方案有所不同。

(1) 主体工程的建设规模和工程范围的大小。例如,智能化建筑或智能化小区的工程建设规模和管辖范围的差异极大,设备间的设置方案是不应相同的。

(2) 设备间内安装的设备种类和数量多少。在设备间内只有综合布线系统设备的专用房间会与其他设备合用,例如,用户电话交换机和计算机主机及配套设备,这就有专用机房或合用机房之别,又会有设备数量多少和布置方式不同的因素,影响房间面积的大小和设备布置。

(3) 设备间有无常驻的维护管理人员,是专职人员用房还是合用共管的性质,这些都会影响到设备间的位置和房间面积的大小等。

每幢建筑物内应至少设置 1 个设备间,如果用户电话交换机与计算机网络设备分别安装在不同的场地,或根据安全需要时,也可设置 2 个或 2 个以上的设备间,以满足不同业务的设备安装需要。

2) 综合布线系统与外部网络的连接

综合布线系统与外部通信网连接时,应遵循相应的接口标准要求。同时预留安装相应接入设备的位置。这在考虑设备间的面积大小时应考虑在内。

此外,还应遵循以下规则:"建筑群干线电缆、光缆、公用网的光、电缆(包括无线网络天线馈线)进入建筑物时,都应设置引入设备,并在适当位置终端转换成室内电缆、光缆。引入设备还包括必要的保护装置。引入设备宜单独设置房间,如条件合适也可与 BD 或 CD 合设。引入设备的安装应符合相关规范的规定。""外部业务引入点到建筑群配线架的距离可能会影响综合布线系统的运行。在应用系统设计时,宜将这段电缆、光缆的特性考虑在内。""如果公用网的接口没有直接连接到综合布线系统的接口时,应仔细考虑这段中继线的性能。"

3) 设备间的位置

设备间的位置及大小应根据建筑物的结构、综合布线系统规模、管理方式以及应用系统设备的数量等方面进行综合考虑,择优选取。一般而言,设备间应尽量建在建筑平面及综合布线干线综合体的中间位置。在高层建筑中,设备间也可以设置在 1、2 层。确定设备间位置可以参考以下设计规范。

(1) 设备间宜处于建筑物平面及其干线子系统的中间位置,并考虑主干缆线的传输距离、敷设路由和数量。

(2) 设备间宜靠近建筑物布放主干缆线的竖井位置。

(3) 设备间宜设置在建筑物的首层或楼上层。当地下室为多层时,也可设置在地下一层。

(4) 设备间应尽量远离供电变压器、发动机和发电机、X射线机设备、无线射频或雷达发射机等设备以及有电磁干扰存在的场地。

(5) 设备间应远离粉尘、油烟、有害气体以及存有腐蚀性、易燃、易爆炸物的场所。

(6) 设备间不应设置在厕所、浴室或其他潮湿、易积水区域的正下方或毗邻场所。

设备间的位置应选择在内外环境安全、客观条件较好(如干燥、通风、清静和光线明亮等)和便于维护管理(如为了有利搬运设备,宜邻近电梯间,并要注意电梯间的大小和其载重限制等细节)的地方。

4) 设备间的面积

设备间的使用面积不仅要考虑所有设备的安装面积,还要考虑预留工作人员管理操作的地方。设备间内应有足够的设备安装空间,其使用面积不应小于 $10m^2$,该面积不包括程控用户交换机、计算机网络设备等设施所需的面积在内。

一般情况下,综合布线系统的配线设备和计算机网络设备采用19in标准机柜安装。机柜尺寸通常为600mm(宽)×900mm(深)×2000mm(高)或600mm(宽)×600mm(深)×2000mm(高),共有42U(1U=44.45mm)的安装空间。机柜内可以安装光纤配线架、RJ-45配线架、交换机、路由器等。如果一个设备间以 $10m^2$ 计,大约能安装5个19in的机柜。在机柜中安装电话大对数电缆多对卡接式模块,数据主干缆线配线设备模块,能支持总量为6000~8000个信息点所需(其中电话和数据信息点各占50%)的建筑物配线设备安装空间。

5) 设备间的工艺要求

设备间的工艺要求较多,主要有以下几点。

(1) 设备间梁下净高不应小于2.5m,宜采用外开双扇防火门,房门净高不应小于2.0m,净宽不应小于1.5m。

(2) 设备间的水泥路面应高出本层地面不小于100mm或设置防水门槛。室内地面应具有防潮、防尘、防静电等措施。

(3) 综合布线系统有关设备对温度、湿度的要求可分为A、B、C 3级,设备间的温湿度也可参照这3个级别进行设计。3个级别具体要求如表4.10所示。

表 4.10 设备间温湿度级别要求

项 目	A 级	B 级	C 级
温度(℃)	夏季:22±4 冬季:18±4	12~30	8~35
相对湿度(%)	40~65	35~70	20~80

常用的微电子设备能连续进行工作的正常范围:温度10~30℃,湿度20%~80%。超出这个范围,将使设备性能下降,寿命缩短。

(4) 设备间内应保持空气清洁,应防止有害气体(如氯、碳水化合物、硫化氢、氮氧化物、二氧化碳等)侵入,并应有良好的防尘措施,尘埃含量限值宜符合表4.11的规定。

表 4.11　尘埃含量限值

尘埃颗粒的最大直径(μm)	0.5	1	3	5
尘埃颗粒的最大浓度(粒子数/m^3)	1.4×10^7	7×10^5	2.4×10^5	1.3×10^5

要降低设备间的尘埃度,需要定期地清扫灰尘,工作人员进入设备间应更换干净的鞋具。

(5) 为了方便工作人员在设备间内操作设备和维护相关的综合布线器件,设备间内必须安装足够照明度的照明系统,并配置应急照明系统。设备间内距离地面 0.8m 处,照明度不应低于 200lx。照明分路控制要灵活,操作要方便。设备间应设置事故照明。在距地面 0.8m 处,照度不应低于 5lx。

6) 电磁场干扰

根据综合布线系统的要求,设备间无线电干扰的频率应在 0.15~1000MHz 范围内,噪声不大于 120dB,磁场干扰场强不大于 800A/m。

7) 供电系统

设备间供电电源应满足以下要求。

频率:50Hz。

电压:380V/220V。

相数:三相五线制或三相四线制/单相三线制。

设备间供电电源允许变动的范围详见表 4.12。

根据设备间内设备的使用要求,其供电方式可分为 3 类。

一类供电:需建立不间断供电系统。

二类供电:需建立带备用电的供电系统。

表 4.12　设备间供电电源允许变动的范围

项　　目	A 级(甲级)	B 级(乙级)	C 级(丙级)
电压变动(%)	$-5\sim +5$	$-10\sim +7$	$-15\sim +10$
频率变化(Hz)	$-0.2\sim +0.2$	$-0.5\sim +0.5$	$-1\sim +1$
波形失真率(%)	<5	<7	<10

三类供电:按一般用途供电考虑。

设备间内供电可采用直接供电和不间断供电相结合的方式。

为了防止设备间的辅助设备用电干扰数字程控交换机或计算机及其网络互联设备,可将设备间的辅助设备用电由市电直接供电;数字程控交换机、计算机及其网络互联设备由不间断电源供电。这种方式不仅可减少相互干扰,还可减少工程造价(不间断电源较贵)。

注意: 我国规定,单相电源的三孔插座与相电对应关系为,正视其右孔接相(火)线,左孔接中性(零)线,上孔接地线。

另外,"设备间内应提供不少于两个 220V 带保护接地的单相电源插座,但不作为设备供电电源"以满足日常维护检修的需要。

2. 建筑物配线设备 BD 类型及容量的确定

在小型综合布线系统工程设计中,建筑物配线设备 BD 通常采用支持铜缆 IDC 和(或)RJ-45 两种类型的配线模块用于语音、数据的配线。在某些系统中可不设 FD,而将 BD 和 FD 合用配线设备,称为 BD/FD。但此时,电缆的长度应按≤100m 考虑。

在大中型综合布线系统工程设计中,建筑物配线设备 BD 通常由支持铜缆的 MDF 配线架和支持光缆的 ODF 配线设备两部分组成。MDF 配线设备用于语音的配线,ODF 配线设备用于数据的配线。MDF 宜采用 IDC 配线模块。

(1) 支持语音 BD(或 BD/FD)的 IDC 配线模块(大、中、小综合布线系统工程设计中均有该项设计)。

支持语音 BD(或 BD/FD)的 IDC 配线模块各部分之间的关系如图 4.54 所示。如 M_{ip2} 接入建筑群主干电缆时,应选用适配的信号线路浪涌保护器。

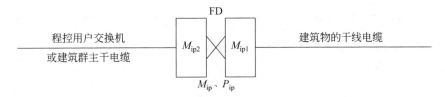

图 4.54 支持语音 BD(或 BD/FD)的 IDC 配线模块各部分之间的关系

① 第 n 层(区)FD 至 BD(或 BD/FD)支持语音的电缆对数计算。

$$D_{ipn} = G_{pn} \times 25$$

式中:D_{ipn}——第 n 层(区)FD 至 BD(或 BD/FD)支持语音电缆的对数;
　　　G_{pn}——第 n 层(区)支持语音规格 25 对的大对数电缆(以 25 对为例)的根数。

② BD(或 BD/FD)至各层(区)FD 支持语音的电缆对数计算。

$$D_{ip1} = \sum_{n=1}^{N} D_{ipn} = \sum_{n=1}^{N} G_{pn} \times 25$$

式中:D_{ip1}——BD(或 BD/FD)至各 FD 支持语音规格 25 对的电缆对数之和。

③ 至建筑物主干电缆侧 BD(或 BD/FD)支持语音的 IDC 配线模块基本单元数量计算。

$$M_{ip1} = D_{ip1} \div 100$$

式中:M_{ip1}——至建筑物主干电缆侧 BD(或 BD/FD)支持语音规格 100 对的 IDC 配线模块基本单元数量,取整数值。

④ BD(或 BD/FD)所支持语音信息点数量。

$$T_p = \sum_{n=1}^{N} T_{pn}$$

式中:T_p——BD(或 BD/FD)所支持语音信息点数量之和。

⑤ 至程控用户交换机或建筑群主干电缆侧支持语音 BD(或 BD/FD)的 IDC 配线模块基本单元数量计算。

$$M_{ip2} = T_p \div 100$$

式中:M_{ip2}——至程控用户交换机或建筑群主干电缆侧 BD(或 BD/FD)的 IDC 配线模块基本单元数量,取整数值。

⑥ 支持语音 BD(或 BD/FD)的 IDC 配线模块基本单元数量计算。

$$M_{ip} = M_{ip1} + M_{ip2}$$

式中:M_{ip}——支持语音 BD(或 BD/FD)的 IDC 配线模块基本单元数量。

⑦ 支持语音 BD(或 BD/FD)的 IDC 配线模块容量(总对数)计算。

$$P_{ip} = M_{ip} \times 100$$

(2) 支持数据 BD(或 BD/FD)的 RJ-45 配线模块。

支持数据 BD(或 BD/FD)的 RJ-45 配线模块各部分之间的关系如图 4.55 所示。

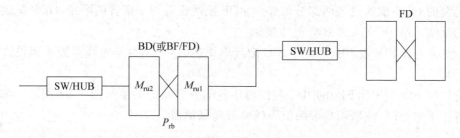

图 4.55　支持数据 BD(或 BD/FD)的 RJ-45 配线模块各部分之间的关系

① BD(或 BD/FD)所支持 FD 侧 SW/HUB 群或 SW/HUB 的数量。

$$H_u = \sum_{n=1}^{N} H_{un}$$

式中：H_u——BD(或 BD/FD)所支持 FD 侧 SW/HUB 群或 SW/HUB 的数量。

② 至支持 SW/HUB 群或 SW/HUB 干线测 BD(或 BD/FD)的 RJ-45 配线模块基本单元数量(每单元按 24 口计算)。

$$M_{ru1} = (H_u + 冗余数量) \div 24$$

式中：M_{ru1}——至支持 SW/HUB 群或 SW/HUB 干线测 BD(或 BD/FD)规格 24 口 RJ-45 配线模块的基本单元数量，取整数值。

③ 至网络交换机侧 RJ-45 配线模块基本单元数量计算。

$$M_{ru2} = H_u \div 24$$

式中：M_{ru2}——网络交换机或建筑物主干电缆侧规格 24 口 RJ-45 配线模块的基本单元数量，取整数值。

④ BD(或 BD/FD)的 RJ-45 配线模块的基本单元数量。

$$M_{ru} = M_{ru1} + M_{ru2}$$

⑤ BD(或 BD/FD)的 RJ-45 配线模块总容量数量。

$$P_{rb} = M_{ru} \times 24 = (M_{ru1} + M_{ru2}) \times 24$$

式中：P_{rb}——BD(或 BD/FD)规格 24 口 RJ-45 配线模块的总容量。

(3) 支持数据的 BD 光纤配线设备。

支持数据的 BD 光纤配线设备各部分之间的关系如图 4.56 所示。

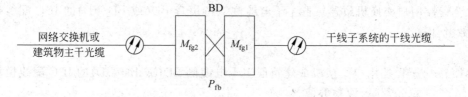

图 4.56　支持数据的 BD 光纤配线设备各部分之间的关系

① BD 至各层(区)FD 光缆芯数计算。

$$C_{fg1} = \sum_{n=1}^{N} C_{fn}$$

式中：C_{fg1}——BD 至各层(区)FD 光缆的总芯数；

C_{fn}——BD 至第 n 层(区)FD 光缆的芯数。

② 至各层(区)FD 侧 BD 光纤配线架的基本单元数量,BD 光纤配线设备用于支持数据配线,其基本单元规格为 12 口(双工连接器)。

$$M_{fg1} = C_{fg1} \div 24$$

式中:M_{fg1}——至各层(区)FD 侧 BD 光纤配线架的基本单元数量,取整数值。

③ 至网络交换机或建筑群主干光缆侧 BD 的光缆芯数计算。

C_{fg2} = 网络交换机光端口数(每端口为 2 芯光纤)所需的光纤数或建筑群主干光缆的总芯数

式中:C_{fg2}——BD 至网络交换机或建筑群主干光缆的总芯数。

④ 至网络交换机或建筑群主干光缆侧 BD 光纤配线设备的基本单元数量。

$$M_{fg2} = C_{fg2} \div 12$$

⑤ BD 光纤配线设备的总容量。

$$P_{fb} = M_{fg} \times 12 = (M_{rg1} + M_{rg2}) \times 12$$

式中:M_{fg}——BD 光纤配线设备的基本单元数量;

P_{fb}——BD 光纤配线设备的总容量。

4.2.7 进线间设计

进线间实际就是通常称的进线室,是建筑物外部通信和信息管线的入口部位,并可作为入口设施和建筑群配线设备的安装场地。

1. 进线间的位置

一般一个建筑物宜设置一个进线间,一般是提供给多家电信运营商和业务提供商使用,通常位于地下一层。外部管线宜从两个不同的路由引入进线间,这样可保证通信网络系统安全可靠,也方便与外部地下通信管道沟通成网。进线间与建筑物红外线范围内的人孔或手孔采用管或通道的方式互连。

2. 进线间面积的确定

进线间应满足室外引入缆线的敷设与成端位置及数量、缆线的盘长空间和缆线的弯曲半径等要求,并应提供安装综合布线系统及不少于 3 家电信业务经营者入口设施的使用空间及面积。进线间面积不宜小于 $10m^2$。

3. 缆线配置要求

建筑群主干电缆和光缆、公用网和专用网电缆、光缆及天线馈线等室外缆线进入建筑物时,应在进线间成端转换成室内电缆、光缆,并在缆线的终端处可由多家电信业务经营者设置入口设施,入口设施中的配线设备应按引入的电缆、光缆容量配置。

电信业务经营者或其他业务服务商在进线间设置安装入口配线设备应与 BD 或 CD 之间敷设相应的连接电缆、光缆,实现路由互通。缆线类型和容量应与配线设备相一致。

4. 入口管孔数量

进线间应设置管道入口。在进线间缆线入口处的管孔数量应满足建筑物之间、外部接入各类信息通信业务、建筑物智能化业务及多家电信业务经营者缆线接入的需求,并应留有不少于 4 孔的余量。

5. 进线间的设计要求

进线间宜设置在建筑物地下一层邻近外墙,以便于管线引入的位置。其设计应符合下列规定。

(1) 管道入口位置应与引入管道高度相对应。

(2) 进线间应防止渗水,宜在室内设置排水沟,并与附近设有抽排水装置的集水坑相连。

(3) 进线间应与电信业务经营者的通信机房、建筑物内配线系统设备间、信心接入机房、信息网络机房、用户电话交换机房、智能化总控室等及垂直竖井之间设置互通的管槽。

(4) 进线间应采用相应防火级别的外开防火门,门净高不应小于 2.0m,净宽不应小于 0.9m。

(5) 进线间宜采用轴流式通风机通风,排风量应按每小时不小于 5 次换气次数计算。

6. 进线间入口管道处理

进线间入口管道口所有布放缆线和空闲的管孔应采取防火材料封堵,做好防水处理。

4.2.8 管理子系统

随着智能化建筑和智能化小区的发展、信息业务应用不断扩展、通信应用技术日新月异、网络拓扑结构日趋庞杂、布线覆盖范围不断扩大,用户对信息网络系统的安全可靠性要求也必然增加,综合布线系统的管理日益重要。据统计,在以往信息网络系统的故障中,约有 70% 的故障是出现在综合布线系统的,其故障的主要根源是频繁地移动、增加、改动或更换布线部件或进行检修排除故障时,使信息网络系统产生不稳定的因素。因此,对综合布线系统实行严格有序管理,以达到安全高效,是十分重要的。

1. 管理子系统的设计

对设备间、电信间、进线间和工作区的配线设备、缆线、信息点等设施,应按一定的模式进行标识和记录,内容包括管理方式、标识、色标、连接等。这些内容的实施将给今后维护和管理带来很大的方便,有利于提高管理水平和工作效率。特别是信息点数量较大和系统架构较为复杂的综合布线系统工程,如采用计算机进行管理,其效果将十分明显。详细方案可参见任务 13。

2. 配线管理连接模型

在电信间/设备间,数据或语音都存在两种配线方式,一种是互相连接结构(Inter-Connect),简称互连结构;另一种是交叉连接结构(Cross-Connect),简称交连结构。

1) 互相连接结构

互相连接结构是一种结构简单的连接方式,如图 4.57 所示。这种结构主要应用于计算机通信的综合布线系统。它的连接安装主要有信息模块、RJ-45 连接器、RJ-45 插口的配线架。

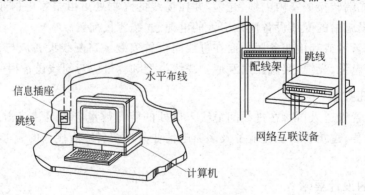

图 4.57 互相连接结构

对于互连结构,信息点的缆线通过数据配线架的面板进行管理,数据配线架有 12 口、24 口、48 口等规格,应根据信息点的多少配置配线架,并进行标准定位管理。互相连接结构在配线间的标准机柜内放置配线架和应用系统设备。工作区放置终端设备,应用系统设备用两端带有连接器的接插软线,一端连接到配线子系统的信息插座上,另一端连接到应用系统终端设备上,配线子系统缆线一端连接到工作区的信息插座上,另一端连接到楼层配线间配线架上。干线缆线的两端分别连接在不同的配线架上。模块化配线架有 5 类、超 5 类两种,接插软线也分为 5 类、超 5 类和 6 类等几种。高一类的接插软线可用于较低一类的链路。

2) 交叉连接结构

交叉连接结构与互相连接结构的区别在于配线架上的连接方式不同,水平电缆和干线电缆连接在 110 型配线架的不同区域,它们之间通过跳线(3 类)或接插线(5 类及以上)有选择地连接在一起,如图 4.58 所示。这种结构主要应用于语音通信的综合布线系统。和互连结构相比,它的连接安装采用 110 型配线架。其类型有 3 类(110A 型夹接式)、5 类、超 5 类(110P 型接插式)。其中 110A 型适用于用户不经常对楼层的线路进行修改、移动或重组。110P 型适用于用户经常对楼层的线路进行修改、移动或重组。

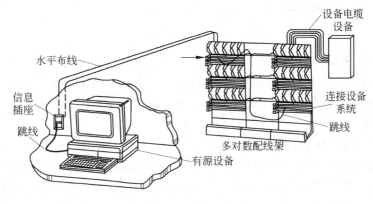

图 4.58 交叉连接结构

3. 交连管理方案设计

交连管理是指线路的跳线连接进行控制,通过跳线连接可安排或重新安排线路路由,管理整个用户终端,从而实现综合布线系统的灵活性。交连管理有单点管理和双点管理两种类型。

用于构造交连场的硬件所处的地点、结构和类型决定综合布线系统的管理方式。交连场的结构取决于综合布线系统规模和选用的硬件。

1) 单点管理

单点管理属于集中性管理,即在网络系统中只有一"点"(设备间)可以进行线路跳线连接,其他连接点采用直接连接。例如,建筑物配线架 BD 利用跳线连接,而楼层配线架 FD 使用直接连接。单点管理还可分为单点管理单交连和单点管理双交连两种方式。

(1) 单点管理单交连。单点管理单交连是指通常位于设备间里面的交连设备或互连设备附近的线路不进行跳线管理,直接连接至用户工作区。这种方式使用的场合较少,其结构如图 4.59 所示。

工程规模较小,网络结构简单,用户信息点数量不多,且较分散,密度不均匀,一般只有少量主干线路,甚至不设主干布线子系统和楼层配线间,而直接采用水平布线子系统,这种通信网络拓扑结构宜采用单点管理单交连。这种网络维护管理方式集中,技术要求不高,且维护管

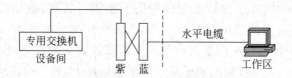

图 4.59 单点管理单交连

理人员较少,适用于小型或低层的智能建筑。

(2) 单点管理双交连。单点管理双交连是指通常位于设备间里面的交接设备或互连设备附近的线路不进行跳线管理,直接连接至配线间的第二个接线交接区。如果没有配线间,第二个接线交接区可放在用户房间的墙壁上,其结构如图4.60所示。

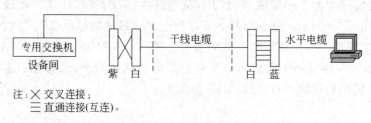

图 4.60 单点管理双交连

综合布线系统规模较大,智能建筑为大中型单幢高层建筑且楼层面积较大,通信网络拓扑结构较复杂,通信业务种类和用户信息点数量较多,分布密度较集中和固定时,一般均有主干布线子系统。这种通信网络拓扑结构宜采用单点管理双交连方式。

2) 双点管理

综合布线系统规模极大,通信网络拓扑结构复杂(如特大型或重要的智能建筑或由多栋建筑组成群体的校园式小区,且有建筑群干线布线子系统),通信业务种类和用户信息较多,且有二级交接间。为了适应网络结构和客观需要,可采用双点管理双交连或双点管理三交连的方式。这种网络维护管理方式分散,技术要求很高,必须加强科学管理制度,以适应通信网络拓扑结构复杂和用户信息需求多变的需要,增加通信网络的应变能力。综合布线系统中使用的电缆,一般不能超过4次连接。

(1) 双点管理双交连。对于低矮而又宽阔的建筑物(如机场、大型商场),其管理规模较大,管理结构复杂,这时多采用二级交接间,设置双点管理双交连。双点管理是指在设备间和配线间(电信间)进行的管理。

在二级交接间或用户墙壁上还有第二个可管理的交连。双交连要经过二级交连设备。第二个交连可能是一个连接块,它对一个接线块或多个终端块的配线和站场进行组合。其结构如图4.61所示。

图 4.61 双点管理双交连

(2) 双点管理三交连和双点管理四交连。若建筑物的规模比较大,而且结构复杂,可以采用双点管理三交连(见图4.62)甚至双点管理四交连(见图4.63)。

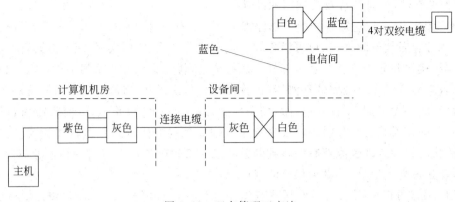

图 4.62 双点管理三交连

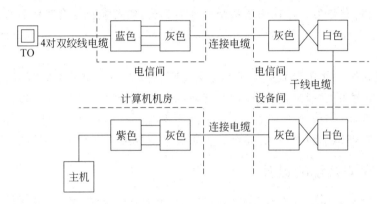

图 4.63 双点管理四交连

4. 新产品和管理技术的发展

随着信息业务应用的扩展、网络系统结构的扩容,将导致布线系统部件的增加、调整缆线数量的增多、维护检修管理的工作加多、故障排除的时间延长、检查修复的难度增大、日常管理工作效率降低。因此,综合布线系统的正常运行管理是保证信息网络系统传输质量的关键,它是影响网络系统的重要因素。近期,国内外综合布线系统产品的厂商,纷纷推出综合布线系统智能化管理方面的产品,多数厂商将此项产品定名为智能化综合布线管理系统,从而能够实现有序管理、安全高效。

1) 智能化综合布线管理系统的基本结构

虽然各厂商推出综合布线系统的产品不完全一样,但其智能化综合布线管理的基本结构大致分为两大部分。

(1) 电子配线架(含有设备扫描仪和内置传感器)等硬件。电子配线架支持铜缆(CAT 5e、6、6A)和光缆等传输介质。有端口检测技术和链路检测技术两种。其中,端口检测技术是在端口内置了微开关,采用标准跳线接入端口即可有感应;链路检测技术依靠跳线中附加的导体,通过跳线中的附加导体接触形成回路进行检测。这两种技术的共同点是管理信息与物理层的通信无关,智能布线系统的运行不影响铜缆或光缆的物理层通信。通常管理信号通过独立的总线系统和相关信号接收或采集设备通信完成管理工作。美国康普系统是端口技术的代表。

(2) 管理软件(实时监督及管理用的部件)。

2) 智能化综合布线管理系统的工作原理

智能化综合布线管理系统(也可简称智能化布线管理系统)的实时监督和管理的功能主要依靠传感器、跳线和分析仪 3 个基本部件完成检测、监督和管理等一系列工作。其工作原理是在跳线插入端装有一个带金属的探测器(也称探针),与配线架/有源设备端口外部的传感器相接触,当跳线的一端口插入另一端口时,两个传感器形成一个"短路",分析仪(或监督设备)探测到"短路"(即连通状态),并将端口信息通过 TCP/IP 网络传送到管理软件。同样在跳线拔出时,上述状态管理软件也能及时探测到断开状态。管理软件可设有报警和日志,对每次端口连通或断开状态自动记录,并做出相应的反应。

上述传感器可以根据探测需要新建或增添在任何标准网络设备或综合布线系统的部件上,如配线架、路由器、交换机和集线器等。但是这里特别指出的是由传感器和跳线建立的一个外部的感应电路,它是独立存在网络系统以外的部分,使智能化综合布线管理系统本身不会受其影响,对综合布线系统的传输功能和系统完整性都无妨碍,其安装也较方便,有利于调整扩建。

在综合布线系统中使用智能化布线管理系统后,能实时不断地(每天 24 小时)监视布线系统的连接状态和设置的物理位置,进行切实有效的监督和管理。这样可以防止任何无计划和未经授权的变更拆移行为发生,大大减少整个网络系统的故障机会,降低日常维护管理费用,能有效地监督和管理整个网络资源,提供综合布线系统管理水平和工作效率。

4.2.9 建筑群子系统的设计

建筑群子系统主要应用于多栋建筑物组成的建筑群综合布线场合,单幢建筑物的综合布线系统可以不考虑建筑群子系统。

1. 建筑群子系统的设计范围

建筑群子系统也称楼宇管理子系统。连接各建筑物之间的综合布线系统缆线、建筑群配线设备和跳线等共同组成了建筑群子系统。

建筑群子系统的作用是连接不同楼宇之间的设备间,实现大面积地区建筑物之间的通信连接,并对电信公用网形成唯一的出入端口。

2. 建筑群子系统的设计要求

建筑群子系统的设计主要考虑布线路由选择、缆线选择、缆线布线方式等内容。应按以下要求进行设计。

(1) 考虑环境美化要求。建筑群子系统设计应充分考虑建筑群覆盖区域的整体环境美化要求,建筑群干线电缆、光缆应尽量采用地下管道或电缆沟敷设方式。

(2) 考虑建筑群未来发展需要。在缆线布线设计时,要充分考虑各建筑需要安装的信息点种类、信息点数量,选择相对应的干线电缆类型以及电缆敷设方式,使综合布线系统建成后,保持相对稳定,能满足今后一定时期内各种新的信息业务发展需要。

(3) 缆线路由的选择。考虑到节省投资,缆线路由应尽量选择距离短、线路平直的路由。但具体的路由还要根据建筑物之间的地形或敷设条件而定。在选择路由时,应考虑原有已铺设的地下各种管道,缆线在管道内应与电力缆线分开敷设,并保持一定距离。

(4) 电缆引入要求。建筑群干线电缆和光缆、公用网和专用网电缆、光缆及天线馈线等室外线进入建筑物时,都应在进线间转换为室内电缆、光缆,在室外缆线的终端处需设置入口设施,入口设施中的配线设备应按引入的电缆和光缆的容量配置。引入设备应安装必要保护装置以达到防雷击和接地的要求。干线电缆引入建筑物时,应以地下引入为主,如果采用架空方式,应尽量采用隐蔽方式引入。具体可参考 4.4.5 节进线间设计部分。

(5) 干线电缆、光缆交接要求。建筑群干线电缆、光缆布线的交接不应多于两次。从每栋建筑物的楼层配线架到建筑群设备间的配线架之间只应通过一个建筑物配线架。

(6) 缆线的选择。建筑群子系统敷设的缆线类型及数量由综合布线连接应用系统种类及规模来决定。

3. 建筑群子系统布线方法

建筑群子系统传输线路的敷设方式有架空和地下两类。架空布线方式又可分为架空杆路和墙壁挂放两种;根据电缆与吊线固定方式又可分为自承式和非自承式两种。地下敷设方式分为地下管道、电缆通道(包括渠道和隧道)和直埋方式几种。

建筑群子系统布线方法

1) 架空杆路布线法

架空杆路布线法是用电杆将缆线在建筑物之间悬空架设。对于自承式电缆或光缆,可直接架设在电杆之间或电杆与建筑物之间;对于非自承式电缆或光缆,则首先需架设钢索(钢丝绳),然后在钢索上挂放电缆或光缆。

架空杆路布线法通常只用于有现成电线杆,而且电缆的走线方式无特殊要求的场合。如果原先就有电线杆,这种方法的成本较低。但是,这种布线方式不但影响美观,而且保密性、安全性和灵活性也差,所以一般不采用。

如果架空线的净空有问题,可以使用天线杆型的入口。天线杆的支架一般不应高于屋顶 1.2m。这个高度正好使人可摸到电缆,便于操作。如果再高,就应使用拉绳固定。

架空电缆通常穿入建筑物外墙上的 U 型钢保护套,然后向下(或向上)延伸,从电缆孔进入建筑物内部,如图 4.64 所示。电缆入口的孔径一般为 5cm。通常建筑物到最近处的电线杆相距应小于 30m。通信电缆与电力电缆之间的间距应服从当地城管等部门的有关法规。

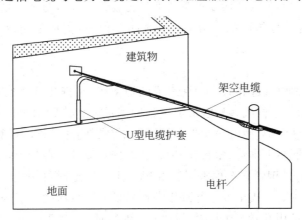

图 4.64 架空杆路布线法

2) 墙壁挂放布线法

在墙壁上挂放缆线与架空杆路相似,一般采用电缆卡钩沿墙壁表面直接敷设或先架设钢索后用卡钩挂放。通常情况下,架空布线总是将线杆架设和墙壁挂放这两种方法混合使用。

3) 直埋布线法

电缆或光缆直埋敷设是沿已选定的路线挖沟,然后把缆线埋在里面。一般在缆线根数较少而敷设距离较长时采用此法。电缆沟的宽度应视埋设缆线的根数决定。直埋电缆通常应埋在距地面 0.7m 以下的地方(或者应按照当地城管等部门的有关法规去做),遇到障碍物或冻土层较深的地方,则应适当加深,使缆线埋于冻土层以下。当无法埋深时,应采取措施,防止缆线受到损伤。在缆线引入建筑物,与地下建筑物交叉及绕过地下建筑物处,则可浅埋,但应采取保护措施。直埋缆线的上下部位应铺以不小于 100mm 厚的软土层或细沙层,并盖以混凝土保护板,其覆盖宽度应超过缆线两侧各 50mm,也可用砖块代替混凝土盖板。直埋布线法如图 4.65 所示。

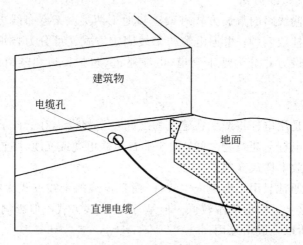

图 4.65 直埋布线法

在选择最灵活、最经济的直埋布线路由时,主要的物理影响因素是土质、公用设施(如下水道、水、电、气管道)以及天然障碍物,如树林、石头等。

城市建设的发展趋势是让各种缆线、管道等设施隐蔽化,所以弱电电缆和电力电缆合埋在一起将日趋普遍。这样的共用结构要求有关部门在设计、施工,乃至未来的维护工作中需要相互配合、通力合作。这种协作可能会增加一些成本。但是,这种公用设施也日益需要用户的合作。

4) 管道布线法

管道布线法是一种由管道和人(手)孔组成的地下系统,把建筑群的各个建筑物进行互连的方法。图 4.66 所示为一根或多根管道通过基础墙进入建筑物内部的结构。管道布线法为电缆提供了最好的机械保护,使电缆免受损坏而且不会影响建筑物的原貌及其周围环境。

电缆管道宜采用混凝土排管、塑料管、钢管和石棉水泥管。混凝土排管的管孔内径一般为 70mm 或 90mm,塑料管、钢管和石棉水泥管等用作主干管道时可用内径大于 75mm 的管道。上述管材的管道可组成矩形或正方形并直接埋地敷设。埋设深度一般为 0.8~1.2m。电缆管道应一次留足必要的备用孔数,当无法预计发展情况时,可留 10% 的备用孔,但不少于 1~2 孔。

电缆管道的基础一般为混凝土。如果土质不好、地下水位较高、冻土线较深和要求抗震设计的地区,宜采用钢筋混凝土基础和钢筋混凝土人孔。在线路转角、分支处应设人孔井。在直线段上,为便于拉引缆线也应设置一定数量的人孔井,每段管道的长度一般不大于 120m,最长

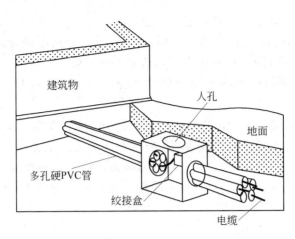

图 4.66　管道布线法

不超过 150m,并应有大于或等于 2.5% 的坡度。

在电源人孔和通信人孔合用的情况下(人孔里有电力电缆),通信电缆不能在人孔里进行端接。通信管道与电力管道必须至少用 80mm 的混凝土或 300mm 的压实土层隔开。

5) 电缆通道布线法(包括渠道和隧道)

电缆通道布线法(包括渠道和隧道)是在砌筑的电缆通道内,先安装金属支架,通信缆线则布放在金属支架上。这种布线方法维护、更换、扩充线路非常方便,如果与其他弱电系统合用将是一种不错的选择。在满足净距要求的条件下,通信电缆也可以与 1kV 以下电力电缆共同敷设。电缆通道布线法(包括渠道和隧道)如图 4.67 所示。

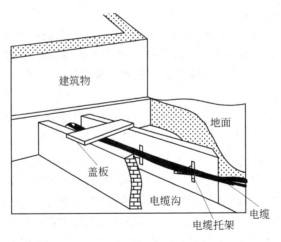

图 4.67　电缆通道布线法

在选用电缆线路布线方式时,应根据综合布线系统建筑群主干布线子系统所在地区规划要求、地上或地下管线的平面布置、街坊或小区的建筑条件,对施工和维护是否方便以及环境美观要求等诸多因素综合研究,全面考虑,选用其中一种或上述几种任意组合的方式。如在同一段落中有两种以上的敷设方式可选用时,应在技术经济比较后,选用较为合理的敷设方式。在有些场合,可根据所在的环境条件和具体要求,分段采取各自适宜的电缆线路敷设方式,这种混合使用的方案可以作为暂时过渡措施,今后视条件成熟,再采用相同的敷设方式,以便于维护管理。如有条件,且工程投资不多时,应尽量使线路隐蔽化和地下化;确有客观环境条件限制不能同时敷设,也可设法有计划地逐步实现。

在设计之前应通过现场勘察了解整个园区(建筑群)的基本情况,掌握第一手资料,包括园区的大小、建筑物的大小、各个楼宇入口管道位置、园区的环境状况、地上地下是否有障碍物等,在充分调研的基础上综合确定出科学合理、切实可行的线路路由方案和缆线敷设方式。

此外,在有些特大型智能化建筑群体之间设有公用的综合性隧道或电缆沟时,如其建筑结构较好,且内部安装的其他管线设施对通信传输线路不会产生危害,可以考虑利用该设施,与其他管线在合用隧道或电缆沟中敷设。如隧道或电缆沟中有其他危害通信线路的管线时,应慎重考虑是否合用,如必须合用时,应有一定隔距和保证安全的具体措施,并应设置明显的标志,以便区别和醒目,有利于维护管理。

4. 建筑群子系统设计步骤

(1) 了解敷设现场,包括确定整个建筑群的大小、建筑地界、建筑物的数量等。

(2) 确定电缆系统的一般参数,包括确定起点位置、端接点位置、涉及的建筑物和每幢建筑物的层数、每个端接点所需的双绞线对数、有多少个端接点及每幢建筑物所需要的双绞线总对数等。

(3) 确定建筑物的电缆入口。建筑物入口管道的位置应便于连接公用设备。根据需要在墙上穿过一根或多根管道。

① 对于现有建筑物,要确定各个入口管道的位置;每幢建筑物有多少入口管道可供使用;入口管道数目是否符合系统的需要等。

② 如果入口管道不够用,则要确定在移走或重新布置某些电缆时是否能腾出某些入口管道;在实在不够用的情况下应另装足够的入口管道。

③ 如果建筑物尚未建成,则要根据选定的电缆路由去完成电缆系统设计,并标出入口管道的位置;选定入口管道的规格、长度和材料。建筑物电缆入口管道的位置应便于连接公用设备,根据需要在墙上穿过一根或多根管道。所有易燃如聚丙烯管道、聚乙烯管道衬套等应端接在建筑物的外面。外线电缆的聚丙烯护皮可以例外,只要它在建筑物内部的长度(包括多余电缆的卷曲部分)不超过15m。反之,如外线电缆延伸到建筑物内部长度超过15m,就应使用合适的电缆入口器材,在入口管道中填入防水和气密性很好的密封胶。

(4) 确定明显障碍物的位置,包括确定土壤类型(沙质土、黏土、砾土等)、电缆的布线方法、地下公用设施的位置、查清在拟定电缆路由中沿线的各个障碍位置(铺路区、桥梁、铁路、树林、池塘、河流、山丘、砾石土、截留井、人孔、其他等)或地理条件、对管道的要求等。

(5) 确定主电缆路由和备用电缆路由,包括确定可能的电缆结构、所有建筑物是否共用一根电缆,查清在电缆路由中哪些地方需要获准后才能通过、选定最佳路由方案等。

(6) 选择所需电缆类型,包括确定电缆长度、画出最终的系统结构图、画出所选定路由位置和挖沟详图、确定入口管道的规格、选择每种设计方案所需的专用电缆、保证电缆可进入口管道、选择管道(包括钢管)规格、长度、类型等。

(7) 确定每种选择方案所需的劳务费,包括确定布线时间、计算总时间、计算每种设计方案的成本、总时间乘以当地的工时费以确定成本。

(8) 确定每种选择方案所需的材料成本,包括确定电缆成本、所有支持结构的成本、所有支撑硬件的成本等。

(9) 选择最经济、最实用的设计方案,包括把每种选择方案的劳务费和材料成本加在一起,得到每种方案的总成本;比较各种方案的总成本,选择成本较低者;确定该比较经济的方案是否有重大缺点,以致抵消了经济上的优点。如果发生这种情况,应取消此方案,考虑经济性较好的设计方案。

4.2.10 综合布线系统的其他设计

1. 电气防护系统设计

随着各种类型的电子信息系统在建筑物内的大量设置,各种干扰源将会影响到综合布线电缆的传输质量与安全,因此,在综合布线系统设计时必须进行电气防护方面的设计。

1) 系统间距

在配线子系统中,经常出现综合布线系统缆线与电力电缆平行布放的情况,为了减少电力电缆电磁场对网络系统的影响,综合布线系统电缆与电力电缆接近布线时,必须保持一定的距离。在国家标准 GB/T 50311—2016 中对缆线的间距有一定的标准。

综合布线电缆与附近可能产生高电平电磁干扰的电动机、电力变压器、射频应用设备等电器设备之间应保持必要的间距,并应符合下列规定。

(1) 综合布线电缆与电力电缆的间距应符合表 4.13 的规定。

表 4.13 综合布线电缆与电力电缆的间距

类　别	与综合布线接近状况	最小间距(mm)
380V 电力电缆<2kV·A	与缆线平行敷设	130
	有一方在接地的金属线槽或钢管中	70
	双方都在接地的金属线槽或钢管中A	10
380V 电力电缆 2~5kV·A	与缆线平行敷设	300
	有一方在接地的金属线槽或钢管中	150
	双方都在接地的金属线槽或钢管中B	80
380V 电力电缆>5kV·A	与缆线平行敷设	600
	有一方在接地的金属线槽或钢管中	300
	双方都在接地的金属线槽或钢管中B	150

注:A. 当 380V 电力电缆<2kV·A,双方都在接地的线槽中,且平行长度≤10m 时,最小间距可为 10mm。
　　B. 双方都在接地的线槽中,是指两个不同的线槽,也可在同一线槽中用金属板隔开。

(2) 综合布线系统缆线与配电箱、变电室、电梯机房、空调机房之间的最小净距宜符合表 4.14 的规定。

表 4.14 综合布线缆线与电气设备的最小净距

名　称	最小净距(m)	名　称	最小净距(m)
配电箱	1	电梯机房	2
变电室	2	空调机房	2

(3) 墙上敷设的综合布线缆线及管线与其他管线的间距应符合表 4.15 的规定。当墙壁电缆敷设高度超过 6000mm 时,与避雷引下线的交叉间距应按下式计算:

$$S \geq 0.05L$$

式中:S——交叉间距(mm);
　　　L——交叉处避雷引下线距地面的高度(mm)。

表 4.15　综合布线缆线及管线与其他管线的间距

其他管线	平行净距(mm)	垂直交叉净距(mm)
避雷引下线	1000	300
保护地线	50	20
给水管	150	20
压缩空气管	150	20
热力管(不包封)	500	500
热力管(包封)	300	300
煤气管	300	20

2) 缆线和配线设备的选择

综合布线系统选择缆线和配线设备时,应根据用户要求,并结合建筑物的环境状况进行考虑。在任务3已经介绍过,参见3.2.7节。

3) 过压和过流保护

在建筑群子系统设计中,经常有干线缆线从室外引入建筑物的情况,此时如果不采取必要的保护措施,干线缆线就有可能受到雷击、电源接地、感应电势等外界因素的损害,严重时还会损坏与缆线相连接的设备。

综合布线系统除了要采用过压保护器外,还应同时安装过流保护器。

2. 接地系统设计

无论是对强电系统还是弱电系统,接地系统的设计都是非常重要的。强电系统接地不当,轻则影响系统的正常运转,重则造成设备事故甚至人身事故的危险。弱电系统接地不当,轻则会影响系统的速度与故障率,重则严重影响系统设备的正常工作,甚至会使系统出错进而瘫痪,给用户带来巨大的经济损失。所以一定不要忽视接地系统的设计。在这里主要考虑弱电系统的接地(强电系统的接地在建设大楼时已经考虑),对于弱电系统尤其是综合布线系统的接地设计来说,主要包括传输系统的接地设计和电信间、设备间内安装的设备以及从室外进入建筑物内的电缆都需要进行接地处理,以保证设备的安全运行。

综合布线接地系统包括埋设在地下的接地体、设备间(或进线间)的主接地母线,交接间的接地母线、竖井内接地干线和相互连接的接地导线。采用联合接地体时,即共用建筑物防雷接地系统,接地体沿建筑物周围呈环(矩)形结构,30m以上的建筑物通常每三层设置有均压网,并有引下接地线等。综合布线的接地母线应与同层均压网或接地引下线相连接,主接地母线应与接地体相连接。若建筑物接地系统不能满足综合布线接地要求,宜单独设置接地体。对于双竖井布线的大型建筑物,两个接地干线间每三层及顶层应互连。图4.68所示为综合楼综合布线系统采用联合接地体连接示意图。

综合布线系统接地的好坏直接影响到综合布线系统的运行质量,接地设计要求如下。

(1) 在电信间、设备间及进线间应设置楼层或局部等电位接地端子板。

(2) 综合布线系统应采用共用接地(包括交、直流工作接地、安全保护地和防雷接地)的接地系统,接地电阻值≤1Ω;如单独设置接地体时,接地电阻值≤4Ω。如布线系统的接地系统中存在两个不同的接地体时,其接地电位差不应大于1V。

(3) 楼层安装的各个配线柜(架、箱)应采用适当截面的绝缘铜导线单独布线至就近的等电位接地装置,也可采用竖井内等电位接地铜导线排引到建筑物共用接地装置,铜导线的截面应符合设计要求。

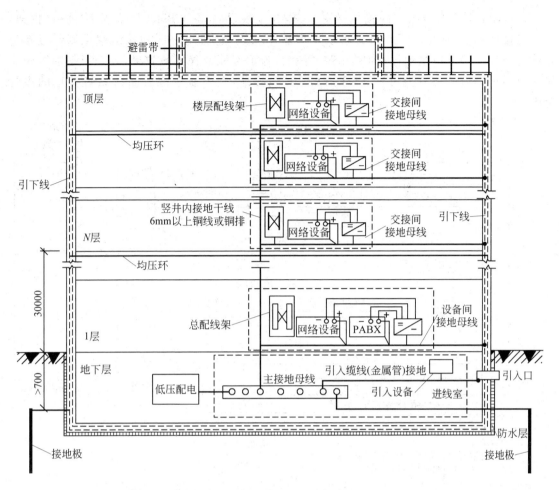

图 4.68 综合楼综合布线系统采用联合接地体连接示意图(1)

综合布线系统接地导线截面积可参考表 4.16 确定。

表 4.16 接地导线选择表

名 称	楼层配线设备至大楼总接地体的距离	
	30m	100m
信息点的数量(个)	75	>75 450
选用绝缘铜导线的截面积(mm^2)	6～16	16～50

(4) 缆线在雷电防护区交界处,屏蔽电缆屏蔽层的两端应做等电位连接并接地。

(5) 综合布线的电缆采用金属线槽或钢管敷设时,线槽或钢管应保持连续的电气连接,并应有不少于两点的良好接地。

(6) 当缆线从建筑物外面进入建筑物时,电缆和光缆的金属护套或金属件应在入口处就近与等电位接地端子板连接。

(7) 当电缆从建筑物外面进入建筑物时,应选用适配的信号线路浪涌保护器,信号线路浪涌保护器应符合设计要求。这一条是国家标准《综合布线系统工程设计规范》(GB/T 50311—2016)中的强制性条文,必须严格执行。

(8) 对于屏蔽布线系统的接地做法,一般在配线设备(FD、BD、CD)的安装机柜(机架)内设有接地端子,接地端子与屏蔽模块的屏蔽罩相连通,机柜(机架)接地端子则经过接地导体连至大楼等电位接地体,如图4.69所示。为了保证全程屏蔽效果,终端设备的屏蔽金属罩可通过相应的方式与TN—S系统的PE线接地,但不属于综合布线系统接地的设计范围。

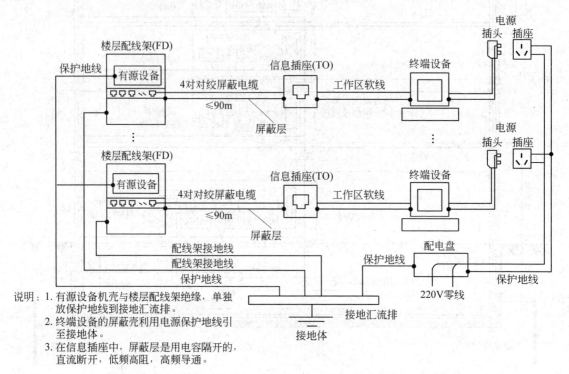

图4.69 综合楼综合布线系统采用联合接地体连接示意图(2)

3. 防火设计

防火安全保护是指发生火灾时,系统能够有一定程度的屏障作用,防止火与烟的扩散。防火安全保护设计包括缆线穿越楼板及墙体的防火措施、选用阻燃防毒缆线材料两个方面。

(1) 在智能化建筑中,缆线穿越墙体及电缆垂井内楼板时,综合布线系统所有的电缆或光缆都要采用阻燃护套。如果这些缆线是穿放在不可燃的管道内,或在每个楼层均采取了切实有效的防火措施(如用防火堵料或防火板材堵封严密)时,可以不设阻燃护套。

(2) 在电缆垂井或易燃区域中,所有敷设的电缆或光缆宜选用防火、防毒的产品。这样万一发生火灾,因电缆或光缆具有防火、低烟、阻燃或非燃性等性能,不会或很少散发有害气体,对于救火人员和疏散都较有利。

如果电缆和光缆穿放在钢管等非燃烧的管材中,且不是主要段落时,可考虑采用普通外护层。在重要布线段落且是主干缆线时,考虑到火灾发生后钢管受到烧烤,管材内部形成的高温空间会使缆线护层发生变化或损伤,也应选用带有防火、阻燃护层的电缆或光缆,以保证通信线路安全。

综合布线工程设计选用的电缆、光缆应从建筑物的高度、面积、功能、重要性等方面加以综合考虑,选用相应等级的防火缆线。

4.3 工程设计

4.3.1 一个楼层的综合布线工程设计

一个楼层的综合布线系统,通常只包括一个布线子系统,即配线子系统,设计步骤如下。

第一步,确定电信间的位置,进行电信间设计。

第二步,确定每个房间的工作区需求,进行工作区设计。进行信息插座设计,确定信息插座的类型、规格、数量和安装位置。

第三步,进行配线路由设计,确定配线子系统的路由和配线布线方法。

第四步,进行配线缆线设计,确定配线子系统缆线的类型和数量。

第五步,进行配线的支撑系统设计,确定配线管、槽及其支撑、固定部件的类型和数量。

第六步,进行楼层配线设备设计,确定楼层配线设备的类型、数量和规格。

第七步,列出全部材料清单。

4.3.2 一幢楼的综合布线工程设计

一幢楼的综合布线工程,通常包括两个布线子系统,即配线子系统和干线子系统。设计步骤如下。

第一步,确定设备间的位置,进行设备间设计。

第二步,进行干线子系统路由设计,确定干线路由和布线方法。

第三步,进行干线子系统缆线设计,确定每层楼的干线缆线类型和容量以及干线侧电信间、设备间配线设备的类型、规格和数量。

第四步,进行干线子系统的支撑系统设计,确定干线支撑、固定部件的类型和数量。

第五步,确定干线结合方法。

第六步,列出全部材料清单。

4.3.3 一个园区的综合布线工程设计

一个园区的综合布线系统,通常需要包括3个布线子系统,即配线子系统、干线子系统和建筑群子系统。同时还需设置电信间、设备间和进线间。

第一步,进线间设计。

第二步,进行建筑群子系统路由设计,确定园区布线方法。

第三步,进行建筑群子系统缆线设计,确定每幢楼的建筑群干线缆线类型和容量以及设备间建筑群侧配线设备的类型、规格和数量。

第四步,进行建筑群子系统的支撑系统设计,确定建筑群缆线支撑、固定部件的类型和数量。

第五步,列出全部材料清单。

习 题

一、选择题

1. 工作区所指的范围是(   )。

　　A. 信息插座到楼层配线架　　　　　　　　B. 信息插座到主配线架

C. 信息插座到用户终端　　　　　　　　D. 信息插座到计算机
2. 目前建筑物的功能类型较多，工作区的面积划分应根据应用场合作具体分析，其中适合将工作区面积定义在 20~200m² 的建筑物类型是(　　)。
　　A. 网管中心　　　　B. 办公室　　　　C. 商场　　　　D. 工业生产区
3. 配线子系统的设计范围是指(　　)。
　　A. 信息插座到楼层配线架　　　　　B. 信息插座到主配线架
　　C. 信息插座到用户终端　　　　　　D. 信息插座到服务器
4. 配线子系统的结构一般为(　　)。
　　A. 总线型　　　　B. 星型　　　　C. 树型　　　　D. 环型
5. 配线子系统电缆的长度不可超过(　　)m。
　　A. 80　　　　B. 90　　　　C. 70　　　　D. 100
6. 干线子系统也称(　　)子系统。
　　A. 骨干　　　　B. 综合　　　　C. 垂直　　　　D. 连接
7. 干线子系统是负责连接(　　)子系统到设备间子系统。
　　A. 建筑群　　　　B. 水平　　　　C. 管理间　　　　D. 工作区
8. 在新建工程中，推荐使用的干线子系统垂直通道的缆线布放方式是(　　)方式。
　　A. 电缆孔　　　　B. 电缆井　　　　C. 明管敷设　　　　D. 暗管敷设
9. 干线子系统提供建筑物的(　　)电缆。
　　A. 绞线　　　　B. 馈线　　　　C. 直线　　　　D. 干线
10. 在同一层若干电信间之间应设置(　　)路由。
　　A. 水平　　　　B. 干线　　　　C. 建筑物　　　　D. 远程
11. 干线子系统垂直通道穿过楼板时宜采用电缆竖井方式，电缆竖井的位置应(　　)。
　　A. 左右对齐　　　　　　　　　　　B. 上下对齐
　　C. 任意都可以　　　　　　　　　　D. 怎么美观，怎么设置
12. 干线子系统干线缆线应选择较短的、安全的路由。主干电缆宜采用(　　)方式终接。
　　A. 点对点　　　　B. 任意　　　　C. 分支递减　　　　D. 直接连接
13. 在每栋建筑物的适当地点进行网络管理和信息交换的场地是(　　)。
　　A. 电信间　　　　B. 设备间　　　　C. 进线间　　　　D. 配线间
14. 电信间中应有足够的设备安装空间，其面积最低不应小于(　　)m²。
　　A. 5　　　　B. 10　　　　C. 20　　　　D. 15
15. 设备间应提供不少于(　　)个 220 V 带保护接地的单相电源插座，但不作为设备供电电源。
　　A. 1　　　　B. 2　　　　C. 3　　　　D. 4
16. (　　)光缆用于在建筑群内连接建筑群配线架与建筑物配线架的光缆。
　　A. 水平　　　　　　　　　　　　　B. 干线
　　C. 建筑群主干　　　　　　　　　　D. 永久主干
17. 进线间一个建筑物宜设置(　　)个，一般位于地下层。
　　A. 4　　　　B. 3　　　　C. 2　　　　D. 1

二、思考题

1. 什么是工作区？如何确定工作区信息点数量？

2. 工作区设计应包括哪些要点?
3. 配线子系统设计范围包括哪些?
4. 配线子系统缆线规定为多长? 缆线能否超过这一规定? 为什么?
5. 配线子系统缆线通常采用哪些缆线?
6. 对于新建的建筑物,配线子系统的布线方式有哪几种?
7. 对于旧建筑物的信息化改造,配线子系统有哪些布线方法? 如何选用?
8. 在开放型办公区域宜采用何种布线方法?
9. 干线子系统设计范围包括哪些?
10. 干线子系统的缆线有几类? 选择的依据是什么?
11. 干线子系统的结合方式有几种?
12. 干线子系统的布线方式有哪些? 如何选用?
13. 干线子系统是否都是垂直布放? 为什么?
14. 电信间和设备间的概念是什么? 它们有什么区别和联系? 对环境有哪些要求?
15. 在建筑物中应如何确定设备间的位置?
16. 在建筑物中应如何确定电信间的位置?
17. 设备间内常用的缆线敷设方式有哪些?
18. 什么是交连管理? 它有几种管理方式?
19. 建筑群子系统的设计范围包括哪些?
20. 建筑群子系统布线有几种方法? 比较它们的优缺点。

三、计算题

1. 某综合布线系统工程共有 1000 个信息点,布点比较均匀,距离 FD 最近的信息插座布线长度为 20m,最远插座的布线长度为 90m,该综合布线系统配线子系统使用 6 类双绞线电缆,则需要购买双绞线多少箱(305m/箱)?

2. 建筑物的某一层要设 300 个信息插座,其中 200 个网络信息点,100 个电话语音点,水平缆线全部采用 5e 类 4 对双绞线电缆。水平配线的所有芯线全部连接在配线架上,试确定该层管理间楼层配线架的水平配线架选用西蒙、IBDN、安普、康普、泛达、南京普天、一舟等品牌的配线架的型号和数量。

3. 已知某幢建筑物的计算机信息点数为 200 个且全部汇接到设备间,那么在设备间中应安装西蒙、IBDN、安普、康普、泛达、南京普天、一舟等品牌的何种规格的模块化数据配线架? 数量是多少?

4. 已知某建筑物其中一楼层采用光纤到桌面的布线方案,该楼层共有 50 个光纤信息点,每个光纤信息点均布设一根室内 2 芯多模光纤至建筑物的设备间,请问设备间的机柜内应选用西蒙、IBDN、安普、康普、泛达、南京普天、一舟等品牌的何种规格光纤配线架? 数量是多少? 需要订购多少个光纤耦合器?

5. 已知某校园网内有 10 幢教学和办公楼,其中一幢为校园网中心,其余 9 幢各需要布设一根 8 芯的单模光纤至网络中心机房,以构成校园网的光纤骨干网络。网络中心机房为管理好这些光缆应配备西蒙、IBDN、安普、康普、泛达、南京普天、一舟等品牌的何种规格的光纤配线架? 数量是多少? 光纤耦合器多少个? 需要订购多少根光纤跳线?

6. 已知某建筑物需要进行综合布线,某一层设 300 个信息插座,其中 200 个网络信息点,各信息点要求接入速率为 100Mbps,100 个电话语音点,而该层楼层配线间到设备间的距离为

60m，请确定该建筑物该层的干线电缆类型及线对数。

四、实训题

1. 设计并使用 Visio 软件绘制多人办公室、集中办公区、会议室、学生宿舍、超市等场所信息点布置。

2. 设计××大学学生公寓布线方案，建筑情况及要求如下。

(1) 该大学共有 20 幢公寓式建筑，其中本科宿舍 13 幢，硕士生宿舍 3 幢，博士生宿舍 1 幢，留学生宿舍 2 幢，继续教育生宿舍 1 幢。

(2) 共计 8200 间宿舍，其中本科生宿舍 3500 间，硕士生宿舍 1500 间，博士生宿舍 800 间，留学生宿舍 1200 间，继续教育生宿舍 1200 间。

(3) 本科生宿舍每个房间设置 5 个信息点(4 个网络点＋1 个电话点)，硕士生宿舍每个房间设置 4 个信息点(3 个网络点＋1 个电话点)，博士生、留学生、继续教育生宿舍每个房间设置 2 个信息点(1 个网络点＋1 个电话点)。

设计各公寓楼的配线子系统及干线子系统的缆线选择和布线方式。

3. 某办公大楼高 12 层(层高 3.5m)，计算机中心设在 6 层，电话主机房设在 6 层，但不在同一位置。要求每层 50 个信息点，50 个语音点(最近 20m、最远 80m)，总计信息点 600 个，语音点 600 个。数据、语音配线子系统均使用 6 类非屏蔽双绞线电缆；数据垂直干线电缆采用室内 6 芯多模光纤；语音垂直干线系统采用 5 类 25 对大对数电缆。

请计算并设计：

(1) 跳线数量、信息模块数量、信息插座底盒和面板数量。

(2) 配线子系统缆线数量。

(3) 干线子系统缆线数量。

(4) 数据配线架需求数量。

(5) 光纤配线架需求数量。

任务 5 综合布线工程施工图的绘制

5.1 任务描述

综合布线完成设计阶段工作后,就进入安装施工阶段,安装施工的依据是综合布线工程施工图,那么,综合布线施工图包含哪些图纸呢?通过本任务的完成来学习综合布线施工图的绘制。

5.2 相关知识

综合布线工程施工图在综合布线工程中起着关键的作用,首先设计人员要通过建筑图纸来了解和熟悉建筑物结构并设计综合布线施工图,然后,用户要根据工程施工图来对工程可行性分析和判断;施工技术人员要根据设计施工图组织施工;工程竣工后施工方需先将包括施工图在内的所有竣工资料移交给建设方;验收过程中,验收人员还要根据施工图进行项目验收,检查设备及链路的安装位置、安装工艺等是否符合设计要求。施工图是用来指导施工的,应能清晰直观地反映网络和综合布线系统的结构、管线路由和信息点分布等情况。因此,识图、绘图能力是综合布线工程设计与施工人员必备的基本功。

5.2.1 通信工程制图的整体要求和统一规定

《电信工程制图和图形符号规定》(YD/T 5015—2007)是信息产业部 2007 年发布的通信工程制图的标准。

1. 通信工程制图的整体要求

(1) 根据表述对象的性质、论述的目的与内容,选取适宜的图纸及表达手段,以便完整地表述主题内容。

(2) 图面应布局合理、排列均匀、轮廓清晰和便于识别。

(3) 选用合适的图线宽度,避免图中线条过粗和过细。

(4) 正确使用图标和行标规定的图形符号。派生新的符号时,应符合图标图形符号的派生规律,并在合适的地方加以说明。

(5) 在保证图面布局紧凑和使用方便的前提下,应选择合适的图纸幅面,使原图大小适中。

(6) 应准确地按规定标注各种必要的技术数据和注释,并按规定进行书写或打印。

(7) 工程设计图纸应按规定设置图衔,并按规定的责任范围签字,各种图纸应按规定顺序编号。

2. 通信工程制图的统一规定

1) 图幅尺寸

(1) 工程设计图纸幅面和图框大小应符合国家标准《电气技术用文件的编制第1部分：一般要求》(GB 6988.1—1997)的规定，一般应采用 A0、A1、A2、A3、A4 图纸幅面，在实际工程设计中，只采用 A4 一种图纸幅面，以利于装订和美观。工程图纸尺寸见表 5.1。

表 5.1　工程图纸尺寸　　　　　　　　　　　　　　　　　　　　　单位：mm

图纸型号	A0	A1	A2	A3	A4
图纸尺寸(长×宽)	1189×841	841×594	594×420	420×297	297×210
图框尺寸(长×宽)	1154×821	806×574	559×400	390×287	287×180

表 5.1 中图格外留宽：装订线边宽 25mm，其余三边宽：A2、A1、A2 为 10mm，A3、A4 为 5mm。

(2) 根据表述对象的规模大小，复杂程度，所要表达的详细程度，有无图衔及注释的数量来选择较小的合适的图面。

2) 图线型式及其应用

(1) 线型分类及其用途应符合表 5.2 的规定。

表 5.2　线型分类及其用途

图线名称	图线型式	一般用途
实线	———	基本线条：图纸主要内容用线，可见轮廓线
虚线	- - - - -	辅助线条：屏蔽线，不可见轮廓线
点画线	—·—·—	图框线：分界线，功能图框线
双点画线	—··—··—	辅助图框线：从某一图框中区分不属于它的功能部件

(2) 图线的宽度。一般从这些数值中选用：0.25mm、0.35mm、0.5mm、0.7mm、1.0mm 或 1.4mm。

(3) 通常只选用两种宽度图线。粗线的宽度为细线宽度的两倍，主要图线采用粗线，次要图线采用细线。

(4) 使用图线绘图时，应使图形的比例和配线协调恰当，重点突出，主次分明，在同一张图纸上，按不同比例绘制的图样及同类图形的图线粗细应保持一致。

(5) 细实线是最常用的线条。指引线、尺寸标注线应使用细实线。

(6) 当需要区分新安装的设备时，则粗线表示新建，细线表示原有设施，虚线表示规划预留部分。在改建的电信工程图纸上，需要表示拆除的设备及线路用"×"来标注。

(7) 平行线之间的最小间距不宜小于粗线宽度的两倍，同时最小不能小于 0.7mm。

3) 比例

(1) 对于建筑平面图、平面布置、管道线路图、设备加固图及零部件加工图等图纸，一般应有比例要求；对于系统框图、电路图、方案示意图等类图纸则无比例要求。

(2) 对平面布置图、线路图和区域规划性质的图纸。推荐的比例：1∶10、1∶20、1∶50、1∶100、1∶200、1∶500、1∶1000、1∶2000、1∶5000、1∶10 000、1∶50 000 等。各专业应按照相关规范要求选用合适的比例。

(3) 对于设备加固图及零部件加工图等图纸推荐的比例为 1∶2,1∶4 等。

(4) 应根据图纸表达的内容深度和选用的图幅选择合适的比例。

对于通信线路及管道类的图纸,为了更方便地表达周围环境情况,可采用沿线路方向按一种比例,而周围环境的横向距离采用另外的比例或基本按示意性绘制。

4) 尺寸标注

(1) 一个完整的尺寸标注应由尺寸数字、尺寸界线、尺寸线(两端带箭头的线段)等组成。

(2) 图中的尺寸单位,除标高和管线长度以米(m)为单位外,其他尺寸均以毫米(mm)为单位。

(3) 尺寸界线用细实线绘制,由图形的轮廓线、轴线或对称中心线引出,也可利用轮廓线、轴线或对称中心线做尺寸界线。尺寸界线一般应与尺寸线垂直。

(4) 两端应画出尺寸箭头,箭头指到尺寸界线上,表示尺寸的起止。尺寸箭头宜用实心箭头,箭头的大小应按可见轮廓线选定,其大小在图中应保持一致。

(5) 尺寸数值应顺着尺寸线方向写,并符合视图方向,数值的高度方向应和尺寸线垂直。

5) 字体及写法

(1) 图中书写的文字(包括汉字、字母、数字、代号等)均应字体工整、笔画清晰、排列整齐、间隔均匀。其书写位置应根据图面妥善安排,不能出现线压字或字压线的情况,否则会严重影响图纸质量,也不利于施工人员看图。

(2) 文字多时宜放在图的下面或右侧。文字内容从左至右横向书写,标点符号占一个汉字的位置。中文书写时宜采用国家正式颁布的简化汉字,并推荐使用长仿宋体。

(3) 图中的"技术要求""说明"或"注"等字样,应写在具体文字内容的左上方,并使用比文字内容大一号的字体书写。标题下均不画横线。具体内容多于一项时,应按下列顺序号排列。

- 1、2、3、…
- (1)、(2)、(3)、…
- ①、②、③、…

(4) 图中涉及数量的数字均应用阿拉伯数字表示。计量单位应使用国家颁布的法定计量单位。

其他内容,限于篇幅在这里不再详细介绍,请参考《电信工程制图和图形符号规定》(YD/T 5015—2015)。

5.2.2 识图

1. 认识图例

图例是设计人员用来表达其设计意图和设计理念的符号。只要设计人员在图纸中以图例形式加以说明,使用什么样的图形或符号来表示并不重要。在综合布线工程设计中,部分常用图例如表5.3所示。

表5.3 综合布线工程设计中常用图例

序号	样式1	样式2	名称	符号来源
1	CD	CD	建筑群配线架(系统图,含跳线连接)	GB 50311—2016

续表

序号	样式1	样式2	名称	符号来源
2	BD (带叉矩形)	BD (带叉)	建筑物配线架(系统图,含跳线连接)	GB 50311—2016
3	FD (带叉矩形)	FD (带叉)	楼层配线架(系统图,含跳线连接)	GB 50311—2016
4	FD (矩形)		楼层配线架(系统图,无跳线连接)	GB 50311—2016
5	CP (矩形)	CP (椭圆)	集合点配线箱	GB 50311—2016
6	ODF (带叉矩形)	ODF	光纤配线架(光纤总连接盘、系统图,含跳线连接)	—
7	LIU (矩形)		光纤连接盘(系统图)(可配 SC、ST、SFF 等类型光纤适配器)	—
8	MDF (带叉矩形)	MDF	用户总配线架(系统图,含跳线连接)	—
9	(矩形带*)		配线架的一般符号 ＊可用以下的文字表示不同的配线架：CD—建筑群；BD—建筑物；FD—楼层	—
10	SB		模块配线架式的供电设备(系统图)	—
11	HDD	HDD	家具配线箱	—
12	HUB		集线器	GB 50311—2016
13	SW		网络交换机	GB 50311—2016
14	PABX		程控用户交换机	—
15	IP (电话符号)		网络电话	—
16	AP		无线接入点	—
17	TO (圆圈)		信息点(插座)	00DX001
18	nTO (圆圈)	nTO	信息插座,n 为信息孔数量($n \leqslant 4$),例如,TO、2TO、4TO 分别代表单孔、二孔、四孔信息插座	00DX001

续表

序号	样式1	样式2	名称	符号来源
19			信息插座的一般符号 ＊可用以下的文字或符号区别不同插座： TP—电话；TD—计算机（数据）；TV—电视	04DX003
20	MUTO		多用户信息插座	—
21			光纤或光缆	GA/T 74—2000
22			线槽	00DX001
23	CD		建筑群配线设备	GB 50311—2016
24	BD		建筑物配线设备	GB 50311—2016
25	FD		楼层配线架	GB 50311—2016
26	CP		集合点	GB 50311—2016
27	RJ-45		8位模块通用插座	GB 50311—2016
28	IDC		卡接式配线模块	GB 50311—2016
29	TE		终端设备	GB 50311—2016
30	OF		光纤	GB 50311—2016
31	ST		卡口式锁紧连接器（光纤连接器）	GB 50311—2016
32	SC		直插式连接器（光纤连接器）	GB 50311—2016
33	SFF		小型连接器（光纤连接器）	GB 50311—2016

2．识图

通信工程图纸是通过各种图形符号、文字符号、文字说明及标注表达的。预算人员要通过图纸了解工程规模、工程内容，统计出工作量，编制出工程概预算文件。施工人员要通过图纸了解施工要求，按图施工。阅读图纸的过程就称为识图，也就是要根据图例和所学的专业知识，认识设计图纸上的每个符号，理解其工程意义，进而很好地掌握设计者的设计意图，明确在实际施工过程中要完成的具体工作任务。这是按图施工的基本要求，也是准确套用定额进行综合布线工程概预算的必要前提。

5.2.3 绘制综合布线工程施工图

综合布线工程施工图是用来指导布线人员的布线施工的。在施工图上要对一些关键信息点、交接点、缆线拐点等位置的施工注意事项和布线管槽的规格、材质等进行详细的标注或说明。

1．综合布线工程施工图的种类

综合布线工程施工图一般应包括以下图纸。

(1) 网络拓扑结构图。

(2) 综合布线系统拓扑结构图。

(3) 综合布线系统管线路由图。

(4) 楼层信息点分布及管线路由图。

(5) 机柜配线架信息点分布图。

通过这些工程图来反映以下几方面的内容。

(1) 网络拓扑结构。
(2) 进线间、设备间、电信间的设置情况、具体位置。
(3) 布线路由、管槽型号和规格、埋设方法。
(4) 各楼层信息点的类型和数量,信息插座底盒的埋设位置。
(5) 配线子系统的缆线型号和数量。
(6) 干线子系统的缆线型号和数量。
(7) 建筑群子系统的缆线型号和数量。
(8) 楼层配线架(FD)、建筑物配线架(BD)、建筑群配线架(CD)、光纤互连单元(LIU)的数量和分布位置。
(9) 机柜内配线架及网络设备分布情况,缆线成端位置。

2．各类图纸的要求

1) 综合布线系统结构图

综合布线系统结构图作为全面概括布线全貌的示意图,主要描述进线间、设备间、电信间的设置情况,各布线子系统缆线的型号、规格和整体布线系统结构等内容。图 5.1 所示是多层住宅综合布线系统图示例。

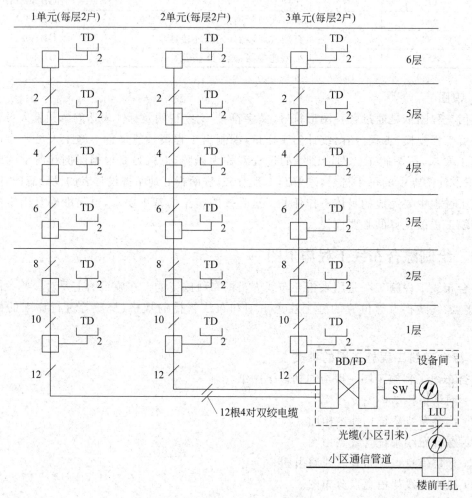

图 5.1 多层住宅综合布线系统图示例

2) 综合布线系统管线路由图

综合布线系统管线路由图主要反映主干(建筑群子系统和干线子系统)缆线的布线路由、桥架规格、数量(或长度)、布放的具体位置和布放方法等。某园区光缆布线路由图如图 5.2 所示。

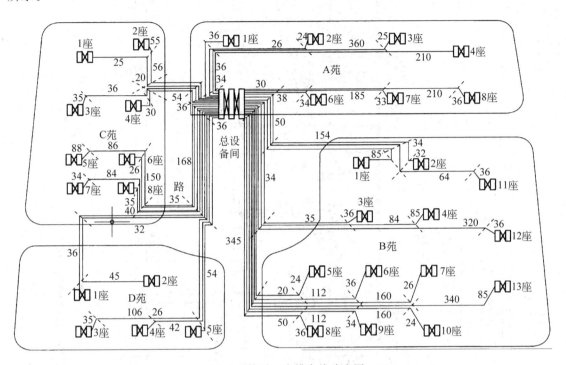

图 5.2　某园区光缆布线路由图

3) 楼层信息点分布及管线路由图

楼层信息点分布及管线路由图应明确反映相应楼层的布线情况,具体包括该楼层的配线路由和布线方法,该楼层配线用管槽的具体规格、安装方法及用量,终端盒的具体安装位置及方法等。图 5.3 所示为多层住宅一层综合布线平面图。图 5.4 所示为别墅一层综合布线平面图。

所有的信息点(包括数据接口和语音接口)都必须编号,编号的作用是方便日后进行各种查询、检修等维护操作。

信息点的编号方法要求做到直观、明了的同时又方便记忆。一般可以用 X、Y、Z 字符组来表示,其中:

X 表示楼层编号,根据楼层的高度选择 X 的位数,如楼高 9 层以下,可以用一位数来表示;楼高 10~99 层可以用两位数来表示;100 层以上可以用三位数来表示。

Y 代表该信息点为数据接口或是语音接口。可在此将其定义为:若为数据接口,则命名为 D(Data);若为语音接口,则命名为 V(Voice)。

Z 代表该信息点的顺序号。

4) 机柜配线架信息点分布图

机柜配线架信息点分布图应明确反映以下内容。

- 机柜中需安装的各种设备,包括各种规格的配线设备、理线设备和网络设备(如果有)。

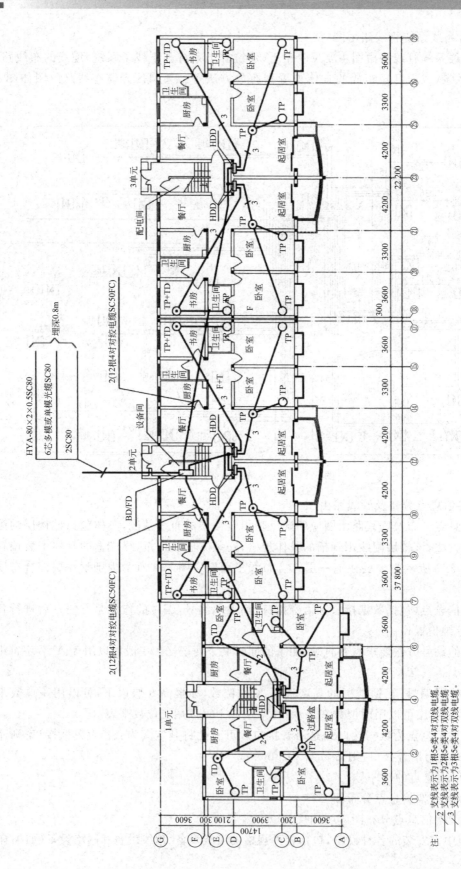

图 5.3 多层住宅一层综合布线平面图

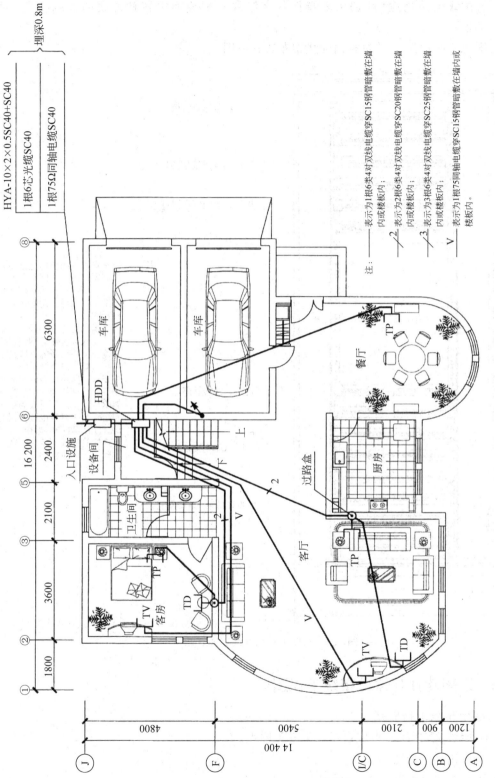

图 5.4 别墅一层综合布线平面图

- 机柜中各种设备的安装位置和安装方法。
- 各配线架的用途(分别用来端接什么缆线),配线架中各种缆线的成端位置(对应端口)。
- 图 5.5 所示为 42U 机柜内配线架布置示意图。

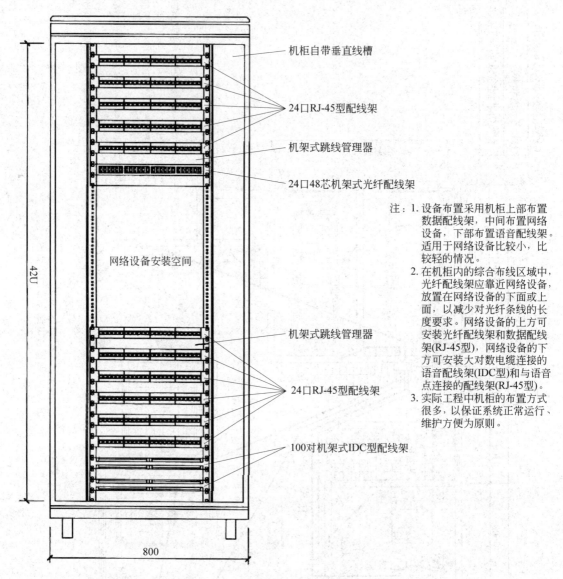

图 5.5　42U 机柜内配线架布置示意图

5.2.4　绘图软件与综合布线工程图纸

1. 综合布线工程图纸

综合布线工程图纸一般应包括以下 5 类图纸。

- 网络拓扑结构图。
- 综合布线系统网络拓扑结构图。
- 综合布线系统管线路由图。

- 楼层信息点平面分布图。
- 机柜配线架信息点分布图。

2．绘图软件的使用

目前，综合布线工程中使用的绘图软件主要是 Visio 和 AutoCAD，可以采用综合布线系统厂商提供的专业布线绘制软件。

1）Visio 软件简介

Visio 软件是 Microsoft Office 软件系统的一款产品，易学易用，可用作绘制专业的图纸。

通过 Visio 软件可以实现各个专业（如各种建筑平面图、管理机构图、网络布线图、工程流程图、机械设计图、审计图及电路图等）的图纸制作。在绘制综合布线系统图纸时，主要涉及"绘图类型"中的"建筑设计图"和"网络"类型。

在综合布线系统工程设计中，通过使用 Visio 软件可以绘制网络拓扑结构图、布线系统拓扑图、信息点分布图等。在布线图纸的绘制时，最常使用的控件有视图缩放比例、标尺、连接线工具和指针工具等。

Visio 软件的使用请参考其他书籍。

2）AutoCAD

AutoCAD 是由美国 Autodesk（欧特克）公司于 20 世纪 80 年代初为计算机上应用 CAD 技术而开发的绘图程序软件包，经过不断的完善，它已经成为国际上广为流行的绘图工具。

AutoCAD 具有良好的用户界面，通过交互菜单或命令行方式便可以进行各种操作。它具有完善的图形绘制功能，强大的图形编辑功能，可进行多种图形格式的转换。而其通用性、易用性的特点，适用于各类用户。

AutoCAD 软件的使用请参考其他书籍。

习　题

一、选择题

1．综合布线工程图主要包括_____、_____、_____、_____、和_____几类图纸。

2．通信工程制图执行的标准是_____。

3．综合布线工程设计主要使用的两种绘图软件是_____和_____。

二、实训题

以校园中的一幢建筑物（分别为教学楼、办公楼、图书馆、实验楼、学生宿舍楼）作为设计对象作一个简单的综合布线系统设计，内容包括：

（1）综合布线系统方案设计，主要包括各工作区信息分布及数量，配线子系统选用缆线类型、数量，干线子系统缆线、数量等。

（2）使用 Visio 软件绘制综合布线系统网络拓扑结构图。

（3）使用 Visio 软件绘制综合布线系统管线路由图和信息点分布图。

模块三

综合布线系统工程施工

综合布线系统完成设计阶段工作后,就进入安装施工阶段,施工质量的好坏将直接影响整个网络的性能,必须按设计方案和国标 GB/T 50311—2016 组织施工,施工质量必须符合国标 GB/T 50312—2016。

综合布线系统工程的施工可以分为管槽安装施工、缆线敷设施工、设备安装和调试阶段,其中,管槽安装施工是整个工程施工的第一个环节。

通过下面 8 个任务来学习综合布线系统工程项目的施工管理、管槽安装施工、缆线敷设施工、设备安装与调试等。

任务 6　综合布线系统工程施工组织

任务 7　综合布线系统工程管槽安装施工

任务 8　综合布线系统工程电缆布线敷设

任务 9　综合布线系统工程光缆布线敷设

任务 10　工作区用户跳线和信息插座的端接

任务 11　电信间缆线端接

任务 12　综合布线系统链路的连接

任务 13　综合布线管理系统的标识

任务 6 综合布线系统工程施工组织

6.1 任务描述

综合布线系统完成设计阶段工作后,就进入安装施工阶段,为了保证施工的安全,需要哪些安全措施呢?在施工前有哪些准备工作呢?综合布线的施工如何进行管理和监理呢?这些都是在施工前我们需要掌握的。

6.2 相关知识

6.2.1 综合布线系统工程安全施工

综合布线系统工程的施工是在比较复杂的环境中进行的,因此在施工过程中必须建立完善的安全机制,提供安全的施工环境,并且为工作人员提供各项安全训练。

1. 相关安全标准

我国制定、执行的与综合布线系统工程施工相关的安全法规标准主要有以下几项。

(1)《中华人民共和国安全生产法》。

(2)《建筑安装工程安全技术规定》。

(3)《建筑安装工人安全技术操作规程》。

(4)《建筑施工安全检查标准》。

(5)《安全标志使用导则》。

(6)《劳动防护用品选用规则》。

对于施工方来说,保证工作人员安全的方法是创建安全规划,在开始工作之前,进行正规的培训。

一个完善的安全规划应该包括意外事故预防、防火安全装置、避免不安全的行为、环境条件、急救、个人安全等内容。

2. 电气安全

在安装电缆的时候有很多危险,在高压源和地线附近,以及把系统焊接到地线时,所有布线工作人员必须采取预防措施。

(1)高压安全。综合布线工作人员在使用有源设备之前,要使用电压测试设备(如万用表)对设备的表面电压进行测试,防止设备带电。

在国标 GB/T 50311—2016 中第 8.0.10 条(8.0.10 当电缆从建筑物外面进入建筑物时,应选用适配的信号线路浪涌保护器)为强制性条文,必须严格执行。就是为了防止施工工作人员触电。

(2) 接地安全。接地是保障安全的重要手段,应注意在综合布线系统安装过程中正确安装接地系统,并验证接地系统能否正常工作。

(3) 电缆分离。在综合布线系统施工中,不要让综合布线系统的电缆距离传输电能的电缆或任何带电的东西太近,因为距离太近会使铜缆数据传输特性受到损害。

另外,绝不能在裸露的电力电缆、避雷针、变压器、热水管等附近安装电缆;绝不能把数据和语音电缆放入包含动力电缆或者照明电路的任何导管、箱体、通道,除非有特殊电磁屏蔽保护措施;绝不能把数据电缆和电力电缆捆绑在一起。

(4) 静电放电。静电是破坏性最大和最难控制的电流形式,对人体没有伤害,但对计算机等电子设备的破坏有时候是灾难性的,一定要采取措施处理静电,以保护敏感的电子设备。

3. 工作场所安全

在综合布线系统工程施工过程中,必须熟悉工作场所的其他潜在危险。工作场所应该是一个安全的环境,要掌握梯子和灭火器的使用。

4. 个人安全设备

个人安全设备主要包括工作服、安全帽、眼睛保护装置、听力保护装置、呼吸道保护装置、手套等。

6.2.2 综合布线系统工程施工概述

综合布线系统安装施工是按照工程设计、施工合同、设计标准、施工规范和技术规程等的规定,通过生产诸要素的优化配置和动态管理,组织通信工程建设实施的一系列生产活动;采取各种技术经济的实际措施,完成工程任务,增加或提高通信网络的技术功能或服务能力,从而使企业本身获取综合的经济效益。

1. 综合布线系统工程的特点

综合布线系统工程在智能化建筑或智能化小区中是一项必备的基础设施,在整个智能化建筑或智能化小区的工程建设项目中占有一定的地位,是其组成部分。

综合布线系统工程建设项目,无论从其重要性或综合性来分析,它都是主体建筑工程中的关键项目,尤其是安装施工,具有一定的再创造性和完善性,从而可使综合布线系统工程设计的意图得以真正实施而形成有形的结果。

综合布线系统工程的安装施工具有以下特点。

(1) 工程内容较多,且更复杂。

(2) 技术先进、专业性强、安装施工的要求很高。

(3) 涉及面广、对外配合协调多。

(4) 外界干扰影响的因素较多,施工周期长。

(5) 工程现场广阔分散、设备和部件类型与品种较多,且价格较高,工程管理难度大。

2. 综合布线系统工程施工阶段的划分

综合布线系统工程施工阶段可以细分为施工准备、安装施工、分段测试、系统测试、竣工验收和保修 5 个时间段。

1) 施工准备阶段

施工企业与发包的建设单位(业主)签订承包施工合同后,即进入施工准备阶段。主要包括以下内容。

(1) 熟悉和了解工程设计与施工图纸。

(2) 编制施工进度计划、施工组织设计以及具体施工方案等。

(3) 对设备、器材、仪表和工具等进行核对、清点、检查和测试。

(4) 对施工现场环境条件进行检查。

2) 安装施工阶段

安装施工阶段的工作内容极为繁重和复杂,主要包括以下几部分。

(1) 设备器材的运送、保管。

(2) 管槽安装施工。根据设计方案和工程实际情况,由综合布线系统工程承包商与建筑物土建承包商、装潢承包商等相互协调,完成地板内或吊顶上线槽和线管的安装与调整;以及弱电井(电信间)中垂直线槽的安装等。

(3) 干线缆线的布放。施工管理人员首先按照设计的要求并依照系统规划图对设备间的定位、缆线的路由进行分析,对施工人员进行施工前的技术交底。对于光缆或电缆干线部分的敷设,从各个楼层配线间的分配线架开始,顺本层水平线槽、竖井线槽到主配线间(设备间)。

(4) 缆线的端接。按照布线设计要求和施工规范及工艺要求进行缆线管理和端接缆线,主要包括配线架在机柜的安装及缆线的端接、管理;信息模块的端接、安装;跳线的制作等。

3) 分段测试阶段

分段测试阶段又称阶段测试,是指在干线子系统、配线子系统、建筑群子系统以及地下管线等施工过程中,为了及早发现工程质量问题,及时修复而进行的分段检查测试。

4) 系统测试阶段

系统测试阶段又称全程测试阶段,是指综合布线系统的全程测试(包含各个布线子系统各自范围内的全段测试)。

5) 竣工验收和保修阶段

竣工验收和保修阶段简称竣工保修阶段,包括竣工验收准备工作阶段。

3. 综合布线系统工程施工的依据和相关文件

综合布线系统工程施工中的主要依据和指导性文件较多,主要依据是国内外的相关标准和规范,包含设计、施工和验收等内容。指导性文件包括工程设计文件、施工图纸、承包施工合同和施工操作规程等。

(1) 标准与规范。综合布线系统工程的施工应执行国家标准、规范及白皮书的要求。

(2) 工程设计和施工图等有关文件。指导性文件中有很多是与具体工程紧密结合的重要内容,它们直接影响工程质量的优劣、施工进度的安排和今后运行的效果。所以,在综合布线系统工程施工时,必须始终以这些文件来指导和监督工程的进行。指导性文件主要有以下几种。

① 综合布线系统工程设计文件和施工图纸。

② 承包施工合同或有关协议。

③ 生产厂家提供的产品安装手册或施工操作规程。

④ 施工变更文件或记录。

4. 综合布线系统工程安装施工的基本要求

根据综合布线系统与建筑物本体的关系,综合布线系统工程可有 3 种类型。① 与新建建筑物同步安装的综合布线系统；②建筑物已预留了设备间、配线间和管槽系统，再需要布线的综合布线系统；③对没有考虑智能化系统的旧建筑物实施综合布线系统工程。

第①种类型的综合布线系统的工程量只需考虑缆线系统及设备的安装与测试验收；第②种类型的综合布线系统的工程量除包含第①种类型的工程量外，还需安装管槽系统和信息插座底座；第③种类型的综合布线系统工程量，除包含第②种类型的工程量外，还需定位安装设备间、配线间，打通管槽系统的路由。

在进行综合布线系统工程的施工之前，必须了解安装施工所应遵循的标准和要求。工程安装施工的基本要求有以下几点。

(1) 在新建或扩建的智能化建筑或智能化小区中，如采用综合布线系统时，必须按照《综合布线系统工程验收规范》(GB/T 50312—2016)中的有关规定进行安装施工。

(2) 在综合布线系统工程安装施工中，如遇上述规范中没有包括的内容时，可按照国标《综合布线系统工程设计规范》(GB/T 50311—2016)中的规定要求执行，也可以根据工程设计要求办理。

(3) 综合布线系统工程中，其建筑群子系统部分的施工与本地电话网络有关，因此安装施工的基本要求应遵循我国通信行业标准《本地通信线路工程设计规范》(YD/T 5137—2005)、《通信管道工程施工及验收技术规范》《市内通信全塑电缆线路工程施工及验收规范》等的规定。

(4) 综合布线系统工程中所用的缆线类型及性能指标、布线部件的规格以及质量等均应符合我国通信行业标准《大楼通信综合布线系统第一部分：总规范》(YD/T 926.1～3—2009)等规范或设计文件的规定，工程施工中，不得使用未经检定合格的器材和设备。

(5) 综合布线系统是一项系统工程，必须针对工程特点，建立规范的组织机构，保障施工顺利进行。

(6) 必须加强施工工程管理。施工单位必须按照国标 GB/T 50312—2016 进行工程的自检、互检和随工检查。建设方和工程监理单位必须按照上述规范要求，在整个安装施工过程中进行工地技术监督及工程质量检查工作。

(7) 施工过程要按照统一的管理标识对缆线、配线架和信息插座等进行标记，标记一定要清晰、有序。清晰、有序的标记会给下一步设备的安装、调试工作带来便利，以确保后续工作的正常进行。

(8) 对于已敷设完毕的线路，必须进行测试检查。线路的畅通、无误是综合布线系统正常可靠运行的基础和保证，测试检查是线路敷设工作中不可缺少的一项工作。要测试线路的标记是否准确无误，检查线路的敷设是否与图纸一致等。

(9) 必须敷设一些备用线。备用线的作用在于它可及时、有效地代替出问题的线路。

(10) 高低压线须分开敷设。为保证信号、图像的正常传输和设备的安全，要完全避免电涌干扰，要做到高低压线路分管敷设，高压线需使用铁管；高低压线应避免平行走向，如果由于现场条件只能平行时，其间隔应保证按规范的相关规定执行。

6.2.3 综合布线系统工程施工前的准备工作

施工准备工作是保证综合布线系统工程顺利施工，全面完成各项技术指标的重要前提，是一项有计划、有步骤、有阶段性的工作。准备工作不但在施工前，而且贯穿于施工的全过程。

1．工程施工技术准备

1）熟悉工程设计和施工图纸

施工准备阶段必须完成所有施工图纸设计或深化设计，必须具有系统图、平面施工图、设备安装图、接线图及其他必要的技术文件。

综合布线系统工程施工图纸中要清楚地绘制出有关线槽、桥架的规格尺寸、安装工艺要求、设备的平面布置，并应标出有关尺寸、设备、管线编号、型号规格、说明安装方式等。施工平面图上还应标明预留管线、孔洞的平面布置，开口尺寸以及标高等。例如：

- 外部进线位置、标高、进线方向、进线管道数目及管径。
- 电话机房和计算机的位置，机房引出线槽的位置及标高。
- 进线间至机房的路由，采用托线盘的尺寸、规格、数量。
- 每层信息点的分布、数量、插座样式、安装标高、位置。
- 水平缆线路由，水平线槽及引下管材料、口径、安装方式。
- 弱电竖井的数量、位置、大小。
- 电信间的设备布置方式。
- 竖井内桥架规格、尺寸、安装位置。

图纸会审，应由弱电工程总包方组织建设单位、设计单位、设备供应商、施工安装承包单位，有步骤地进行，并按照工程的性质、图纸内容等分别组织会审工作。并由建设、设计、施工三方共同签字，作为施工图纸的补充技术文件。

2）熟悉和工程有关的其他技术资料

如施工及验收规范、技术规程、质量检验评定标准以及制造厂提供的资料，即安装使用说明书、产品合格证、试验记录数据等。

3）技术交底

技术交底工作主要是由设计单位的设计人员和工程安装承包单位的项目技术负责人一起完成。技术交底的主要内容包括以下几点。

- 设计要求和施工组织中的有关要求。
- 工程使用的材料、设备的性能参数。
- 工程施工条件、施工顺序、施工方法。
- 施工中采用的新技术、新设备、新材料的性能和操作使用方法。
- 预埋部件注意事项。
- 工程质量标准和验收评定标准。
- 施工中的安全注意事项。

技术交底的方式有书面技术交底、会议交底、设计交底、施工组织设计交底、口头交底等形式。表6.1所示为技术交底常用的表格。

4）编制施工方案

施工方案的选择和确定是综合布线系统工程施工组织设计的核心内容，它是指导安装施工的重要依据，具有导向作用。应在全面熟悉施工图纸的基础上，依据图纸并根据施工现场情况、技术力量及技术装备情况，综合做出合理的施工方案。

施工方案的主要内容包括以下几方面。

（1）确定工程施工的起点和流向。是整个工程项目的施工开始部位和进展方向，确定在空间上的施工顺序。

表 6.1　技术交底常用表格样式　　　　　　　　　年　月　日

工程名称		工程地址	
工程类型		合同编号	
参加人员			

内容：

提出单位	设计单位	建设方	工程监理	安装单位
代表签字	代表签字	代表签字	代表签字	代表签字

(2) 确定施工程序。是一个工程在不同的施工阶段之间所固有的、密切不可分割的先后次序。包括签订工程施工合同、施工准备、安装施工和竣工验收。应先敷设槽管、后布放缆线，先安装设备、后缆线终端，先建筑群布线、后建筑物布线，先安装施工、后检验测试等原则。

(3) 确定施工顺序。是综合布线系统工程各个分项工程之间的具体施工次序。例如，缆线终端连接前，必须对敷设的缆线进行测试，发现问题必须查找症结，排除障碍后，才能进行终端连接。

(4) 确定施工方法。

(5) 确定安全施工的措施。在施工过程中应注意安全施工。

(6) 施工计划。包括施工准备计划和施工进度计划。

5) 编制工程预算

工程预算包括工程材料清单和施工预算。

2. 施工场地的准备

为了加强管理，要在施工现场布置一些临时场地和设施，主要有以下几种。

(1) 管槽加工制作场。在管槽施工阶段，根据布线路由实际情况，需要对管槽材料进行现场切割和加工。

(2) 仓库。对于规模稍大的综合布线系统工程，设备材料都有一个采购周期，同时每天使用的施工材料和施工工具不可能存放到公司仓库，因此，必须在现场设置一个临时仓库存放施工工具、管槽、缆线和其他材料。

(3) 现场办公室。现场施工的指挥场所，配备照明、电话和计算机等办公设备。

(4) 现场供电、供水。在施工过程和加工制作过程中都需要供电供水。

3. 施工工具准备

根据综合布线系统工程施工范围和施工环境的不同，要准备不同类型和品种的施工工具，并对工具的完好性做必要的检查。

(1) 室外沟槽施工工具。主要包括铁锹、十字镐、电镐和电动蛤蟆夯等。

(2) 线槽、线管和桥架施工工具。主要包括电钻、充击手钻、电锤、台钻、钳工台、型材切割机、曲线锯、铝合金人字梯、安全带、安全帽、电工工具箱[鸭嘴钳、尖嘴钳、螺丝刀（一字和十字）、铁丝剪刀、电工刀、扳手、卷尺、手套]等。

(3) 缆线敷设工具。包括缆线牵引工具和缆线标识工具。缆线牵引工具包括牵引绳索、牵引缆套、拉绳转环、滑车轮、防磨装置、穿线器和电动牵引绞车等；缆线标识工具有手持缆线标识机和热转移式标签打印机等。

（4）缆线端接工具。包括双绞线端接工具和光纤端接工具。双绞线端接工具有剥线钳、压线钳、打线工具等；光纤端接工具有光纤熔接机等。

（5）缆线测试工具。简单铜缆线序测试仪、光功率计和光时域反射仪等。

4．施工前的环境检查

在对综合布线系统的缆线、工作区的信息插座、配线架及所有连接器件安装施工之前，首先要对土建工程，即建筑物的安装现场条件进行检查，在符合国标 GB/T 50312—2016 和设计文件相应要求后，方可进行安装。

在国标 GB/T 50312—2016 中只对综合布线系统的环境检查提出了规定，详见国标 GB/T 50312—2016。

5．施工前的器材及测试仪表工具检查

在国标 GB/T 50312—2016 中对器材及测试仪表工具的检查校验要求的内容做了详细介绍，在这里不再介绍，请参看国标 GB/T 50312—2016。

6.3 综合布线系统工程施工管理

6.3.1 综合布线系统工程组织和施工管理

综合布线系统工程是一个系统工程，要将综合布线系统设计方案最终在建筑中完美体现，工程组织和工程实施是十分重要的环节。综合布线的工程组织和工程实施是时间性很强的工作，具有步骤性、经验性和工艺性的特点。

1．综合布线系统工程的管理组织机构和人员安排

1）综合布线系统工程的管理组织机构

在综合布线系统工程领域中，系统集成商一般采用公司管理下的项目管理制度，由公司主管业务的领导作为工程项目总负责，管理机构由常设机构和根据项目而临时设立的项目经理部组成，职能部门及管理架构通常如图 6.1 所示。实际的工程项目施工组织由施工单位根据自己的情况来组建。

2）各部门及岗位职责

（1）工程项目总负责人。对工程的全面质量负责，监控整个工程的动作过程，并对重大问题做出决策和处理。

（2）项目管理部。项目管理的最高职能机构。

（3）商务管理部。负责项目的一切商务活动，主要由财务组和项目联络协调组组成。

（4）项目管理部。统筹综合布线系统工程项目的所有设计、施工、测试和维修等工作，其下分为 3 个职能部门，即质安部、施工部和物料计划统筹部。

（5）质检部。主要负责审核设计中使用产品的性能指标，审核项目方案是否满足标书要求，工程进度检验、工程施工质量检验、物料品质数量检验、施工安全检查、测试标准检查等。

（6）施工部。主要承担综合布线系统的工程施工，其下分为不同的施工组，各组分工明确，又可相互制约。

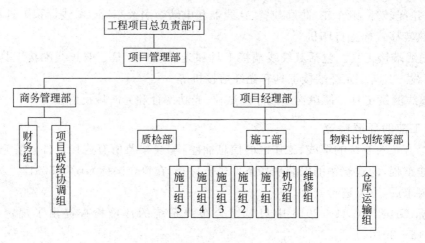

图 6.1　工程施工管理组织机构

（7）物料计划统筹部。主要根据合同及工程进度及时安排好库存和运输，为工程提供足够的物料。

2．施工管理基本流程

施工管理可以参考以下流程。

（1）接到工程施工任务后，与设计人员进行现场勘察，交流现场实际情况与设计方案存在的出入，出图并出勘察纪要。

（2）提交施工组织设计方案，进行内部交底。施工方案应包括工期进度安排、材料准备、施工流程、设备安装量表、工期质量材料保障措施、内部交底后确定工程解决方案。

（3）对建设方进行技术交底，交底内容以设计思路为辅，施工方案为主，交底后编写可行的施工组织设计。

（4）向监理报审施工组织设计，打开工报告，做好施工准备。

（5）工程实施阶段，包括安全管理；进度管理；质量控制；同建设方、监理方定期进行现场例会，做好会议纪要；施工资料及时整理积累，做好施工日志；催要阶段工程款。

（6）组织工程自检。发现工程中存在的问题，要及时解决。

（7）协同建设方、监理共同进行工程验收。

（8）竣工资料整理，资料内部存档。

（9）完成工程总结报告。

3．施工进度管理

项目进度控制的目的是将有限的投资合理使用，在保证工程质量的前提下按时完成工程任务，以质量、效益为中心做好工期控制。

（1）施工进度的前期控制。施工进度的前期控制主要是根据合同对工期的要求设计、计算出的工程量，根据施工现场的实际情况、总体工程的要求、施工工程的顺序和特点制订出工程总进度计划、月进度计划，甚至周进度计划等，制订设备采购计划。表 6.2 所示为某综合布线系统工程施工组织进度表。

（2）施工进度的中间控制。施工进度的中间控制是在施工过程中进行进度检查、动态控制和调整，掌握进度情况，对可能影响进度的因素及时发现和处理。应定期检查实际进度与计划进度的差异，提交工程进度报告，分析问题，提出调整方案和措施，所有文件都要编目建档。

表 6.2　某综合布线系统工程施工组织进度表

时间 项目	年　月								
	1	3	5	7	9	11	13	15	17
1. 合同签订									
2. 图纸会审									
3. 设备订购检验									
4. 主干管路假设与缆线敷设									
5. 水平管路架设与缆线敷设									
6. 机柜安装									
7. 配线架安装与缆线端接									
8. 内部测试调整									
9. 组织验收									

（3）施工进度的后期控制。施工进度的后期控制是控制进度的关键时期,当进度不能按计划完成时,应分析原因并及时采取措施,调整施工计划、资金供应计划、设备材料等,进行新的协调、组织。

（4）多方沟通和紧密配合。各方配合是指材料、设备、供应、人员、机具的科学调配,综合布线系统施工方应与土建、装修、建设方和监理密切配合,有关各方应及时沟通,及早发现问题,及时解决问题。

4. 施工机具管理

综合布线系统工程施工时需用到许多施工机具,对这些机具的管理也是工程管理的内容,是提高工程效率、降低成本的有效措施。常用到的施工机具管理办法主要包括以下 2 点。

（1）建立施工机具使用和维护制度。

（2）实行机具使用借用制度。

表 6.3 所示是一份机具设备借用卡。

表 6.3　机具设备借用卡

借用人			部门			
序号	设备名称	规格型号	单位	数量	借用时间	归还时间
1						
2						
3						
审批人			借用人			

5. 成本控制措施

降低工程成本的关键在于搞好施工前计划、施工过程中的控制以及工程实施完成的分析。一般来说,综合布线系统工程的成本控制措施可以参考以下几条基本原则。

（1）加强现场管理,合理安排材料进场和堆放,减少二次搬运和损耗。

（2）加强材料的管理工作,不丢窃、遗失材料,施工班组合理使用材料。

（3）管理人员要及时组织材料的发放和施工现场材料的收集工作。

（4）加强技术交流,推广先进的施工方法,积极采用先进、科学的施工方案,提高施工技术。

(5) 积极提高施工人员的技术素质,尽可能地节约材料和人工,降低工程成本。

(6) 加强质量控制,加强技术指导和管理,做好现场施工工艺的衔接,杜绝返工,做到一次施工、一次验收合格。

(7) 合理组织工序穿插,缩短工期,减少人工、机械及有关费用的支出。

(8) 科学、合理地安排施工程序,实现劳动力、机具、材料的综合平衡,向管理要效益。

6. 工程质量管理

质量控制主要表现为施工现场的质量控制,控制的内容包括工艺质量控制和产品质量控制。影响质量控制的因素主要有人、材料、机械、方法和环境五大方面。

7. 安全管理

应采取必要措施加强对施工队伍的人身安全、设备安全进行教育,每一道安装工序由专人负责,严把各种材料进场质量关、设备验收关、安装质量关。制定切实可行的安全制度和安全计划。

6.3.2 综合布线系统工程实施模式

综合布线系统工程项目是一项技术先进、涉及领域广、投资规模大的建设项目。目前,综合布线系统工程的实施主要采用以下几种方式。

(1) 工程总承包模式。在这种模式中,工程承包商将负责所有系统的深化设计、设备供应、管线和设备安装、系统调试、系统集成和工程管理工作,最终提供整个系统的移交和验收,这种模式也称交钥匙工程模式。

(2) 系统总承包安装分包模式。在这种模式中,工程承包商将负责所有系统的深化设计、设备供应、系统调试、系统集成和工程管理工作,最终提供整个系统的移交和验收,而其中管线和设备安装将由专业安装公司承担,这种模式有助于整个建筑工程(包括土建、其他机电设备安装)管道、缆线走向的总体合理布局,便于施工阶段的工程管理和横向协调,但增加了管线、设备安装与系统调试之间界面,在工程交接过程中需业主和监理按合同要求和安装规范加以监管和协调。

(3) 总包管理分包实施模式。在这种模式中,总包负责系统深化设计和项目管理,最终完成系统集成,而各子系统设备供应、施工调试由业主直接与分包商签订合同,工程实施由分包商承担,这种承包模式可有效节省项目成本,但由于关系复杂,对业主和监理的工程管理能力提出了更高要求,否则极易产生责任推诿和延误工期。

(4) 全分包实施模式。在这种模式中,业主将按设计院或系统集成公司的系统设计对所有智能化系统分系统实施,业主直接与各分包签订工程承包合同,业主和监理负责对整个工程实施工程协调和管理。这种工程承包模式对业主和监理的技术能力与工程管理经验提出更高要求,可有效降低系统造价。

分阶段、多层次验收方式。因系统验收分阶段、分层次地具体化,可在每个施工节点及时验收并作工程交接,故能适合上述工程承包模式,有利于形成规范的随工验收、交工验收、交付验收制度,便于划清各方工程界面,有效地实施整个项目的工程管理。

6.3.3 综合布线系统的工程监理

在智能建筑的综合布线系统工程实施工程监理,就是指在综合布线系统工程建设过程中,给业主提供建设前期咨询、工程方案论证、系统集成商和设备供应商的确定、工程质量控制、安装过程把关、工程测试验收等一系列的服务,帮助用户建设一个性价比优良的综合布线系统。

2006年我国发布通信行业标准《综合布线系统工程施工监理暂行规定》,该标准从2006年10月1日开始施行。

1．工程建设监理的概念

工程建设项目监理又称工程建设监理,简称工程监理,本书统称工程建设监理。

工程建设监理的确切含义应该是对一个工程建设项目,需要采取全过程、全方位、多目标的方式进行公正、客观和全面科学的监督管理,也就是说,在一个工程监理项目的策划决策、工程设计、安装施工、竣工验收、维护检修等阶段组成的整个过程中,对其投资、工程和质量等多个目标,在事先、中期(又称过程)和事后进行严格控制和科学管理。

2．工程建设监理的分类

任何一个工程项目采用工程建设监理时,有各种类型的监理方式,一般有以下几种划分(或称分解)方法。

(1) 按工程项目的实施阶段来划分。按工程建设项目的全过程来划分各个阶段,实施监理。综合布线系统工程一般分为项目决策阶段(有时称项目规划阶段)、工程设计阶段(包括勘察阶段)、安装施工阶段、竣工验收阶段和运行保修阶段共五大阶段。规模较大,且有技术复杂的综合布线系统工程项目有可能增加其他阶段,例如系统检验测试阶段等。各个阶段的监理内容有所不同,且各有其重点和要求。工程设计和安装施工阶段中的内容较多,且是工程项目监理工作的重点。

(2) 按工程项目的系统内容来划分。在综合布线系统工程中,有的采用建筑群子系统、建筑物子系统、水平子系统、干线子系统、管理区子系统、设备间子系统和工作区布线来划分。如是较大型的智能建筑应增加建筑物内暗敷管槽系统。

(3) 按工程项目的监理和控制内容来划分。在综合布线系统工程中,按监理和控制内容来划分,可分为工程项目质量控制、工程项目进度控制和工程项目投资控制以及工程项目合同管理等几种。

上述几种分类方式各有利弊,目前,综合布线系统通常采用第(1)种和第(3)种结合的方式,也有只采用第(3)种的方式。

3．工程监理的职责与组织结构

综合布线系统工程监理主要职责是受业主委托、参与工程实施过程的有关工作,主要任务是控制工程监理和投资、建设工期和工程质量,监督工程建设按合同管理,协调有关单位间的工作关系。

大工程项目的工程监理由总监理工程师、监理工程师、监理人员等组成。各方应明确各工作职责,分工合理,组织运转科学有效。

4．工程监理的工作内容

综合布线系统工程施工阶段监理一般分为三个阶段:施工准备阶段监理、施工阶段监理、保修阶段监理。

1) 施工准备阶段的监理工作

(1) 施工监理准备工作。

① 监理单位应在综合布线系统工程施工合同约定开工日期之前,派出能满足施工准备阶

段监理工作要求的监理人员进驻现场,开展工作。

② 监理单位应及时建立监理机构,做出组织机构框架。总监理工程师组织制定监理规划及监理实施细则,明确各级监理人员的职责范围,建立起与建设单位、承包单位的联系渠道和沟通方式。

③ 监理人员应全面收集和综合布线系统工程有关的各种合同文件,在全面熟悉合同文件、有关标准及测试方法的基础上,对合同中存在的错项、漏项、叙述不清楚等问题进行跟踪查询,最终得出明确的解释。

④ 施工前应对技术文件和设备器材进行检查。检查内容应符合要求。主要包括技术文件的检查,设备器材检验,设备间、交接间的环境检查等,具体可参看标准《综合布线系统工程施工监理暂行规定》(YD 5124—2005)。

(2) 其他主要监理工作。

① 参加工程施工的招标工作,熟悉设计文件,了解设计思想,制订监理工作计划。

② 召开第一次现场监理会议。

③ 审批承包单位的施工组织设计及进度计划。

④ 检查承包单位的质量保证体系和安全保证体系。

⑤ 检查承包单位的进场材料与设备。

⑥ 检查承包单位的保险与担保。

⑦ 签发工程预付款支付凭证。

⑧ 检查承包单位的施工设备与测试设备。

⑨ 审查承包单位提交的施工节点图。

⑩ 其他与保证按期开工有关的施工监理准备工作。

2) 施工阶段的监理工作

施工阶段监理工作的重要形式是工地例会。施工阶段监理的重要工作内容是对工程质量、工程进度和工程造价进行控制,达到合同规定的目标。

(1) 质量控制。

工程质量包括施工质量和系统工程质量,工程质量控制可通过施工质量控制和系统工程检测、验收来实现。

工程质量控制检查项目。主要包括型材、管材与铁件安装的质量监理,缆线敷设的质量监理,交接设备安装的质量监理,其他机架、机柜设备安装的质量监理,缆线终端安装的质量监理,电气测试质量监理等内容。具体可参看标准《综合布线系统工程施工监理暂行规定》(YD 5124—2005)中的规定。

(2) 进度控制。

进度控制主要包括以下内容。

① 进度控制应贯穿事前、事中、事后全过程,将进度检查、动态控制和调整与工程计量相结合。

② 监理工程师应建立反映工程进度的监理日志,逐日如实记载每日施工部位及完成的实物工程量。同时,如实记载影响工程进度的内、外、人为和自然的各种因素。

③ 监理工程师应监督承包单位按施工进度计划施工,并审核承包单位提交的工程进度报告,核查计划进度与实际进度的差异、实物工程量与工作量指标完成情况的一致性。

④ 监理工程师应按合同要求,进行工程计量验收,及时为工程进度款的支付签署进度、计

量方面认证意见。

⑤ 监理工程师应对工程进度进行动态管理,当实际进度与计划进度发生差异时,应分析产生的原因,并提出进度调整的措施和方案,督促相关单位采取调整措施。

⑥ 进度控制应以现场协调会、例会、监理通知等方式进行。

⑦ 监理工程师应定期以周(月)报形式向建设单位报告有关工程进度情况。

(3) 造价控制。

工程造价控制的主要内容包括:①审核施工单位完成的月报工程量;②审查和会签设计变更,工地洽商;③复核缆线等主要材料、设备和连接硬件;④按施工承包合同规定的工程付款办法和审核后的工程量等,审核并签发付款凭证,然后报建设单位。

3) 保修阶段的监理工作

监理单位应依据委托监理合同约定的工程保修期内监理工作的时间、范围和内容开展工作。

保修阶段对工程修补、修复的质量要求与施工阶段的监理工作一致。

监理工程师应对建设单位提出的工程质量缺陷原因进行调查分析并确定责任归属。对因承包单位原因产生的工程质量问题,督促承包单位进行修复,对修复完毕的工程质量进行检查,合格后予以签认;对非承包单位原因产生的工程质量缺陷,监理人员应核实修复工程的费用和签署工程款支付证书,报建设单位。

4) 工程合同管理

监理工程师应协助建设单位确定综合布线系统工程项目的合同结构,并起草合同条款,参与合同谈判。

监理工程师应收集好建设单位与第三方签订的与本工程有关的所有合同的副本或复印件。

监理工程师应熟练掌握与本工程有关的各种合同内容,严格按照合同要求进行工程监理,并且对各类合同进行跟踪管理,维护建设单位和承包单位的合法权益。

监理工程师应协助建设单位签订与工程相关的后续合同,并协助建设单位办理相关手续。

当合同需要进行工程变更、工程延期、分包时,应协助建设单位履行变更等手续,并做好变更后的各项调整工作。

监理工程师应协助建设单位处理与本工程项目有关的费用索赔、争端与仲裁、违约及保险等事宜。

5) 工程监理资料管理

综合布线系统工程的竣工文件编制要求整洁、齐全、完整、准确;监理资料的管理应由总监理工程师负责,并指定专人具体实施。

工程监理资料的主要内容应包括以下几项。

委托监理合同、监理规划、监理实施细则、监理工程师通知书、监理日志、监理月报、各种会议纪要、审核签认文件(包括承包单位报来的施工组织设计等各种文件和报表)、材料、工程报验文件、工程款支付证书、工程验收资料、质量事故调查及处理报告、监理工作联系单、竣工结算审核意见书、监理工作总结和建设单位要求提交的其他资料。

监理工程师在对综合布线系统工程颁发工程移交证书后,按照委托监理合同要求将整套监理文件向建设单位进行移交。

综合布线系统工程完工以后,施工单位填写验收申请表,由建设单位、设计单位、承包单位、监理单位组织验收；验收过程中发现不合格项目，四方应查明原因，分清责任，提出解决办法，并责成责任单位限期解决。

5. 施工监理常用表格

监理过程中，监理方与承包方、建设方经常发生工作关系，它们之间是一个有机的整体，例如，建设方向监理方提出开工申请、进场原材料报竣工申报等。它们之间除通过报告文书的形式联系外，更多的是采用管理表格来实现。监理工作常用的管理表格主要有以下三类。

1) A 类表格

A 类表格为承包单位向监理单位申报的技术文件及资料所使用的报表，包括：

(1) 工程开工/复工报审表。
(2) 施工组织设计(方案)报审表。
(3) 分包单位资格审查表。
(4) 报验申请表。
(5) 工程款支付申请书。
(6) 监理工程师通知回复单。
(7) 工程临时延期申请表。
(8) 费用索赔申请表。
(9) 工程材料/构配件/设备报审表。
(10) 工程竣工报验单。

2) B 类表格

B 类表格为监理单位向承包单位发出指示通知及文件所使用表格，包括：

(1) 监理工程师通知单。
(2) 工程暂停令。
(3) 工程款支付证书。
(4) 工程临时延期审批表。
(5) 工程最终延期审批表。
(6) 费用索赔审批表。

3) C 类表格

C 类表格为各方通用表格，包括：

(1) 监理工作联系单。
(2) 工程变更单。

根据工程实施和施工组织管理的需要监理工作采用上述表格的部分或全部。表样请参看相关参考书。

习 题

1. 综合布线系统工程安全施工主要包括哪些方面？
2. 通常将综合布线系统工程施工划分为哪几个阶段？
3. 综合布线系统工程施工的依据主要包括哪些标准和规范？
4. 综合布线系统工程安装施工的基本要求有哪些？

5. 综合布线系统工程施工前需要做哪些准备工作?
6. 在综合布线系统工程施工前环境检查应包括哪些内容?
7. 在综合布线系统工程施工前,对其器材、测试仪表和工具的检查校验应包括哪些内容?
8. 综合布线系统施工进度管理应包括哪些内容?
9. 目前,综合布线系统工程实施模式有哪几种?
10. 综合布线系统工程的施工监理有哪些内容?

任务 7 综合布线系统工程管槽安装施工

7.1 任务描述

在综合布线系统工程中,当网络布线路由确定以后,首先应当考虑管路和槽道的施工。因为无论在室内还是室外,水平布线、主干布线还是建筑群布线,也无论是双绞线还是光缆一般都由管槽系统来支撑和保护。因此,选择合适类型的管槽,设计恰当的管槽路由,就成为网络综合布线系统工程的重要步骤之一。

7.2 相关知识

在智能化建筑内,综合布线系统的缆线遍布建筑物内的各处,通常有暗敷或明敷管路;或利用槽道(桥架、走线架等)进行敷设,起到支撑和保护缆线的作用,是综合布线系统工程中极为重要的部分。

7.2.1 管路和槽道

1. 管路和槽道的分类

智能化建筑中的管路和槽道可分为以下几类。

(1)以管路和槽道使用的材质划分有金属材料(如钢管和钢制电缆槽道)和非金属材料(如塑料管或塑料槽道)两大类型。此外,还有利用房屋建筑的构件,例如,在楼板中或墙壁内开凿预留的线槽等。

(2)以管路和槽道的安装方式划分有暗敷或明敷两种。管路通常以暗敷为主;槽道多为明敷方式。

(3)以管路和槽道的安装场合划分有主干路由垂直敷设的上升管路和上升槽道;分支路由的水平管路和水平槽道。上升管路和上升槽道通常是在电缆竖井或电信间内沿墙敷设;水平管路和水平槽道一般在楼层中水平敷设或在房间内(包括走廊吊顶内)安装。

(4)以管路和槽道的材质与安装方式划分有利用空心楼板或特制线槽楼板或墙壁槽、地板槽等固定安装的管路和槽道方式以及利用钢管或槽道灵活安装的管槽方式两种。

2. 管路和槽道的安装方式与适用场合

暗敷管路和槽道(桥架)的管路为半成品,既可单独使用,也可成组使用,灵活性高和适应性强,既可用于上升管路又可用在水平管路,遍布在智能化建筑内的四面八方,到处可见其踪影,是综合布线系统工程中极为重要的支撑保护缆线的措施之一。相反,槽道桥架为成品,且是固定格式,灵活性和适应性均差,一般用于通信线路的主干路由或重要场合,尤其是缆线路由集中,且条数较多的场合或段落,如电缆竖井、电信间和设备间内以及重要的干线路由上。

7.2.2 管槽施工工具

建筑施工单位在安装综合布线系统的管槽系统时,需要用到相关的施工工具,掌握相关工具的使用是保证工程质量的条件之一。下面介绍一些常用的电动工具和设备。

(1) 电工工具箱。电工工具箱是综合布线系统施工中必备的,一般应包括钢丝钳、尖嘴钳、斜口钳、剥丝钳、螺丝刀、测电笔、电工刀、扳手、铁锤、凿子、卷尺等。

(2) 电源线盘。在室外施工现场,有时需要长距离的电源线盘接电,线盘长度通常有20m、30m、50m等型号。

(3) 电动工具。在综合布线系统工程管槽施工中经常用到的电动工具包括手电钻、冲击电钻、电锤、电镐、曲线锯、角磨机、型材切割机、台钻等。

(4) 其他工具。在综合布线系统工程管槽施工中还有一些经常用到的工具,如线槽剪、台虎钳、梯子、管子台虎钳、管子切割器、管子钳、弯管器、数字万用表、接地电阻测量仪等。

7.2.3 线管

安装管槽系统首先必须准备好施工材料和施工工具,然后组织施工安装。管槽系统中使用的施工材料包括线管材料、槽道(桥架)材料和防火材料。

综合布线系统工程中,使用到的线管材料主要有钢管和塑料管两种,在室外建筑群子系统也会采用混凝土管及高密度聚乙烯材料(HDPE)制成的双壁波纹管。

1. 钢管

钢管按照制造方法不同可分为无缝钢管和焊接钢管两大类。无缝钢管只有在综合布线系统中的特殊场合(如管路引入屋内承受极大的压力时)并在短距离才采用。综合布线系统的暗敷管路系统中常用的钢管为焊接钢管。

钢管按壁厚不同分为普通钢管(水压实验压力为2.5MPa)、加厚钢管(3MPa)和薄壁钢管(2MPa)。普通钢管和加厚钢管统称为水管,有时简称为厚管。薄壁钢管又简称薄管或电管。这两种规格在综合布线系统中都有使用。由于水管的管壁较厚,机械强度高,主要用在垂直主干上升管路、房屋底层或受压力较大的地段;有时也用于屋内缆线的保护管,它是最普遍使用的一种管材。电管因管壁较薄承受压力不能太大,常用于屋子内吊顶中的暗敷管路,以减轻管路的重量,所以使用也很广泛。

钢管具有机械强度高、密封性能好、抗弯、抗压和抗拉能力强等特点,尤其是有屏蔽电磁干扰的作用。钢管管材可根据现场需要任意截锯拗弯,以适合不同的管线路由结构,安装施工方便。但它存在管材重、价格高且易锈蚀等缺点,所以随着塑料管在机械强度、密封性、阻燃防火等性能的提高,目前在综合布线工程中电磁干扰小的场合,钢管已经被塑料管代替。

钢管的规格有多种,以外径(mm)为单位,综合布线工程施工中常用的金属管有 D16、D20、D25、D32、D40、D50、D63、D110 等规格。

2. 塑料管

塑料管是由树脂、稳定剂、润滑剂及添加剂配制挤塑成型。目前,按塑料管使用的主要材料,塑料管主要有以下产品:聚氯乙烯管材(PVC-U 管)、高密度聚乙烯管材(HDPE 管)、双壁波纹管、子管、铝塑复合管、硅芯管等。综合布线系统中通常采用的是软硬质聚氯乙烯管,且是内外壁光滑的实壁塑料管。室外的建筑群主干布线子系统采用地下通信电缆管道时,其管材除主要选用混凝土管(又称水泥管)外,目前较多采用的是内外壁光滑的软硬质聚氯乙烯实壁塑料管(PVC-U)和内壁光滑、外壁波纹的高密度聚乙烯管(HDPE)双壁波纹管,有时也采用高密度聚乙烯(HDPE)的硅芯管。由于软硬质聚氯乙烯管具有阻燃性能,对综合布线系统防火极为有利。此外,在有些软聚氯乙烯实壁塑料管使用场合中,有时也采用低密度聚乙烯光壁(LDPE)子管。

(1)聚氯乙烯管材(PVC-U管)。聚氯乙烯管材是综合布线工程中使用最多的一种塑料管,管长通常为4m、5.5m或6m。PVC-U管具有优异的耐酸、耐碱、耐腐蚀性,耐外压强度、耐冲击强度等都非常高,具有优异的电气绝缘性能,适用于各种条件下的电线、电缆的保护套管配管工程。PVC-U管以外径(mm)为单位,有D16、D20、D25、D32、D40、D45、D63、D110等多种规格,与其安装配套的有接头、螺圈、弯头、弯管弹簧、开口管卡等多种附件。图7.1所示是PVC-U管及管件。

图7.1 PVC-U管及管件

(2)高密度聚乙烯管材(HDPE管)。图7.2所示为HDPE单管,图7.3所示为HDPE多管。

 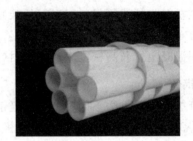

图7.2 HDPE单管　　　　　　　图7.3 HDPE多管

(3)双壁波纹管。塑料双壁波纹管结构先进,除具有普通塑料管耐腐性、绝缘性好、内壁光滑、使用寿命长等优点外,还具有刚性大、耐压强度高于同等规格之普通光身塑料管;重量是同规格普通塑料管的一半,从而方便施工,减轻工人劳动强度;密封好,在地下水位高的地方使用更能显示其优越性;波纹结构能加强管道对土壤负荷抵抗力,便于连续敷设在凹凸不平的地面上;使用双壁波纹管工程造价比普通塑料管降低1/3等技术特性。图7.4所示为双壁波纹电缆套管,图7.5所示为双壁波纹电缆套管在工程中的应用。

图7.4 双壁波纹电缆套管　　　　图7.5 双壁波纹电缆套管在工程中的应用

(4) 子管。子管由 LDPE 或 HDPE 制造,小口径,管材质软。适用于光纤、电缆的保护。图 7.6 所示为 LDPE 子管。

(5) 铝塑复合管。铝塑复合管是近年来广泛使用的一种新的塑料材料,它是以焊接管为中间层,内外层均为聚乙烯,聚乙烯与铝管之间以高分子热熔胶粘全,经复合挤出成型的一种新型复合管材。它的结构如图 7.7 所示。铝合金是非磁材料,具有良好的隔磁能力,抗电磁场音频干扰能力强,是良好的屏蔽材料;因此常用作综合布线、通信线路的屏蔽管道。

图 7.6 LDPE 子管

(6) 硅芯管。硅芯管可作为直埋光缆套管,内壁预置永久润滑内衬,具有更小的摩擦系数,采用气吹法布放光缆,敷管快速,一次性穿缆长度 500~2000m,沿线接头、人孔、手孔相应减少。图 7.8 所示为内壁固体润滑 HDPE 管材(硅芯管)。

图 7.7 铝塑复合管

图 7.8 内壁固体润滑 HDPE 管材(硅芯管)

(7) 混凝土管。混凝土管按所用材料和制造方法不同分为干打管和湿打管两种,目前因湿打管制造成本高、养护时间长等缺点不常采用,较多采用的是干打管(又称砂浆管)。这种混凝土管在一些大型的电信通信施工中常常使用。

7.2.4 线槽

线槽有金属线槽和 PVC 塑料线槽,金属线槽将在 7.2.5 节槽式桥架中详细介绍。塑料线槽是综合布线系统工程明敷管槽时广泛使用的一种材料,它是一种带盖板封闭式的管槽材料,盖板和槽体通过卡槽合紧,如图 7.9 所示。塑料线槽的品种规格更多,从型号上讲有 PVC-20、PVC-25、PVC-30、PVC-40、PVC-60 等系列;从规格上讲有 20×12、24×14、25×12.5、25×25、30×15、40×20 等。与 PVC 槽配套的连接件有阳角、阴角、直转角、平三通、左三通、右三通、连接头、终端头等。PVC 塑料线槽连接件如图 7.10 所示。

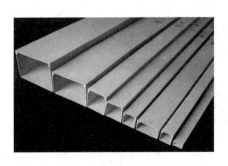

图 7.9 PVC 塑料线槽

阴角	阳角	平三通
大小转换头	直转角	终端头

图 7.10 PVC 塑料线槽连接件

7.2.5 桥架

综合布线系统工程中,桥架具有结构简单、造价低、施工方便、配线灵活、安全可靠、安装标准、整齐美观、防尘防火、延长缆线使用寿命、方便扩充电缆和维护检修等特点,且同时能克服埋地静电爆炸、介质腐蚀等问题,因此被广泛应用于建筑群主干管线和建筑物内主干管线的安装施工。

1. 桥架的分类

(1) 桥架按结构可分为梯级式、托盘式和槽式 3 种类型。

(2) 桥架按制造材料可分为金属材料和非金属材料两类。金属材料又可分为不锈钢、铝合金和铁质桥架 3 种类型。不锈钢桥架美观、结实、档次高;铝合金桥架轻、美观、档次高;铁质桥架经济实惠。铁质桥架按表面工艺处理可分为电镀彩(白)锌、电镀后再用粉末静电喷涂和热浸镀锌 3 种。

① 电镀彩(白)锌。适合一般的常规环境使用。

② 电镀后再用粉末静电喷涂。适合于有酸、碱及其他强腐蚀气体的环境中使用。

③ 热浸镀锌。适用于潮湿、日晒、尘多的环境中。

2. 桥架产品

(1) 槽式桥架。槽式桥架是全封闭电缆桥架,也就是通常所说的金属线槽,由槽底和槽盖组成,每根槽一般长度为 2m,槽与槽连接时使用相应尺寸的铁板和螺丝固定。它适用于敷设计算机缆线、通信缆线、热电偶电缆及其他高灵敏系统的控制电缆等,它对屏蔽干扰重腐蚀环境中电缆防护都有较好的效果。适用于室外和需要屏蔽的场所。在综合布线系统中一般使用的金属槽的规格有 50mm×100mm、100mm×100mm、100mm×200mm、100mm×300mm、200mm×400mm 等多种规格。图 7.11 所示为槽式桥架空间布置示意图。

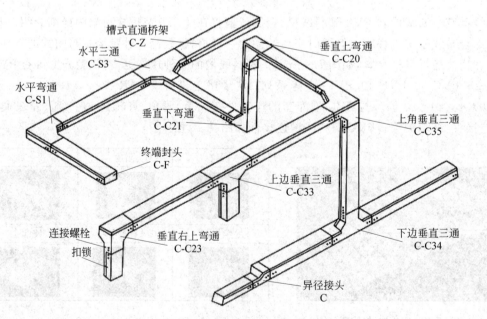

图 7.11 槽式桥架空间布置示意图

(2)托盘式桥架。具有重量轻、载荷大、造型美观、结构简单、安装方便、散热透气性好等优点。它适用于地下层、吊顶内等场所。图7.12所示为托盘式桥架空间布置示意图。

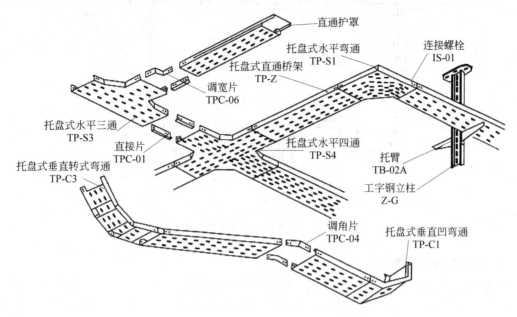

图7.12 托盘式桥架空间布置示意图

(3)梯级式桥架。具有重量轻、成本低、造型别致、通风散热好等特点。它适用于一般直径较大电缆的敷设,适用于地下层、垂井、活动地板下和设备间的缆线敷设。图7.13所示为梯级式桥架空间布置示意图。

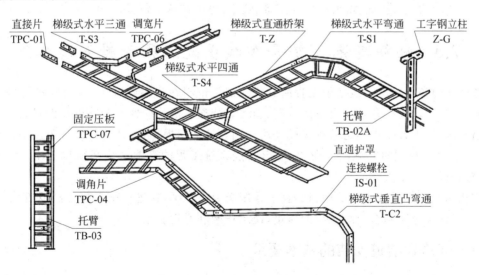

图7.13 梯级式桥架空间布置示意图

(4)支架。支架是支撑电缆桥架的主要部件,它由立柱、立柱底座、托臂等组成,可满足不同环境条件(工艺管道架、楼板下、墙壁上、电缆沟内)安装不同形式(悬吊式、直立式、单边、双边和多层等)的桥架,安装时还需连接螺栓和安装螺栓(膨胀螺栓)。图7.14所示为三种配线桥架吊装示意图。

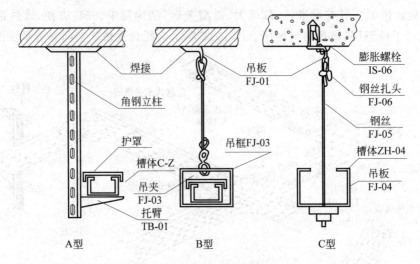

图 7.14 三种配线桥架吊装示意图

3. 桥架安装范围与特点

桥架的安装可因地制宜。可以水平、垂直敷设;可以转角、T字形、十字形分支;可以调宽、调高、变径。安装成悬吊式、直立式、侧壁式、单边、双边和多层等形式。大型多层桥架吊装或立装时,应尽量采用工字钢立柱两侧对称敷设,避免偏载过大,造成安全隐患。其安装的范围如下。

- 工艺管道上架空敷设。
- 楼板和梁下吊装。
- 室内外墙壁、柱壁、露天立柱和支墩、隧道、电缆沟壁上侧装。

7.3 任务实施:综合布线系统工程管槽安装施工

智能化建筑中综合布线系统工程所有管线都是依附在房屋建筑上,其所要穿越楼板或墙壁的洞孔、预留的线槽和安装设备的空间、预埋安装支承吊装铁件和管路以及设置堵封隔离的防火措施等,一般都是由网络系统集成公司会同设计部门提出,提请建筑设计单位纳入土建设计,且与土建工程同时实施的。所以,综合布线系统工程的管槽系统必须与土建工程密切配合、相辅相成为一个整体。

作为综合布线系统工程的项目经理或系统集成工程师,在进行施工前,需要对管槽系统进行检查,以保障整个综合布线系统的质量,使工程顺利通过验收。

7.3.1 管路和槽道安装的基本要求

管路和槽道系统是智能化建筑综合布线系统的重要组成部分,又是附属于房屋建筑中,因此,必须与土建工程同时设计与施工。所以,在综合布线系统总体方案决定之后,对于管槽系统需要预留管槽的位置和尺寸、洞孔的规格和数量以及其他特殊工艺要求(如防火要求或与其他管线的间距等)。这些资料要及早提交给建筑设计单位,以便建筑设计中一并考虑,使管槽系统能满足综合布线系统缆线敷设和设备安装的需要。对管路和槽道系统安装施工的基本要求如下。

（1）管路和槽道系统建成后，尤其是暗敷安装方式，一旦建成后，与房屋建筑成为一个整体，使用年限应与建筑物的使用年限一致，属于永久性设施。因此，对于管路的管材品种和管孔内径，槽道的规格尺寸和材质等的选用，都必须根据工程今后发展的实际需要，所在环境的客观条件和通信缆线的数量、品种和规格等因素综合考虑。

（2）为管路和槽道预留的洞孔、线槽和预埋安装铁件的位置、数量、标高和规格尺寸都应标示在设计文件和施工图样上。做到位置准确、尺寸规范、技术到位和没有遗漏。

（3）所有的管路和槽道系统隐蔽工程敷设完毕后，应请监理单位及时到现场验收，做好完整的隐蔽工程记录和签证等规定手续，以便日后备查。所有的管路和槽道系统穿越楼板或墙壁的洞孔和空隙，必须按防火标准和设计中规定的要求执行，并经有关主管单位派人检查验收签证。

（4）建筑物内的暗敷管路或预留沟槽的路由、走向、位置和规格等均应符合设计文件和施工图样。在墙壁内敷设时，应采取水平或垂直方向有规律地走向；在地板中埋设时，应互相垂直或平行敷设；在屋内的暗敷管路，无论在墙壁或楼板中，不得任意斜穿，以免增加与其他管线的互相交叉或产生矛盾，影响双方管线安装施工和今后维护。

（5）建筑物干线子系统缆线如在电缆竖井或电信间中敷设时，在电缆竖井的墙壁上应预埋安装上升管路垂直槽道（桥架）的预埋铁件，要求支承的铁件坚固牢靠，其间距应符合工程设计要求。

（6）严禁与燃气、电力、供水和热水管线合用电缆竖井或槽道，以保证通信系统和信息网络（包括综合布线系统）正常安全地运行。在与上述管路系统互相交越或平行敷设，应满足间距要求。

（7）综合布线系统的缆线和所需的管槽系统必须与公用通信网络的管线连接。要得到通信运营单位的指导和支持，以求更加完善和互相配合。

（8）过线盒、通信引出端等所需预留洞孔的位置和规格尺寸应符合设计和设备的要求。暂不使用的暗敷管路的管孔，应用易取出的堵塞物堵封严密。

总之，在安装敷设管路和槽道时，必须与建筑设计和施工等有关单位加强联系，密切协商，妥善解决问题。

7.3.2 管路和槽道施工与土建工程的配合

智能化建筑中综合布线系统工程中所有管路都依附在房屋建筑上，其所要穿越楼板或墙壁的洞孔、预留的线槽和安装设备的空间、预埋安装支承吊装铁件和管路以及设置封堵隔离的防火措施等，都是提请建筑设计单位纳入土建设计且与土建工程同时实施的。因此，综合布线系统工程的管槽系统必须与土建工程密切配合，相辅相成为一个整体。

1. 预留洞孔和沟槽

在智能化建筑综合布线系统工程中，暗敷或明敷的管槽需要穿越建筑物的基础、墙壁或楼板等处。这就需要土建施工时，在相应的建筑部位预留管槽系统穿越用的洞孔或敷设管路的沟槽。做到预留洞孔和沟槽的数量、位置及标高正确无误，规格尺寸和工艺质量符合设计文件和施工图样以及施工质量验收技术规范的要求，切忌发生不留或漏留洞孔、洞孔位置不准确和洞孔或沟槽的规格尺寸有误等弊病。

2. 预埋安装铁件和其他部件

在智能化建筑综合布线系统工程中，为了安装管槽系统，需要在墙壁上、楼板中，或其他建筑物上预埋安装这些设备和管路及槽道系统的铁件(包括支承吊装件、承托安装件和保护套管)。这些预埋的安装铁件必须位置正确、牢固可靠、材料质量和规格尺寸均应符合设计文件和标准规定的要求,否则将会不同程度影响工程质量和正常使用。

7.3.3 建筑物水平布线的管槽安装施工

在配线子系统中,缆线的支撑和保护方式是最多的。在安装、敷设缆线时,必须根据施工现场的实际条件与采用的支撑和保护方式等综合考虑。

1. 安装金属管

综合布线工程使用的金属管应符合设计文件的规定,表面不应有穿孔、裂缝和明显的凹凸不平,内壁应光滑,不允许有锈蚀。在易受机械损伤的地方或在受力较大直埋时,应采用足够强度的管材。

1) 金属管的加工

(1) 金属管加工的基本要求。

为了防止穿电缆时划伤电缆,管口应无毛刺和尖锐棱角;为了防止直埋管在沉陷时管口处对电缆的剪切力,金属管管口宜做成喇叭形状;镀锌管锌层剥落处应涂防腐漆,以增加使用寿命。

(2) 金属管的切割套丝连接。

在配管时,应根据实际长度对管子进行切割。管子的切割可以使用钢锯、管子切割刀或电动切管机等,严禁使用气割。

管子和管子的连接,管子和接线盒、配线架的连接,都要在管子端部进行套丝。管端套丝长度不应小于套管接头长度的1/2,套完丝后,应随即清扫管口,将管口端面和内壁的毛刺用锉刀锉光。

金属管的连接可以采用端套管或带螺纹的管接头,都应保证牢固、密封。

(3) 金属管的弯曲。

金属管的弯曲一般都要使用弯管器,先将管子弯曲部分的前段放在弯管器内,焊缝(如有)放在弯曲方向的背面或侧面,然后用脚踩住管子,手扳弯管器进行弯曲,并逐步移动弯管器,便可得到所需要的弯度。

2) 金属管的敷设

金属管的敷设一般分为暗敷和明敷两种。预埋暗敷管路属于隐蔽工程,一般与建筑同时施工建成,敷设于建筑主体的内部,有利于美观和安全,是配线子系统中广泛采用的支撑和保护方式之一。明敷即敷设于建筑主体结构之外,不美观,常在主体工程完工之后施工。

(1) 金属管暗敷。

在安装施工暗敷管路时,必须符合以下要求。

① 预埋暗敷管路宜采用无缝钢管或具有阻燃性能的聚氯乙烯(PVC)管。在墙内预埋管路的管径不宜过大。根据我国建筑结构的情况,一般要求预埋在墙体中间暗管的最大管外径不宜超过50mm,楼板中暗管的最大管外径不宜超过25mm,室外管道进入建筑物的最大管外径不宜超过100mm。暗敷于干燥场所(含混凝土或水泥砂浆层内)的钢管,可采用壁厚为1.6~2.5mm的薄壁钢管。

② 预埋暗敷管路应尽量采用直线管道,直线管道超过30m,再需延长距离时,应设置过线盒等装置,以利于牵引敷设缆线。如必须采用弯曲管道,要求每隔15m,设置过线盒等

装置。

③ 暗敷管路如必须转弯，其转弯角度应大于90°，在路径上每根暗管的转弯角不得多于2个，并不应有S弯出现，有转弯的管段长度超过20m时，应设置管线过线盒装置；有2个弯时，不超过15m应设置过线盒。

④ 暗敷管路转弯的曲率半径不应小于所穿入缆线的最小允许弯曲半径，并且不应小于该管外径的6倍，如暗管外径大于50mm时，不应小于10倍。

⑤ 至楼层电信间暗敷管路的管口应排列有序，在两端应设有标志，其内容有序号、长度等，便于识别与布放缆线。

⑥ 暗敷管路内应安置牵引线或拉线。不应有铁屑等异物，以防止堵塞。要求管口应光滑无毛刺，并加有护口（户口圈或绝缘套管）保护，管口伸出部位宜为25～50mm。

⑦ 暗敷管路如采用钢管，其管材连接（可采用螺扣连接或套管焊接）时，管孔应对准，接缝应严密，不得有水和泥浆渗入，在管路中间段落设有过渡箱体时，应采用金属板材制成的箱体配套连接，以利于整个电气通路连接。

暗敷管路如采用硬质塑料管，使用接头套管采用承插法连接，内涂胶合剂粘接。要求接续必须牢固、坚实、密封、可靠。

⑧ 暗敷管路进入信息插座、过线盒等接续设备时，如采用钢管，可采用焊接固定，管口露出盒内部分应小于5mm；如采用硬质塑料管，应采用入盒接头紧固。暗敷管路在与信息插座、过线盒等设备连接时，可以采用不同的安装方法。

a. 接线盒在现浇筑梁或板内的安装方法如图7.15所示。

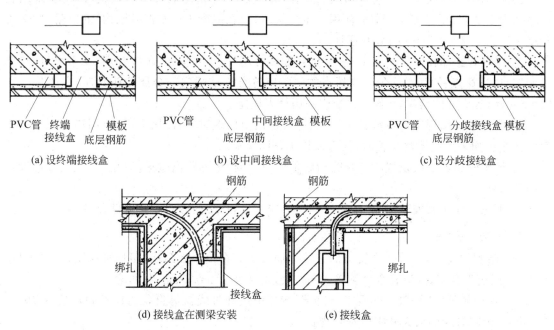

图7.15 接线盒在现浇筑梁或板内的安装方法

b. 接线盒在墙壁内与暗敷管路（包括钢管或PVC管）互相连接的安装方法如图7.16所示。

c. 接线盒在轻型材料的石膏板墙的安装有其特殊性。

⑨ 采用金属软件敷设时，软管与其暗管、槽、箱、盒等的连接应用软件接头连接；应用管

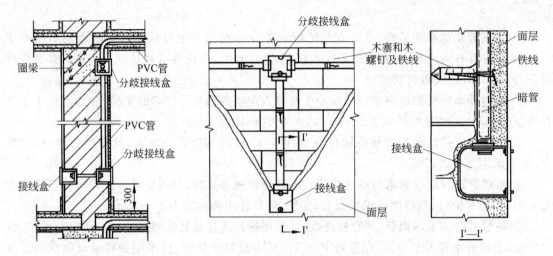

图 7.16 接线盒在墙壁内与暗敷管路(包括钢管或 PVC 管)互相连接的安装方法

卡固定,其固定点的间距不应大于 1m;不得利用金属软件作为接地导体。

（2）金属管明敷。

明敷配线管路在智能建筑中应尽量不用或较少采用,但在有些场合或短距离的段落使用较多。在明敷配线管路采用的管材,应根据敷设场合的环境条件选用不同材质的规格,一般有以下要求。

① 在潮湿场所或埋设于建筑物底层地面内的段落,如采用镀锌钢管或钢管,均应采用管壁厚度大于 2.5mm 的厚壁钢管;使用在干燥场所(含在混凝土或水泥砂浆内)的段落,可采用管壁厚度为 1.6~2.5mm 的薄壁钢管。

② 明敷管路如在同一路由上,多根排列敷设时,要求排列整齐、布置合理、横平竖直,且要求固定点(支撑点)的间距均匀。支撑点的间距应符合标准规定。金属管明敷时,在距接线盒 300mm 处,弯头处的两端,每隔 3m 处应采用管卡固定。

③ 明敷管路采用钢管或镀锌钢管,当进入通信引出端时,为连接牢固,应用锁紧螺母或护套帽固定。如采用硬质塑料管时,接入盒接头紧固牢靠。

④ 明敷管路的安装位置不宜与建筑物的梁、柱和楼板的距离过近,以免在安装、维修和检查时不方便。

⑤ 明敷管路垂直安装时,距离墙壁的尺寸应一致,务必使管路垂直度偏差减小。

2. 安装 PVC 管

（1）暗敷硬质 PVC 管。其管材的连接为插接法。在接续处两端,塑料管应紧插刀接口中心处,并用接头套管,内涂胶合剂粘接,要求接续必须牢固、结实、密封、可靠。

（2）明敷硬质 PVC 管。其管卡与终端、转弯中点和过线盒等设备边缘的距离应为 100~300mm。中间管卡的最大间距应符合规定。

3. 安装 PVC 线槽

（1）PVC 线槽的安装要求。

① 线槽的安装位置应符合施工图纸要求,左右偏差不应超过 50mm。

② 线槽水平度每米偏差不应超过 2mm。

③ 线槽应与地面保持垂直,垂直度偏差不应超过 3mm。

④ 线槽截断处及两线槽拼接处应平滑、无毛刺。
⑤ 采用吊顶支撑柱布放缆线时,支撑点宜避开地面沟槽和线槽位置,支撑应牢固。
(2) PVC 线槽的安装要求。
① 垂直敷设时,距地面 1.8m 以下部分应加金属盖板保护,或采用金属走线槽包封,门应开启。
② 明敷的塑料线槽一般规格较小,通常采用胶合剂粘接或螺钉固定。要求螺钉固定的间距一般为 1m。
③ 线槽转弯半径不应小于槽内缆线的最小允许弯曲半径,线槽直角弯处最小弯曲半径不应小于槽内最粗缆线外径的 10 倍。
④ 线槽穿过防火墙体或楼板时,缆线布放完成后应采取防火封堵措施。

4. 安装槽道桥架

1) 预埋金属槽道(线槽)安装

建筑物内综合布线系统有时采用预埋金属槽道(线槽)支撑和保护方式,适用于大空间且间隔变化多的场所,一般预埋于现浇筑混凝土地面、现浇筑楼板中活楼板垫层内。通常,金属线槽可以预先定制,根据客观环境条件可有不同的规格尺寸。预埋金属槽道(线槽)安装的具体要求有以下几点。

(1) 在建筑物中预埋线槽,宜按单层设置,每一路由进出同一过路盒的预埋线槽均不应超过 3 根,总宽度不宜超过 300mm,线槽截面高度不宜超过 25mm,否则会影响建筑结构的布局。线槽路由中若包括过线盒和出线盒,截面高度宜在 70~100mm 范围内。

(2) 线槽直埋长度超过 30m 或在线槽路由交叉、转弯时,宜设置过线盒,以便于布放缆线和维修。

(3) 过线盒盖能开启,并与地面齐平,不得高出地面,以免影响走动。盒盖处应具有防灰与防水功能。

(4) 过线盒和接线盒盒盖应具有一定抗压功能,以保证通信畅通。

(5) 从金属线槽至信息插座模块接线盒间或金属线槽与金属钢管之间相连接时的缆线宜采用金属软管敷设。

(6) 预埋金属槽道与墙壁暗嵌入式通信引出端的连接,应采用金属套管连接法。

2) 明敷缆线槽道或桥架

明敷缆线槽道或桥架适用于正常环境的室内场所,有严重腐蚀的场所不宜使用。在敷设时必须注意以下要求。

(1) 缆线桥架底部应高于地面 2.2m 及以上,顶部距建筑物楼板不宜小于 300mm,与梁及其他障碍物交叉处间的距离不宜小于 50mm。

(2) 缆线桥架水平敷设时,支撑间距宜为 1.5~3m。垂直敷设时固定在建筑物结构体上的间距宜小于 2m,距地 1.8m 以下部分应加金属盖板保护,或采用金属走线柜包封,门应可开启。

(3) 直线段缆线桥架每超过 15~30m 或跨越建筑物变形缝时,应设置伸缩补偿装置。

(4) 金属线槽敷设时,在下列情况下应设置支架或吊架:线槽接头处;每间距 3m 处;离开线槽两端出口 0.5m 处;转弯处。

(5) 塑料线槽槽底固定点间距宜为 1m。

(6) 缆线桥架和线缆线槽转弯半径不应小于槽内缆线的最小允许弯曲半径,线槽直角弯处最小允许弯曲半径不应小于槽内最粗缆线外径的10倍。

（7）桥架和线槽穿过防火墙体或楼板时，缆线布放完成后应采取防火封堵措施。

（8）缆线桥架和线缆线槽在水平敷设时，应整齐、平直；沿墙垂直明敷时，应排列整齐，横平竖直，紧贴墙体。

（9）金属槽道应有良好的接地系统，并应符合设计要求。槽道间应采用螺栓固定法连接，在槽道的连接处应焊接跨接线。

（10）当综合布线缆线与大楼弱电系统缆线采用同一线槽或桥架敷设时，子系统之间应采用金属板隔开，间距应符合设计要求。

5．网络地板缆线敷设

网络地板缆线敷设时应注意以下要求。

（1）线槽之间应沟通。

（2）线槽盖板应可开启。

（3）主线槽宽度宜在200～400mm，支线槽宽度不宜小于70mm。

（4）可开启的线槽盖板与明装插座底盒间应采用金属软管连接。

（5）地板块与线槽盖板应抗压、抗冲击和阻燃。

（6）当网络地板具有防静电功能时，地板整体应接地。

（7）网络地板板块间的金属线槽段与段之间应保持良好导通并接地。

（8）在架空活动地板下敷设缆线时，地板内净空应为150～300mm。若空调采用下送风方式则地板内净高应为300～500mm。

（9）吊顶支撑柱中电力线和综合布线缆线合一布放时，中间应有金属板隔开，间距应符合设计要求。

7.3.4 建筑物干线通道施工

综合布线系统的主干缆线不得布放在电梯、供气、供暖管道竖井中。主干缆线应选用带门的封闭性的专用通道敷设，以保证通信线路安全运行和有利于维护管理。因此，在大型建筑中都采用电缆竖井或弱电间等作为主干缆线敷设通道。综合布线系统上升部分有上升管路、电缆竖井和弱电间三种类型。建筑物干线管槽系统通常采用槽道、桥架或管路。

1．上升管路的设计安装

上升管路通常适用于信息业务量较小、今后发展较为固定的中小型智能化建筑，尤其是楼层面积不大、楼层层数较多的塔楼，或各种功能组合成的分区式建筑群体。采用明敷管路的方式。

装设位置一般选择在综合布线系统缆线较集中的地方，宜在较隐蔽角落的公用部位（如走廊、楼梯间或电梯厅等附近），在各个楼层的同一地点设置；不得在办公室或客房等房间内设置，更不宜过于邻近垃圾道、燃气管、热力管和排水管以及易爆、易燃的场所，以免造成危害和干扰等后患。

上升管路是综合布线系统建筑物干线子系统缆线提供保护和支撑的专用设施，既要与各个楼层的楼层配线架（或楼层配线接续设备）相互配合连接，又要与各楼层管理相互衔接。上升管路可采用钢管或硬聚氯乙烯塑料管，在屋内的保护高度不应小于2m，用钢管卡子等固定，其间距为1m。上升管路的设计安装如图7.17和图7.18所示。

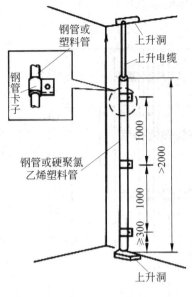 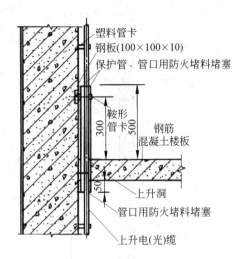

图 7.17　上升管路直接敷设　　　　图 7.18　塑料保护管敷设方法

明敷管路如在同一路由上,多根排列敷设时,要求排列整齐,布置合理、横平竖直,且要求固定点(支撑点)的间距均匀。支撑点的间距应符合标准规定。

2. 在电缆竖井内安装

在特大型或重要的高层智能化建筑中,一般均有设备安装的区域,设置各种管线。它们是从地下底层到建筑物顶部楼层,形成一个自上而下的深井。

综合布线系统的主干线路在竖井中一般有以下几种安装方式。

(1) 将上升的主干电缆或光缆直接固定在竖井的墙上,它适用于电缆或光缆条数很少的综合布线系统。

(2) 在竖井墙上装设走线架,上升电缆或光缆在走线架上绑扎固定,它适用于较大的综合布线系统。在有些要求较高的智能化建筑的竖井中,需安装特制的封闭式槽道,以保证缆线安全。

(3) 在竖井墙壁上设置上升管路,这种方式适用于中型的综合布线系统。

3. 在弱电间内安装

在大中型高层建筑中,可以利用公用部分的空余地方,划出只有几平方米的小房间作为上升房,在上升房的一侧墙壁和地板处预留槽洞,作为上升主干缆线的通道,专供综合布线系统的垂直干线子系统的缆线安装使用。在上升房内布置综合布线系统的主干缆线和配线接续设备需要注意以下几点。

(1) 上升房内的布置应根据房间面积大小、安装电缆或光缆的条数、配线接续设备装设位置和楼层管路的连接、电缆走线架或槽道的安装位置等合理设置。

(2) 上升房为综合布线系统的专用房间,不允许无关的管线和设备在房内安装,避免对通信缆线造成危害和干扰,保证缆线和设备安全运行。上升房内应设有 220V 交流电源设施,其照度应不低于 20lx。为了便于维护、检修,可以利用电源插座采取局部照明,以提高照度。

(3) 上升房式建筑物中一个上、下直通的整体单元结构,为了防止火灾发生时沿通信缆线延燃,应按国家防火标准的要求,采取切实有效的隔离防火措施。

图 7.19 所示为在电缆竖井或上升房内安装梯式桥架的示意图。

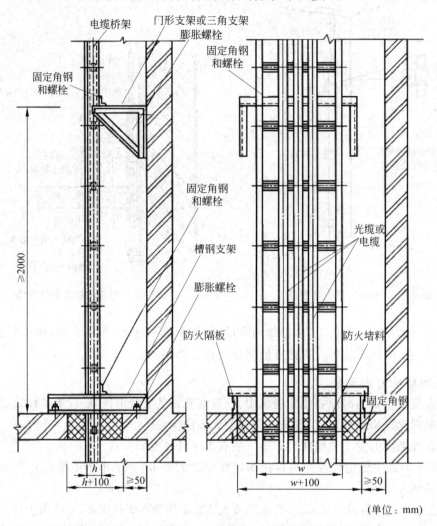

图 7.19 电缆竖井内安装梯式桥架示意图

7.3.5 建筑群地下通信管道施工

在建筑群子系统中,采用地下通信管道是最主要的建筑方式,它是城市市区街坊或智能化小区内的公用管线设施之一,也是整个城市地下电缆管道系统的一个组成部分。但在综合布线系统工程中一般是在地下通信管道中穿放光缆或电缆,不会施工,所以在这里不再介绍地下通信管道的施工。

习 题

一、选择题

1. 管槽安装的基本要求不包括( )。
   A. 走最短的路由 B. 管槽路由与建筑物基线保持一致
   C. "横平竖直" D. 注意房间内的整体布局

2. 在敷设管道时,应尽量减少弯头,每根管的弯头不应超过(　　)个,并不应有S形弯出现。
　　A. 2　　　　　　　　B. 3　　　　　　　　C. 4　　　　　　　　D. 5
3. 布放缆线在线槽内的截面利用率应为(　　)。
　　A. 25%～30%　　　B. 40%～50%　　　C. 30%～50%　　　D. 50%～60%
4. 缆线桥架内缆线垂直敷设时,在缆线的上端每间隔(　　)m处应固定在桥架的支架上;水平敷设时,在缆线的首、尾、转弯及每间隔5～10m处进行固定。
　　A. 0.5　　　　　　　B. 1.5　　　　　　　C. 2.5　　　　　　　D. 3.5

二、思考题
1. 简述综合布线系统工程管路和槽道安装的基本要求。
2. 简述预埋暗敷管路的施工要求。
3. 简述综合布线系统配线子系统预埋暗敷管路的施工要求。
4. 简述综合布线系统配线子系统明敷缆线槽道或桥架的施工要求。
5. 简述综合布线系统配线子系统网络地板缆线敷设的施工要求。

三、实训题
1. 参观使用综合布线系统的建筑物,观察其上升管路的设计安装。
2. 参观使用综合布线系统的建筑物,观察其水平管路的设计安装。
3. 参观使用综合布线系统的建筑物,观察其桥架的设计安装。
4. 参观使用综合布线系统的建筑物,观察其电缆竖井内桥架的设计安装。

任务 8 综合布线系统工程电缆布线敷设

在综合布线系统工程中,当管路和槽道系统安装完成后,接下来就要进行缆线敷设施工了。

8.1 任务描述

本任务要求学生在收集相关资料并参考国家标准的基础上,对配线子系统和干线子系统缆线进行敷设。

综合布线系统的配线子系统一般采用双绞线电缆,干线子系统、建筑群子系统则会根据传输距离和用户需求选用双绞线电缆或者光缆作为传输介质。由于双绞线和光缆的结构不同,所以在布线施工中所采用的技术不相同。在本任务中主要介绍双绞线电缆的布线敷设。

8.2 相关知识

8.2.1 缆线敷设施工的一般要求

综合布线子系统与建筑物内缆线敷设通道对应关系如下。

(1) 配线子系统对应于水平缆线通道。

(2) 干线子系统对应于主干缆线通道,电信间之间的缆线通道,电信间与设备间、电信间及设备间与进线间之间的缆线通道。

(3) 建筑群子系统对应于建筑物间缆线通道。

对于建筑物间缆线通道内较为拥挤的部位,综合布线系统与大楼弱电系统各子系统合用一个金属槽盒布放缆线时,各个子系统的线束间应用金属板隔开。各个子系统的缆线应布放在各自的金属槽盒中,金属槽盒就近可靠接地。各系统缆线间距应达到设计要求。

在国标 GB/T 50312—2016 中,规定了缆线布放的一般要求如下。

(1) 缆线的形式、规格应与设计规定相符。

(2) 缆线在各种环境中的敷设方式、布放间距均应符合设计要求。

(3) 缆线的布放应自然平直,不得产生扭绞、打圈接头等现象,不应受外力的挤压和损伤。

(4) 缆线的布放路由中不得出现缆线接头。

(5) 缆线两端应贴有标签,应标明编号,标签书写应清晰、端正和正确。标签应选用不易损坏的材料。

(6) 缆线应有余量以适应成端、终接、检测和变更,有特殊要求的应按设计要求预留长度,并应符合规定。

在电信间、设备间内缆线预留长度应按照安装的机柜数量在柜间及同一机柜,不同配线架间进行终接和变更的需要进行预留,在配线箱、信息插座底盒处主要考虑面板及二次施工的需要。

对绞电缆在终接处,预留长度在工作区信息插座底盒内宜为30~60mm,电信间宜为0.5~2m,设备间宜为3~5m;光缆布放路由宜盘留,预留长度宜为3~5m,光缆在配线柜处预留长度宜为3~5m,楼层配线箱处光纤预留长度宜为1.0~1.5m,配线箱终接时预留长度不应小于0.5m,光缆纤芯在配线模块处不做终接时,应保留光缆施工预留长度。

(7) 缆线的弯曲半径应符合规定。①非屏蔽和屏蔽4对对绞电缆的弯曲半径不应小于电缆外径的4倍。②主干对绞电缆的弯曲半径不应小于电缆外径的10倍。③2芯或4芯水平光缆的弯曲半径应大于25mm;其他芯数的水平光缆、主干光缆和室外光缆的弯曲半径应至少为光缆外径的10倍。

(8) 综合布线系统缆线与其他管线的间距应符合设计文件要求。①电力电缆与综合布线系统缆线应分隔布放,并符合规定。②室外墙上敷设的综合布线管线与其他管线的间距应符合规定。③综合布线缆线宜单独敷设,与其他弱电系统各子系统缆线间距应符合设计要求。④对于有安全保密要求的工程,综合布线缆线与信号线、电力线、接地线的间距应符合相应的保密规定和设计要求,对于具有安全保密要求的缆线应采取独立的金属管或金属槽盒敷设。⑤屏蔽电缆的屏蔽层端到端应保持完好的导通性,屏蔽层不应承载拉力。

(9) 最大牵引力。电缆敷设过程中的拉力过大会损坏电缆的导线部分,牵引电缆用力过猛会改变电缆线对的结构或者线对在电缆中的排列。极端情况下,拉力过大会导致导线延伸甚至断裂。

布放电缆的牵引力应小于缆线允许张力的80%,应慢速而平稳地拉线,防止拉力过大缆线变形。速度不宜超过15m/min,并应制作合格的牵引头。缆线最大允许拉力情况如下。

- 1根4对双绞线对称电缆,拉力为100N。
- 2根4对双绞线对称电缆,拉力为150N。
- 3根4对双绞线对称电缆,拉力为200N。
- n根4对双绞线对称电缆,拉力为$(n\times 50+50)$N。
- 25对5类及超5类双绞线对称电缆,最大拉力为400N。

(10) 具有屏蔽结构的电缆,其屏蔽层端到端应保持完整良好的导通性,屏蔽层的全程不得有中断的现象。如屏蔽层不连续完整,将会直接影响到屏蔽层的效果并使通信质量下降。

8.2.2 缆线敷设方式

建筑物内缆线的敷设方式应根据建筑物构造、环境特征、使用要求、需求分布以及所选用导体与缆线的类型、外形尺寸及结构等因素综合确定,并应符合下列规定。

1. 水平缆线敷设

水平缆线敷设时,应采用导管、桥架的方式,并应符合规定。从槽盒、托盘引出至信息插座可采用金属导管敷设;吊顶内宜采用金属托盘、槽盒的方式敷设;吊顶或地板下缆线引入至办公家具桌面宜采用垂直槽盒方式及利用家具内管槽敷设;墙体内应采用传导管方式敷设;大开间地面布放缆线时,根据环境条件宜选用架空地板下或地板内的托盘、槽盒方式敷设。

1) 预埋槽盒和暗管敷设缆线规定

预埋槽盒和暗管敷设缆线应符合下列规定。

（1）敷设槽盒和暗管的两端宜用标志标示出编号等内容。

（2）预埋槽盒宜采用金属槽盒，截面利用率应为30%~50%。

（3）暗管宜采用钢管或阻燃聚氯乙烯硬质管。布放大对数主干电缆及4芯以上光缆时，直线管道的管径利用率应为50%~60%，弯管道利用率应为40%~50%。

暗管布放4对对绞电缆或4芯及以下光缆时，为了保证线对扭绞状态，避免缆线受到挤压，宜采用截面利用率，管道的截面利用率应为25%~30%。

（4）对金属材质有严重腐蚀的场所，不宜采用金属的导管、桥架布线。

（5）在建筑物吊顶内应采用金属导管、槽盒布线。

（6）导管、桥架跨越建筑物变形缝处，应设补偿装置。

2) 设置缆线桥架和槽盒敷设缆线规定

设置缆线桥架和槽盒敷设缆线应符合下列规定。

（1）密封槽盒内缆线布放应顺直，不宜交叉，在缆线进出槽盒部位、转弯处应绑扎固定牢靠，做到美观整体。

（2）梯架或托盘内垂直敷设缆线时，在缆线的上端和每间隔1.5m处应固定在梯架或托盘的支架上；水平敷设时，在缆线的首、尾、转弯及每间隔5~10m处应进行绑扎固定。

（3）在水平、垂直梯架或托盘中敷设缆线时，应对缆线进行绑扎。双绞电缆、光缆及其他信号电缆应根据缆线的类别、数量、缆径、缆线芯数分束绑扎。绑扎间距不宜大于1.5m，间距应均匀，不宜绑扎过紧或使缆线受到挤压。

为了减少缆间串扰，6类及以上等级的4对对绞电缆可采用电缆托盘和槽盒中顺直绑扎或随意摆放。针对"十"字、"一"字等不同骨架结构的6类4对对绞电缆，其布放要求不同，具体布放方式应根据生产缆线的厂家要求确定。

（4）在建筑物内，光缆在桥架敞开敷设时，应在绑扎固定段落处加装垫套，以缓冲外力直接对缆线的影响。

3) 吊顶支撑柱作为槽盒在顶棚内敷设缆线

采用吊顶支撑柱（垂直槽盒）在顶棚内敷设缆线时，每根支撑柱所辖范围内的缆线可以不设置密封槽盒进行布放，但应分束绑扎在支撑柱上，缆线应采用阻燃型，缆线选用应符合设计文件要求。

2．干线缆线敷设

干线子系统垂直通道选用穿楼板电缆孔、导管或桥架、电缆竖井三种方式敷设。

干线子系统缆线敷设保护方式应符合下列要求。

（1）缆线不得布放在电梯或供水、供气、供暖管道竖井中，也不宜布放在强电竖井中。当与强电共用竖井布放时，缆线的布放应符合GB/T 50312—2016第6.1.1条第8款的规定。

（2）电信间、设备间、进线间之间干线通道应沟通。

（3）建筑群子系统采用架空、管道、电缆沟、电缆隧道、直埋、墙壁及暗管等方式敷设缆线的施工质量检查和验收应符合现行行业标准《通信线路工程验收规范》（YD 5121）的有关规定。

敷设在建筑群之间的缆线所需管道管孔的数量、尺寸及电缆沟尺寸需考虑：建筑物的类型和用途、支持的应用业务、期望的扩展规模、将来添加管道的施工难度、引入建筑物入口位置及场景条件、拟敷设的缆线类型、数量和尺寸等因素。

8.2.3 双绞线电缆布线工具

1. 双绞线电缆敷设工具

双绞线电缆敷设工具是指双绞线敷设过程中使用的工具。借助这些工具，不但可以保证双绞线敷设工程的顺利完成，而且还能够最大限度地保障双绞线的电气性能不被改变，从而保证双绞线布线系统通过布线测试。

（1）穿线器。当在建筑物室内外的管道中布线时，如果管道较长、弯头较多且空间紧张，应使用穿线器牵引缆线。图 8.1 所示为一种小型穿线器（长度也不同），适用于管道较短的情况，图 8.2 所示为一种工程常用穿线器，适用于室外管道较长的缆线敷设。

（2）线轴支架。为防止缆线本身不受损伤，在缆线敷设时，布放缆线的牵引力不宜过大，一般应小于缆线允许张力的 80%。为了保护双绞线，应当使用专用的线轴支架，如图 8.3 所示，以最大限度地减少牵引力。

图 8.1　小型穿线器

图 8.2　工程常用穿线器

图 8.3　线轴支架

（3）吊钩或滑轮。当缆线从上而下垂放电缆时，为了保护电缆，需要一个滑车，保障缆线从缆线卷轴拉出后经过滑车平滑地向下放线。图 8.4 所示为一个朝天钩式滑车，它安装在垂井的上方，图 8.5 所示为一个三联井口滑车，它安装在垂井的井口。

图 8.4　朝天钩式滑车

图 8.5　三联井口滑车

（4）牵引机。当大楼主干布线采用由下往上的敷设方法时，就需要用牵引机向上牵引缆线，牵引机有手摇式牵引机（见图 8.6）和电动牵引机（见图 8.7）两种。当大楼楼层较高且缆线数量较多时使用电动牵引机；当楼层较低且缆线数量少而轻时可使用手摇式牵引机。

图 8.6　手摇式牵引机　　　　　　图 8.7　电动牵引机

2. 缆线标签

常见的缆线标签有以下几种。

(1) 普通不干胶标签。该标签成本低,安装简便,不易长久保留。

(2) 覆盖保护膜缆线标签。该标签完全缠绕在缆线上并有一层透明的薄膜缠绕在打印内容上,这样可以有效地保护打印内容,防止刮伤或腐蚀。具有良好的防水、防油性能。

(3) 套管标签。套管标签只能在端子连接之前使用,通过电缆的开口端套在电线上。有普通套管和热缩套管两种。热缩套管在热缩之前可以更换,经过热缩后,套管就成为能耐恶劣环境的永久标签。

8.3　配线子系统电缆敷设施工

水平电缆敷设是指把电缆从电信间穿过水平通道牵引到各个工作区所在地。通常情况下,水平布线应当从电信间向各信息出口敷设。在实施水平布线时,应当多箱网线同时敷设,以提高布线效率。配线子系统水平电缆敷设步骤如下。

8.3.1　检查水平电缆通道

牵引水平电缆的第一步就是对电缆通道和电缆路径进行检查。检查的起始点在每个布线路径开始的地方,然后对通往工作区的每个电缆通道进行检查。配线子系统水平电缆大都是从电信间通往工作区。

(1) 电信间是检查过程的第一步,在牵引水平电缆之前,电信间必须建好,机柜位置已经确定下来,它是水平电缆在电信间内的端接位置。

(2) 检查过程的第二步是确定水平电缆在电信间的出口。大多数电信间都由水平电缆通道支撑,这些通道从地板下或者吊顶上进入电信间。水平电缆应该在水平电缆通道内牵引进入每个工作区。

(3) 检查第三步是电信间的电缆支撑硬件(如梯形架)已经安装,用于支撑从机柜或机架到水平通道的水平电缆。

(4) 第四步是检查从电信间到工作区的水平电缆通道,如果水平电缆通道是安装在吊顶上的电缆桥架,则要架起一个梯子,然后打开吊顶上的镶板检查电缆桥架。如果是地板下管路,则需要试通。在这两种情况下,都要对水平电缆通道进行分析,看水平电缆通道能否支撑必须敷设的水平电缆。如果检查后确定水平电缆通道已经满了或者不能支撑新的水平电缆,则要更换一个水平通道或在牵引水平电缆前敷设一条新通道。

8.3.2 规划并建立工作区

检查完水平电缆路径后,就需要进行牵引电缆的准备工作,包括准备牵引水平电缆所需的工具和材料,否则在敷设电缆的过程中就会因寻找必要的工具和材料而受阻。

另外,还需要进行工作区的规划和安全检查。在楼内施工时,工作区必须是已经规划好的并且安全有所保障,比如,采用橙色圆锥体和黄色警示带。提醒施工人员和其他人员在进入这个工作区时要注意到的各种可能危险。

8.3.3 拉绳和引线的安装

在安装铜线电缆之前,如果水平通道内没有牵引线,则必须先将拉绳和牵引线安装在水平通道内。

每个水平电缆通道都要配有一根牵引线。牵引线是用来在管道和地板下槽盒等电缆通道中牵引通信电缆的工具。在吊顶上的电缆桥架或者J形钩也可以用牵引线安装电缆。但因为这些电缆通道是开放式的,因此也可以手动敷设电缆。

安装牵引线通常使用如图8.1所示的小型穿线器。在管道内安装牵引线的具体步骤如下。①估算管道长度;②选择一个穿线器,要保证其长度可以达到管道的另一端;③把穿线器插入管道的一端并穿过整个电缆通道到达另一端;④将牵引线用带子固定在穿线器末端的吊钩上;⑤把穿线器卷起来,确保管道两端都有拉绳。

8.3.4 支起电缆盘或电缆箱

4对对绞电缆通常安装在配线子系统上。4对对绞电缆在销售时通常绕在电缆盘上或纸板箱中装运,长度一般为305m(1000ft)。

在开始牵引电缆之前,要把电缆盘和纸板箱支起来,以便电缆进入水平电缆通道。同时把电缆盘和纸板箱固定好以防电缆缠结和扭绞。

当需要一起牵引多条水平电缆时,则需要把电缆盘固定在一个电缆树上。电缆树是一个可以把多个电缆盘固定在上面放线的设备,这样就可以使得多条电缆一起放线。

8.3.5 电缆末端标记

在支起电缆盘和电缆箱准备放线的时候,每条水平电缆都必须有唯一的标识。电缆标识要贴在每条水平电缆上,相关的标签要贴在电缆盘或电缆箱上。

电缆标签要放在距电缆端7～15cm的距离,这样以防止在用带子将电缆固定在拉绳上的时候带子把标签遮住。此外,即使电缆的护套已经被剥离并且端接完毕之后,标签还可能留在电缆上。在电缆被牵引过水平电缆通道之后,将电缆从电缆盘或电缆箱切断并在电缆另一端做上标记。

一般在电缆路径的两端留有余量。余留电缆在电信间和工作区端接完之后切断。在原来的余留电缆被切去之后要把一个新的标签贴在电缆上。尽管端接设备上都有标签,但墙壁后的电缆也要有标签。

8.3.6 制作缆线牵引端

缆线敷设之前,建筑物内的各种暗敷管路和槽道已安装完毕,因此,缆线要敷设在管路或槽道内,就必须使用缆线牵引技术。为了方便缆线牵引,在安装各种管路或槽道时已内置了拉绳(一般为钢丝)。

缆线牵引是指用一条拉绳将缆线牵引从墙壁管路、地板管路及槽道或拉过桥架及槽盒的一端牵引到另一端。缆线牵引所用的方法取决于要完成作业的类型、缆线的质量、布线路由的难度、管道中要穿过的缆线的数目及管道中是否已敷设缆线等有关。不管在哪种场合,都必须尽量使拉绳与缆线的连接点平滑,所以要采用电工胶布紧紧地缠绕在连接点外面,以保证平滑和牢固。

1) 牵引 4 对对绞电缆

一条 4 对对绞电缆很轻,通常不要求做更多的准备,只需用电工胶布与拉绳捆扎按要求布放即可。

2) 牵引多条缆线穿过同一路由

如果牵引多条 4 对对绞电缆穿过一条路由,方法是使用电工胶布将多根双绞线电缆与拉绳绑紧,使用拉绳均匀用力,缓慢牵引电缆。牵引端的做法通常有以下两种。

(1) 牵引端做法一:将多条线聚集成一束,并使它们的末端对齐,然后用电工胶布紧绕在缆线束外面,在末端外绕 5~8cm 长就可以了。将拉绳穿过电工胶布缠绕好的电缆,并打好结,如图 8.8 所示。

(2) 牵引端做法二:为使拉绳与电缆组连接更牢固,可采用以下方法,将电缆除去一些绝缘层以暴露出 5cm 的铜质裸线,将裸线分为两束,将两束导线互相缠绕成一个环,如图 8.9 所示。用拉绳穿过此环,打好结,然后将电工胶布缠绕到连接点周围,并要注意缠得尽可能结实和平滑。

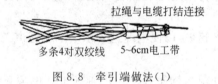
图 8.8 牵引端做法(1)

图 8.9 牵引端做法(2)

8.3.7 电缆牵引

同一楼层中,缆线的敷设从楼层电信间开始,由远及近向各个房间依次敷设。也就是从最远处的工作区信息插座处开始布放缆线,一直布放到楼层电信间机柜中。

对于新建建筑物,配线子系统的缆线敷设方式通常有吊顶槽盒墙体支管布线法、暗埋管布线法和墙壁槽盒布线法三种。

1. 吊顶槽盒墙体支管布线法

吊顶内的布线施工面广、量大、情况复杂和繁多、涉及范围几乎遍布智能化建筑,在整个施工过程中,必须按照以下施工程序和操作方法以及具体要求,才能符合技术规范的规定。

(1) 根据施工图纸要求,结合现场实际条件,确定在吊顶内的布线路由。

(2) 在缆线施工现场应注意安全,在工作区域采取安全防护措施,设置施工标记牌或警示塑料彩带等,以便提醒过往行人了解现场正在施工,存在安全隐患,限制非缆线施工人员和未经允许的个人进入施工现场,等等。

(3) 详细核查缆线的准确长度。对需敷设缆线的段落进行详细核查,注意缆线的路由、走向、位置、拐弯处和设备安装点等。确保每根缆线长度准确(包括预留缆线的长度),敷设的缆线有足够的长度(包括今后终端连接、测试等消耗长度)。对符合长度要求的缆线的两端做好标记,便于与房间号、配线架端口相匹配。电缆标记应当用防水胶布缠绕,以避免在穿线过程中磨损或浸湿。

(4) 检查吊顶内是否符合施工要求。根据施工图纸要求,结合现场实际条件,确定在吊顶内缆线的具体路由位置和安装方式。为此,应在施工现场将拟敷设缆线路由的吊顶活动面板(包括检查口)移开,详细检查吊顶距楼板底边的净空间距是否符合标准,有无影响缆线敷设的障碍。如有槽道或桥架装置及支撑物(包括悬吊件),安装是否牢固可靠,尤其是上人的吊顶,有无摇晃不稳定的现象,牢固程度不够的隐患等。如检查后确实未发现问题才能敷设缆线。

(5) 采用相应而适宜的牵引敷设方式。配线子系统的缆线长度不会太长,最长为100m,在吊顶内无论是否装设槽道或桥架,空间较为宽敞,为此,缆线的牵引敷设方式应采取人工牵引。通常在吊顶内采用分区布线法,对于单根大对数的电缆可以直接牵引敷设,不需要牵引绳索;如果是多根小对数的缆线(如4对对绞电缆)时(如采用内部布线法),可组成缆束作为牵引单位,用拉绳在吊顶内牵引敷设。如缆束长度较长、缆线根数较多、重量也较大时,可在缆线路由中间设置专人负责照料或帮助牵引,以减少牵引人力和防止电缆在牵引中受到磨损。具体的人工牵引方法如图8.10所示。

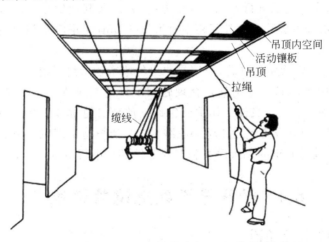

图8.10 用拉绳将缆线牵引到顶棚内

为了防止距离较长的电缆在牵引过程中发生被磨、刮、蹭、拖等损伤,可在缆线进顶棚的入口处和出口处以及中间增设保护措施和支撑设置。

在牵引缆线时,牵引速度宜慢速,不宜猛拉紧拽,如发生缆线被障碍物绊住,应查明原因,排除故障后再继续牵引,必要时,可将缆线拉回重新牵引。

配线子系统的缆线分布较分散,且线对数不多,更有利于利用吊顶内支撑柱或悬吊件等附挂缆线的方式。

(6) 向下穿过管路。配线子系统的缆线在吊顶内敷设后,需要将缆线穿放在预埋墙壁或柱子中的暗敷管路,向下牵引至安装的信息点(通信引出端)处。缆线根数较少,且线对数不多的情况可直接穿放。如果缆线根数较多,宜将牵引绳拉到安装信息插座处。缆线在工作区处应适当预留长度,一般为0.1~0.3m,以便连接。

2. 暗埋管布线法

暗埋管布线法是在浇筑混凝土时已把管道预埋好地板管道,管道内有牵引电缆线的钢丝或铁丝,安装人员只需索取管道图纸来了解地板的布线管道系统,确定"路径在何处",就可以做出施工方案了。

管道一般从电信间埋到信息插座安装地盒。安装人员只要将双绞线电缆固定在信息插座的拉线端,从管道的另一端牵引拉绳可将缆线打到电信间。

3. 墙壁槽盒布线

在墙壁上槽盒里布线一般遵循以下步骤。

(1) 确定布线路由。

(2) 沿着路由方向放线。

(3) 布线,把缆线放入槽盒中,盖塑料槽盖。在工程实际中,要求槽盖应错位盖(第一次可以把槽盒盖分成两半,这样底座和槽盖就错开了)。

其他布线方法与吊顶内布线方法基本相似。

8.3.8 收尾

(1) 固定缆线。在缆线的首端、尾端、转弯及每间隔 5~10m 处应绑扎固定牢靠。在水平桥架中敷设缆线时,应对缆线进行绑扎。双绞电缆、光缆及其他信号电缆应根据缆线的类别、数量、缆径、缆线芯数分束绑扎。绑扎间距不宜大于 1.5m,间距应均匀,绑扎不宜过紧或使缆线外护套受到挤压或变形。

(2) 暂不使用的暗敷管路的管孔,应用易取出的堵塞物堵封严密。

(3) 整理施工现场,保持工地清洁。整理施工现场使工地清洁是安装施工人员的职业道德的要求和必备的基本素质。具体工作主要包括整理牵引绳索和工具,处理施工中废弃的线缆线头和废料;所有工具、设备进行检验和收藏妥当;清扫施工现场和有关设施(如临时电气线路)的整理等。尤其是施工的剩余缆线和布线部件必须进行清点检查,分类妥善保管。

8.4 干线子系统电缆敷设施工

8.4.1 检查干线电缆通道

牵引干线电缆的第一步是检查电信间之间的电缆通道。在敷设任何电缆之前必须对每个干线通道进行检查,检查内容如下。

(1) 电信间之间的管道。

(2) 管道容量。

(3) 管道使用情况。

(4) 所用电缆通道内用于支持干线光缆的套管。

(5) 管道填充率。

(6) 干线电缆引入/引出管道的方式。

(7) 电信间之间的支撑结构。

(8) 电缆牵引点。

如果检查发现干线通道已满或者不能敷设新的干线电缆,就要在牵引干线电缆之前采用一些预留管道或者敷设新的管道。

8.4.2　规划并建立工作区

检查完干线电缆通道之后,须立即进行牵引电缆的准备工作。牵引电缆的准备工作包括牵引干线电缆所需的工具和材料。

另外,还需要进行工作区的规划和安全检查。在楼内施工时,工作区必须是已经规划好的并且安全有所保障,比如采用橙色圆锥体和黄色警示带,提醒施工人员和其他人员在进入这个工作区时要注意到的各种可能危险。

8.4.3　干线通道内拉绳的安装

牵引干线电缆的第一步是在干线通道内安装拉绳(最小测试拉力为200lb的塑料或者尼龙绳)。

安装拉绳通常使用如图8.1所示的小型穿线器。在管道内安装牵引线的具体步骤同8.3.3节。

8.4.4　支起电缆盘或电缆箱

干线电缆可能是普通的1条或4对双绞线,也可能是大对数缆线。

如果是大对数电缆,通常需要用大型的电缆盘装运它,市面上电缆盘通常为木质的,电缆长度在305～5000m。

当多条4对双绞线干线电缆必须在同一时间牵引的时候,则要把电缆盘固定在一个电缆树上。

8.4.5　电缆和电缆盘的标记

在支起干线电缆盘准备放线的时候,每条干线电缆都必须有唯一的标识。电缆标签必须贴在每条干线电缆上。

电缆标签要放在距电缆端7～15cm的距离。在电缆被牵引过干线电缆通道之后,将电缆从电缆盘或电缆箱切断并在电缆另一端做上标记。

在电缆路径的两端留有余量,一般为3～10m,被称作备用环。

8.4.6　制作缆线牵引端

干线电缆牵引的最后一步是将拉绳固定到电缆上,拉绳在电缆上的固定方法有拉环、牵引夹和直接将拉绳系在干线电缆上等几种方法。

1) 牵引1条或多条4对对绞电缆

在8.3.7节已经介绍过。

2) 牵引单根大对数双绞线对称电缆

这种方法适用于70对以下单条大对数(如25对、50对等)主干双绞线电缆。

牵引端做法:将电缆向后弯曲以便建立一个环,直径为15～30cm,并使缆线末端与缆线本身绞紧,再用电工胶布紧紧地缠绕在绞好的缆线上,以加固此环。然后用拉绳连接到缆环上,再用电工胶布紧紧地将连接点包扎起来,已做好的单条大对数双绞线对称电缆的牵引端如图8.11所示。

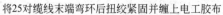
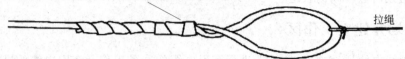

图 8.11　单条大对数双绞线对称电缆的牵引端

3）牵引多根 25 对双绞线电缆或更多线对电缆

对于 70 对以上，特别是上百对的主干缆或多根 25 对缆线，可采用一种称为芯套/钩的连接，这种连接是非常牢固的，它能用于几百对电缆的牵引。

牵引端做法如下：剥除约 30cm 的缆护套，包括导线上的绝缘层，使用斜口钳将部分线切去留下一部分（如约 12 根）作绞合用；将导线分成两个绞线组，将两组缆线交叉地穿过拉绳的环，在缆线的一边建立一个闭环，如图 8.12 所示，用电工胶布紧紧缠绕在缆线周围，覆盖长度约 6cm，然后继续再绕上一段，如图 8.13 所示，为制作好的电缆牵引芯套/钩。

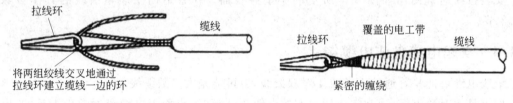

图 8.12　两组缆线交叉穿过拉线环　　　图 8.13　制作好的电缆牵引芯套/钩

在牵引缆线过程中，为减少缆线承受的拉力或避免在牵引中产生扭绞或打圈等有可能影响缆线本身质量的现象，在牵引缆线的端头处应装置操作方便、结构简单的合格牵引网套（夹），旋转接头（旋转环）等连接装置，如图 8.14 所示。缆线布放后，应平直处于安全稳定的状态，不应有受到外力的挤压或遭受损伤而产生障碍隐患。

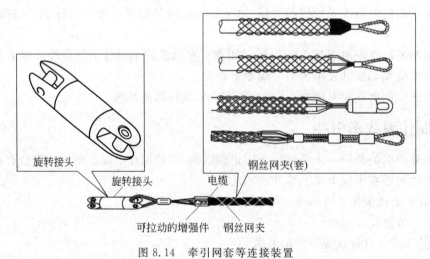

图 8.14　牵引网套等连接装置

8.4.7　干线电缆的牵引方式

1. 牵引敷设方法的类型

在前文介绍过，智能建筑有高耸的塔楼型和矮胖的宽敞型两种。高耸的塔楼型干线子系统都设在电信间(电缆竖井或上升房内,又称楼层配线间、干线接线间、交接间等),其牵引缆线敷设方式有两种类型,一种是向下垂放,即由建筑物的最高层向最低层牵引敷设,可以利用缆线本身自重的有利条件向下垂放的施工方式;另一种是向上牵引,即由低层向高层敷设,将缆线向上牵引的施工方式。

另外,在特高层(如几十层的高层)建筑时,可以采用分段牵引的方式,如 50 层的高层建筑分成 2 段,可以分别在 50 层、25 层向下垂放。

在矮胖的宽敞型干线子系统设在同一楼层的电信间之间,用于连接一个楼层的电信间。

2. 向下垂放的敷设方式

在向下垂放电缆时,应按照以下步骤进行并注意施工方法。

1) 核实缆线的长度重量

在布放缆线前,必须检查缆线两端,核实外护套上的总尺码标记,并计算外护套的实际长度,力求精确核实,以免敷设后发生较大误差。

确定运到的缆线的尺寸和净重,以便考虑有无足够大小的体积和负载能力的电梯,将缆线盘运到顶层或相应楼层,以便决定分别向上或向下牵引缆线施工。

2) 缆线盘定位和安装主滑轮

缆线盘必须放置在合适的位置,使顶层有足够的操作空间,缆线盘应用千斤顶架空使之能够自由转动,并设有刹车装置,用作帮助控制缆线的下垂速度或停止或启动。为了使缆线能正确直接竖直地下垂到洞孔。在沟槽或立管中,需用主滑车轮来控制缆线方向,确保缆线垂直进入上述支撑保护措施,且其外护套不受损坏。为此,主滑车轮必须固定在牢固的建筑结构上,防止有摆动偏离垂直的方向而损坏缆线外护套,为此,需要预留较大的洞孔或安装截面较大的槽道,如图 8.15 所示。

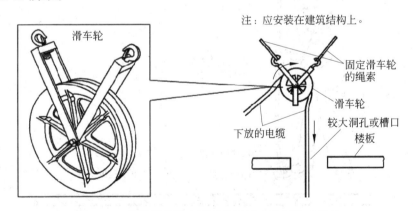

图 8.15 利用滑车轮向下垂放通过大的洞孔或槽口

3) 缆线牵引

缆线下垂敷设要求每层都应有人驻守,引导缆线下垂和观察敷设过程中的情况,这些施工人员需要戴有安全手套、无线电话等设备,及时发现和处理问题。

在缆线向下垂放敷设的过程中,要求速度适中均匀,不宜过快,使缆线从盘中慢慢放出徐徐下垂进入洞孔。各个楼层的施工人员应将经过本楼层的缆线正确引导到下一楼层的洞孔,直到缆线顺利到达底层时,将缆线从底层开始向上逐层固定,要求每个楼层留出缆线所需的冗余长度,并对这段缆线予以保护。各个楼层的施工人员应在统一指挥下,将缆线进行绑扎固定。

4）缆线牵引敷设和保护

在特高的智能化建筑中敷设缆线时，不宜完全采用向下垂放敷设，尚需牵引以提高工效。采用牵引施工方法时，必须注意以下几点。

（1）为了保证缆线本身不受损伤，在布放缆线过程中，其牵引力不宜过大，应小于缆线允许张力的80%。

（2）为了防止预留的电缆洞孔或管路槽盒的边缘不光滑，磨破电缆外护套，应在洞孔中放置塑料保护装置，以便保护，如图8.16所示。

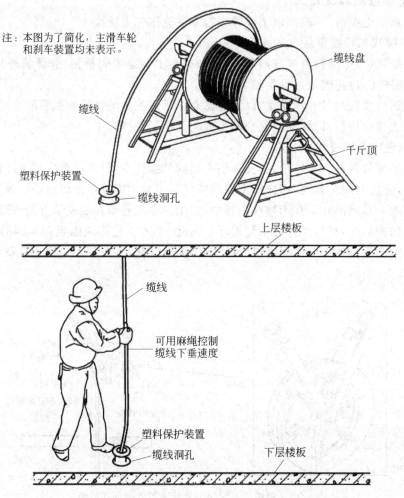

图8.16 向下垂直布放缆线洞孔中的保护装置

（3）在牵引缆线过程中，为防止缆线被拖、蹭、刮、磨等损伤，应均匀设置吊挂或支承缆线的支点，或采取其他保护措施（例如增加引导牵引缆线的引导绳），吊挂或支承的支持物间距不应大于1.5m，或根据实际情况来定。

5）缆线的牵引

由于建筑物主干布线子系统的主干缆线一般长度为几十米或百余米，应以人工牵引方法为主。如为特高层建筑，其楼层数量较多，且缆线对数较大时，宜采用机械牵引方式。

3. 向上牵引的敷设方式

当缆线盘因各种因素不能搬到顶层或建筑物本身楼层数量较少,建筑物主干布线的长度不长时,也可采用向上牵引缆线的敷设方式。

一般采用电动牵引绞车牵引,电动牵引绞车的型号、性能和牵引能力应根据所牵引电缆的重量和要求以及缆线达到的高度来选择。其施工顺序和具体要求与向下垂放基本相同。所不同的是,需要先从房屋建筑的顶层向下垂放一条牵引缆线的拉绳,拉绳的长度应比房屋顶层到最底层略长;拉绳的强度应足以牵引缆线等的所有重量,在底层将缆线端部与拉绳连接牢固,在受拉力时不会脱落,再次检查无误后,启动绞车,应匀速将缆线逐层向上牵引,同样,在每个楼层应由专人照料,使缆线在洞孔中间徐徐上升,不得产生缆线在洞孔边缘磨、蹭、刮、拖等现象,直到缆线引到顶层,要求从上到下在各个楼层缆线均有适当的预留长度,以便连接到设备,当全部楼层均按标准规定做到后,才停止绞车。

4. 水平干线电缆的牵引

水平干线电缆的牵引和支撑方式与水平电缆的相同,只是水平干线电缆要比一般的水平电缆重,因此在敷设时可能会需要更多的人员和更大的支撑设备。

5. 不同楼层的缆线敷设方式

向下垂放或向上牵引缆线都分别是从顶层到底层或从底层到顶层的缆线长度最长情况。在智能化建筑中如采用各个楼层单独供线时,通常是不同楼层各自独立的(或称单独的)缆线,且容量和长度不一。因此在工程实际施工时,应根据每个楼层需要,分别牵引敷设,有时可以分成若干个缆线组合,例如2~3层,将3个楼层的缆线一起牵引到该组合的最底楼层(如第1层),再依次分别穿放另外两个楼层(4、5层)长度的缆线到其供线的楼层(4、5层)。但这种组合应根据工程现场的实际情况来定,不宜硬性规定。

这种敷设方式较自由,即楼层层数的组合或缆线条数的组合(在同一楼层中有可能不是一根缆线)根据缆线容量多少、缆线直径的粗细和客观敷设的条件及牵引拉绳的承载能力等来考虑,可以采用完全不同组合。

8.4.8 干线电缆的支撑方式

综合布线系统的建筑物干线子系统的缆线,主要在封闭式或敞开式的槽道(桥架)内敷设,尤其是在缆线条数多而集中的设备间或电信间内敷设。为了便于维护和检修,缆线在槽道或桥架中敷设时,应按以下要求施工。

(1) 缆线在桥架或敞开式槽道内敷设时,为了使缆线布置整齐有序、固定美观,应采取稳妥牢靠的固定绑扎措施。通常是在水平装设的槽道或桥架中的缆线可以不绑扎,但应在缆线的首端、尾端、转弯处及每间隔3~5m处进行固定绑扎;但缆线在垂直装设的敞开式槽道或桥架内敷设时,应在缆线的上端和每隔1.5m处进行固定绑扎。具体固定有专制的电缆或光缆的塑料轧带等材料,通常将缆线绑扎在桥架或敞开式槽道内的支架上。

(2) 缆线在封闭式(有较严密的槽道盖板)的槽道内敷设时,要求缆线在槽道内平齐顺直、排列有序、尽量不交叉或不重叠,缆线不得溢出槽道,以免影响槽道盖板盖合,造成不能严闭密盖的现象,使水分或灰尘进入槽道。缆线在封闭式槽道虽然可不绑扎,但在缆线进出槽道的部位或转弯处应绑扎固定,尤其是槽道在垂直安装时,槽道内的缆线应每隔1.5m,将缆线固定绑扎在槽道内的支架上,以保证缆线布置整齐美观。

(3) 为了有利于检修障碍和维护管理,在桥架或槽道内的缆线固定绑扎时,宜采取分类布置和分束固定的方法,通常是根据缆线的类型、用途、缆径、线对数量,采用分束绑扎并加以标记的方法,以示区别,也便于维护检查,如图 8.17 所示。

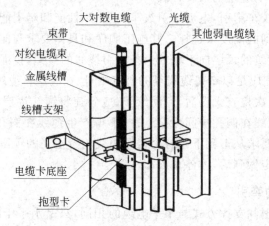

图 8.17　缆线在槽道中分束绑扎

如 4 对对绞电缆以 24 根为一束;25 对或 25 对以上的主干双绞线电缆或光缆及信号电缆可以分束捆扎。缆线绑扎的间距不宜大于 1.5m,绑扎间距应均匀一致,标志面向外显示。绑扎松紧适度,不宜过紧使缆线结构改变,以免影响传输性能。

(4) 在有些吊顶内因缆线条数较少或因其他原因不需要设置专用槽道,可以利用吊顶内的支撑柱附挂缆线的安装方式。这时承载的缆线不能太多,缆线悬空吊挂,容易混乱,必须采取分束绑扎,以便管理和检修。

(5) 在设备间或电缆竖井中所有建筑物干线子系统的缆线,都要求其缆线的外护套材料具有阻燃性能。

习　题

一、选择题

1. 由于通信电缆的特殊结构,电缆在布放过程中承受的拉力不要超过电缆允许张力的(　　)。
　　A. 60%　　　　　　B. 70%　　　　　　C. 80%　　　　　　D. 90%

2. 由于通信电缆的特殊结构,电缆在布放过程中承受的拉力不要超过电缆允许张力的 80%。下面关于电缆最大允许拉力值正确的有(　　)。
　　A. 1 根 4 对对绞电缆,拉力为 5kg　　　B. 2 根 4 对对绞电缆,拉力为 10kg
　　C. 3 根 4 对对绞电缆,拉力为 15kg　　　D. n 根 4 对对绞电缆,拉力为 $(n \times 4+5)$kg

3. 大对数主干电缆在进行敷设时,要求管线敷设的弯曲半径不小于电缆外径的(　　)倍。
　　A. 4　　　　　　　B. 8　　　　　　　C. 10　　　　　　　D. 20

二、思考题

1. 双绞线电缆布线在转弯时对弯曲半径有哪些要求?
2. 列出常用的 3 种双绞线电缆敷设工具,并指出其适用场合。

3. 在综合布线系统工程中，如何一起牵引 5 条 4 对对绞电缆？
4. 在吊顶内一般应如何敷设双绞线电缆？
5. 在竖井中垂直电缆敷设的两种方式应该如何实现？
6. 缆线在槽道或桥架内如何布置和固定？

三、实训题
1. 制作一个牵引 10 条 4 对 5e 类双绞线电缆的牵引端。
2. 制作一个牵引 1 条 25 对双绞线电缆的牵引端。
3. 制作一个牵引 3 条 25 对双绞线电缆的牵引端。
4. 到学校办公楼、机关办公大楼观察电缆竖井内干线缆线的布放。

任务 9 综合布线系统工程光缆布线敷设

在综合布线系统工程中,当管路和槽道系统安装完成后,接下来就要进行缆线敷设施工了,在任务 8 中介绍了电缆敷设施工,在本任务中将介绍光缆敷设。

9.1 任务描述

本任务要求学生在收集相关资料并参考国家标准的基础上,对配线子系统、干线子系统和建筑群子系统缆线进行光缆敷设。

综合布线系统的配线子系统、干线子系统会根据传输距离和用户需求选用双绞线电缆或者光缆作为传输介质,建筑群子系统一般采用光缆,则由于双绞线和光缆的结构不同,所以在布线施工中所采用的技术不相同。在本任务中主要介绍光缆的布线敷设。

9.2 相关知识

9.2.1 光缆施工的基本要求

1. 施工准备

光缆施工时应当做好以下准备工作。

(1) 光缆外观检查。用户收到光缆后,应及时检查缆盘及外层光缆,确定所收光缆没有受到损伤,检查缆盘中心孔有无各种可能损害光缆护套或妨碍光缆收卷或展开的障碍物。

(2) 数量检查。检查光缆总数量、每盘长度是否与合同要求一致。

(3) 质量检查。用光时域反射仪检查光缆在运输中受到伤害,检查所得数据可用来与安装后验收监测数据进行比较,并作为数据记录的一部分,有利于日后紧急修复工作。

(4) 配线设备的使用应符合规定。光缆交接设备的型号、规格应符合设计要求;光缆交接设备的编排及标记名称应与设计相符,各类标记名称应统一,标记位置应正确、清晰。

2. 光缆敷设要求

光缆和电缆之间有较大的区别,如果光缆在牵引敷设过程中玻璃光纤损坏,则这条光缆就报废了,必须更换。在布线施工时必须注意以下几点。

(1) 光缆弯曲时不能超过最小曲率半径。光纤的纤芯是石英玻璃,光纤是由光传输的,因此光缆比双绞线有更高的弯曲半径要求。在安装敷设完工后,光缆允许的最小曲率半径应不小于光缆外径的 15 倍;在施工过程中,光缆允许的最小曲率半径不应小于光缆外径的 20 倍。尺寸较大、光纤数目较多的光缆的最小弯曲半径要比小尺寸的光缆大。

（2）光缆敷设时的张力应符合设计标准中的规定。要求布放光缆的牵引力应不超过光缆允许张力的80%，瞬时最大牵引力不得大于光缆允许张力。主要牵引力应加在光缆的加强构件上，光纤不应直接承受拉力。光缆如采用机械牵引时，牵引力应用拉力计监视，不得大于规定值。

为了满足对弯曲半径和抗拉强度的要求，在施工中应使光缆卷轴转动，光缆盘转动速度应与光缆布放速度同步，要求牵引的最大速度为15m/min，保持恒定。光缆应从卷轴的顶部去牵引光缆，而且是缓慢而平稳地牵引，严禁硬拉猛拽。

（3）光缆敷设时的侧压力、扭转力均应符合设计标准中的规定。涂有塑料涂覆层的光纤细如毛发，而且光纤表面的微小伤痕都将使耐张力显著地恶化。另外，当光纤受到不均匀侧面压力时，光纤损耗将明显增大，因此，敷设时应控制光缆的敷设张力，避免使光纤受到过度的外力（弯曲、侧压、牵拉、冲击等）。在光缆敷设过程中，严禁光缆打小圈及弯曲、扭曲，有效地防止打背扣的发生。

（4）光缆敷设时的最大垂直高度。最大垂直高度是垂直敷设的光缆自支承时的垂直距离。光缆沿大楼的立柱垂直敷设时光缆要承受其自身的压力。如果光缆支撑方法不正确，光缆自身重量会压到光缆支撑物上，会对光缆产生损害。

（5）根据运到施工现场的光缆情况，结合工程实际，合理配盘与光缆敷设顺序相结合，应充分利用光缆的盘长，施工中宜整盘敷设，不得任意切断光缆，以减少中间接头。

（6）光缆布放应有冗余。光缆布放路由宜盘留（过线井处），预留长度宜为3～5m；在设备间和电信间，多余光缆盘成圆形来存放，光缆盘的弯曲半径也应至少为光缆外径的10倍，预留长度宜为3～5m，有特殊要求的应按设计要求预留长度。

（7）光缆与建筑物内其他管线应保持一定间距，最小净距符合国标的规定。

（8）必须在施工前对光缆的端别予以判别，并确定A、B端，A端应是网络枢纽一侧，B端是用户一侧，敷设光缆的端别应方向一致，不得使端别排列混乱。

（9）光缆无论在建筑物内还是建筑群间敷设，应单独占用管孔。如利用原有管道和铜芯电缆共管时，应在管孔中穿放塑料子管，塑料子管的内径应为光缆外径的1.5倍以上，光缆在塑料子管中敷设。在建筑物内光缆与其他弱电系统的缆线平行敷设时，应有一定间距分开敷设，并固定绑扎妥当。当小芯数光缆在建筑物内采用暗管敷设时，管道的截面利用率应为25%～30%。

9.2.2 光缆的装卸和运输

1. 光缆的装卸

装卸光缆时，最好用叉车或吊葫芦把光缆从车上轻轻地放置地上。用平直木板放置在卡车和地面之间，形成一个小于45°角的斜坡，在光缆顺着斜坡下滑的同时，用一绳子穿过光缆中间孔，再在车上拉住绳子的两端，使光缆盘匀速下滑；或在斜坡下端放置几个软垫（如破旧轮胎等），光缆顺着斜坡向下滑。严禁把光缆直接从卡车上滚下来，这样很可能造成光缆损坏。

2. 光缆的运输

光缆在运输时，不得使光缆盘处于平放状态，不得堆放；盘装光缆应按光缆盘标明的旋转箭头方向滚动，但不得长距离滚动；防止受潮和长时间暴晒；储运温度应控制在−40～+60℃。

9.2.3 光缆敷设环境

可以在很多环境下敷设光缆,比如,建筑物之间的干线,建筑物内垂直干线,建筑物内水平缆线。

在综合布线系统中,光缆是水平布线和干线布线(建筑群干线和建筑物干线)都认可的传输介质。尽管用于水平布线系统的光缆增长有限,但是对于干线布线系统,光缆是首选缆线。

9.2.4 光缆敷设方式

1. 室外光缆敷设方式

在任务4中已经介绍过,室外光缆(即建筑物间干线光缆)常见的敷设方式有3种:地下管道敷设,即在地下管道中敷设光缆;直接地下掩埋敷设;架空光缆敷设,即在空中从电线杆到电线杆的敷设。

(1) 地下管道。地下管道既是一个通道,又是一个保护管道,是楼宇间干线布线的首选方案。这种敷设方案可以保护光缆,防止潮湿和其他外界因素的破坏。

(2) 地下直埋。直埋法不需要敷设管道,直接挖沟对光缆进行掩埋。直埋光缆需要有一层保护铠甲保护光缆,防止动物撕咬。直埋光缆敷设方案在楼间干线上并不是首选方案,因为如果以后在敷设区进行挖掘的时候会损坏光缆。

(3) 架空光缆。架空光缆是架设在地面以上,用杆支撑起来或捆扎在建筑物上的光缆。在园区楼宇规划中,这是最经济的楼宇间架空光缆的方式。一些会损伤架空光缆的外界因素有风、冰雪、鸟害等。

选择何种敷设方式,应视工程条件、环境特点和电缆类型、数量等因素,且满足运行可靠、便于维护的要求和技术经济合理的原则来选择。

2. 室内光缆敷设方式

在任务4中已经介绍过,室内光缆敷设包括建筑物内干线光缆和水平光缆。

(1) 建筑物内干线光缆敷设方式。建筑物内干线光缆敷设方式有两种:一种是由建筑的顶层向下垂直布放;另一种是由建筑的底部向上牵引。通常采用向下垂直布放的施工方式,只有整盘光缆盘搬到顶层有较大困难或有其他原因时,才采用由下向上牵引光缆的施工方式。

(2) 水平光缆敷设方式。建筑物配线子系统的光缆从电信井到工作区,一般采用走吊顶(电缆桥架)或线槽(地板下)的敷设方式。

9.2.5 室外光缆敷设要求

1. 管道光缆敷设要求

管道光缆敷设方式就是在管道中敷设光缆,即在建筑物之间预先敷设一定数量的管道,如塑料管道,然后再用牵引法布放光缆。

管道光缆敷设的基本要求如下。

(1) 在敷设光缆前,根据设计文件和施工图纸对选用穿放光缆的管孔进行核对,如所选管孔需要改变时,应征求设计单位同意。

(2) 在敷设光缆前,应逐段将管孔清刷干净和试通。清扫时应用专制的清刷工具,清扫后应用试通棒检查合格,才可穿放光缆。如选用已有的多孔水泥管(又称混凝土管)穿放塑料子管,在施工前应对塑料子管的材质、规格、盘长进行检查,均应符合设计要求。一个水泥管孔中布放两根以上的塑料子管时,其子管等效总外径不宜大于管子内径的85%,如图9.1和图9.2所示。

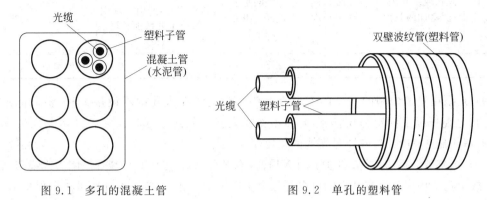

图9.1　多孔的混凝土管　　　　　图9.2　单孔的塑料管

(3) 当穿放塑料子管时,其敷设方法与电缆敷设基本相同,但需注意以下几点。

① 布放两根以上的塑料子管,如管材已有不同颜色可以区别时,其端头可不必做标志,如无颜色区别,应在其端头有区别的标志,具体标志内容由工程实际需要决定。

② 布放塑料子管的环境温度应在$-5\sim35℃$,在过低或过高的温度时,尽量避免施工,以保证塑料子管的质量不受影响。

③ 连续布放塑料子管的长度不宜超过300m,并要求塑料子管不得在管孔中间有接头。

④ 牵引塑料子管的最大拉力不应超过管材的抗拉强度,在牵引时的速度要求缓和均匀。

⑤ 穿放塑料子管的水泥管孔应采用塑料管堵头(也可采用其他方法)在管孔口处安装,使塑料子管固定。塑料子管布放完毕应将子管口临时堵塞,以防异物进入管内;近期不会穿放缆线的塑料子管必须在其端部安装堵塞或堵帽。塑料子管在人孔或手孔中应按设计规定预留足够的长度,以备使用。

(4) 光缆的牵引端部的端头应预先制成。为防止在牵引过程中产生扭转而损伤光缆,在牵引端头与牵引绳索之间应加装转环,避免牵引光缆时产生扭转而损伤光缆。

(5) 光缆采用人工牵引布放时,每个人孔或手孔中应有专人帮助牵引,同时,予以照顾和解决牵引过程中可能出现的问题。在机械牵引时,一般不需要每个人孔有人,但在拐弯人孔或重要人孔处应有专人照看。整个光缆敷设过程,必须有专人统一指挥,严密组织,并配有移动通信工具进行联络。不应有未经训练的人员上岗和在无通信联络工具的情况下施工。

(6) 光缆一次牵引长度一般不应大于1000m。超过1000m时,应将光缆盘成倒8字形状,分段牵引或在中间适当地点增加辅助牵引,以减少光缆张力,提高施工效率。

(7) 为了在牵引过程中保护光缆外护套不受损伤,在光缆穿入管孔或管道拐弯处或与其他障碍物有交叉时,应采用导引装置或喇叭口保护管等保护。此外,根据需要可在光缆四周涂抹中性润滑剂等材料,以减少牵引光缆时的摩擦阻力。

(8) 光缆敷设后,应逐个在人孔或手孔中将光缆放置在规定的托板上,并应留有适当余量,避免光缆过于绷紧。在人孔或手孔中的光缆需要接续时,其预留长度应符合表9.1中的规定。

如在设计中有特殊预留长度的要求,应按规定的位置妥善留足和放置,例如,预留光缆是为了将来引入新建的建筑物内,光缆可放在建筑物附近的人孔内。

表 9.1　管道光缆敷设的预留长度

自然弯曲增加长度(m/km)	人孔或手孔内弯曲增加的长度(m/孔)	接续每侧预留长度(m)	设备间每侧预留长度(m)	管道光缆需引上连接到架空时,其引上地面部分每处增加长度(m)	备　注
5	0.5～1.0	一般为 6～8	一般为 10～20	6～8	其他预留按设计要求

（9）光缆在管道中间的管孔内不得有接头。当光缆在人孔中不设接头时,要求将光缆弯曲放置在电缆托板上固定绑扎牢靠,光缆不得在人孔中间悬空通过。它将会影响人员进出人孔,且有碍于施工和维护,增加对光缆的损害机会。

（10）光缆敷设后,应检查外护套有无损伤,不得有压扁、扭伤和折裂等缺陷。光缆与其接头在人孔或手孔中均应放置在铁架的电缆托板上予以固定绑扎,并应按设计要求采取保护措施,保护材料可以采用蛇形软管或软塑料管等管材,也可在上面或周围设置绝缘板材隔断,以便保护。

（11）光缆在人孔或手孔中应注意以下几点。

① 光缆穿放的管孔出口端应封堵严密,以防水分或杂物进入管内。

② 光缆及其接续应有识别标识,标识内容有编号、光缆型号和规格等。

③ 在严寒地区应按设计要求采取防冻措施,以防光缆受冻损伤。

④ 如光缆有可能被碰损伤时,可在其上面或周围采取保护措施。

（12）为了确保通信质量,对于在人孔中预留的盘放光缆除用软管加以保护外,其光缆端头应做好密封堵严处理,以防进水或潮气渗入,尤其是经常有积水的人孔,预留盘放的光缆必须安放在高于积水面的位置,确保光缆不会浸泡在积水中,特标识光缆端头和光缆护套容易受到损伤的部位。

此外,盘留光缆（包括光缆接头和光缆接头设备）的位置必须安全可靠,不易受到外力机械损伤,力求减少人为障碍的发生,提高光缆线路的使用寿命,保证通信畅通。

2. 直埋光缆的敷设要求

直埋光缆敷设的主要特点是能够防止各种外来的机械损伤,而且地温较稳定,减少了温度变化对光纤传输特性的影响,从而提高了光缆的安全性和传输质量。直埋光缆是隐蔽工程,技术要求高,在敷设时应注意以下几点。

（1）在直埋光缆施工前,要对设计中确定的线路路由实施复测。内容包含路由测量、复核,以确定光缆路由的具体走向和位置。核实丈量地面正确的距离,为光缆配盘、分屯和敷设等工序提供必要的数据和依据,对于确保施工质量和提高工效会起到很好的作用。光缆路由复测的内容包括定线、定位、测距、打标桩、确定埋深的划线和登记等工作。

其中,对于直埋光缆的埋设深度应符合表 9.2 中的规定。

表 9.2　直埋光缆的埋设深度

序号	光缆敷设的地段或土质	埋设深度(m)	备　注
1	市区、村镇的一般场合	≥1.2	不包括车行道
2	街坊和智能化小区内、人行道下	≥1.0	包括绿化地带
3	穿越铁路、道路	≥1.2	距道底或距路面
4	普通土质(硬路面)	≥1.2	
5	沙砾土质(半石质土等)	≥1.0	

(2) 直埋光缆最大的工程量之一是挖掘缆沟(以下简称挖沟),在市区和智能化小区中,因道路狭窄、操作空间较小、线路距离短,不易采用机械式挖沟,通常采用人工挖沟,简便、灵活,不受地形和环境条件的影响,是较为经济、有效的施工方法。在挖沟中务必做到以下几点。

① 挖沟标准必须执行。例如,路由走向和位置以及间距等,应按复测后的划线施工,不得随意改变或偏离,沟槽应保持直线,不得自行弯曲。

② 沟深要符合施工要求。深度应该达标,当土质不同或环境各异时,沟深应有不同的标准,如确有困难经施工监理、工程设计或主管建设等单位同意后,可适当降低标准,但应采取相应的技术保护措施,确保缆线正常运行。

③ 沟宽必须满足缆线敷设的要求,且以施工操作方便为目的,沟宽和沟深的比例关系要适宜。

④ 在敷设光缆前应先清理沟底,沟底应平整,无碎石和硬土块等有碍于施工的杂物。

(3) 在同一路由上,且同沟敷设光缆或电缆时,应同期分别牵引敷设。如与直埋电缆同沟敷设,应先敷设电缆,后敷设光缆,在沟底应平行排列。如同沟敷设光缆,应同时分别布放,在沟底不得交叉或重叠放置,光缆必须平放于沟底,或自然弯曲使光缆应力释放,光缆如有弯曲腾空和拱起现象,应设法放平,不得用脚踩光缆使其平铺沟底。

(4) 直埋光缆的敷设位置,应在统一的管线规划综合协调下进行安排布置,以减少管线设施之间的矛盾。直埋光缆与其他管线及建筑物间的最小净距应符合要求。

(5) 在智能化小区、校园式大院或街坊内布放光缆时,因道路狭窄、操作空间小,宜采用人工抬放敷设光缆,施工人员应根据光缆的重量,按 2~10m 的距离排开抬放。如人数有限时,可采用 8 字形盘绕分段敷设。敷设时不允许光缆在地上拖拉,也不得出现急弯、扭转、浪涌或牵引过紧等现象,抬放敷设时的光缆曲率半径不得超过规定,应加强前后呼应,统一指挥,步调一致,逐段敷设。在敷设时或敷设后,需要前后移动光缆的位置时,应将光缆全长抬起或逐段抬起移位,要轻手轻脚,不宜过猛拉拽,从而使光缆的外护套产生暗伤隐患。

(6) 光缆敷设完毕后,应及时检查光缆的外护套,如有破损等缺陷应立即修复,并测试其对地绝缘电阻。

根据我国通信行业标准《光缆线路对地绝缘指标及测试方法》(YD 5012—2003)中的规定,必须符合以下要求。

① 单盘直埋光缆敷设后,其金属外护套对地绝缘电阻竣工验收指标,不应低于 10MΩ·km,其中暂允许 10%的单盘光缆不低于 2MΩ。

② 为了保护光缆金属护套免遭自然腐蚀的起码要求,维护指标也规定不应低于 2MΩ。

具体可参考《光缆线路对地绝缘指标及测试方法》(YD 5012—2003)中的规定。

(7) 在智能化小区、街坊内敷设的光缆,应按设计规定需在光缆上面铺设红砖或混凝土盖板,应先敷盖 20cm 后的细土再铺红砖,根据敷设光缆条数采取不同的铺砖方式(如竖铺或横铺)。

(8) 在智能化小区、校园式大院或街坊内,尤其是道路的路口、建筑的门口等处,在施工时应有安全可靠的防护措施,如醒目安全标志等,以保证居民生活和通行安全。光缆敷设完毕后,应及时回填,回填土应分层夯实,地面应平整。

(9) 直埋光缆的接头处、拐弯点或预留长度处以及其他地下管线交越处,应设置标志,以便今后维护检修。标志可以专制标识,也可利用光缆路由附近的永久性建筑的特定部位,测量出距直埋光缆的相关距离,在有关图纸上记录,作为今后的查考资料。

(10) 布放光缆时,直埋光缆的盘留安装长度在光缆自然弯曲增加的长度为7m/km,其他与管道光缆相同。

(11) 直埋光缆接头和预留光缆应平放在接头坑内;弯曲半径不得小于光缆外径的20倍;直埋光缆接头和预留光缆的上下各覆盖或铺放细土或细砂,最少厚度为100mm,共200mm。

3. 架空光缆的敷设

架空敷设光缆通常适用在临时的应用,对于永久或固定的缆线安装,不建议采用架空方式,但如确须采用架空方式,架空光缆在敷设时有以下基本要求。

(1) 在光缆架设前,在现场对架空杆路坚固状况进行检验,要求符合《本地通信线路工程验收规范》(YD/T 5138—2005)中的规定,且能满足架空光缆的技术要求时,才能架设光缆。

(2) 在架设光缆前,应对新设或原有的钢绞线吊线检查有无伤痕和锈蚀等缺陷,钢绞线绞合应严密、均匀,无跳股现象。吊线的原始垂度应符合设计要求,固定吊线的铁件安装位置应正确、牢固。对光缆路由和环境条件进行考察,检查有无有碍于施工敷设的障碍和具体问题,以确定光缆敷设方式。

(3) 不论采用机械式或人工牵引光缆,要求牵引力不得大于光缆允许张力的最大拉力。牵引速度要求缓和均匀,保持恒定,不能突然启动、猛拉紧拽。架空光缆布放应通过滑轮牵引,敷设过程中不允许出现过度弯曲或光缆外护套硬伤等现象。

(4) 光缆在架设过程中和架设后受到最大负载时,会产生的伸长率,要求应小于0.2%。在工程中对架空光缆垂度的确定应十分慎重,应根据光缆结构及架挂方式计算架空光缆垂度,并应核算光缆的伸长率,使取定的光缆垂度能保证光缆的伸长率不超过规定值。

(5) 架空光缆在以下几处应预留长度,要求在敷设时考虑。

① 中负荷区、重负荷区和超重负荷区布放的架空光缆,应在每根电杆上预留,轻负荷区每3~5杆挡作一处预留。预留及保护示意图如图9.3所示。

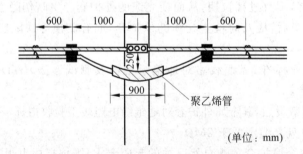

图9.3 光缆在杆上预留、保护示意图

② 架空光缆在配盘时,应将架空光缆的接头点放在电杆上或邻近电杆1m左右处,以利于施工和维护。架空光缆在接头处的预留长度应包括光缆接续长度和施工中所需的消耗长度,一般架空光缆接头处每侧预留长度为6~10m。如在光缆终端设备处终端时,在设备一侧应预留光缆长度为10~20m。

③ 在电杆附近的架空光缆接头,它的两端光缆应各作伸缩弯,其安装尺寸和形状如图9.4所示,两端的预留光缆应盘放在相邻的电杆上。

固定在电杆上的架空光缆接头及预留光缆的安装尺寸和形状如图9.5所示。

④ 光缆在经过十字形吊线连接处或丁字形吊线连接处,光缆的弯曲应圆顺,并符合最小曲率半径要求,光缆的弯曲部分应穿放聚乙烯管加以保护,其长度约为30cm,如图9.6所示。

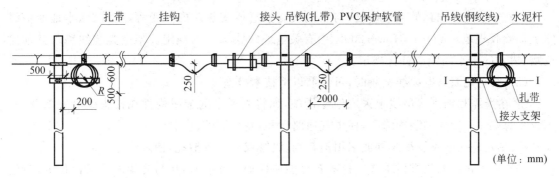

图 9.4　在电杆附近架空光缆接头与预留示意图

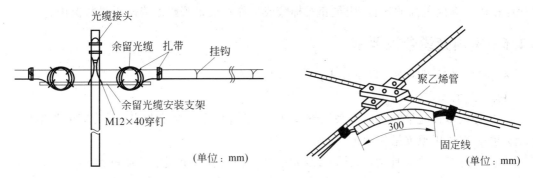

图 9.5　在电杆上架空光缆接头及预留光缆
　　　　安装尺寸和形状

图 9.6　光缆在十字形吊线处保护示意图

⑤ 架空光缆在布放时和光缆配盘时,适当预留一些因光缆韧性而增加的长度,一般每千米约增加 5m,其与预留长度应根据设计要求考虑。

⑥ 架空光缆的吊挂方式目前以光缆挂钩将光缆卡挂在钢绞线上为主。光缆挂钩的间距一般为 50cm,允许偏差不应大于±3cm。

(6) 管道光缆或直埋光缆引上后,与吊挂式的架空光缆相连接时,其引上光缆的安装方式和具体要求如图 9.7 所示。

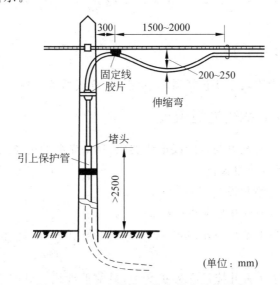

图 9.7　引上光缆的安装方式和具体要求

(7) 架空光缆线路的架设高度,与其他设施接近或交越时的间距等,应符合《本地通信线路工程验收规范》(YD/T 5138—2005)中有关电缆线路部分的规定。架空光缆线路与其他建筑物、树木的最小间距应符合规定。

(8) 架空光缆与电力线交越时,可采取以下技术措施。

① 在光缆和钢绞线吊线上采取绝缘措施,如将光缆中的金属构件在接头处电气断开,其钢绞线每隔 1~2km 加装绝缘子,使电气通路切断,减少影响范围。

② 在光缆和钢绞线吊线外面采用塑料管、胶管或竹片等捆扎,使之绝缘。

(9) 架空光缆如紧靠树木或电杆等有可能使外护套磨损时,在与光缆的接触部位处,应包套长度不小于 1m 左右的聚氯乙烯塑料软管、胶管或蛇皮管,加以保护。如靠近易燃材料建造的房屋段落或温度过高的场合,应包套石棉管或包扎石棉带等耐温或防火材料保护。

9.2.6 室内光缆敷设要求

室内光缆的敷设应满足以下要求。

(1) 光缆的固定。

① 在楼内敷设光缆时可以不采用钢丝绳,如果沿垂直金属槽敷设,则只需在光缆路径上每两层楼或 10m 用缆夹吊住即可。

② 如果光缆沿墙面敷设,只需每 1m 系一个缆扣或装一个固定的夹板。

(2) 光缆两端的余量。由于光缆两端最易受到损伤,所以在光缆到达目的地后,两端各需要有 10m 的富余量,从而保证光纤的熔接质量要求。

(3) 光纤的熔接和跳接。将光纤与 ST 头熔接,然后与耦合器共同固定于光纤端接箱上。光纤跳线一头插入耦合器,另一头插入交换机上的光纤端口。

9.3 建筑物内光缆的敷设施工

在综合布线系统中,光缆主要应用于配线子系统、干线子系统和建筑群子系统等场合。建筑物内光缆布线技术在某些方面与电缆的布线技术类似,但有其独特且灵活的布线方式。

9.3.1 光缆布线施工工具

光缆布线使用的敷设工具主要包括滑车、牵引机、穿线器等。在 7.2.2 节已经介绍过。

9.3.2 建筑物配线子系统光缆敷设

建筑物配线子系统光缆敷设与双绞线电缆类似,只是光缆的抗拉性能更差,因此在牵引时应当更为小心,曲率半径也要更大。

建筑物配线子系统光缆敷设步骤如下。

(1) 沿着光纤敷设路径打开吊顶或地板。

(2) 利用工具切去一段光纤的外护套,并由一端开始的 0.3m 处环切光缆的外护套,然后除去外护套。

(3) 将光纤及加固芯切去并掩没在外护套中,只留下纱线。对需敷设的每条光缆重复此过程。

(4) 将纱线与带子扭绞在一起。

(5) 用胶布紧紧地将长 20cm 范围的光缆护套缠住。

(6) 将纱线馈送到合适的夹子中去,直到被带子缠绕的护套全塞入夹子中为止。

(7) 将带子绕在夹子和光缆上,将光缆牵引到所需的地方,并留下足够长的光缆供后续处理用。

9.3.3 建筑物干线子系统光缆敷设

建筑物垂直干线子系统光缆用于连接设备间至各个楼层电信间,在前面介绍过,智能建筑有高耸的塔楼型和矮胖的宽敞型两种。在高耸的塔楼型的主干布线子系统都设在电信间(电缆竖井或上升房内),其牵引缆线敷设方式有向下垂放和向上牵引两种类型。

1. 通过各层电信间的槽孔垂直敷设光缆

在楼内垂直方向,光缆宜采用电缆竖井内电缆桥架或电缆走线槽方式敷设,电缆桥架或电缆走线槽宜采用金属材质制作;在没有竖井的建筑物内可采用预埋暗管方式敷设,暗管宜采用钢管或阻燃硬质 PVC 管,管径不宜小于 ϕ50mm。

在电信间中敷设光缆有向下垂放和向上牵引两种方式。通常向下垂放比向上牵引容易些。敷设方法和敷设电缆相似。但如果将光缆卷轴机搬到高层上去很困难,则只能由下向上牵引。

1) 向下垂放敷设光缆

向下垂放敷设光缆时的步骤如下。

(1) 在离建筑顶层设备间的槽孔 1~1.5m 处安放光缆卷轴,使卷筒在转动时能控制光缆。将光缆卷轴安置于平台上,以便保持在所有时间内光缆与卷筒轴心都是垂直的,放置卷轴时要使光缆的末端在其顶部,然后从卷轴顶部牵引光缆。

(2) 慢慢转动光缆卷轴,并将光缆从其顶部牵出。牵引光缆时,要保证不超过最小弯曲半径和最大张力的规定。

(3) 引导光缆进入槽孔中去。如果是一个小孔,则首先要安装一个塑料导向板,以防止光缆与混凝土边侧摩擦导致光缆的损坏。如果是一个大孔,则在孔的中心上安装一个滑车轮,然后把光缆拉出缠绕到车轮上去。

(4) 慢慢地从光缆卷轴上牵引光缆,直到下一层的施工人员能将光缆并引入下一槽孔中去为止。

(5) 在每一层楼均重复以上步骤,当光缆到达最底层时,要使光缆松弛地盘在地上。

(6) 在弱电间敷设光缆时,为了减少光缆上的负荷,应在一定的间隔上(如 1.5m)用缆带将光缆扣牢在墙壁上。

2) 固定光缆

用向下垂放敷设光缆方法,光缆不需要中间支持,捆扎光缆要小心,避免力量太大损伤光纤或产生附加的传输损耗。固定光缆的步骤如下。

(1) 使用塑料扎带,由光缆的顶部开始,将干线光缆扣牢在电缆桥架上。

(2) 由上往下,在指定的间隔(5.5m)安装扎带,直到干线光缆被牢固地扣好。

(3) 检查光缆外套有无破损,盖上桥架的外盖。

3) 建筑物干线子系统光缆敷设注意事项

在光缆敷设时需注意以下几点。

(1) 建筑物内主干布线子系统的光缆一般装在电缆竖井或上升房中,从设备间到各个楼层的干线交接间(又称干线接线间)之间敷设,成为建筑物中的主要骨干线路。为此,光缆应敷设在槽道内(或桥架)或走线架上,缆线应排列整齐,不应溢出槽道(或桥架)。槽道等的安装位置应正确合理,安装牢固可靠。为了防止光缆下垂或脱落,尤其是垂直敷设段落,因此,在穿越每个楼层的槽道上下端和中间,均应对光纤光缆采用切实有效的固定装置,例如,用尼龙绳、塑料带捆扎,使光缆捆扎牢固稳定。但捆扎要适度,不宜过紧,避免使光缆的外护套变形或损伤,影响光纤传输光信号的质量。

(2) 光纤光缆敷设后应细致检查,要求外护套完好无损,不得有压扁、扭伤、折痕和裂缝等缺陷。如出现异常,应及时检测,予以解决,尤其是严重缺陷或有断纤现象,应经检修测试合格后才能使用。此外,光缆敷设后的预留长度必须符合设计要求或按需要来决定。光缆的走向合理,曲率半径符合规定,缆线的转弯状态应圆顺,不得有死弯和折痕。

(3) 在光纤光缆的同一路由上,如有其他弱电系统的缆线或管线,且与它们平行或交叉敷设时,应有一定间距,要分开敷设和固定,各种缆线间的最小净距应符合标准,以保证光缆安全运行。

(4) 光缆全部固定牢靠后,应将光缆穿越各个楼层的所有槽洞或管孔等空隙部分,先用堵封材料严密封堵,再加堵防火材料,以达到防潮和防火效果。

(5) 敷设光缆时,应当按照设计要求预留适当的长度。一般在设备端应当预留 5~10m,有特殊要求的场合,根据需要预留长度。

(6) 光缆在建筑物内施工完毕后,为便于管理检修,凡是两根以上的光缆,应在相关部位(如光缆起始端)设置标志,标明光缆的用途、编号和端别等,尤其是光缆设备处和重要部位必须设置。如果光缆经过易受人为地移动或碰撞等不安全的地方(如行人较为繁多的走廊或通道),对光缆应作明显的保护标志或警示牌,提醒人们注意,避免光缆受伤而造成通信阻断事故。

2. 通过吊顶(天花板)来敷设光缆

在某些建筑物中,如低矮而又宽阔的单层建筑物中,可以在吊顶内水平地敷设干线光缆。由于吊顶的类型不同(悬挂式的和塞缝片的),光缆的类型不同(有填充物的和无填充物的),故敷设光缆的方法也不同。因此,首先要查看并确定吊顶和光缆的类型。

通常,当设备间和配线间同在一个大的单层建筑物中时,可以在悬挂式的吊顶内敷设光缆为主。如果敷设的是有填充物的光缆,且不牵引过管道,具有良好的、可见的、宽敞的工作空间,则光缆的敷设任务就比较容易。如果要在一个管道中敷设无填充物的光缆,就比较困难,其难度还与敷设的光缆数及管道的弯曲度有关。

9.4 建筑群干线光缆敷设施工

建筑群之间的干线光缆有管道敷设、直埋敷设、架空敷设和墙壁敷设 4 种敷设方法。其中,在地下管道中敷设光缆是 4 种方法中最好的一种方法。因为管道可以保护光缆,防止潮湿、野兽及其他故障源对光缆造成损坏。

9.4.1 管道光缆的敷设

1. 管道光缆敷设流程

(1) 准备材料、工具和设备。

① 对工程中所用的光缆、光缆附件和器材的型号、规格和数量等进行检验核对,对其质量和性能应做必要的检验和测试。

② 对光缆进行测试。

③ 对工程中登高用的梯子、脚扣、安全带、吊板(即滑椅)等工具必须严格检验是否良好,只有确定能保证施工人员生命安全可靠时才能使用。

(2) 试通管道。在敷设光缆前,应逐段将管孔清刷干净和试通。清扫时应用专制的清刷工具,清扫后应用试通棒检查合格,才可穿放光缆。

(3) 选择管道的管孔。如选用已有的多孔水泥管(又称混凝土管)穿放塑料子管,在施工前应对塑料子管的材质、规格、盘长进行检查,均应符合设计要求。管道内穿放塑料子管的内径应为光缆外径的 1.5 倍。当在一个水泥管孔中布放两根以上的塑料子管时,其子管等效总外径不宜大于管子内径的 85%。

(4) 检查和安装入口硬件。

(5) 确定牵引方案,即施工方式。

① 机械牵引敷设。

a. 集中牵引法。集中牵引即端头牵引,牵引绳通过牵引端头与光缆端头连接,用终端牵引机按设计张力将整条光缆牵引至预定敷设地点。

b. 分散牵引法。不用终端牵引机而是用 2~3 部辅助牵引机完成光缆敷设。这种方法主要是由光缆外护套承受牵引力,故应在光缆允许承受的侧压力下施加牵引力,因此需使用多台辅助牵引机使牵引力分散并协同完成。

c. 中间辅助牵引法。除使用终端牵引机外,同时使用辅助牵引机。一般以终端牵引机通过光缆牵引头牵引光缆,辅助牵引机在中间给予辅助牵引,使一次牵引长度得到增加。

② 人工牵引敷设。人工牵引需有良好的指挥人员,使前端集中牵引的人与每个人孔中辅助牵引的人尽量同步牵引。

(6) 牵引机具的装设。在管道光缆的端部应装设光缆网套等牵引装置,牵引的光缆端部应绑扎牢固,光缆端部外护套完整无损,保证在牵引过程中,光缆端部的外护套密封良好。为保证牵引和保护光缆敷设顺利,在牵引钢丝绳与光缆网套等牵引装置之间加装旋转接头等连接装置。

(7) 牵引光缆。

① 光缆一次牵引长度一般不应大于 1000m。超长距离时,应将光缆盘成倒 8 字形状,分段牵引或在中间适当地点增加辅助牵引,以减少光缆张力,提高施工效率。

② 为了在牵引过程中保护光缆外护套不受损伤,在光缆穿入管孔或管道拐弯处或与其他障碍物有交叉时,应采用导引装置或喇叭口保护管等保护。此外,根据需要可在光缆四周涂抹中性润滑剂等材料,以减少牵引光缆时的摩擦阻力。

③ 光缆采用人工牵引布放时,每个人孔或手孔中应有专人帮助牵引,同时,予以照顾和解决牵引过程中可能出现的问题。在机械牵引时,一般不需要每个人孔有人,但在拐弯人孔或重要人孔处应有专人照看。整个光缆敷设过程,必须有专人统一指挥,严密组织,并配有移动通

(8) 人孔及端站光缆的安装。管道光缆在盘留安装方法（光缆接头）。管道光缆在人孔中的盘留方法根据人孔或手孔内部尺寸、缆线预留长度、人孔或手孔容纳缆线的条数以及操作空间而定。管道光缆接头应放在光缆铁支架上，光缆接头两侧的余缆应盘成 O 形圈（小圈、大圈或人孔四周），用扎线或尼龙带等固定在人孔或手孔的铁支架上，O 形圈的弯曲半径不得小于光缆直径的 20 倍。并将在人孔或手孔中的盘放光缆用软管加以保护。

(9) 完成。光缆敷设后，应逐个在人孔或手孔中将光缆放置在规定的托板上，并应留有适当余量，避免光缆过于绷紧。

2. 管道光缆敷设的防机械损伤

防止管道光缆敷设过程中可能对光缆造成的机械损伤的措施见表 9.3。

表 9.3 管道光缆敷设保护措施

措　施	保护用途
蛇形软管	在人孔内保护光缆 (1) 从光缆盘送出光缆时，为防止被人孔角或管孔入口角摩擦损伤，采用软管保护 (2) 绞车牵引光缆通过转弯点和弯曲区，采用 PE 软管保护 (3) 绞车牵引光缆通过人孔中不同水平（有高差）管孔时，采用 PE 软管保护
喇叭口	光缆进管口保护 (1) 光缆穿入管孔，使用两条互连的软金属管组成保护。金属管分别长 1m 和 2m，每管的一个端装喇叭口 (2) 光缆通过人孔进入另一管孔，将喇叭口装在牵引方向的管孔口
润滑剂	光缆穿入管孔时，应涂抹中性润滑剂。当牵引 PE 护套光缆时，液状石蜡是一种较优润滑剂，它对 PE 护套没有长期不利的影响
堵口	将管孔、子管孔堵塞，防止泥沙和鼠害

9.4.2 直埋光缆的敷设

直埋光缆的敷设流程如下。

(1) 准备材料、工具和设备（略，与管道光缆类似）。

(2) 检查光缆沟。

在直埋光缆施工前，要对设计中确定的线路路由实施复测。检查光缆沟与地面的距离要符合国标要求。

(3) 光缆沟的清理和回填。

沟底应平整，无碎石和硬土块等有碍于光缆敷设的杂物。如沟槽为石质或半石质，在沟底还应铺垫 10cm 厚的细土或沙土并铲平。光缆敷设后，应先回填 30cm 厚的细土或沙土作为保护层，严禁将碎石、砖块、硬土块等混入保护层。保护层应采用人工方式轻轻踏平。

(4) 光缆敷设。

敷设直埋光缆时，施工人员手持 3～3.5m 光缆，并将之弯曲成一个水平 U 形，如图 9.1 所示。该 U 形弯不能小于光缆所允许的弯曲半径。

然后，向前滚动推进光缆，使光缆前端始终呈 U 形。

当光缆向上引出地面时，应当在地下拐角处填充支撑物，避免光缆在泥土的重力压迫下变形，改变其弯曲半径，如图 9.7 所示。

同沟敷设光缆和电缆时,应同期分别牵引敷设。

(5) 标识。

直埋光缆的接头处、转弯点、预留长度处或与其他管线的交汇处应设置标志,以便以后的维护检查。

9.4.3 架空光缆的敷设

架空光缆的施工方法

1. 架空光缆敷设前的准备

架空光缆不论是采用自承式或非自承式,在敷设缆线前,应做好以下准备工作,有利于施工的顺利进行,并且能保证工程质量和提供工效。

(1) 准备材料、工具和设备(略,与管道光缆类似)。

(2) 检查客观环境的施工条件是否具备。

对工程的客观环境进行检查。查清有无妨碍正常施工的问题,例如,树木是否过于茂盛,与电力线路交叉较多影响架设光缆,或社区广告牌、体育锻炼用具等设施有无妨碍光缆路由顺利施工。在施工前,应及早与有关单位协商解决。

(3) 立杆或对已有架空杆路进行检查和整修加固。

在园区中如有已建成的架空杆路可以利用架挂光缆时,在施工前,必须对原有架空杆路进行认证检验和判断,要求符合《本地通信线路工程验收规范》(YD/T 5138—2005)中的规定,确认合格,且能满足架空光缆的技术要求时,才能架设光缆。检验包括例如电杆是否坚实牢固、杆高是否适宜、能否架设光缆、有无位置,该杆路有无需要整修或加固的情况,甚至换杆或增设加固装置。

(4) 架空光缆的施工方法。

目前,国内外架空光缆的施工方法较多,从大的分类有全机械化施工和人力牵引施工两种,国内采用传统的人力牵引施工方法。按照电缆本身有无支承结构来分,有自承式光缆和非自承式光缆两种。在综合布线系统工程中一般采用非自承式光缆。

国内非自承式光缆是采用光缆挂钩将光缆拖挂在光缆吊线上,即托挂式施工方法。国内通信工程业界将托挂式施工方法又细分为汽车牵引、人力辅助的动滑轮托挂法(以下简称汽车牵引动滑轮托挂法)、动滑轮边放边挂法、定滑轮托挂法和预挂挂钩托挂法等几种,应视工程环境和施工范围及客观条件等来选定哪种施工方法。

① 汽车牵引动滑轮托挂法。这种方法适用于施工范围较大、敷设距离较长、光缆重量较重,且在架空杆路下面或附近无障碍物及车辆和行人较少,可以行驶汽车的场合。受到客观条件限制较多,在智能化小区采用较少,如图 9.8 所示。

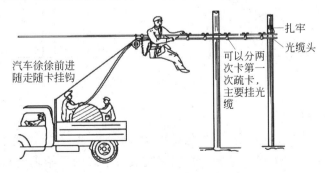

图 9.8 汽车牵引动滑轮托挂法

② 动滑轮边放边挂法。这种方法适用于施工范围较小、敷设距离较短、架空杆路下面或附近无障碍物,但不能通行车辆的场合。所以是在智能化小区较为常用的一种敷设缆线方法,如图9.9所示。

图9.9 动滑轮边放边挂法

③ 定滑轮托挂法。这种方法适用于敷设距离较短、缆线本身重量不大,但在架空杆路下面有障碍物,施工人员和车辆都不能通行的场合,如图9.10所示。

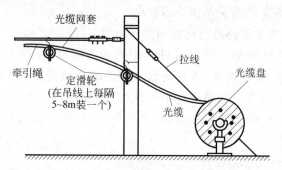

图9.10 定滑轮托挂法

④ 预挂挂钩托挂法。这种方法适用于敷设距离较短,一般不超过200～300m,因架空杆路下面有障碍物,施工人员无法通行,采取吊挂光缆前,先在吊线上按规定间距预挂光缆挂钩,但需注意挂钩的死钩应逆向牵引,防止在预挂的光缆挂钩中牵引光缆时,移动光缆挂钩的位置或被牵引缆线撞掉。必要时,应调整光缆挂钩的间距,如图9.11所示。这种方法在智能化小区内较为常用。

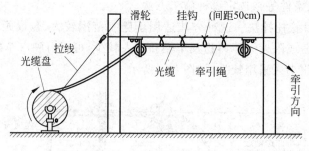

图9.11 预挂挂钩托挂法

2. 挂吊线调整垂度

对于非自承重的架空光缆而言,应当先行架设承重钢绞线,并对钢缆进行全面的检查。钢绞线应无划痕和锈蚀等缺陷,绞合紧密、均匀、无跳股。吊线的原始垂度和跨度应符合设计要求,一般要求下垂不大于跨度的1%。固定吊线的铁杆安装位置正确、牢固,周围环境中无施工障碍。

如果架设自承式光缆,则调垂。

3. 架空光缆的施工方法

非自承式架空光缆常采用动滑轮边放边挂法和定滑轮托挂法,这两种方法都是电杆下不通行汽车的情况。自承式架空光缆常采用定滑轮托挂法。

(1) 定滑轮托挂法的施工步骤。

① 为顺利布放光缆并不损伤光缆外护层,应采用导向滑轮和导向索,并在光缆始端和终点的电杆上各安装一个滑轮。

② 每隔20~30m安装一个导向滑轮,边牵引绳边按顺序安装滑轮,直至光缆放线盘处与光缆牵引头连好。

③ 采用端头牵引机或人工牵引,在敷设过程中应注意控制牵引张力。

④ 一盘光缆分几次牵引时,可在线路中盘成倒8字形分段牵引。

⑤ 每盘光缆牵引完毕,由一端开始用光缆挂钩将光缆托挂于吊线上,替换导向滑轮。挂钩之间的距离和在杆上作"伸缩弯",见图9.10。

⑥ 光组接头预留长度为6~10m,应盘成圆圈后用扎线固定在杆上。

(2) 动滑轮边放边挂法的施工步骤。

对于杆下障碍不多的情况下,可采用杆下牵引法,即动滑轮边放边挂法。其施工步骤如下。

① 将光缆盘置于一段光路的中点,采用机械牵引或人工牵引将光缆牵引至一端预定位置,然后将盘上余缆倒下,盘成倒8字形,再向反方向牵引至预定位置。

② 边安装光缆挂钩,边将光缆挂于吊线上。

③ 在挂设光缆的同时,将杆上预留、挂钩间距一次完成,并做好接头预留长度的放置和端头处理。

(3) 预挂挂钩托挂法的施工步骤。

① 在杆路准备时就将挂钩安装于吊线上。

② 在光缆盘及牵引点安装导向索及滑轮。

③ 将牵引绳穿过挂钩,预放在吊线上,敷设光缆时与光缆牵引端头连接。

④ 预留光缆。详见前述架空光缆的敷设要求。

⑤ 安装附件。

⑥ 完成。

9.4.4 墙壁光缆施工

墙壁光缆的敷设方式有贴壁卡子式和沿壁吊挂式。吊挂式根据光缆的结构不同,又分为非自承式和自承式两种,它与一般架空光缆敷设方法相似。

1. 卡子式墙壁光缆的施工方法

(1) 光缆卡子的间距,一般在光缆的水平方向为60cm,垂直方向为100cm,遇有其他特殊情况可酌情缩短或增长间距。采用塑料线码时可根据固定的塑料光缆规格,适当增减间距距离,但在同一段落,间距应一致。

(2) 光缆水平方向敷设时,光缆卡子和塑料线码的钉眼位置应在光缆下方;当光缆垂直方向敷设时,光缆卡子和塑料线码的钉眼位置,应与附近水平方向敷设的光缆卡子钉眼在光缆的同一侧,如图9.12所示。

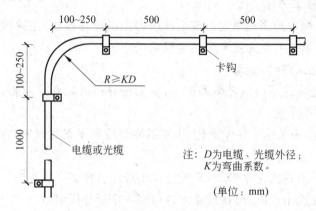

图 9.12 卡子式墙壁电(光)缆

(3) 光缆如必须垂直敷设时,应尽量将其放在墙壁的内角,不宜选择在墙壁的外角附近,如不得已时,光缆垂直的位置距外墙角边缘应不小于50cm。

(4) 卡子式墙壁光缆在屋内敷设如需穿越楼板时,其穿越位置应选择在楼梯间、走廊等公共地方,应尽量避免在房间内穿越楼板。在垂直穿越楼板处,光缆应设有钢管保护,其上部保护高度不得小于2m。

(5) 在屋内同一段落内,尽量不采用两条墙壁光缆平行敷设的方法。这时可采用特制的双线光缆卡子同时固定两条光缆的安装方法。

(6) 卡子式墙壁光缆在门窗附近敷设时,应不影响门窗的关闭和开启,并注意美观。在屋外墙上敷设的位置,一般选择在阳台或窗台等间断或连续的凸出部位上布置。不论在屋内或屋外墙壁上敷设光缆,都应选择在较隐蔽的地方。

2. 吊挂式墙壁光缆的施工方法

吊挂式墙壁光缆分为非自承式和自承式两种。非自承式墙壁光缆的敷设形式是将光缆用光缆挂钩等器件悬挂在光缆吊线下,它与一般架空杆路上的架空光缆装设方法相似,光缆和其他器件也是与架空光缆基本相同,如图9.13所示。

9.4.5 光缆通过进线间引入建筑物

1. 光缆引入建筑物

综合布线系统引入建筑物内的管理部分通常采用暗敷方式。引入管路从室外地下通信电缆管道的人孔或手孔接出,经过一段地下埋设后进入建筑物,由建筑物的外墙穿放到室内,这就是引入管路的全部。

综合布线系统建筑物引入口的位置和方式的选择需要会同城建规划和电信部门确定,应留有扩展余地。

图9.14所示为管道电(光)缆引入建筑物示意图,图9.15所示为直埋电(光)缆引入建筑物示意图,图9.16所示为架空光缆引入建筑物示意图。

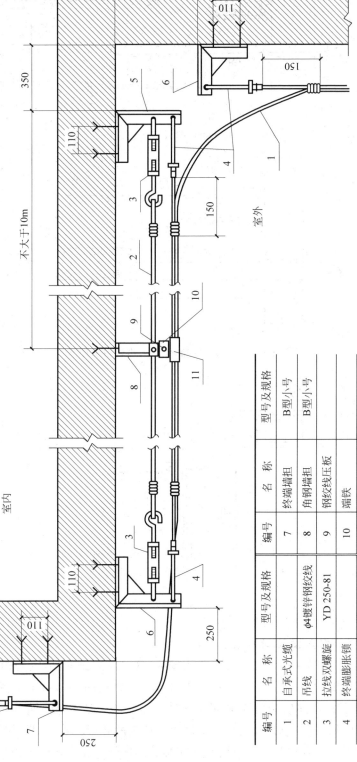

图9.13 吊挂式墙壁光缆

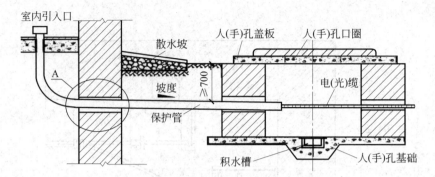

图9.14 管道电(光)缆引入建筑物示意图

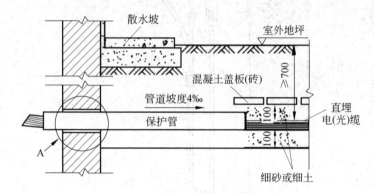

图9.15 直埋电(光)缆引入建筑物示意图

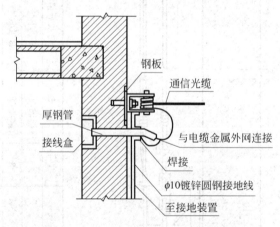

图9.16 架空光缆引入建筑物示意图

2. 光缆从室外引入设备间方法

在很多情况下,光缆引入口和设备间距离较远,这时需要进线间,光缆由进线间敷设至机房的光缆配线架(ODF),往往从地下或半地下进线室由楼层间爬梯引至所在楼层。因光缆引上不能光靠最上层拐弯部位受力固定,而应进行分散固定,即要沿爬梯引上,并做适当绑扎。光缆在爬梯上,在可见部位应在每支横铁上用粗细适当的轧带绑扎。对无铠装光缆,每隔几挡应衬垫一块胶皮后扎紧,对拐弯受力部位,还应套胶管保护。在进线间可将室外光缆转换为室内光缆,也可引至光缆配线架进行转换,如图9.17和图9.18所示。

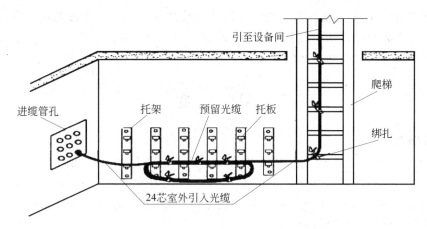

图 9.17　在进线间将室外光缆引入设备间

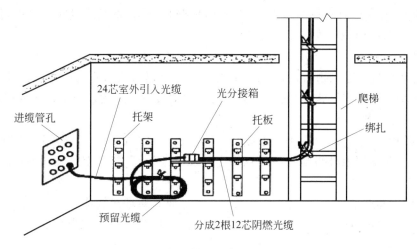

图 9.18　在进线间将室外光缆转换为室内光缆

当室外光缆引入口位于设备间,不必设进线间,室外光缆可直接端接于光缆配线架上,或经由一个光缆进线设备箱(分接箱),转换为室内光缆后再敷设至主配线架或网络交换机,并由竖井布放至楼层电信间,如图 9.19 所示。

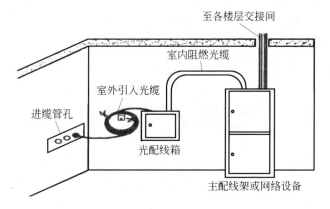

图 9.19　进线间与设备间合用时将室外光缆引入

光缆布放应有冗余,一般室外光缆引入时预留长度为 5～10m,室内光缆在设备端预留长度为 3～5m。在光缆配线架中通常都有盘纤装置。

电信间、设备间、进线间之间的干线通道应沟通。

习　　题

一、选择题

1. 室外光缆在敷设时,管线的弯曲半径不小于缆线外径的(　　)倍。
   A. 4　　　　　　　B. 8　　　　　　　C. 10　　　　　　　D. 20

2. 制作光缆牵引头时,利用工具切去一段光缆的外护套,并由一端开始的(　　)m 处环切光缆的外护套,然后除去外护套。
   A. 0.3　　　　　　B. 0.4　　　　　　C. 0.5　　　　　　D. 0.6

3. 光缆与电缆同管敷设时,应在管道内预设塑料子管。将光缆设在子管内,使光缆与电缆分开布放,子管的内径应为光缆外径的(　　)倍。
   A. 2.5　　　　　　B. 3　　　　　　　C. 3.5　　　　　　D. 5

4. 室外光缆进入建筑物时,通常在入口处经过一次转接进入室内。在转接处加上电气保护设备,以避免因电缆受到雷击、感应电势或与电力线接触而给用户设备带来的损坏。这是为了满足(　　)保护的需要。
   A. 屏蔽　　　　　　B. 过流　　　　　　C. 电气　　　　　　D. 过压

5. (　　)要求用电杆将缆线在建筑物之间悬空架设,一般先架设钢丝绳,然后在钢丝绳上挂放缆线。
   A. 架空布线法　　　　　　　　　　　B. 直埋布线法
   C. 地下管道布线法　　　　　　　　　D. 隧道内电缆布线法

二、思考题

1. 简述光缆施工的基本要求。
2. 简述配线子系统光缆敷设的步骤。
3. 简述在弱电竖井敷设光缆的基本方法和步骤。
4. 简述地下管道光缆的敷设要求和过程。
5. 架空光缆敷设有哪些要求和哪几种方法?
6. 简述卡子式墙壁光缆施工方法。
7. 光缆从室外引入设备间有哪几种方法?

三、实训题

到学校办公楼、机关办公大楼观察电缆竖井内干线光缆的布放。

任务 10 工作区用户跳线和信息插座的端接

10.1 任务描述

在配线子系统和干线子系统敷设缆线后,下来就需要对敷设完毕的双绞线电缆进行端接了。

10.2 相关知识

10.2.1 双绞线电缆终接的基本要求

双绞线电缆终接是综合布线系统工程中最为关键的步骤,它包括配线接续设备(设备间、电信间)和信息点(工作区)处的安装施工,另外,经常用到与 RJ-45 水晶头的端接。综合布线系统的故障绝大部分出现在链路的连接之处,故障会导致线路不通和衰减、串扰、回波损耗等电气指标不合格,故障不仅出现某个终接处,也包含终接安装时不规范作业如弯曲半径过小、开绞距离过长等引起的故障。所以,对安装和维护综合布线的技术人员,必须先进行严格培训,掌握安装技能。

1. 缆线终接要求

(1) 缆线在终接前,必须核对缆线标识内容是否正确。
(2) 缆线中间不应有接头。
(3) 缆线终接处必须牢固、接触良好。
(4) 双绞线电缆与连接器件连接应认准线号、线位色标,不得颠倒和错接。

2. RJ-45 水晶头端接原理

RJ-45 水晶头端接原理:利用压力钳的机械压力使 RJ-45 水晶头中的刀片首先压破线芯护套,然后再压入铜线芯中,实现刀片与线芯的电气连接。每个 RJ-45 水晶头中有 8 个刀片,每个刀片与 1 个线芯连接。图 10.1 所示为 RJ-45 水晶头刀片压线前位置图,图 10.2 所示为 RJ-45 水晶头刀片压线后位置图。

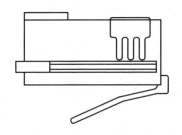

图 10.1　RJ-45 水晶头刀片压线前位置图

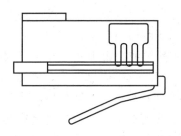

图 10.2　RJ-45 水晶头刀片压线后位置图

3. 双绞线电缆终接要求

(1) 终接时,每对双绞线应保持扭绞状态,电缆剥除外护套长度够端接即可,最大暴露双绞线长度为 40～50mm;扭绞松开长度对于 3 类电缆不应大于 75mm;对于 5 类电缆不应大于 13mm;对于 6 类及以上类别的电缆不应大于 6.4mm。

(2) 双绞线与 8 位模块式通用插座相连时,应按色标和线对顺序进行卡接。插座类型、色标和编号应符合图 10.3 的规定。两种连接方式均可采用,但在同一布线工程中两种连接方式不应混合使用。

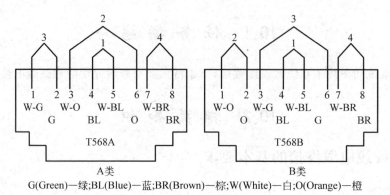

图 10.3 8 位模块式通用插座连接

(3) 7 类 4 对对绞电缆与非 RJ-45 方式终接时,应按线序号和组成的线对进行卡接,如图 10.4 所示。

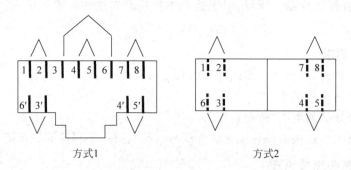

图 10.4 7 类和 7A 类模块插座连接(正视)

(4) 屏蔽双绞线电缆的屏蔽层与连接器件终接处屏蔽罩应通过紧固器件可靠接触,缆线屏蔽层应与连接器件屏蔽罩 360°圆周接触,接触长度不宜小于 10mm。屏蔽层不应用于受力的场合。

(5) 对不同的屏蔽双绞线或屏蔽电缆,屏蔽层应采用不同的端接方法。应对编织层或金属箔与汇流导线进行有效的端接。

(6) 虽然电缆路由中允许转弯,但端接安装中要尽量避免不必要的转弯,绝大多数的安装要求少于 3 个 90°转弯,在一个信息插座盒内允许有少数电缆的转弯及短(30cm)的盘圈。安装时避免下列情况:①避免弯曲超过 90°;②避免过紧地缠绕电缆;③避免损伤电缆的外皮;④剥除外护套时避免伤及双绞线绝缘层。

(7) 电缆剥除外护套后,双绞线在端接时应注意:①避免线对发散;②避免线对叠合紧密缠绕；③避免长度不同。

10.2.2 信息模块的端接要求

信息插座的核心是信息模块。双绞线在与信息模块连接时，必须按色标和线对顺序进行卡接。

信息模块端接原理：利用打线钳的压力将8根线逐一压接到模块的8个接线口，同时裁剪掉多余的线头。在压接过程中刀片首先快速划破线芯绝缘护套，与铜线芯紧密接触实现刀片与线芯的电气连接，这8个刀片通过电路板与RJ-45口的8个弹簧连接，如图10.5所示。RJ-45配线架配线端接原理和信息模块的端接原理是一样的。

 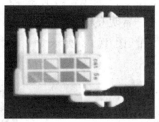

图10.5 信息模块端接

信息插座与插头的8根针状金属片具有弹性连接，且有锁定装置，一旦插入连接，很难直接拔出，必须解锁后才能顺利拔出。信息插座应具有防尘、防潮护板功能。同时信息插座出口应有明确的标记，面板应符合国标86系列标准。

双绞线电缆与信息模块端接的施工操作方法应符合以下基本要求。

（1）双绞线电缆与信息模块端接采用卡接方式，施工中不宜用力过猛，以免造成模块受损。连接顺序应按缆线的同一色标排列，连接后的多余线头必须清除干净，以免留有后患。

（2）缆线端接后，应进行全面测试，以保证综合布线系统正常运行。

（3）屏蔽双绞线的端接要求同10.2.1节所述内容。

（4）在终端连接时，应按缆线统一色标、线对组合和排列顺序施工连接。

（5）各种缆线（包括跳线）和接插件间必须接触良好、连接正确、标志清楚。跳线选用的类型和品种均应符合系统设计要求。

（6）双绞线与信息模块端接时，必须按色标和线对顺序进行卡接。并尽量保持线对的对绞状态。通常，线对非扭绞状态应不大于13mm。插座类型、色标和编号有两种标准，即TIA/EIA 568A和TIA/EIA 568B。两类标准规定的线序压接顺序有所不同，通常在信息模块的侧面会有两种标准的色标标注，可以按照所选择的标准进行接线，但要注意，在同一工程中只能有一种连接方式。

10.2.3 双绞线端接工具

1．剥线钳

剥线钳使用高度可调的刀片或利用弹簧张力来控制合适的切割深度，保证切割时不会伤及导线的绝缘层，如图10.6所示。但在实际中，工程人员一般会用压线工具上的刀片来剥除双绞线的外套，他们凭借经验来控制切割深度，但有时一不小心会伤及导线的绝缘层。

图 10.6　剥线钳

2. 压线工具

压线工具用来压接 8 位的 RJ-45 连接器和 4 位、6 位的 RJ-11、RJ-12 连接器,可同时提供切线和剥线的功能。常见的压线工具有 RJ-45 或 RJ-11 的,也有双用的。图 10.7 所示是一款常用 RJ-45 压线钳,图 10.8 所示为一款常用双用压线钳,图 10.9 所示为 AMP 专用压线钳。

图 10.7　RJ-45 压线钳　　　图 10.8　双用压线钳　　　图 10.9　AMP 专用压线钳

图 10.10 所示是美国理想公司的 6 类双绞线压线工具。

3. 打线工具

打线工具用于将双绞线压接到信息模块和配线架上,被称为 110 型打线工具,如图 10.11 所示。信息模块或配线架是采用绝缘连接器(IDC)与双绞线连接的。IDC 实际上是 V 形豁口的小刀片,当把导线压入豁口时,刀片割开导线的绝缘层,与其中的铜线接触。打线工具由手柄和刀具组成,它是两端式的,一端具有打接和裁线功能,可剪掉多余的线头;另一端不具有裁线功能。在打线工具一端会有清晰的 CUT 字样,使用户能够识别正确的打线方向。另外,还有一种 4 对 110 型打线工具,如图 10.12 所示。

图 10.10　6 类双绞线压线工具　　图 10.11　单对 110 型打线工具　　图 10.12　4 对 110 型打线工具
　　　　(IDEAL 30-696)

4. 手掌保护器

因为把网线的4对芯线卡入信息模块的过程比较费劲,并且由于信息模块容易划伤手,于是就有公司专门开发了一种打线保护装置,这样一方面可以更加方便地把网线卡入信息模块中;另一方面也可以起到隔离手掌,保护手的作用。图 10.13 所示的是西蒙的两款掌上防护装置(**注意**:上面嵌套的是信息模块,下面部分才是保护装置)。

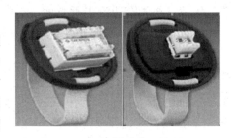

图 10.13 打线保护装置

10.3 子任务 1:工作区信息模块的端接

六类信息模块搭接

目前,在工作区的信息插座各式各样,其中各厂家的信息模块结构有所差异,因此,具体的模块压接方法各不相同,但基本原理和方法是类似的。信息模块从打线方式上有两种:一种是传统的需要手动打线的,打线时需要专门的打线工具,制作起来比较麻烦;另一种是新型的,无须手动打线,无须任何模块打线工具,只需把相应双绞线卡入相应位置,然后用手轻轻一压即可,使用起来非常方便、快捷。

从电气性能上看,信息模块有 5 类、5e 类、6 类、6A 类、7 类等。

1. 准备材料和工具

在开始端接工作区的信息插座前,要一次领取半天工作需要的全部材料和工具。包括网络数据模块、电话语音模块、盖板、标记材料、剪线工具、压线工具、手掌保护器及凳子等。

2. 清理和标记

在实际工程中,新建建筑物的信息插座底盒和基建工程一起完成,然后进行传线。再之后才能安装信息模块,因此,安装前应该首先清理底盒内堆积的水泥砂浆或者垃圾,然后,将双绞线从底盒内轻轻地取出,清理表面的灰尘重新做编号标记,标记位置距离管口 6~8cm(**注意**:做好新标记后才能取消原来的标记)。

3. 剪掉多余线头

在穿线施工过程中,双绞线的端头进行捆扎或者缠绕,管口预留也比较长,并且双绞线的内部结构可能已经破坏,一般安装模块前都要剪掉多余部分的长度。将双绞线(6类)从信息插座底盒里抽出来,留出 10~12cm 长度用于压接模块或者检修,剪去多余的线。

4. 打线型 RJ-45 信息模块安装

RJ-45 信息模块前面插孔内有 8 芯线针触点分别对应着双绞线的 8 根线;后部两边各分列 4 个打线柱,外壳为聚碳酸酯材料,打线柱内嵌有连接各线针的金属夹子;有通用线序色标清晰注于模块两侧面上,分两排。A 排表示 T586A 线序模式,B 排表示 T586B 线序模式。具体的制作步骤如下。

(1)用剥线工具或压线钳的刀具在离线头 4~5cm 处将双绞线的外包皮剥去,如图 10.14 所示。

图 10.14 剥除缆线外护套

(2)剪去护套内的撕裂带。在双绞线的护套内,有一根撕裂带。用剪刀在护套边沿上垂直剪一个缺口后,可以使用撕裂带撕开护套。把剥开双绞线线芯按线对分开,但先不要拆开各线对,只有在将相应线对预先压入打线柱时才拆开,如图 10.15 所示。

(3) 剪去十字骨架(6 类非屏蔽双绞线使用)。端接 6 类带十字骨架的非屏蔽双绞线之前,应贴着护套剪去 4 对双绞线芯线中间的十字骨架。在剪线时,应注意不得损伤芯线(包括铜芯层和绝缘层),如图 10.16 所示。

图 10.15　剪去撕裂带

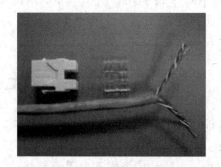
图 10.16　剪去十字骨架

(4) 确定双绞线的芯线位置。将双绞线平放在模块中间的走线槽上方(**注意**:是平行于走线槽,不是垂直于走线槽),旋转双绞线,使靠近模块走线槽底的两对芯线的颜色与模块上最靠近护套的两对 IDC 色标一致(不可交叉)。如果无法做到一致,可将模块掉转 180°后再试,如图 10.17 所示。

(5) 双绞线放入模块走线槽内。在确定双绞线芯线位置后,将双绞线平行放入模块中间的走线槽内,其护套边沿与模块的边沿基本对齐(可略深入模块内)。

(6) 将靠近护套边沿的两对线卡入打线槽内。由于靠近护套的两对打线槽与双绞线底部的两对线平行,因此可以将这两对线自然向外分,然后根据色谱用手压入打线槽内(**注意**:尽量不改变芯线原有的绞距),如图 10.18 所示。

(7) 将远离护套边沿的两对线卡入打线槽内。前两对线刚好在护套边,因此基本上不需要考虑绞距。这两对线将远离护套,因此需将它自然的理直后,放到对应的打线槽旁(保持离开护套后的绞距不改变),然后根据色谱用手压入打线槽内(**注意**:如果为了保证色谱而被迫改变绞距时,应将芯线多绞一下,而不是让它散开),如图 10.19 所示。

图 10.17　确定双绞线的芯线位置

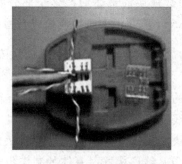
图 10.18　将近处的两对线卡入打线槽内

图 10.19　将远处的两对线卡入打线槽内

(8) 将 8 芯线全部打入打线槽内。在芯线全部用手压入对应的打线槽后,使用 1 对打线工具(将附带的剪刀启用)将每根芯线打入模块的打线槽内,在听到"咔嗒"声后可以认为芯线已经打到位。此时,附带的剪刀将芯线的外侧多余部分自动切除,如图10.20所示。

(9)盖上模块盖。在全部端接结束前,将模块的上盖中的线槽缺口对准双绞线的护套边沿,用手指压入模块。此时,双绞线与模块中的走线槽方向平行,如果要将双绞线与模块中的走线槽方向垂直,则可以将双绞线弯曲90°后从上盖中间的线槽中出线,如图10.21所示。

免打线型RJ-45信息模块的设计便于无须打线工具而准确快速地完成端接,没有打线柱,而是在模块的里面有两排各4个金属夹子,而锁扣机构集成在扣锁帽里,色标也标注在扣锁帽后端,端接时,用剪刀裁出约4cm的线,按色标将线芯放进相应的槽位,扣上,再用钳子压一下扣锁帽即可(有些可以用手压下,并锁定)。扣锁帽确保铜线全部端接并防止滑动,扣锁帽多为透明,以方便观察线与金属夹子的咬合情况,如图10.22所示。

图10.20 将两对线卡入打线槽内

图10.21 盖上模块盖

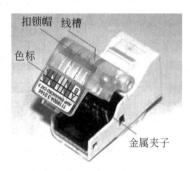
图10.22 免打线型信息模块

5. 信息模块的安装

信息模块端接后,接下来就要安装到信息插座内,以便工作区终端设备使用。各厂家信息模块的安装方法相似,具体可以参考厂家说明资料。

下面以SHIP(一舟)信息插座安装为例,介绍信息模块的安装步骤。

(1)将已端接好的信息模块卡接在插座面板槽位内,如图10.23所示。

(2)将已卡接了模块的面板与暗埋在墙内的底盒结合在一起,如图10.24所示。如果双口面板上有网络和电话插口标记时,按照标记口位置安装。如果双口面板上没有标记时,宜将网络模块安装在左边,电话模块安装在右边,并且在面板表面做好标记。

图10.23 RJ-45模块卡到面板插槽内

图10.24 将面板与底盒结合在一起

(3)用螺钉将插座面板固定在底盒上。

(4)在插座面板上安装标签条。信息插座的标识必须与配线架的相应端口一致。

10.4 子任务2：双绞线跳线现场制作方法

在综合布线施工中，双绞线与RJ-45连接器终接可以制作双绞线跳线，双绞线跳线就是在一段双绞线的两端终接了RJ-45水晶头。双绞线跳线用在设备间、电信间的配线架的跳接，或在工作区将用户终端连接到信息点上。

目前，综合布线系统中选用的双绞线电缆绝大多数为5e类和6类双绞线，相应地RJ-45水晶头也分为5e类和6类。6类缆线的外径要比一般的5类线粗，在施工安装方面，6类比5e类难度也要大很多。下面分别介绍5e类和6类双绞线跳线的现场制作。

10.4.1 5e类双绞线跳线现场制作方法

超五类网线制作要领

在前面已经介绍过，根据双绞线两端采用的标准不同，双绞线跳线有直通线和交叉线两种，它们采用的标准不一样，但制作过程和要求是一样的。在通信行业标准《大楼通信综合布线系统第三部分：综合布线用连接硬件技术要求》（YD/T 926.3—2009）中对RJ-45连接头的终接方法规定如下。

1. 剥除电缆的外护套长度必须规范

电缆剥除外护套不得随意，应按规范要求，5e类电缆不被剥除外护套的操作长度不宜少于13mm，即由圆形截面的电缆护套转变为扁平行截面的电缆护套，其总长度不少于13mm；适用于便于连接的扭绞导线的长度（即被剥除电缆护套的长度）不宜少于20mm，如图10.25所示。

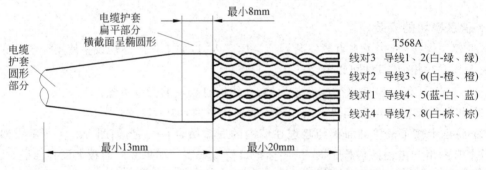

图10.25 双绞线电缆线对排列顺序（T568A）

有一些双绞线电缆上含有一条柔软的尼龙绳，如果在剥除双绞线的外皮时，觉得裸露出的部分太短，而不利于制作RJ-45接头时，可以紧握双绞线的外皮，再捏住尼龙线往外皮的下方剥开，就可以得到较长的裸露线。

2. 裸露部分导线正确定位和固定

根据所选定的线对连接顺序，按标准规定进行排列。如选定采用TIA/EIA 568B的线对连接顺序，应依次将线对2、线对3、线对1、线对4，分别对应于RJ-45连接头端接的簧片1和簧片2、簧片3和簧片6、簧片4和簧片5、簧片7和簧片8。务必要正确对准、认真核查无误。为了防止电缆移动或弯曲、接头产生扭动移位时，使电缆护套内的导线位置发生变化或相互挤压改变相对平衡的位置，根据施工经验，首先，将电缆被剥除外护套的裸露导线，按规定的平行排列顺序予以定位，如图10.25所示。其次，采用固定线对排列顺序，使缆线随受弯曲或扭转，也难以变动所在的相对位置，其方法是将电缆长度最少8mm不剥除外护套部分，由圆形做成扁平形状的缆线,其横截面形成椭圆形,如图10.25所示。如果用户选择 TIA/EIA 568A 连接方式,只需将线对2和线对3的位置互相对调,其他线对位置不变。

3. 整理裸露导线、排列顺序

将裸露的电缆线对的扭绞部分导线松开,使导线互相平行,按正确的定位顺序排列,以便于与对应的连接端子终接,其中导线6跨越导线4和导线5,跨越导线4和导线5的地方距离缆线护套的边缘不应超过4mm,其他导线之间不应有交叉现象,且要求护套内导线的相对位置保持原状和扭绞长度不变化,更不应松开移位,以免影响缆线的传输性能。对裸露的导线整理好的长度宜为14mm,从导线端头开始的一段长度最少为(10±1)mm。导线的端头截面应修齐平整,不应有毛刺或参差不齐的现象,应用压线钳的剪线端口将导线剪齐,如图10.26所示。

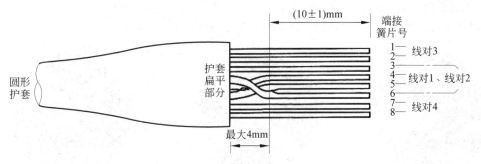

图 10.26 整理导线顺序

4. 电缆导线插入插头完成连接

首先将整理好的电缆端头(包括裸露的导线部分)正确平直地插入 RJ-45 连接头中,应将导线直插到连接头的前端最前部位(或称最低部位)。要求电缆未剥除护套的扁平部分,从连接头的后端一直伸插到超过预张力释放块,且将它包含在内。电缆未剥除外护套部分在连接头后面的露出长度最少为6mm。连接安装后的插头情况要检查,如图10.27所示。

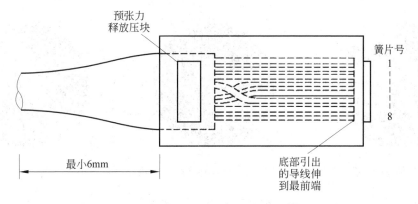

图 10.27 电缆导线插入插头

5. 用压线钳压实 RJ-45 连接头

略。

6. 重复步骤2到步骤7,再制作另一端的 RJ-45 接头

因为工作站与集线器之间是直接对接,所以另一端 RJ-45 接头的引脚接法完全一样。完

成后的连接线两端的 RJ-45 接头无论引脚和颜色都完全一样,这种连接方法适用于工作站与集线器之间的连接。

10.4.2 6 类双绞线跳线现场制作方法

6 类双绞线跳线现场制作具体步骤如下。

(1) 剥除电缆外护套。

(2) 去掉中间的芯(十字骨架),不要把芯直接剪到根部,这样可以使卡槽更容易插到水晶头的根部,如图 10.28 所示。

(3) 将分线器(Sled)宽度为 4mm 套入线对,使 4 个线对各就各位、互不缠绕,并可以有效地控制剥线长度 L 的值,如图 10.29 所示。

(4) 按照标准排列线对,并将每根线轻轻捋直,如图 10.30 所示。

  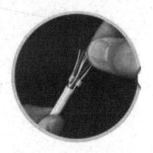

图 10.28 剪掉十字骨架　　　图 10.29 将分线器套入线对　　　图 10.30 将每根线轻轻捋直

(5) 将插件(Liner)套入各线对,如图 10.31 所示。

(6) 将裸露出的双绞线用剪刀剪下只剩约 14mm 的长度,如图 10.32 所示。

(7) 插入 RJ-45 水晶头,注意一定要插到底,如图 10.33 所示。正确的压接位置如图 10.34 所示。

 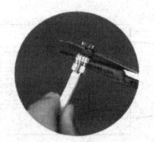 

图 10.31 将插件套入各线对　　　图 10.32 剪掉多余的双绞线　　　图 10.33 插入 RJ-45 水晶头

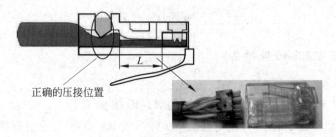

图 10.34 双绞线正确的压接位置

(8) 用 RJ-45 压线钳进行压接,完成 RJ-45 水晶头的制作。

习　　题

一、选择题

1. 管槽安装的基本要求不包括(　　)。
   A. 走最短的路由　　　　　　　　　　B. 管槽路由与建筑物基线保持一致
   C. 横平竖直　　　　　　　　　　　　D. 注意房间内的整体布局
2. 在敷设管道时,应尽量减少弯头,每根管的弯头不应超过(　　)个,并不应有 S 形弯出现。
   A. 2　　　　　　　B. 3　　　　　　　C. 4　　　　　　　D. 5
3. 布放缆线在线槽内的截面利用率应为(　　)。
   A. 25%～30%　　　B. 40%～50%　　　C. 30%～50%　　　D. 50%～60%
4. 缆线桥架内缆线垂直敷设时,在缆线的上端每间隔(　　)m 处应固定在桥架的支架上;水平敷设时,在缆线的首端、尾端、转弯及每间隔 5～10m 处进行固定。
   A. 0.5　　　　　　B. 1.5　　　　　　C. 2.5　　　　　　D. 3.5

二、思考题

1. 列出常用 3 种双绞线电缆端接工具,并指出其适用场合。
2. 简述双绞线电缆终接的基本要求。
3. 简述信息模块的端接要求。
4. 简述 5e 类双绞线跳线的制作步骤。
5. 比较 5e 类和 6 类双绞线跳线制作的要求有何不同。

三、实训题

1. 制作 5e 类双绞线直通线跳线、交叉线各一条。
2. 制作 6 类双绞线直通线跳线、交叉线各一条。
3. 将 5e 类双绞线端接在 5e 类信息模块上并安装到信息面板。
4. 将 6 类双绞线端接在 6 类信息模块上并安装到信息面板。

任务 11 电信间缆线端接

电信间是"放置电信设备、电缆或光缆终端、配线架等，并进行布线交接的一个专用空间。是建筑物干线子系统和配线子系统的指定连接地点"。主要为楼层安装配线设备（机柜、机架、机箱、配线架等）和楼层计算机网络设备（交换机等）的场地，并可考虑在该场地设置缆线竖井、等电位接地体、电源插座、UPS配电箱等设施。在场地面积满足的情况下，也可设置建筑物诸如安防、消防、建筑设备监控系统、无线信号覆盖等系统的布线线槽和功能模块的安装。

11.1 任务描述

建筑群子系统的干线缆线、建筑物干线子系统的干线缆线和配线子系统的水平缆线敷设完毕后，在电信间要进行端接和连接，此时电信间中机柜或机架的位置在敷设缆线时已经确定。本任务主要是在电信间进行电缆、光缆的端接和互连。在电信间缆线端接主要包括RJ-45型配线架的端接、110型配线架的端接、光纤配线架的连接以及它们之间的互连。

11.2 相关知识

11.2.1 电信间的缆线端接原理

前面已经介绍在电信间缆线端接主要包括RJ-45型配线架的端接、IDC配线架的端接、光缆在配线架中的熔接等。

1. 5对连接块端接原理

110型配线架一般使用5对连接块，5对连接块中间有10个双头刀片，每个刀片两头分别压接一根线芯，实现两根线芯的电气连接。

5对连接块的端接原理：在连接块下层端接时，将每根线在110型配线架底座上对应的接线口放好，用力快速将5对连接块向下压紧，在压紧过程中刀片首先快速划破线芯绝缘护套，然后与铜线芯紧密接触，实现刀片与线芯的电气连接。

5对连接块上层端接与信息模块端接原理相同。将线逐一放到上部对应的端接口，在压紧过程中刀片首先快速划破线芯绝缘护套，然后与铜线芯紧密接触，实现刀片与线芯的电气连接。这样5对连接块刀片两端都压好线，实现了两根线的可靠电气连接，同时裁掉了多余的线头。

2．RJ-45 型配线架的端接原理

RJ-45 型配线架端接的基本原理：将线芯用机械力量压入两个刀片中间，在压入过程中刀片将双绞线的绝缘护套划破并与铜线芯紧密接触，同时金属刀片的弹性将铜线芯长期夹紧，实现长期稳定的电气连接。

11.2.2　机柜安装的基本要求

目前，国内外综合布线系统所使用的配线设备的外形尺寸基本相同，都采用通用的 19in 标准机柜，实现设备的统一布置和安装施工。

机柜安装的基本要求如下。

（1）机柜（架）排列位置、安装位置和设备面向都应按设计要求，并符合实际测定后的机房平面布置图中的需要。

（2）机柜（架）安装完工后，机柜（架）安装的位置应符合设计要求，其水平度和垂直度都必须符合生产厂家的规定，若厂家无规定，要求机柜（架）、设备与地面垂直，其前后左右的垂直偏差度不应大于 3mm。

（3）机柜及其内部设备上的各种零件不应脱落或碰坏，表面漆面不应有脱落及划痕，如果进行补漆，其颜色应与原来漆色协调一致。各种标志应统一、完整、清晰、醒目。

（4）机柜（架）、配线设备箱体、电缆桥架及线槽等设备的安装应牢固可靠。如有抗震要求，应按抗震设计进行加固。各种螺丝必须拧紧，无松动、缺少、损坏或锈蚀等缺陷，机架不应有摇动现象。

（5）为便于施工和维护人员操作，机柜（架）前至少应留有 800mm 的空间，机柜（架）背面距离墙面应大于 600mm，以便人员施工、维护和通行。相邻机架设备应靠近，同列机架和设备的机面应排列平齐。

（6）机柜的接地装置应符合相关规定的要求，并保持良好的电气连接。

（7）如采用墙上型机柜，要求墙壁必须牢固可靠，能承受机柜重量，机柜距地面宜为 300～800mm，或视具体情况而定。

（8）在新建建筑物中，布线系统应采用暗线敷设方式，所使用的配线设备也可采取暗敷方式，暗装在墙体内。在建筑施工时，应根据综合布线系统要求，在规定位置处预留墙洞，并先将设备箱体埋在墙内，布线系统工程施工时再安装内部连接硬件和面板。

11.2.3　配线架在机柜中的安装要求

在电信间（楼层配线间）和设备间内，模块化快速配线架和网络交换机一般安装在 19in 的标准机柜内。为了使安装在机柜内的模块式快速配线架和网络交换机美观大方且方便管理，必须对机柜内设备的安装进行规划，具体遵循以下原则。

（1）在机柜内部安装配线架前，首先要进行设备位置规划或按照图纸规定确定位置。

（2）缆线采用地面出线方式时，一般缆线从机柜底部穿入机柜内部，配线架宜安装在机柜下部。缆线采用桥架出线方式时，一般缆线从机柜顶部穿入机柜内部，配线架宜安装在机柜上部。缆线采用从机柜侧面穿入机柜内部时，配线架宜安装在机柜中部。

（3）每个模块式快速配线架之间安装有一个理线架，每台交换机之间也要安装理线架。

（4）正面的跳线从配线架中出来后全部要放入理线架，然后从机柜侧面绕到上部的交换机间的理线器中，再接插入交换机端口。

配线架与交换机的布置通常采用两种形式,一种是将配线架与交换机置于同一机柜中,彼此间隔摆放,如图11.1所示;另一种是将配线架与交换机分别置于不同的机柜中,机柜间隔摆放,如图11.2所示。

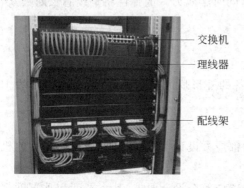

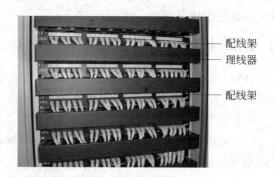

图11.1 配线架与交换机置于同一机柜中　　图11.2 配线架与交换机置于不同机柜中

将配线架和交换机置于同一机架主要有以下优势。

(1) 跳线长度明显减少。由于交换机与配线架紧挨在一起,因此在通常情况下,跳线的长度只需0.5m左右即可,从而大幅减少对双绞线数量的需求。

(2) 便于维护和管理。在对网络链路进行管理和维护时,可以非常直观地将配线架的某个端口连接至交换机,或者将某个配线架端口与交换机断开。

(3) 便于跳线的整理。由于跳线的长度限制,因此只需使用水平理线器即可实现跳线的整理与管理,无须使用垂直理线器、扎带等辅助材料。

11.2.4　光缆连接的类型和施工内容及要求

1. 光缆连接的类型和施工内容

光缆连接是综合布线系统工程中极为重要的施工项目,按其连接类型可分为光缆接续和光缆终端两类。

光缆接续是光缆直接连接,中间没有任何设备,它是固定接续;光缆终端是中间安装设备,例如,光缆接续箱(LIU,又称光缆互连装置、光缆接续箱)和光缆配线架(LGX,又称光纤接线架)。

光缆接续的施工内容应包括光纤接续,铜导线、金属护层和加强芯的连接,接头损耗测量,接头套管(盒)的封合安装以及光缆接头的保护措施的安装等。

光缆终端的施工内容一般不包括光缆终端设备的安装。主要是光缆本身终端部分,通常包括光缆布置(包括光缆终端的位置),光纤整理和连接器的制作及插接,铜导线、金属护层和加强芯的终端和接地等施工内容。

2. 光纤接续

光缆接续包含光纤接续,铜导线(如为光纤和铜导线组合光缆时)、金属护层和加强芯的连接,接头套管(盒)的封合安装等。

1) 光纤接续的类型

目前,光纤接续按照是否采用电源或热源分类,可分为热接法和冷接法,其中,热接法采用电源或热源,通常为熔接法;冷接法不采用电源或热源,通常有粘接法、机械法和压接法。目前一般采用熔接法。

光纤接续按照连接方式是否活动,可分为固定连接方式和活动连接方式,其中,熔接法和粘接法为固定连接方式,采用光纤连接器实现光纤连接是活动连接方式。

光纤接续以光纤芯数多少分类,可分为单芯光纤熔接法和多芯光纤熔接法。

2) 光纤接续产生损耗的原因

影响光纤接续损耗的因素较多,大体可分为光纤本征因素和非本征因素两类。

光纤本征因素是指光纤自身因素,主要有 4 点。

(1) 光纤模场直径不一致。

(2) 两根光纤芯径失配。

(3) 纤芯截面不圆。

(4) 纤芯与包层同心度不佳。

影响光纤接续损耗的非本征因素即接续技术,有以下几种。

(1) 轴心错位。单模光纤纤芯很细,两根对接光纤轴心错位会影响接续损耗。当错位 $1.2\mu m$ 时,接续损耗达 0.5dB。

(2) 轴心倾斜。当光纤断面倾斜 1°时,约产生 0.6dB 的接续损耗,如果要求接续损耗$\leqslant$ 0.1dB,则单模光纤的倾斜角应$\leqslant$0.3°。

(3) 端面分离。活动连接器的连接不好,很容易产生端面分离,造成接续损耗较大。当熔机放电电压较低时,也容易产生端面分离,此情况一般在有拉力测试功能的熔接机中可以发现。

(4) 端面质量。光纤端面的平整度差时也会产生损耗,甚至产生气泡。

(5) 接续点附近光纤物理变形。光缆在架设过程中的拉伸变形,接续盒中夹固光缆压力太大等,都会对接续损耗有影响,甚至熔接几次都不能改善。

另外,接续人员操作水平、操作步骤、盘纤工艺水平、熔接机中电极清洁程度、熔接参数设置、工作环境清洁程度等均会影响到熔接损耗的值。

3) 光纤熔接法

光纤熔接法是光纤接续中使用最为广泛的一种方法,它又被称为电弧焊接法。其工作原理是利用电弧放电产生高温,使被连接的光纤熔化而焊接成为一体。光纤熔接法基本上采用预放电熔接方式,它是将接续光纤的端面对准,这些端面经过加工处理,在熔接前,必须相互紧贴,通过预熔,将光纤端面的毛刺、残留物清除掉,从而使光纤端面清洁、平整,从而提高熔接质量。

3. 光缆终端的连接方式

综合布线系统的光缆终端一般都是在设备上或专制的终端盒,在设备上是利用其装设的连接硬件,如耦合器、适配器等器件,使光纤互相连接。终端盒采用光缆尾纤与盒内的光纤连接器连接。这些光纤连接方式都是采用活动接续,分为光纤交叉连接(又称光纤跳接)和光纤互相连接(简称光纤互连,又称光纤对接)两种。

1) 光纤交叉连接

光纤交叉连接与双绞线电缆在建筑物配线架或交接箱上进行跳线连接是基本相似的,它是一种以光缆终端设备为中心,对线路进行集中和管理的设施。目的是便于线路维护管理而考虑设置,既可简化光纤连接,又便于重新配置、新增或拆除线路等调整工作。在需要调整时,一般采用两端均装有连接器的光纤跳线或光纤跨接线,按标准规定,它们的长度都不超过 10m。在终端设备上安装耦合器、适配器或连接器面板进行插接,使终端在设备上的输入和输出光缆互相连接,形成完整的光通路。

这些光缆终端设备主要有光缆配线架、光缆接线箱和光缆终端盒等多种类型与品种,在前面已经介绍过。光纤交叉连接示意图如图 11.3 所示。

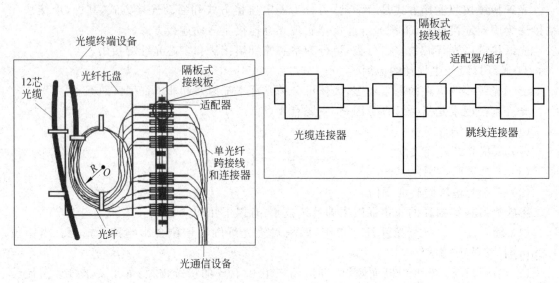

图 11.3 光纤交叉连接示意图

2）光纤互相连接

光纤互相连接是综合布线系统中较常用的光纤连接方法,有时也可作为线路管理使用。它的主要特点是将来自不同光缆的光纤,例如,分别是输入端和输出端的光纤,通过连接套轴互相连接,在中间不必通过光纤跳线或光纤跨接线连接,如图11.4所示。因此,在综合布线系统中如不考虑对线路进行经常性的调整工作,要求降低光能量的损耗时,常常使用光纤互连模块,因为光纤互相连接的光能量损耗远比光纤交叉连接要小。

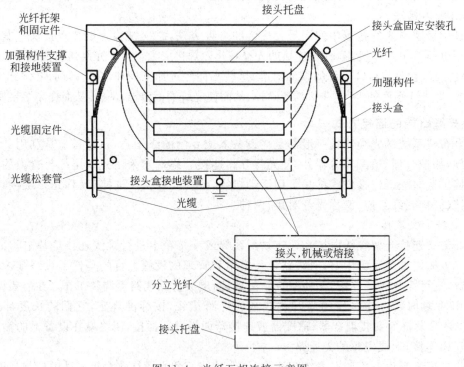

图 11.4 光纤互相连接示意图

11.2.5 电信间布线施工工具

在电信间缆线端接主要包括 RJ-45 型配线架的端接、110 型配线架的端接、光纤在配线架的端接。其中,RJ-45 型配线架的端接、110 型配线架的端接常用的工具主要有 110 型打线钳、剥线钳和 5 对打线钳,在前面已经介绍过。光纤端接使用的工具主要有以下几种。

1. 光纤剥离钳

用于剥除光纤涂覆层和外护层。光纤剥离钳的种类很多,图 11.5 所示为一款常用的光纤剥离钳。钳刃上的 V 形口用于精确剥离 $250\mu m$、$500\mu m$ 的涂覆层和 $900\mu m$ 的缓冲层。第二开孔用于剥离 3mm 的尾纤外护层。

2. 光纤剪刀

用于修剪凯弗拉线(Kevlar,是一种韧性很高的线,用于光纤加固)。光纤剪刀是一种防滑锯齿剪刀,复位弹簧可以提高剪切速度,只能用来修剪光纤的凯弗拉线,不能修剪光纤内芯玻璃层及作为剥皮之用,如图 11.6 所示。

3. 光纤连接器压线钳

用于压接 FC、SC、ST 等连接器,如图 11.7 所示。

图 11.5　光纤剥离钳　　　　图 11.6　光纤剪刀　　　　图 11.7　光纤连接器压接钳

4. 光纤切割工具

用于光纤的切割,包括通用光纤切割工具和光纤切割笔。其中,通用光纤切割工具用于光纤的精密切割,如图 11.8 所示;光纤切割笔用于光纤的简易切割,如图 11.9 所示。

5. 光纤熔接机

光纤熔接机采用芯对芯标准系统进行快速、全自动熔接,图 11.10 所示为一种单芯光纤熔接机,光纤熔接机一般都带有光纤切割工具。

图 11.8　通用光纤切割工具　　　图 11.9　光纤切割笔　　　　图 11.10　光纤熔接机

6. 开缆工具

开缆工具的功能是剥离光缆的外护套,典型的几种开缆工具如图11.11~图11.13所示。

图 11.11　横向开缆刀　　　　图 11.12　纵向开缆刀　　　　图 11.13　纵横向综合开缆刀

11.3　电信间电缆端接施工

超 5 类配线架打线

11.3.1　标准机柜和配线架等的安装

通用 19in(1in=2.54cm)标准机柜,以 U(0.625in+0.625in+0.5in 通用孔距)为一个安装单位,可适用于所有的 19in 设备的安装。

安装在通用 19in 标准机柜的配线架、交换机、路由器等配线设备和网络设备也是以 U 为单位的。

1. 配线架和理线架的安装

根据机柜安装示意图,在机柜相应位置上安装 4 个浮动螺母,然后将所安装设备用附件 M4 螺钉固定在机柜上,每安装一个配线架(最多两个)均应在相邻位置安装 1 个理线架,以使缆线整齐有序。应注意电缆的施工最小曲率半径应大于电缆外径的 8 倍。

2. 有源设备的安装

有源设备如为标准的 19in,也像配线架一样安装,如果有源设备过重或有源设备不是标准的 19in,可通过使用托架实现。

3. 进线电缆管理安装

进线电缆可以从机柜顶部或底部引入,将电缆平直安排、合理布置,并用尼龙粘扣带捆扎在 L 形穿线环上,电缆应敷设到所连接的模块或配线架附近的缆线固定支架处,也用尼龙粘扣带将电缆固定在缆线固定架上。

4. 跳线电缆管理安装

跳线电缆的长度应根据两端需要连接的接线端子间的距离来决定,跳线电缆必须合理布置,并安装在 U 形立柱上的走线环和理线架的穿线环上,以便走线整齐有序,便于维护检修。

11.3.2　RJ-45 型模块式快速配线架的安装与端接

目前,常见的双绞线配线架有 110 型配线架和模块式快速配线架。其中,模块式快速配线架主要应用于楼层管理间和设备间内的计算机网络电缆的管理。各厂家模块式快速配线架的结构和安装方法基本相同。下面以 RJ-45 型配线架为例,介绍模块式快速配线架在机架上的安装步骤。

（1）使用螺钉将配线架固定在机架上，如图11.14所示。

（2）在端接线对之前，要整理缆线。将缆线松松地用带子缠绕在配线架的导入边缘上，最好将缆线用带子缠绕固定在垂直通道的挂架上，这在缆线移动期间可保证避免线对的变形。在配线架背面安装理线环，将电缆整理好后固定在理线环中并使用扎带固定。一般情况下，每6根电缆作为一组进行绑扎，如图11.15所示。

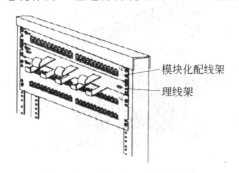
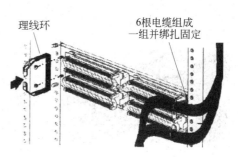

图11.14 在机架上安装配线架　　　图11.15 安装理线环并整理固定缆线

（3）根据每根电缆连接接口的位置，测量端接电缆应预留的长度，然后截断电缆，如图11.16所示。

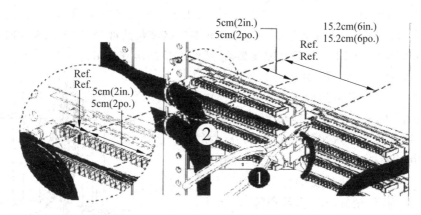

图11.16 测量预留电缆长度并截断电缆

（4）根据系统安装标准选定 TIA/EIA 568A 或 TIA/EIA 568B 标签，然后将标签压入模块组插槽，如图11.17所示。

（5）根据标签色标排列顺序，将对应颜色的线对逐一压入槽内，然后使用打线工具固定线对连接，同时将伸出槽位外多余的导线剪断，如图11.18所示。

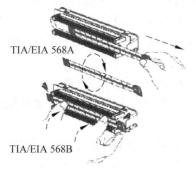
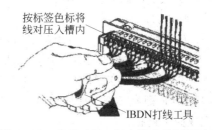

图11.17 调整合适标签并安装在模块组槽位内　　图11.18 将线对逐一压入槽内并打压固定

(6) 将每组缆线压入槽位,然后整理并绑扎固定缆线,如图 11.19 所示。

(7) 将跳线通过配线架下方的理线架整理固定后,逐一接插到配线架前面板的 RJ-45 接口,最好编好标签并贴在配线架前面板,如图 11.20 所示。

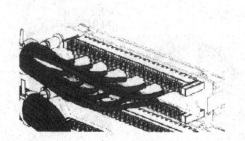

图 11.19　整理并绑扎固定缆线

图 11.20　将跳线接插到各接口并贴好标签

11.3.3　通信配线架的安装与端接

通信配线架主要用于语音配线子系统,一般采用 110 型配线架,主要是上级程控交换机过来的接线与到桌面终端的语音信息点连接线之间的连接和跳线部分,便于管理、维护、测试。

在墙上或托架上安装好 110P 型配线架后,缆线端接的步骤如下。

(1) 先把底部 110P 型配线模块上要端接的 24 条 4 对双绞线电缆牵引到位。每个配线槽中放 6 条。左边的缆线端接在配线模块的左半部分,右边的缆线端接在配线模块的右半部分。在配线架的内边缘处松弛地将缆线捆起来,并在每条缆线上标记出剥除缆线外皮的位置,然后揭开捆扎,在标记处刻痕,刻好痕后再放回原处,暂不要剥去外皮,如图 11.21 所示。

(2) 当所有 4 个缆束都刻好痕并放回原处后,安装 110P 型配线模块(用铆钉),并开始进行端接。端接时从第一条缆线开始,按下列的步骤进行。

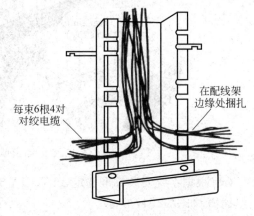

图 11.21　在配线架边缘捆绑

在每条刻痕点之外最少 15cm 处将缆线切割,并将刻痕的外皮去掉。

然后沿着 110P 型配线模块的边缘将 4 对导线拉进前面的线槽中去。

用索引条上的高齿将一对导线分开,在转弯处拉紧,使双绞线解开部分最少,并在线对末端对捻,如图 11.22 所示。

(3) 在将线对安放到索引条中之后,按颜色编码检查线对是否安放正确,或是否变形。无误后,再用工具把每个线对压下并切除线头。当所有 4 个索引条上的线对都安装就位后,即可安装 4 对线的 110 型连接块。

(4) 110P 型交叉连接使用快接式接插软线,预先装好连接器,只要把插头夹到所需位置,就可完成交叉连接。

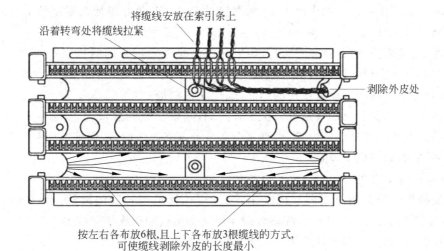

图 11.22　在配线模块上布放线对

(5) 为了保证在 110 型配线模块上获得端接的高质量,要做到以下几点。

① 为了避免线缆线对分开,转弯处必须拉紧。

② 线对必须对着块中的线槽压下,而不能对着任一个牵引条,在安装连接块时,应避免损坏缆线。

③ 线对基本上要放在线槽的中心,向下贴紧配线模块,以避免连续的端接在线槽中堆积起来时所造成的线对的变形。

④ 必须保持"对接"的正确性,直到在牵引条上的分开点为止,这点对于保证缆线传输性能是至关重要的。

⑤ 为了使没有外皮线对的长度变得更小,要指定端接的位置。

a. 最左边的 6 条缆线端接在左边的上两条和下两条牵引条的位置上。

b. 最右边的 6 条缆线端接在右边的上两条和下两条牵引条的位置上。

c. 必须返回去仔细检查前面第 1 步中完成的工作,看看缆线分组是否正确,是否形成可接受的标注顺序。

11.3.4　双绞线链路的整理

1. 桥架中缆线的整理

在通常情况下,楼层桥架中的缆线只需理顺即可,无须进行捆扎。而主干桥架中的缆线则需要使用扎带进行简单的捆扎,以区别不同的楼层,并减少重力拉伸缆线,从而避免改变其物理属性(绞合度、长度等)和电气性能。

2. 配线架中缆线的整理

跳线施工中纽结、毛刺、箍缩和接触不良均有可能大幅降低跳线性能。若要避免此类问题,应重点考虑以下因素。

(1) 弯曲半径。跳线允许的最小弯曲半径需要遵守跳线厂商的操作规范。

标准规定,非屏蔽双绞线(UTP)的最小弯曲半径应为缆线直径的 4 倍,屏蔽双绞线则为缆线直径的 8 倍。如果弯曲半径小于此标准,则可能导致导线的相对位置发生变动,从而导致传输性能降低。

（2）跳线拉伸及应力。配线过程中，请勿用力过度，否则可能加大对跳线和连接器的应力，从而导致性能降低。

（3）捆扎。跳线不一定都需要捆扎，如果捆扎需要遵守厂商的捆扎原则，不要捆扎过紧，否则会引起对绞线变形。请勿过分拧紧线夹，应以各条跳线能自由转动为宜。请使用专用产品，考虑选择无须工具即可反复使用的产品，如尼龙粘扣带。

在机房内，应当做到每根线从进入机房开始，直到配线架的模块为止，都应做到横平竖直不交叉。并按电子设备排线的要求，做到每个弯角处都有缆线固定，保证缆线在弯角处有一定的转弯半径，同时做到横平竖直。

1）前面板缆线的整理

如果交换机与配线架位于同一机柜中，则只需选择适当长度的跳线，将跳线打个环（见图11.23）后置于理线器中。然后，两端分别连接至交换机和配线架端口。

所有连接都完成后，盖上理线架的盖板即可，如图11.24所示。

图11.23 跳线打环

图11.24 盖上理线架盖板

如果配线架与交换机位于不同的机柜，那么需要使用较长的跳线（大致5m以上），并且必须对跳线进行整理。

配线架和交换机的前面板除了需要使用水平理线器外，还需要使用垂直理线器。

2）后部缆线整理

配线架后部集中着网络布线系统中的所有水平布线，因此，有大量的缆线需要进行整理。在通常情况下，每一个配线架中的缆线在理顺之后，应当使用尼龙粘扣带依次捆扎固定，如图11.25所示。水平缆线的捆扎固定方向应当左右交替，以便于垂直部分固定在机柜两侧。

然后，再将所有垂直部分缆线依次捆扎固定在机柜的两侧，如图11.26所示。在捆扎固定缆线时，应注意不要过分折弯双绞线，并且扎带不要扎得过紧，以免影响缆线的电气性能。

图11.25 捆扎固定水平缆线

图11.26 捆扎固定垂直缆线

11.4 电信间光缆施工

光纤熔接过程

11.4.1 光缆交接盒中的光纤熔接

光纤熔接法所用的空气预放电熔接装置称为光纤熔接机,按照一次熔接的光纤数量可分为单芯熔接机和多芯熔接机。下面以单芯熔接机为例来介绍光纤熔接的过程。

1. 准备好相应工具和材料

在光纤熔接过程中不仅需要专业的熔接工具,还需要很多工具,如光纤切割工具、光纤剥离钳、热缩套管、酒精等。

2. 安装工作

将户外接来的用黑色保护外皮包裹的光缆从光缆接续盒、光纤配线架、光缆配线箱等的后方接口放入光纤收容箱中,如图11.27所示。

3. 去皮工作

(1) 使用光缆专用开剥工具(偏口钳或钢丝钳)剥开光缆加固钢丝,将光缆外护套开剥长度1m左右。

图11.27 光缆穿入接续盒

(2) 剥开另一侧光缆加固钢丝,然后将两侧的加固钢丝剪掉,只保留10cm左右,如图11.28所示。

(3) 剥除光纤外皮1m左右,即剥至剥开的加固钢丝附近。

(4) 用美工刀在光纤金属保护层上轻轻刻痕,如图11.29所示。折弯光纤金属保护层并使其断裂,折弯角度不能大于45°,以避免损伤其中的光纤。

图11.28 剥开另一侧光缆加固钢丝　　　　图11.29 在光纤金属保护层上刻痕

(5) 用美工刀在塑料保护管四周轻轻刻痕,如图11.30所示。轻轻用力,以免损伤光纤,也可使用光纤剥离钳完成该操作。轻轻折弯塑料保护管并使其断裂,如图11.31所示。同样折弯角度不能大于45°,以避免损伤其中的光纤。

(6) 将塑料保护管轻轻抽出,露出其中的光纤,如图11.32所示。

4. 清洁工作

用较好的纸巾蘸上高纯度酒精,使其充分浸湿。轻轻擦拭和清洁光缆中的每一根光纤,去除所有附着于光纤上的油脂,如图11.33所示。

图 11.30　在塑料保护管上刻痕　　　　图 11.31　折弯塑料保护管

5. 套接工作

为欲熔接的光纤套上光纤热缩套管,如图 11.34 所示。热缩套管(管内有一根不锈钢棒)主要用于在光纤对接好后套在连接处,经过加热形成新的保护层。

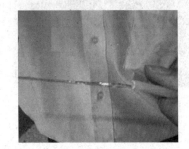  

图 11.32　抽出塑料保护管　　　图 11.33　擦拭光纤　　　图 11.34　为光纤套上热缩套管

6. 熔接工作

(1) 使用光纤剥离钳剥除光纤涂覆层,如图 11.35 所示。剥除光纤涂覆层时,要掌握平、稳、快"三字"剥纤法。"平"即持纤要平,左手拇指和食指捏紧光纤,使之呈水平状,所露长度以 5cm 为准,余纤在无名指、小拇指之间自然打弯,以增加力度,防止打滑。"稳"即剥离钳要握得稳。"快"即剥纤要快。剥离钳应与光纤垂直,向上方内倾斜一定角度,然后用钳口轻轻卡住光纤,右手随之用力,顺光纤轴向平推出去,整个过程要自然流畅,一气呵成。

(2) 用蘸酒精的潮湿纸巾将光纤外表面擦拭干净,如图 11.36 所示。注意观察光纤剥除部分的涂覆层是否全部去除,若有残余则必须去掉。

(3) 用光纤切割器切割光纤,使其拥有平整的断面。切割的长度要适中,保留 2～3cm。光纤端面切割是光纤接续中的关键工序,如图 11.37 所示。它要求处理后的端面平整、无毛刺、无缺损,且与轴线垂直,呈现一个光滑平整的镜面区,并保持清洁,避免灰尘污染。

图 11.35　剥除光纤涂覆层　　　图 11.36　擦拭光纤　　　图 11.37　光纤切割

光纤端面切割有 3 种方法：刻痕法、切割钳法和超声波电动切割法。

（4）将切割好的光纤置于光纤熔接机的一侧，如图 11.38 所示，并在光纤熔接机上固定好该光纤，如图 11.39 所示。

（5）如果有成品尾纤，可以取一根与光缆同种型号的光纤跳线，从中间剪断作为尾纤使用，如图 11.40 所示。**注意**：光纤连接器的类型一定要与光纤终端盒的光纤适配器相匹配。

图 11.38　置于光纤熔接机一侧

图 11.39　固定光纤（1）

图 11.40　用光纤跳线制作的尾纤

（6）使用石英剪刀剪除光纤跳线的石棉保护层，如图 11.41 所示，剥除的外保护层之间长度至少为 20cm。

（7）用沾酒精的潮湿纸巾将光纤尾纤中的光纤外表面擦拭干净。

（8）使用光纤切割器切割光纤尾纤，保留 2～3cm。

（9）将切割好的尾纤置于光纤熔接机的另一侧，并使两条光纤尽量对齐，如图 11.42 所示。

图 11.41　剥好的尾纤

图 11.42　放置尾纤

（10）在光纤熔接机上固定好尾纤，如图 11.43 所示。

（11）按 Set 键开始光纤熔接，两条光纤的 x、y 轴将自动调节，并显示在屏幕上。熔接结束后，观察损耗值。若熔接不成功，光纤熔接机会显示具体原因。熔接好的接续点损耗一般低于 0.05dB 以下方可认为合格。若高于 0.05dB 以上，可用手动熔接按钮再熔接一次。一般熔接次数为 1～2 次最佳，若超过 3 次，熔接损耗反而会增加，这时应断开重新熔接，直至达到标准要求为止。如果熔接失败，可重新剥除两侧光纤的绝缘包层并切割，然后重新熔接操作。

7. 包装工作

（1）熔接测试通过后，用光纤热缩套管完全套住剥掉绝缘包层的部分，如图 11.44 所示。

　　图 11.43　固定好尾纤　　　　　　　　　图 11.44　套热缩套管

　　(2) 将套好热缩套管的光纤放到加热器中,如图 11.45 所示。由于光纤在连接时去掉了接续部位的涂覆层,使其机械强度降低,一般要用热缩套管对接续部位进行加强保护。将预先穿至光纤某一端的热缩套管移至光纤连接处,使熔接点位于热缩套管中间,轻轻拉直光纤接头,放入光纤熔接机的加热器内加热。

　　(3) 按 HEAT 键开始对热缩套管进行加热。稍等片刻,取出已加热好的光纤,如图 11.46 所示。

　图 11.45　将套好热缩套管的光纤放到加热器中　　　图 11.46　取出已加热好的光纤

　　上述过程是熔接一芯光纤的过程。重复上述操作过程,直至该光缆中所有光纤全部熔接完成。

　　(4) 将已熔接好的热缩套管置于光缆终端盒的固定槽中,如图 11.47 所示。

　　(5) 在光缆终端盒将光纤盘好,并用不干胶纸进行固定,如图 11.48 所示。同时将加固钢丝折弯且与光缆终端盒固定。并使用尼龙粘扣带进一步加固。

　　(6) 将光纤连接器一一置入光纤终端盒的适配器中并固定,如图 11.49 所示。

　　(7) 将光缆终端盒用螺钉封好,并固定于机柜。

　图 11.47　热缩套管置于固定槽　　图 11.48　固定光纤(2)　　图 11.49　连接适配器

11.4.2 光纤配线架的施工步骤

光纤配线架适用于光纤信道中端接和管理,可以完成光缆与尾纤盘绕和端接,还可以在面板上安装各种类型的光纤适配器,实现光缆与光纤跳线之间的插接。

光纤配线架由箱体、光纤连接盘、面板 3 部分组成,如图 11.50 所示。

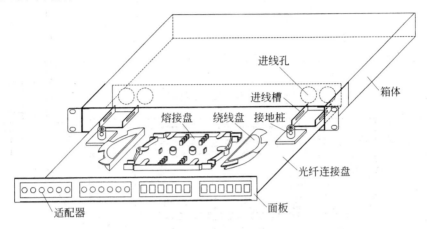

图 11.50　光纤配线架

光纤配线架集光缆熔接、尾纤收容、跳接线收容 3 种功能于一体。余长收容在两个特制的半圆塑料绕线盘上,保证光纤的弯曲半径大于 37.5mm;面板安装光纤适配器,如 ST、SC、SFF 等。采用抽屉式结构,安装时只要抽出箱体,就可以在机柜正面进行盘绕、端接等工作。自带面板、熔接盘和绕线盘,只要配备适配器和尾纤(或光纤连接器)就可进行端接和跳线。

光纤配线架的施工步骤如下。

(1) 用双手从两侧轻抬面板后,将箱体向自己方向拉即可抽出箱体(不能全部抽出)。

(2) 将光缆端部剪去约 1m 长,然后取适当长度(约 1.5m),剥出外层护套。从光缆开剥取出金属加强芯(如果有光缆加强芯的话)约 85mm 长度后剪去其余部分,并将金属加强芯固定在接地桩上,并用尼龙粘扣带将光缆轧紧并使其稳固。开剥后的光缆束管用 PVC(约 0.9m)保护软管置换后,盘在绕线盘上并引入熔接盘,在熔接盘入口处用粘扣带扎紧 PVC 软管,如图 11.51 所示。

(3) 取 1.5m 长的光纤尾纤,在离连接器头 0.9m 处(根据适配器位置不同稍有长短)剥出光纤,并在连接器根部和外护套根部贴上同号的标识纸。将尾纤的连接器头固定在适配器面板的适配器上。将尾纤盘在绕线盘上并引入熔接盘。用粘扣带将尾纤固定在熔接盘片入口处,如图 11.51 所示。

(4) 将熔接盘移至箱体外进行光纤熔接。熔接点用热缩套管保护,并卡入熔接盘内的热缩套管卡座内。完成后将熔接盘固定在箱体内并理顺,固定光纤,如图 11.51 所示。

(5) 将箱体推回光纤配线架机架后,光纤配线架安装完毕。

11.4.3　光纤连接器件的管理与标识

在光缆布线工程中,对光纤连接器件进行管理是应用、维护光纤系统中重要的手段和方法。光纤端接场按功能管理,其标记分为 Level 1 和 Level 2 两级。

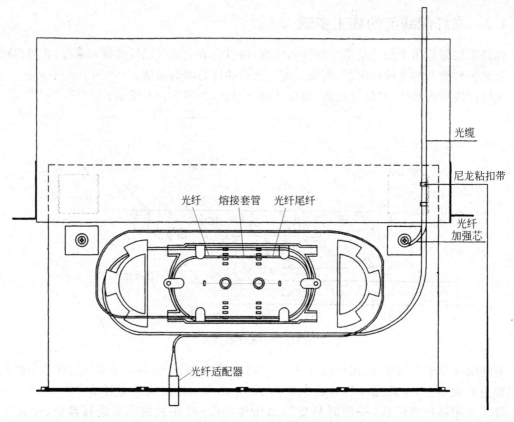

图 11.51 固定光纤(3)

Level 1 标识用于点到点的光纤连接,即用于互连场,标识通过一个直接的金属箍把一根输入光纤与另一根输出光纤连接(简单的发送端到接收端的连接)。

Level 2 标识用于交连场,标识每一根输入光纤通过单光纤跨接线连接到输出光纤。交连场的每根光纤上都有两种标识:一种是非综合布线系统标识,它标明该光纤所连接的具体终端设备;另一种是综合布线系统标识,它标明该光纤的识别码。一种交连场光纤管理标识,如图 11.52 所示。

每根光纤应用光纤标签标识,标签标识的内容包括两类信息:①光纤远端的位置。包括设备位置、交连场墙或楼层连接器等;②光纤本身的说明。包括光纤类型、该光纤所在光缆的区间号、离此连接点最近处的光纤颜色等,如图 11.53 所示。

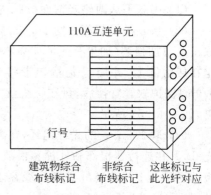

图 11.52 交连场光纤管理标识

除了每根光纤标签提供的标识信息外,在每条光缆上还可增加光缆标签标识,以提供该光缆远端的位置及特殊信息。光缆标签的特殊信息包括光缆编号、使用的光纤数、备用的光纤数以及长度,用两行来描述,如图 11.54 所示,第 1 行表示此光缆的远端在第一教学楼 302 房间,第 2 行表示启用光纤数为 6 根,备用光纤数为 2 根,光缆长度为 990m。

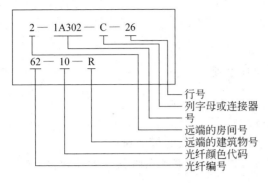
图 11.53 光纤标签标识范例

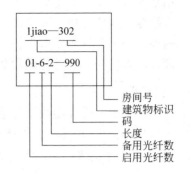
图 11.54 光缆标签标识范例

习 题

一、选择题

1. 缆线应有余量以适应终接、检测和变更。双绞线电缆在工作区的余留长度一般为（　　）cm。
   A. 1～2　　　　B. 3～6　　　　C. 5～10　　　　D. 15～30

2. 缆线应有余量以适应终接、检测和变更。双绞线电缆在电信间的余留长度一般为（　　）cm。
   A. 1～5　　　　B. 2～5　　　　C. 2～6　　　　D. 3～6

3. 双绞线电缆开绞的距离不超过（　　）cm。
   A. 1　　　　　B. 4　　　　　C. 13　　　　　D. 20

4. 在电信间和设备间的打线过程中，经常会碰到 25 对大对数缆线，其中，大对数电缆的线序通过主色和副色来区分，其中主色线序是白、红、黑、黄、紫；每个主色里面又包括 5 种副色，其线序是（　　）。
   A. 绿、橙、蓝、棕、灰　　　　　　B. 橙、绿、蓝、棕、灰
   C. 灰、绿、橙、蓝、棕　　　　　　D. 蓝、绿、橙、棕、灰

5. 光缆芯线终接应符合下列（　　）要求。
   A. 采用光纤连接盘对光纤进行连接、保护，在连接盘中光纤的弯曲半径应符合按工工艺要求
   B. 光纤熔接处应加以保护和固定
   C. 光纤连接盘面板应有标志
   D. 光纤连接损耗，最大损耗值小于 0.3dB

6. 下列正确地描述了光纤熔接的过程顺序的是（　　）。
   A. 盘纤固定→开剥光缆→分纤→制作对接光纤端面→熔接光纤→加热热缩套管
   B. 开剥光缆→盘纤固定→分纤→制作对接光纤端面→熔接光纤→加热热缩管
   C. 开剥光缆→分纤→制作对接光纤端面→加热热缩套管→熔接光纤→盘纤固定
   D. 开剥光缆→分纤→制作对接光纤端面→熔接光纤→加热热缩套管→盘纤固定

二、思考题

1. 试列出 5 种常用的光缆端接施工工具。

2. 简述光缆施工的基本要求。
3. 光缆施工前应如何对光缆进行检验？
4. 简述配线子系统光缆敷设的步骤。
5. 简述在弱电竖井敷设光缆的基本方法和步骤。

三、实训题

1. 在机柜上安装光纤配线架并整理光纤跳线。
2. 到学校办公楼、机关办公大楼观察电缆竖井内干线光缆的布放。
3. 到校园、企事业单位等网络中心，观察网络中心机房光纤配线架的整理。

任务 12 综合布线系统链路的连接

12.1 任务描述

综合布线完成之后,也就是在缆线敷设后,并进行了工作区信息模块的打接以及电信间和设备间的端接施工后,在每个链路上至少存在 2 个接插件、4 个插头,因此还需要借助跳线将每段链路完整地连接在一起,才能实现计算机之间彼此的通信。

12.2 相关知识

12.2.1 电信间连接方式

在《综合布线系统工程设计规范》(GB/T 50311—2016)中规定:电信间 FD 与电话交换配线及计算机网络设备之间的连接方式应符合以下要求。

1. 电话交换配线的连接方式

电话交换配线的连接方式应符合图 12.1 的要求。

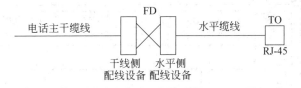

图 12.1 电话交换配线的连接方式

2. 计算机网络设备的连接方式

计算机网络设备的连接方式通常有以下两种情况。

1) 在电信间安装有计算机网络设备

在电信间安装有计算机网络设备通常又分为以下两种方式进行互通。

(1) 交叉连接方式

第一种方式是交叉连接方式,如图 12.2 所示。

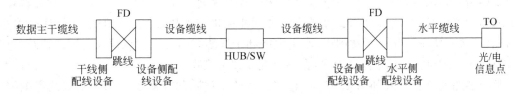

图 12.2 交叉连接方式(经跳线连接)

在电信间内所安装的计算机网络设备通过设备缆线（电缆或光缆）连接至配线设备（FD）以后，经过跳线管理，将设备的端口经过水平缆线连接至工作区的终端设备，此种为传统的连接方式，称为交叉连接方式。它们之间的连接关系示意图如图12.3所示。在该示意图中，水平缆线和干线缆线全部采用双绞线电缆。

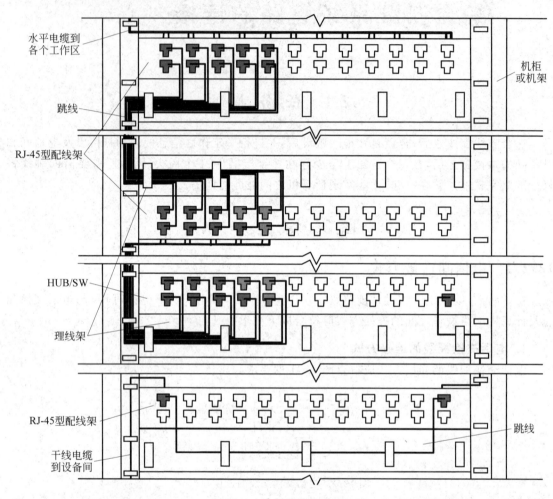

图12.3　交叉连接方式(1)

整个链路的连接方式如图12.4所示。此时，整个链路的介质采用双绞线电缆，即建筑群子系统、建筑物干线子系统、配线子系统全部采用双绞线电缆。

（2）互连连接方式

第二种方式是互连连接方式，如图12.5所示。

在此种连接方式中，利用网络设备端口连接模块（点或光）取代设备侧的配线模块。这时，相当于网络设备的端口直接通过跳线连接至模块，既减少了线段和模块以降低工程造价，又提高了通路的整体传输性能。因此，可以认为是一种优化的连接方式。它们之间的连接关系示意图如图12.6所示。在该示意图中，水平缆线和干线缆线全部采用双绞线电缆。建筑物配线架（BD）和楼层配线架（FD）合二为一，在一个配线架上实现。

整个链路的连接方式如图12.7所示。此时，整个链路的介质也全部采用双绞线电缆，即建筑群子系统、建筑物干线子系统、配线子系统全部采用双绞线电缆。

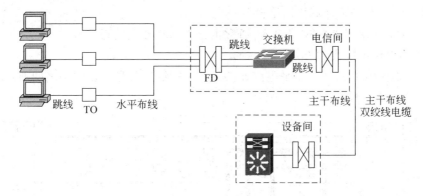

图 12.4　交叉连接方式(2)

图 12.5　数据系统连接方式(经设备缆线连接)

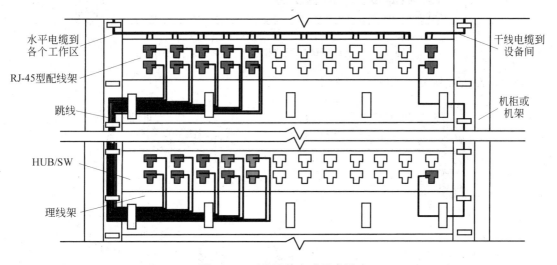

图 12.6　互连连接方式示意图

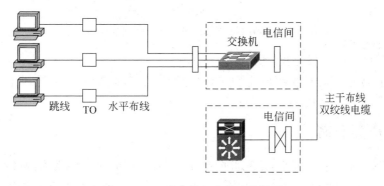

图 12.7　互连连接方式的连接关系

2) 在电信间没有安装计算机网络设备

在电信间没有安装计算机网络设备,通常也分为两种方式进行互通。

(1) 电信间设楼层配线架方式

通过大对数连接到设备间,水平电缆连接到各工作区的信息点。它们之间通过跳线连接。连接示意图如图12.8所示。

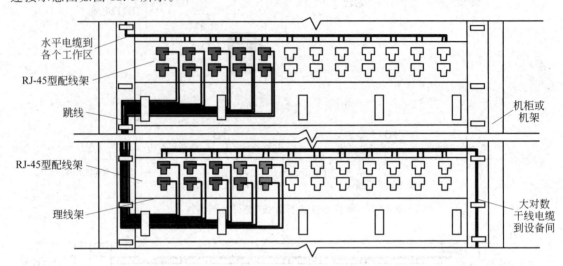

图 12.8 电信间楼层配线架互连连接方式示意图

整个链路的连接方式如图12.9所示。

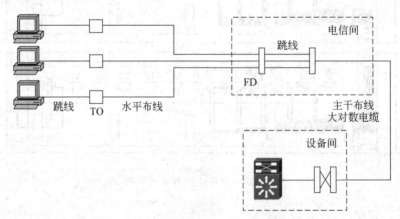

图 12.9 电信间设楼层配线架方式的互连连接关系

(2) 电信间没有设楼层配线架方式

从设备间直接布4对双绞线电缆到工作区的信息点,此时水平电缆和主干电缆为一根4对双绞线电缆,如图12.10所示。

12.2.2 电信间的形式

在综合布线系统实际工程中,建筑群配线架(CD)所在的楼宇通常为园区网的网络中心,或称数据中心,也就是综合布线系统结构中的设备间。在包含设备间的楼宇中,往往建筑群配线架(CD)、建筑物配线架(BD)和该楼层的楼层配线架(FD)共同装在设备间内;在不包含设

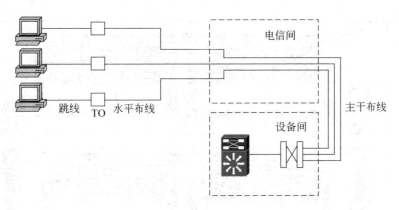

图 12.10　电信间直接布设电缆到信息点

备间的楼宇中,BD 通常设在该楼宇的一个电信间中,即建筑物配线架(BD)和其中一个楼层配线架(FD)装在一个电信间(通常为底层)中,该电信间包含建筑物配线架(BD)和楼层配线架(FD)的设备。在这里只介绍电信间的缆线端接方式。

为了简化网络系统结构和减少配线架等设备数量,允许将不同功能的配线架组合在一个配线架上。如将建筑物配线架(BD)和楼层配线架(FD)合二为一集成在一个配线架上,也可以将建筑物配线架(BD)和楼层配线架(FD)合二为一,在一个配线架上实现。

参照国家标准,电信间通常有两种方式:一种为独立的电信间,作为楼层配线间使用,将干线子系统的干线缆线和配线子系统的水平缆线在这里连接。另一种包含有建筑物配线架(BD)的电信间,实际上起到了连接建筑群子系统的主干缆线、建筑物干线子系统的主干缆线和配线子系统的水平缆线。

1. 包含有建筑物配线架(BD)的电信间

在该电信间中要完成建筑群子系统的主干缆线、建筑物干线子系统的主干缆线和配线子系统的水平缆线的连接。

1) 电话交换配线的连接方式

电话系统的建筑群子系统的主干电缆、建筑物干线子系统的主干电缆通常都采用大对数电缆,而配线子系统的水平电缆采用与数据网络一样的电缆一次到位。建筑群子系统的主干电缆、建筑物干线子系统的主干电缆通常采用 IDC 配线架,配线子系统的水平电缆采用 RJ-45 型模块化配线架。它们之间在电信间要完成无源设备的交接。

图 12.11 所示为 IDC 配线架之间的连接,图 12.12 所示为 IDC 配线架和 RJ-45 型模块化配线架之间的连接。

2) 计算机网络设备的连接方式

计算机网络数据通信系统的建筑群子系统的主干缆线通常采用光缆,而建筑物干线子系统的主干缆线通常可以采用光缆,也可以采用双绞线,配线子系统的水平缆线通常采用双绞线,当有特殊要求时也可以采用光缆。在综合布线实际工程中有以下几种情况。

(1) 光缆+电缆+电缆方式

建筑群子系统的主干缆线通常采用光缆,建筑物干线子系统的干线缆线和配线子系统的水平缆线采用电缆。此时建筑群子系统的主干光缆端接到该电信间的光纤配线架,建筑物干线子系统的干线电缆和配线子系统的水平电缆端接到该电信间的 RJ-45 型模块化配线架。在该电信间需要配置分布层交换机和接入层交换机。

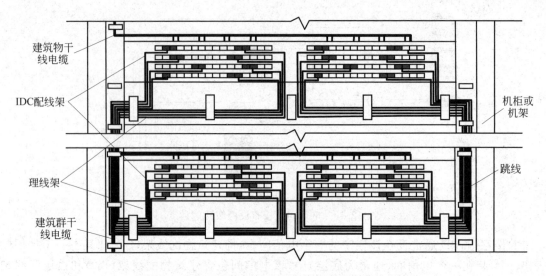

图 12.11　IDC 配线架与 IDC 配线架在机柜中的连接

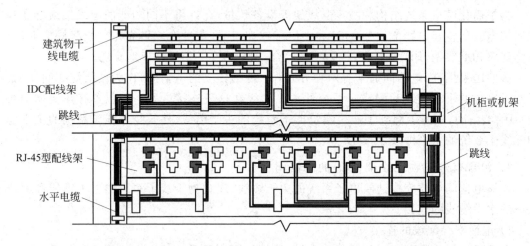

图 12.12　IDC 配线架与 RJ-45 型模块化配线架在机柜中的连接

分布层交换机通过建筑群干线光缆连接到园区设备间的核心交换机,通过建筑物干线电缆连接到各电信间的接入层交换机;各电信间的接入层交换机通过建筑物干线电缆连接到分布层交换机,通过水平电缆连接到各工作区的信息点。它们之间的连接示意图如图 12.13 所示。

整个链路的连接方式如图 12.14 所示。此时,整个链路的介质采用光缆+双绞线电缆,即建筑群子系统采用光缆,建筑物干线子系统、配线子系统采用双绞线电缆。

(2) 光缆+光缆+电缆方式

建筑群子系统和建筑物干线子系统的主干缆线都采用光缆,配线子系统的水平缆线采用电缆。此时建筑群子系统和建筑物干线子系统的主干光缆端接到该电信间的光纤配线架上,配线子系统的水平电缆端接到该电信间的 RJ-45 型模块化配线架上。在该电信间需要配置分布层交换机和接入层交换机。分布层交换机通过建筑群干线光缆连接到园区设备间的核心交换机,通过建筑物干线光缆连接到各电信间的接入层交换机;各电信间的接入层交换机通过建筑物干线光缆连接到分布层交换机,通过水平电缆连接到各工作区的信息点。分布层交换机

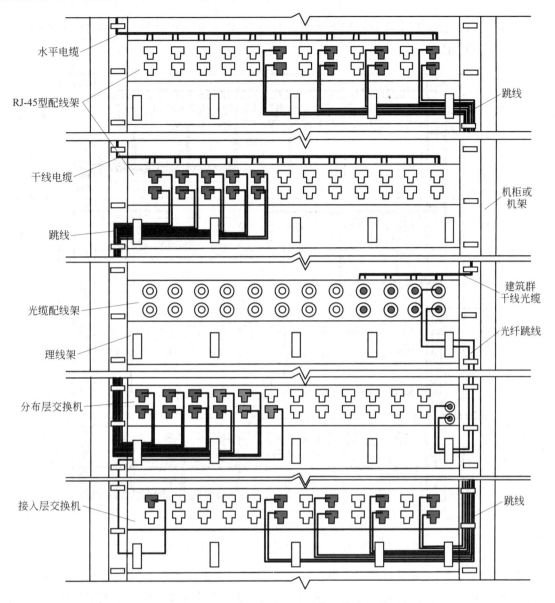

图 12.13 光缆＋电缆＋电缆方式电信间缆线连接示意图

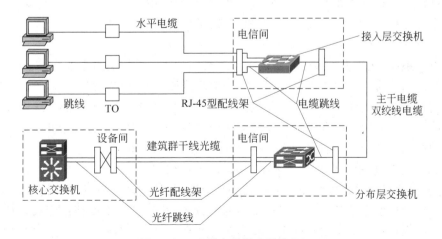

图 12.14 光缆电缆混合链路(1)

为光纤接口，如果接入层交换机上没有光纤接口，中间需要光电转换器。它们之间的连接示意图如图12.15所示。

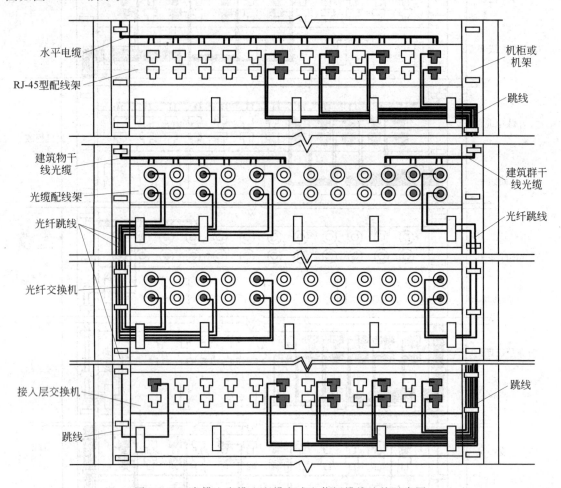

图 12.15　光缆＋光缆＋电缆方式电信间缆线连接示意图

在图12.15中，把建筑群子系统的干线光缆和建筑物干线子系统的干线光缆端接到一个光纤配线架上，接入层交换机没有光纤接口，通过光纤转换器和建筑物干线光缆连接。

整个链路的连接方式如图12.16所示。此时，整个链路的介质采用光缆＋双绞线电缆，即建筑群子系统、建筑物干线子系统采用光缆，配线子系统采用双绞线电缆。

(3) 全光缆方式

建筑群子系统、建筑物干线子系统的主干缆线和配线子系统的水平缆线都采用光缆，组成一个全光链路的网络。此时在该电信间只需光缆配线架和光纤交换机。

当建筑物干线光缆和建筑群干线光缆的芯数较少时，建筑群子系统的干线光缆和建筑物干线子系统的干线光缆可以合用一个光纤配线架，配线子系统的水平光缆根据信息点的数据确定光纤配线架的数量。它们之间的连接示意图如图12.17所示。

在图12.17中，显示了建筑群子系统、建筑物子系统、配线子系统3个子系统。但在实际工程中，综合布线系统采用光纤光缆传输系统时，其网络结构和设备配置可以简化。例如，在建筑物内各个楼层的电信间可不设置传输或网络设备，甚至可以不设楼层配线接续设备。但是全程采用的光纤光缆应选用相同类型和品种的产品，以求全程技术性能统一，以保证通信质

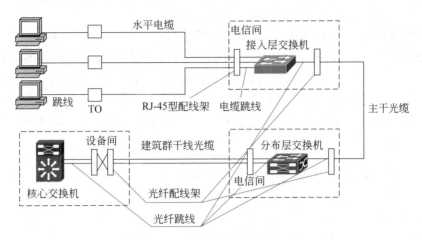

图 12.16　光缆电缆混合链路(2)

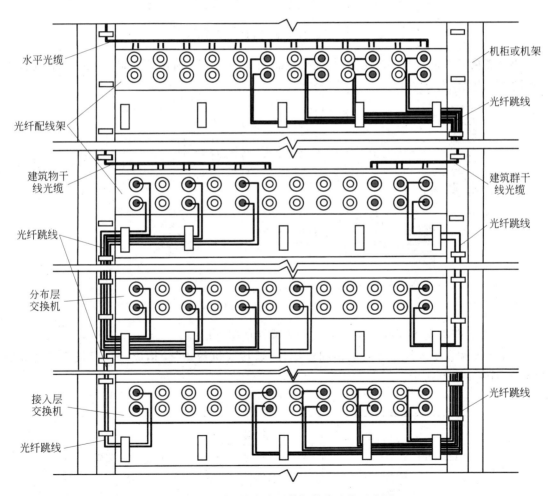

图 12.17　全光缆方式电信间缆线连接示意图

量优良,不至于产生不匹配的或不能衔接的问题。当干线子系统和配线子系统均采用光纤光缆并混合组成光纤信道时,其连接方式应符合以下规定。

① 光纤信道构成(1):光缆经电信间 FD 光纤跳线连接。

水平光缆和主干光缆都敷设到楼层电信间的光纤配线设备,通过光纤跳线连接构成光信道,并应符合如图 12.18 所示的连接方式。光信道的构成,水平光缆在电信间不作延伸。在一般情况下,信息的传递通过计算机网络设备经主干端口下传。主干光缆中并不包括水平光缆的容量在内,它只满足工作区接入终端设备电端口所需的接入电信间计算机网络设备骨干光端口所需求的光纤容量。

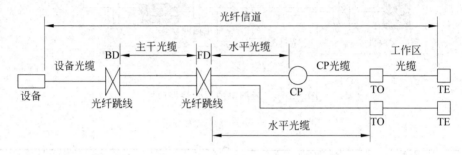

图 12.18　光缆经电信间 FD 光纤跳线连接

加上建筑群子系统的干线光缆,其连接示意图如图 12.17 所示。完整的光纤链路连接方式如图 12.19 所示。

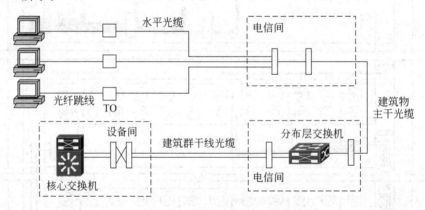

图 12.19　光纤信道(1)

② 光纤信道构成(2):水平光缆和主干光缆在楼层电信间。

水平光缆和主干光缆在楼层电信间经端接(熔接或机械连接)构成,FD 只设光纤之间的连接点,如图 12.20 所示。

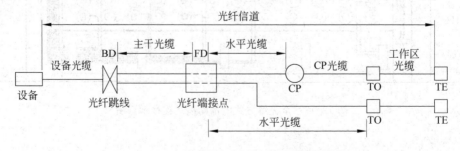

图 12.20　水平光缆和主干光缆在楼层电信间

在图12.20中,水平光缆和主干光缆在FD处做端接,光纤的连接可以采用光纤熔接或机械连接。完整的光纤信道连接示意图如图12.21所示。

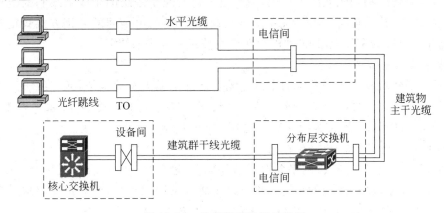

图12.21 光纤信道连接示意图

水平光缆经主干光缆延伸,主干光缆光纤应包括网络设备主干端口和水平光缆所需求的容量。

③ 光纤信道构成(3):水平光缆经过电信间直接连至大楼设备间光配线设备构成。

水平光缆经过电信间直接连至大楼设备间光配线设备构成,电信间只作为光缆路径的场所。在此情况下,在电信间不设FD。光纤信道如图12.22所示。

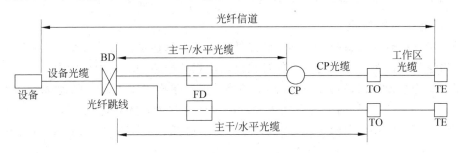

图12.22 光缆经过FD直接连接至设备间BD

在图12.22中,水平光缆直接路经电信间,连接至设备间总配线设备,中间不做任何处理。完整的光纤信道连接示意图如图12.23所示。

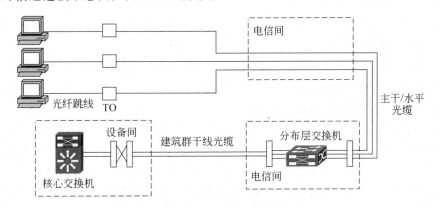

图12.23 光纤信道(2)

2. 不包含有建筑物配线架(BD)的电信间

在不包含有建筑物配线架的电信间,只是建筑物干线子系统的干线缆线和配线子系统的水平缆线端接与连接的场所。不含有建筑物配线架(BD)的电信间的连接方式只是其中的一部分,在包含有建筑物配线架(BD)的电信间中去掉建筑群子系统即可。

(1) 电话交换配线的连接方式

电话系统的建筑物干线子系统的主干电缆通常都采用大对数电缆,而配线子系统的水平电缆采用与数据网络一样的电缆一次到位。干线子系统电缆 IDC 配线架、水平电缆采用 RJ-45 型配线架,它们之间的连接为无源连接,如图 12.9 所示。

(2) 计算机网络设备的连接方式

在前面已经介绍过,计算机网络数据通信系统中,建筑物干线子系统的主干缆线通常采用光缆,也可以采用双绞线,配线子系统的水平缆线通常采用双绞线,当有特殊要求时也可采用光缆。通常有全光缆方式、光缆+电缆方式和全电缆方式。

在包含有建筑物配线架(BD)的电信间中去掉建筑群子系统即可。所不同的是,因为在不包含有建筑物配线架(BD)的电信间中只有一条光缆,如果光缆芯数较少,此时从经济角度出发在实际工程中经常采用光缆终端盒。

12.2.3 光纤端接的方法

光纤端接比较简单,下面以 ST 光纤连接器为例,说明其端接方法。

1. 光纤连接器的端接

光纤连接器的端接是将两条半固定的光纤通过其上的连接器与此模块嵌板上的耦合器互连起来。做法是将两条半固定光纤上的连接器从嵌板的两边插入其耦合器中。

对于交叉连接模块来说,光纤连接器的端接是将一条半固定光纤上的连接器插入嵌板上耦合器的一端中,此耦合器的另一端插入光纤跳线的连接器;然后将光纤跳线另一端的连接器插入要交叉连接的耦合器的一端,该耦合器的另一端插入要交叉连接的另一条半固定光纤的连接器。

交叉连接就是在两条半固定的光纤之间使用跳线作为中间链路,使管理员易于管理或维护线路。

2. ST 光纤连接器端接的步骤

(1) 清洁 ST 光纤连接器。拿下 ST 光纤连接器头上的黑色保护帽,用蘸有试剂的丙醇酒精棉签轻轻擦拭光纤连接器头。

(2) 清洁耦合器。摘下光纤耦合器两端的红色保护帽,用蘸有试剂的丙醇酒精杆状清洁器穿过耦合器孔擦拭耦合器内部以除去其中的碎片。

(3) 使用罐装气,吹去耦合器内部的灰尘。

(4) 将 ST 光纤连接器插到一个耦合器中。将光纤连接器头插入耦合器的一端,耦合器上的突起对准光纤连接器槽口,插入后扭转光纤连接器以使其锁定。如经测试发现光能量损耗较高,则需摘下光纤连接器并用罐装气重新净化耦合器,然后再插入 ST 光纤连接器。在耦合器的两端插入 ST 光纤连接器,并确保两个光纤连接器的端面在耦合器中接触,如图 12.24 所示。

注意:每次重新安装时,都要用罐装气吹去耦合器的灰尘,并用蘸有试剂的丙醇酒精棉签擦净 ST 光纤连接器。

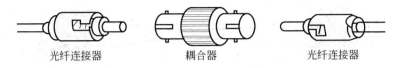

图 12.24 将 ST 光纤连接器插入耦合器

（5）重复以上步骤，直到所有的 ST 光纤连接器都插入耦合器为止。

注意：若一次来不及装上所有的 ST 光纤连接器，则光纤连接器头上要盖上黑色保护帽，而耦合器空白端或连接的一端（另一端已插上光纤连接器头的情况）要盖上红色保护帽。

12.2.4 综合布线系统中光缆的极性管理

在综合布线系统中，光缆主要被应用于垂直主干布线和建筑群主干布线，只有少量被应用于对安全性、传输距离和传输速率要求较高的水平布线。

光纤在接续和连接时，需要注意光纤的极性。在标准中，通常用 A 和 B 来表示光纤的极性。在光纤链路施工过程中，需要对光纤链路的极性做出标识。这样，将缩短光纤连接和线路查找的时间。

1．一般原理

大多数光纤系统都是采用一对光纤来进行传输的，一根用于正向的信号传输，而另一根则用于反向的信号传输。在安装和维护这类系统时，需要特别注意信号是否在相应的光纤上传输，确保始终保持正确的传送接收极性。LAN 电子设备中使用的光电收发器具有双工光纤端口，一个用于传送，一个用于接收。

同一应用系统（例如以太网）中的所有双工光电收发器的传送和接收端口位置都是相同的。从收发器插座的键槽（用于帮助确定方向的槽缝）朝上的位置看光电收发器端口，发送端一般在左侧，接收端在右侧。

将光电收发器相互连接时，信号必须是交叉传递的。交叉连接是将一个设备的发送端连接到另一个设备的接收端。信道中的各个元件都应提供交叉连接。信道元件包括配线架间的各个跳线、适配器（耦合）以及缆线段。无论信道是由一条跳线组成的，还是由多条缆线和跳线串联而成，信道中的元件数始终是奇数。

奇数的交叉连接实际上等于一条交叉连接，按这样的程序无论何时发送端都会连接到接收端，而接收端也总是连接到发送端。

2．跳线交叉连接

如图 12.25 所示的双工跳线可以提供交叉连接，原因是光纤一端的插头位置将会连接到另一端的相反的插头位置。为清楚起见，图中以 3 个不同的方向标示了该交叉跳线。在所有示意图中，两根光纤都是一端连接插头位置 A，另一端连接插头位置 B。请注意连接头上的键槽位置。

现今的大多数光纤系统如何在一对光纤传输的基础上，用其中的一条光纤将信号以一个方向进行传播，用另一条光纤实现反向传播。对该系统进行安装和维护时，重点是确保信号在正确的光纤上传播，以使发射/接收极性始终如一。

3．端到端光纤信道极性管理

图 12.26 说明的是使用对称定位方法形成的端到端连接，起点是主要的交叉连接，经过了

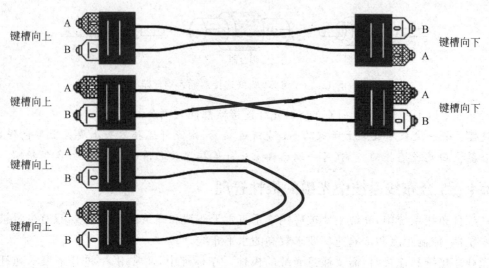

图 12.25 交叉跳线视图

中间的交叉连接或者水平连接,最后到达通信信息口。对于图中的每一缆线节段和每一跳线,将一端插入适配器 A 位置,将另一端插入适配器 B 位置。

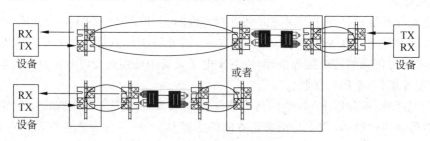

图 12.26 端到端极性管理

两个工作站之间所布的布线信道内有着众所周知的"跨接"。固定的缆线节段必须按照各光纤对中的跨接进行安装,使光纤对中的每根光纤的一头插入适配器 A 位置,而另一头插入适配器 B 位置。要完成作业很简单,只需按照两种方法之一来决定适配器的方向并调节配线架中的光纤顺序即可。

当相同定向的适配器进行交叉连接时,信号从奇数编号的光纤中转移至偶数编号的光纤中。没有按照以上方法进行操作时,可能会出现极性问题。任何一个违背了 A-B 规则的连接,将减少一个跨接并可能产生偶数个跨接,继而导致系统内出现错误的极性。有时候,安装人员或者用户试图通过减少链路中的另一个跨接来解决这个问题,这可以通过使用单工跳线或者通过使用直连跳线代替跨接缆线来实现。这个方法可能导致缆线管理出现问题,应避免采用该方法,因为这些跳线在以后可能会被无意地用于有着正确路由的信道中。要解决极性问题,必须确定哪些配线架中未按照规定应用上述方法,并分别进行纠正。记住:在正确安装的光纤连接中,在 A 位置输入的信号将在 B 位置输出。一旦正确安装了这些系统,将一直能保持极性。

4. 光纤链路极性管理

具体方法:奇数芯数的光纤以位置 A 开始,位置 B 结束。而偶数芯数的光纤以位置 B 开始,位置 A 结束。

在光纤链路两端,光纤芯数可以都采用连续性的排列(比如,1,2,3,4,…),但是光纤适配器却需要采用两端相反的方式连接(例如,一端为 A-B,A-B,…;另一端则为 B-A,B-A,…),如图 12.27 所示。

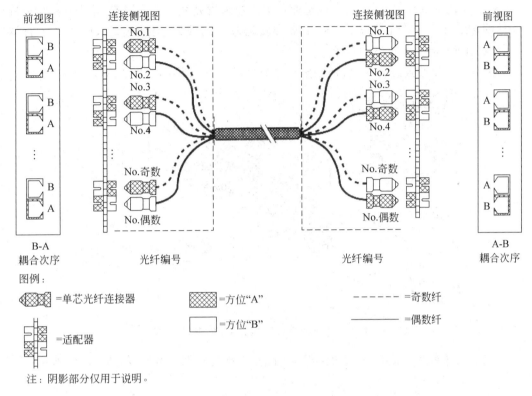

图 12.27　光纤极性表示方法

除了上述的排序方法之外,光纤芯数也可以采用交叉排列的方式接续。交叉排列的方式,光纤链路的一端按照正常的连续排列(如 1,2,3,4,…),另一端则为交叉方式(如 2,1,4,3,…)。这时链路两端的适配器则不需要采用反向连接(如同为 A-B,A-B,…)。

5. 光纤连接硬件的安装规定

每一条光纤传输通道包括两根光纤,一根接收信号,另一根发送信号,即光信号只能单向传输。如果收对收,发对发,光纤传输系统肯定不能工作。因此光纤工作前,应先确定信号在光纤中的传输方向。

(1) 连接器和适配器采用色码来区别,不同的颜色容易判断不同类型的光纤,以保证光纤硬件(连接器件和适配器)不会因不同型号的光纤而错误对接。

(2) 连接硬件应有光纤单芯连接和光纤双芯连接两种类型。

① 为保证通信引出端和配线架(或配线盘)布线侧的灵活性,建议使用光纤单芯连接器终端连接水平光缆或干线光缆。

② 在通信引出端和配线架(或配线盘)用户侧,建议使用光纤双芯连接起来建立和保持双芯光纤传输系统每一条发送光纤和接收光纤的正确极性。光纤双芯适配器可以由两个单芯适配器组成,也可以用一个整体封装的双芯单元的部件。

使用配套的光纤双芯连接器,实现光纤双芯适配器与设备光缆、接插软线的连接。

③ 在通信引出端上使用定位销,或在适配器上根据方位 A 和方位 B 的标签来确定极性。为了保证综合布线系统中极性正确和统一,要求定位销的排列方向、标签和光纤配置,必须在整个综合布线系统中保持一致,使光纤传输系统中的发送和接收的极性正确排列。

在未安装光缆布线基座的地方,规定通信引出端采用光纤双芯连接器,并用其定位销确定极性,如图 12.28 所示。在装有 BFOC/2.5 连接器基座的地方,可使用 BFOC/2.5 连接器连接到通信引出端,但要满足下列要求。

a. 使用光纤双芯连接器时,宜使用定位销确定其极性,如图 12.28 所示。

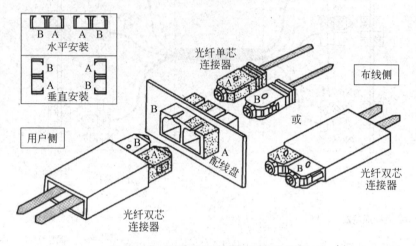

图 12.28 光纤双芯连接器的连接方法

b. 使用光纤单芯连接器时,适配器宜用标志,以确定它们的极性,如图 12.29 所示。

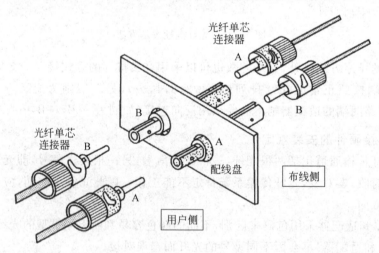

图 12.29 光纤单芯连接器的连接方法

c. 使用一个 BFOC/2.5-SC(混合)光纤适配器代替两个光纤单芯连接器时,应使用定位销确定极性,如图 12.30 所示。

配线架上的光纤连接通过可拆卸式光纤连接器和适配器来完成。必须严格控制配线架上的连接变更,或采用上述的定位装置,可以保证极性正确和连接质量。

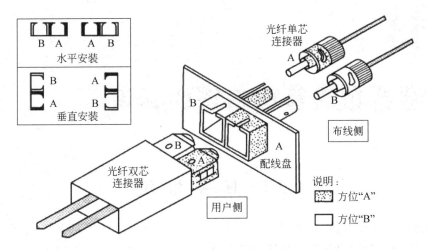

图 12.30　光纤单芯 BFOC/2.5 连接器到光纤双芯 SC(混合)连接器的连接方法

习　题

一、选择题

1. 光纤信道分为 OF-300、OF-500 和 OF-2000 3 个等级，各等级光纤信道应支持的应用长度不应小于(　　)。

　　A. 200m、400m、1000m　　　　　　　　B. 100m、200m、500m

　　C. 300m、500m、2000m　　　　　　　　D. 500m、1500m、3000m

2. 配线设备和通信设备之间采用接插软线或跳线上的连接器件相连的一种连接方式称为(　　)。

　　A. 交连　　　　　B. 互连　　　　　C. 直连　　　　　D. 下连

3. 不用接插软线或跳线，使用连接器把一端的电缆、光缆与另一端的电缆、光缆直接相连的一种连接方式称为(　　)。

　　A. 交连　　　　　B. 互连　　　　　C. 直连　　　　　D. 下连

4. (　　)用于配线架到交换设备和信息插座到计算机的连接。

　　A. 理线架　　　　B. 跳线　　　　　C. 110C 型连接块　　　D. 尾纤

二、简答题

1. 在电信间，安装有计算机网络设备的互连方式有几种？
2. 在电信间，没有安装计算机网络设备的互连方式有几种？
3. 在综合布线系统中，电信间通常有哪几种形式？
4. 在综合布线系统中，光缆的极性连接的原理是什么？

任务 13 综合布线管理系统的标识

13.1 任务描述

在综合布线系统中,网络应用的变化会导致连接点经常出现移动、增加等变化。一旦没有标记或使用了不恰当的标记,都会导致最终用户不得不付出更高的维护费来解决连接点的管理问题。因此,在综合布线系统施工过程中需要进行建立详细的标识系统,它对于网络布线系统来说是一个非常重要的环节。

13.2 相关知识

13.2.1 综合布线管理系统概述

1. 综合布线管理系统的级别

综合布线系统工程的技术管理涉及综合布线系统的工作区、电信间、设备间、进线间、入口设施、缆线管道与传输介质、配线连接器件及接地等各方面。根据布线系统的复杂程度和主体工程建设规模大小,同时考虑今后使用功能的变更或系统规模的扩充升级等因素,分为以下 4 级。

(1) 一级管理系统。针对单一电信间或设备间的系统。
(2) 二级管理系统。针对同一建筑物内多个电信间或设备间的系统。
(3) 三级管理系统。针对同一建筑群内多栋建筑物的系统,包括建筑物内部及外部系统。
(4) 四级管理系统。针对多个建筑群的系统。

2. 综合布线管理系统级别的选择

管理系统的设计应使系统可在无须改变已有标识符和标签的情况下升级与扩充。也就是说,管理系统应设计合理,应变能力强,这样今后只需少量改动甚至不需改变现有的管理方式和内容(包括现有标识和相关信息),即可顺利升级换代。一级系统多服务于单一电信间装置,通常为不超过 100 个用户(极少超过 100 个)服务,如果一个系统使用者最初计划一个单一电信间系统,但是预期将扩充为多电信间,则开始二级管理。二、三、四级被设计为可升级且允许扩充,无须改变现有标识符或标签。

(1) 一级管理系统。一级管理的定位需要一个前提:对单一电信间及安装的配线设施进行服务。因为只有一个电信间,不需要标识符来区别与表示出其他各个电信间,也不需要对主干布线和户外布线系统及简单的缆线路径进行管理。如果业主希望管理电缆路径或者防火装置,宜使用二级管理,一级管理通常使用纸版文件系统或通用电子表格软件。

(2) 二级管理系统。二级管理的定位需要一个前提:对单一建筑物内多个电信间进行服务。二级包括主干布线、多点接地和接地导体的连接系统及防火的管理。缆线路径因为较直观,其管理可作为选项。二级通常使用纸版文件系统、通用电子表格软件或特殊电缆管理软件。

（3）三级管理系统。三级管理定位于一建筑群，其中包括建筑物（设备间和进线间）及户外部分的管理需要。三级管理包括二级管理的所有元素，加上建筑物和建筑物间布线的标识符。建议包括路径和空间及户外部分的管理。三级管理可使用通用电子表格软件或特殊电缆管理软件。

（4）四级管理系统。四级管理定位于多场所综合布线系统的管理需要。包括三级管理的所有元素，加上每个场所的标识符，广域网连接的标识符为可选项，加上建筑物和建筑物布线的标识符，包括路径和空间及户外部分的管理。四级管理可使用通用电子表格软件或专用的缆线管理系统软件。

3. 综合布线管理系统标识设计

1）建筑物及相关场地及信息点业务的推荐代码

建筑物的分类和推荐代码如表 13.1 所示。

表 13.1　建筑物的分类和推荐代码

建筑物名称	代码	场 地	代码	槽 道	代码	信息插座业务	代码
办公建筑	BG	工作区	GZ	密闭线槽	MC	语音	DH
商业建筑	SY	电信间	DX	开放桥架	KJ	ISDN	ZH
文化建筑	WH	设备间	SB	托架	TJ	计算机	JS
媒体建筑	MT	进线间	JX	梯架	TJ	图像	TX
体育建筑	TY	区域场地	QY	导管	DG	多媒体	DM
学校建筑	XY	竖井	SJ	网格地板	WG	无线 AP	WA
交通建筑	JT					弱电	RD
医院建筑	YY						
住宅建筑	ZZ						
工业建筑	GY						

2）管理级别和相关的标识符

一个唯一的标识符与电信基础设施的各要素相关作为查询该要素相关的信息记录的线索。表 13.2 举例说明了按级别分组的电信基础设施的要素及其标识符。

表 13.2　按级别分组的标识符

标 识 符	标识符的描述	级别			
		1	2	3	4
ann	水平链路	R	—	—	—
ft	电信间	—	R	R	R
ft-annn	电信间—水平链路（推荐格式）	—	R	R	R
ft1/ft2c	建筑物内主干电缆	—	R	R	R
ft1/ft2c-n	建筑物内主干线对	—	R	R	R
TMGB	电信主接地汇流排	R	R	R	R
ft-TGB	电信接地汇流排	—	R	R	R
f-FSLn(h)	防火位置（时间等级）	—	R	R	R
B1ft1/b2ft2c	建筑物间主干电缆	—	—	R	R
B1ft1/b2ft2c-n	建筑物间主干线对	—	—	R	R
b	建筑物	—	—	R	R
s	场所或建筑群	—	—	—	R
Ft-UUUn(q)	建筑物水平缆线及主干缆线敷设的管槽部分	—	O	O	O

续表

标识符	标识符的描述	级别 1	2	3	4
ft1/ft2-UUUn(q)	建筑物水平缆线及主干缆线敷设的管槽部分（两个电信间或区域之间）	—	O	O	O
S-UUUn(q)	户外缆线敷设的引入建筑物的管槽部分	—	—	O	O
B1ft1/b2ft2-UUUn(q)	建筑物间的缆线敷设的管槽或配线设施	—	—	O	O
WANn	广域网连接	—	—	—	O
PNLn	专网连接	—	—	—	O

其中，R=Required identifier for class(要求的标识符)；O=Optional identifier for class(可选的标识符)。

13.2.2 综合布线系统分级管理及标识要求

1. 一级管理系统

一级管理包括单一电信间及电信基础设施。

1) 基础设施标识符

一级管理系统中要求的基础设施标识符是：

- 水平链路标识符。
- 总等电位联结端子板标识符。

2) 水平链路组件标识符

每个水平链路的组件应分配一个唯一的水平链路标识符。

(1) 铜缆水平链路

铜缆水平链路包括：

- 电信间内配线架端口或端接模块。
- 4对水平电缆。
- 信息插座面板/工作区端接模块。
- 如果有集合点(CP)，连接到CP的水平电缆线段和端接模块。

(2) 光缆水平链路

光缆水平链路包括：

- 电信间内配线架端口或光纤终端模块。
- 从电信间到工作区的水平光缆。
- 工作区的光纤终端模块(单工或双工适配器)。
- 光纤单工或双工连接器。

(3) 水平链路标识符的格式

水平链路标识符的格式为 ann，其中：

- a 是一个字母，专门识别作为连接水平缆线的一个配线架。
- nn 是两个数字，指定配线架的端口或电信间内端接水平缆线的模块。

在电信间，每隔配线架端口或端接模块应使用水平链路标识符标签。可以将标识符的 a 部分标签粘贴于配线架，nn 部分粘贴于每个端口，由制造商标明端口数字的配线架可当作 nn 部分使用。应在水平缆线的两端，距缆线护套 300mm 内粘贴水平链路标识符。应包括电信间内、工作区、CP 或 MUTOA 的缆线的每一端。

3）水平缆线记录

水平缆线记录应包括下列信息。

（1）水平链路标识符。

（2）缆线类型（光缆或电缆）。

（3）工作区的信息插座位置。

（4）信息插座类型。

（5）水平缆线长度。

（6）连接模块类型。

（7）链路安装测试及运维记录。

系统业主或操作员需要的另外的信息项目可加在记录的后面，例如：

（1）测试结果的位置。

（2）房间或办公室的信息插座位置。

（3）连接模块或连接模块图标的颜色。

（4）面板结构。

（5）在面板上的信息插座位置。

（6）水平缆线到面板的缆线敷设路由及方式。

（7）有无 MUTOA。

（8）如果有 MUTOA，工作区设备缆线的长度。

（9）是否出现 CP。

（10）终端设备的业务类型。

（11）现在的使用者名字。

4）水平链路记录举例

表 13.3 为综合布线系统一级管理的水平链路记录举例。

表 13.3 一级管理的水平链路记录举例

水平链路举例	B23
缆线类型	4 对 UTP，6 类，CMP
工作区的信息插座位置	房间号 122
信息插座类型	8 为模块，T568B，制造商产品码×××
水平缆线长度	60m
连接模块类型	48 端口配线架，T568B，6 类，制造商产品码×××
链路安装测试及运维记录	由×××布线已安装且测试，安装时间××××年××月××日
可选信息	
测试结果的位置	文件位于：×××数据库
房间或办公室的信息插座位置	信息插座端口编号
连接模块或连接模块图标的颜色	蓝色的图标
面板结构	面板的 B48，端口 W08
在面板上的信息插座位置	×××
水平缆线（FD-TO）敷设路由及方式	地板下线槽
有无 MUTOA	没有
是否出现 CP	没有
终端设备的业务类型	×××
现在的使用者名字	×××

2．二级管理系统

二级管理系统包括一栋建筑物中存在多个电信间的基础设施。

1）基础设施标识符

二级管理系统中要求的基础设施标识符是：

(1) 电信间标识符。

(2) 水平链路标识符。

(3) 建筑物内主干缆线标识符。

(4) 建筑物内主干电缆线对或光缆纤芯标识符。

(5) 总等电位联结端子板标识符。

(6) 局部等电位联结端子板标识符。

(7) 防火位置标识符。

二级管理系统中要求的可选基础设施标识符是：

(1) 水平或建筑物内主干路径标识符。

(2) 在两电信间或建筑物内的区域之间的水平或建筑物内主干路径标识符。

(3) 如果需要，可以增加另外的标识符和相关的记录。

2）电信间标识符

应为每个电信间分配一个唯一的标识符格式，应为 ft，其中：

(1) f 是一个数字，用以识别电信间所在的建筑物楼层；可以增加第二个数字以适应高于 99 层的建筑。

(2) t 是一个字母，用以唯一识别在 f 楼层上一个电信间或电信间所在的建筑物区域，如果需要可增加第二个字母。

在同一基础设施的所有电信间标识符应有相同数量的字母和数字。每个电信间应在房间内粘贴标签以使其中的工作人员清楚地看到。

3）电信间—水平链路标识符

水平链路的每个组件应分配唯一的电信间—水平链路标识符。

对于铜缆水平链路组件包括：

(1) 电信间中一个配线架端口或端接 4 对水平电缆的端接模块。

(2) 4 对水平电缆。

(3) 在工作区中端接 4 对水平电缆的信息插座面板/连接模块。

(4) 如果有集合点(CP)，所有连接 CP 点的 4 对水平电缆线段和端接电缆线段的端接模块。

(5) 如果有多用户信息插座(MUTOA)，MUTOA 中信息插座面板/连接模块。

对于光纤水平链路组件包括：

(1) 电信间配线架上的光缆纤芯终端。

(2) 电信间至工作区的水平光缆(两芯)。

(3) 工作区光纤信息插座及光纤的终端连接器。

(4) 光纤可终端于两个单工连接器或一个双工连接器，而且包括对应的适配器。

电信间—水平链路标识符格式应为 ft-annn，其中：

(1) ft 为电信间标识符。

(2) a 是一个或两个字母，用以识别水平链路的组成部分，一个配线架、一组连续端口号的配线架、一个或一组端接模块。

（3）nnn 是 2～4 个字母，指定配线架端口或电信间内端接 4 对水平电缆的端接模块。

同一基础设施中所有的电信间—水平链路标识符应有相同的格式。在电信间内每个配线架端口或端接模块应粘贴标识符的 an 部分。配线架可粘贴标识符的 a 部分，每个端口粘贴 n 部分。配线架上生产厂商标记的端口号可作 n 部分使用。

同样地，一个或一组端接模块可能粘贴标识符的 a 部分，模块端接的 4 对水平电缆粘贴标识符的 n 部分。水平缆线的每一端应在距缆线护套 300mm 内粘贴电信间—水平链路标识符并清晰可见。应包括在电信间、工作区和 CP 点的缆线的两端。在工作区中，每个单独的信息插座应粘贴电信间—水平链路标识符。标签应在连接模块、面板或 MUTOA 上，清楚地识别每个连接模块。

例如，1C-A23 表示位于 1 层，C 机房，A 配线架的 23 端口。

4）建筑物主干缆线标识符

主干缆线标识符用于识别交叉连接之间的缆线。每条主干缆线应分配一个唯一的主干缆线标识符，格式为 ft1/ft2c。其中：

（1）ft1 为端接主干缆线一端的电信间标识符。

（2）ft2 为端接主干缆线另一端的电信间标识符。

（3）c 为一个或两个字母数字，用于识别一端端接于电信间 ft1，而另一端端接于电信间 ft2 的某根缆线。

电信间的标识字母应按照先后顺序进行标识。主干缆线标识符应标识在主干缆线每端的缆线护套 300mm 以内。

例如，2A/3A1 表示 2 层 A 电信间到 3 层 A 电信间的第 1 根缆线。

电信间与设备间、电信间与进线间、设备间与进线间、进线间与进线间、设备间与设备间等场地只见相连接的建筑物内主干缆线标识符的表示方式可参照上述内容。

5）建筑物内主干线对或纤芯标识符

唯一的建筑物主干缆线对或光缆纤芯标识符用于识别同一建筑物的两个电信间或其他配线设施安装场地之间的主干缆线中每一铜缆线对或每一光缆纤芯。格式为 ft1/ft2c-n，其中：

（1）ft1/ft2c 为主干缆线，c 为一个或两个字母数字，用于识别端接于电信间 ft1 和电信间 ft2 之间的某根缆线。

（2）n 是 2～4 的数值，识别一对铜缆线对或一芯光纤。

在同一基础设施的所有主干线对或纤芯标识符应有相同数量的字母和数字，并应标记在配线架的前面，端接模块标签条处，以便清楚地识别线对或纤芯。标识符的 ft1/ft2c 部分可标记于配线架、端接模块或模块组，标识符的 n 部分可标记于端接线对或纤芯的模块端口。

6）总等电位联结端子板标识符

总等电位联结端子板标识符用于识别单一建筑物的总接地系统的 TMGB。总等电位联结端子板标识符的格式为 TMGB。总等电位联结端子板标识符应粘贴在 TMGB 正面。

7）局部等电位联结端子板（TGB）标识符

TGB 标识符用于识别建筑物内部局部汇接接地系统的 TGB。每个 TGB 应分配唯一的 TGB 标识符，格式为 ft-TGB，其中：

（1）ft 为包含 TGB 的电信间标识符。

（2）TGB 为局部等电位联结端子板标识符。

8) 必需的记录要求

二级管理系统要求下列记录。

(1) 电信间记录。

(2) 电信间—水平链路记录。

(3) 主干缆线记录。

(4) TMGB 记录。

(5) TGB 记录。

(6) 防火位置记录。

详细记录要求如表 13.4 所示。

表 13.4 二级管理系统记录要求

记　　录	应包含信息	可选增加到记录
电信间记录	房间号； 钥匙或房卡； 联络人； 出入时间	系统业务或操作员需要的其他信息可增加到记录中
电信间—水平链路记录	电信间—水平链路标识符，例如，4A-B48； 缆线类型，例如，2 芯多模光纤； 信息插座位置（房间、办公室或工作区位置）； 信息插座类型，例如，8 位模块，T568B，6 类； 缆线长度，例如，51m； 交叉连接硬件类型，例如，48 端口配线架模块，T568B，6 类； 链路运维记录，例如，××××年××月××日对故障线对进行了重新端接和再测试	测试结果的位置； 房间或办公室的信息插座位置； 连接器或连接器上图标的颜色（例如，橙色图标，或蓝色插座）； 在相同的位置其他信息插座； 面板结构，例如，四端口，象牙白； 在面板或 MUTOA 上安装的信息插座位置； 缆线敷设的路径； 是否有 MUTOA； 如果有 MUTOA，工作区设备缆线的长度
主干缆线记录	主干缆线标识符，例如，2A/3A1； 缆线类型； 连接硬件类型，第 1 个电信间； 连接硬件类型，第 2 个电信间； 每条主干线缆线对或纤芯与另一主干线缆线对或纤芯，或与一条水平链路的交叉连接的关系表格	系统业务或操作员需要的其他信息可增加到记录中
TMGB 记录	总等电位联结端子板标识符，例如，TMGB； MGB 的位置（进线间标识符）； TMGB 的尺寸； 对电气系统接地或建筑结构钢件的 TMGB 装置位置； TMGB 测试结果的位置，例如，对地电阻	系统业务或操作员需要的其他信息可增加到记录中
TGB 记录	局部等电位联结端子板标识符，例如，3A-TGB； TGB 的尺寸	系统业务或操作员需要的其他信息可增加到记录中

13.2.3　综合布线系统标签设置

综合布线系统应在需要管理的各个部位设置标签，分配由不同长度的编码和数字组成的标识符，以表示相关的管理信息。

标识符可由数字、英文字母、汉语拼音或其他字符组成,布线系统内相同类型的器件与缆线的标识符应具有同样特征(相同数量的字母和数字等)。

综合布线管理系统的标识符与标签的设置应符合下列规定。

(1)标识符应包括安装场地、缆线终端位置、缆线管道、水平缆线、主干缆线、连接器件、接地等类型的专用标识,系统中每一组件应指定一个唯一标识符。

(2)电信间、设备间、进线间所设置配线设备及信息点处均应设置标签。

(3)每根缆线应指定专用标识符,标在缆线的护套上或在距每一端护套300mm内设置标签,缆线的成端点应设置在标签标记指定的专用标识符。

(4)接地体和接地导线应指定专用标识符,标签应设置在靠近导线和接地体的连接处的明显位置。

(5)根据设置的部位不同,可使用粘贴型、插入型或其他类型标签。标签表示内容应清晰,材质应符合工程应用环境要求,具有耐磨、抗恶劣环境、附着力强等性能。

选用粘贴型标签时,缆线应采用换套型标签,标签在缆线上应不少于一圈,配线设备和其他设施应采用偏平型标签。

标签衬底应耐用,可适应各种恶劣环境,不可将民用标签应用于综合布线工程;插入型标签应设置在明显位置、固定牢靠。

(6)成端色标应符合缆线的布放要求,缆线两端成端点的色标颜色应一致。

不同颜色的配线设备之间应采用相应的跳线进行连接,色标的应用场所应按照下列原则,如图13.1所示。

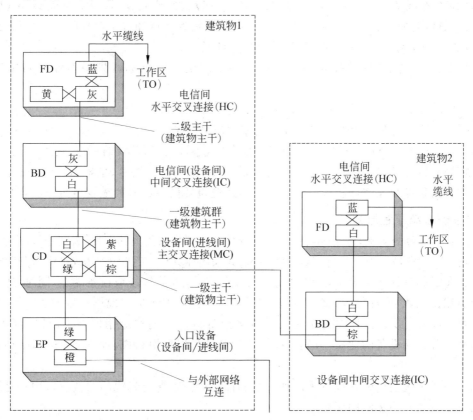

图13.1 色标应用位置示意

① 橙色：用于分界点，连接入口设施与外部网络的配线设备。
② 绿色：用于建筑物分界点，连接入口设施与建筑群的配线设备。
③ 紫色：用于与信息通信设施（PBX、计算机网络、传输等设备）连接的配线设备。
④ 白色：用于连接建筑物内主干缆线的配线设备（一级主干）。
⑤ 灰色：用于连接建筑物内主干缆线的配线设备（二级主干）。
⑥ 棕色：用于连接建筑群主干缆线的配线设备。
⑦ 蓝色：用于连接水平缆线的配线设备。
⑧ 黄色：用于报警、安全等其他线路。
⑨ 红色：预留备用。

综合布线系统中所使用的区分不同服务的色标应保持一致，对于不同性能缆线级别所连接的配线设备，可用加强颜色或适当的标记加以区分。

13.2.4 综合布线管理系统设计

1. 管理系统要求

对设备间、电信间、进线间和工作区的配线设备、缆线、信息点等设施，应按一定的模式进行标识和记录，并应符合下列规定。

（1）综合布线系统工程宜采用计算机进行文档记录与保存，简单且规模较小的综合布线系统工程可按图纸资料等纸质文档进行管理，并做到记录准确、及时更新、便于查阅；文档资料应采用中文。

（2）综合布线的每一电缆、光缆、配线设备、端接点、接地装置、管线等组成部分均应给定唯一的标识符，并应设置标签。标识符应采用统一数量的字母和数字等标明。

（3）缆线和光缆的两端均应该标明相同的标识符。

（4）设备间、电信间、进线间的配线设备宜采用统一的色标区别各类业务与用途的配线区。

（5）综合布线系统工程应制定系统测试的记录文档内容。

（6）所有标签应保持清晰、完整，并满足使用环境要求。

（7）综合布线系统相关设施的工作状态信息应包括设备和缆线的用途、使用部门、组成局域网的拓扑结构、传输信息速率、终端设备配置状况、占用器件编号、色标、链路与信道的功能和各项主要指标参数及完好状况、故障记录等，还应包括设备位置和缆线走向等内容。

2. 管理系统配置原则

上述管理内容的实施，将给今后布线工程维护和管理带来很大的方便，有利于提高管理水平和工作效率。特别是较为复杂的综合布线系统，如采用计算机进行管理，其效果将十分明显。

综合布线的各种配线设备，应用色标区分干线缆线、配线缆线或设备端点，同时，还应采用标签标明端接区域、物理位置、编号、容量、规格等，以便维护人员在现场一目了然地加以识别。

在每个配线区实现线路管理的方式是在各色标区域之间按应用的要求，采用跳线连接。色标用来区分配线设备的性质，分别由按性质划分的配线模块组成，且按垂直或水平结构进行排列。

综合布线系统使用的标签可采用粘贴型和插入型。电缆与光缆的两端应采用不易脱落和磨损的不干胶条标明相同的编号。

无论是数据，还是语音都存在两种配线方式，配线设计分互连和交连两种配线方式，对应布线设计阶段将需要考虑配线架的单端设计和双端设计。在模块二中已经介绍过。

管理设计方案中对于管理场地可以考虑两种方式：单点管理和双点管理。在模块二中已经介绍过。

3．走线管理

1）管槽的标识管理

管槽需要进行管理，标识可以使用粘贴型标签和插入型标签。粘贴型标签适合于密闭管槽，插入型标签适合于开放式托架。

标签可轻松卡接在桥架的侧面和底部以不同颜色区别不同类型的缆线，也可根据用户的要求印上工程名称及缆线的型号等，使缆线管理更灵活、美观、方便。

管槽标识要求如图 13.2 所示。

2）机柜和机架的标识

机柜的前部、后部和底部都需要统一标识。在标识该机柜配线架时，也包含机柜的标识。例如，6A-D02-A22 表示 6 层 A 电信间 D02 机柜 A 配线架 22 端口。

3）信息出口标识

标签应设置于接插件、面板或多用户信息插盒（MUTOA）处，以能够明确标识具有相应标识符的独立接插件为准。命名中应指示该端口对应的配线架端口号或设备的端口号，如图 13.3 所示。

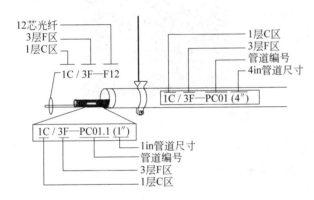

图 13.2　管槽标识要求

图 13.3　信息出口标识

13.2.5　综合布线系统标识产品

1．环境要求

（1）标识符建议按照"永久标识"的概念选择材料，标签的寿命应能与布线系统的设计寿命相对应。建议标签材料符合通过 UL969（或对应标准）认证以达到永久标识的保证；同时建议标签要达到环保 RoHS 指令要求。所有标签应保持清晰、完整，并满足环境的要求。

（2）标签应打印，不允许手动填写，应清晰可见、易读取。特别强调的是，标签应能够经受环境的考验，比如，潮湿、高温、紫外线，应该具有与所标识的设施相同或更长的使用寿命。聚酯、乙烯基或聚烯烃等材料通常是最佳的选择。

（3）作为缆线专用标签要满足清晰度、磨损性和附着力的要求，TIA/EIA 606A 标准中规定粘贴型标签要适用于 UL969 标准描述的易辨认、耐磨损、黏性要求。

UL969 试验由两部分组成：暴露测试和选择性测试。

① 暴露测试。包括温度测试、湿度测试和抗磨损测试。

② 选择性测试。包括黏性强度测试、防水性测试、防紫外线测试(日照100/30天)、抗化学腐蚀测试、耐气候性测试以及抗低温能力测试等。

只有经过了上述各项严格测试的标签才能用于缆线上，在布线系统的整个寿命周期内发挥应有作用。

2. 标识方式

标识方式可以根据具体情况采用不同的方式，如粘贴型、插入型、吊牌式、直接喷涂型、套管式等不同的实施方式。

(1) 粘贴型。背面为不干胶的标签纸，可以直接贴到各种物体的表面。

(2) 插入型。应具有良好的防撕性能，够经受环境的考验，并且符合RoHS对应的标准。常用的材料类型包括聚酯、聚乙烯、举亚胺酯。

(3) 覆盖保护膜标签。电缆标识最常用的是覆盖保护膜标签(见图13.4)，这种标签带有黏性并且在打印部分之外带有一层透明保护薄膜，可以保护标签打印内容，防止刮伤或腐蚀。

图 13.4　覆盖保护膜标签

(4) 套管标识。只能在端接之前使用，通过电线的开口端套在电线上。有普通套管和热缩套管之分。热缩套管在热缩之前可以随便更换标识，具有灵活性。经过热缩后，套管就成为能耐恶劣环境的永久标识。

(5) 旗形标签。光纤类缆线建议使用旗形标签。规格：30mm×20mm；颜色：白色，如图13.5所示。

(6) 吊牌标签。大对数电缆建议使用吊牌。规格：76.20mm×19.05mm；颜色：白色。大对数缆线一般选择吊牌标签，如图13.6所示。

图 13.5　旗形标签　　　　　　　　　　图 13.6　吊牌标签

缆线的直径决定了所需的长度或套管的直径。缠绕式标签适用于各种不同直径的标签。打印区域按照业务必须选用不同颜色标识,建议选择红、橙、黄、绿、棕、蓝、紫、灰、白颜色。

13.3 综合布线系统工程标识示例

标识设计与工程规模和应用特点有一定关系,可以根据布线工程系统的构成具体要求来设计。标识设计可以采用辅助中文说明。对于完整的综合布线系统的标识设计如图 13.7 所示。

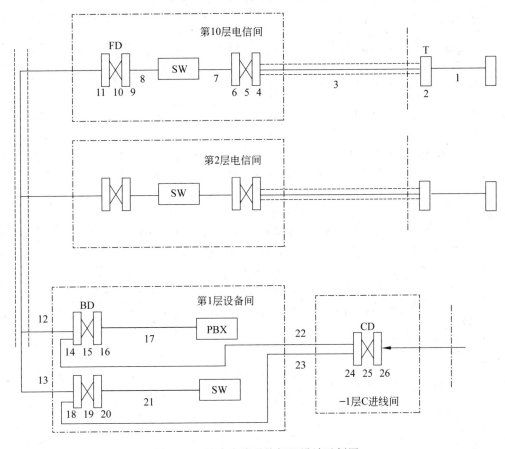

图 13.7 综合布线系统标识设计示例图

标识设计方案如表 13.5 所示。

表 13.5 标识设计方案

位置号	说 明	标 识 设 计	标 识 说 明
1	设备缆线	A10-D02-C14	设备缆线连接到:A 建筑物 10 层—D 功能区域 02 房间—C 面板第 14 端口
2	面板	D02-C14-D	D 功能区域 02 房间—C 面板第 14 端口—D(数据业务)
3	水平缆线	A10-D02-C14/10A-A08-E24	端接于: 工作区:A 建筑物 10 层—D 功能区域 02 房间—C 面板第 14 端口 电信间:10 层 A 电信间—A 列 08 机柜—E 配线架第 24 端口
4	配线架	10A-A08-E24	10 层 A 电信间—A 列 08 机柜—E 配线架第 24 端口

续表

位置号	说明	标识设计	标识说明
5	跳线	A08-E24/A08-F14	A列08机柜—E配线架第24端口/A列08机柜—F配线架第14端口
6	配线架	10A-A08-F14	10层A电信间—A列08机柜—F配线架第14端口
7	设备缆线	A08-F14-Q02	A列08机柜—F配线架第14端口—机柜Q交换机02号设备端口
8	设备缆线	A08-G04-Q06	A列08机柜—G配线架第04端口—机柜Q交换机06号设备端口
9	配线架	10A-A08-G04	10层A电信间—A列08机柜—G配线架第04端口
10	跳线	A08-G04/A08-H02	A列08机柜—G配线架第04端口/A列08机柜—H配线架第02端口
11	配线架	10A-A08-H02	10层A电信间—A列08机柜—H配线架第02端口
12	主干电缆（语音主干）	10A-A08-H02/A01-A02-C04/H18	端接于： 电信间：10层A电信间—A列08机柜—H配线架第02端口 设备间：A建筑物01层—A设备间02号房—C列04机柜/H配线架第18端口
13	主干光缆（数据主干）	10A-A08-L02/A01-A02-C02/F15	端接于： 电信间：10层A电信间—A列08机柜—L配线架第02端口 设备间：A建筑物01层—A设备间02号房—C列02机柜/F配线架第15端口
14	配线架	A02-C04/H18	A设备间02号房—C列04机柜/H配线架第18端口
15	跳线	A02-C04/H18-A02-C02/E06	A设备间02号房—C列04机柜/H配线架第18端口—A设备间02号房—C列02机柜/E配线架第06端口
16	配线架	A02-C02/E06	A设备间02号房—C列02机柜/E配线架第06端口
17	设备缆线	C02/E06-D01/J04	C列02机柜/E配线架第06端口—D电话交换机01机柜/J机柜04号设备端口
18	配线架	A02-C02/F15	A设备间02号房—C列02机柜/F配线架第15端口
19	跳线	A02-C02/F15-A02-C02/K22	A设备间02号房—C列02机柜/F配线架第15端口—A设备间02号房—C列02机柜/K配线架第22端口
20	配线架	A02-C02/K22	A设备间02号房—C列02机柜/K配线架第22端口
21	设备缆线	C02/K22-J04	C列02机柜/K配线架第22端口—J机柜04号设备端口
22	主干电缆（语音主干）	A02-C04/T32－1A-A01/T22	A设备间02号房—C列04机柜/T配线架第32端口—地下1层A进线间—A列01机柜/T配线架第22端口
23	主干光缆（数据主干）	A02-C02/T15－1A-A01/T01	A设备间02号房—C列02机柜/T配线架第15端口—地下1层A进线间—A列01机柜/T配线架第01端口
24	配线架	－1A-A01/A01	地下1层A进线间—A列01机柜/A配线架第01端口
25	跳线	－1A-A01/A01－1A-A02/B01	地下1层A进线间—A列01机柜/A配线架第01端口—地下1层A进线间—A列02机柜/B配线架第01端口
26	配线架	－1A-A02/B01	地下1层A进线间—A列02机柜/B配线架第01端口

习　　题

一、选择题

1. 下列不属于综合布线系统标记类型的是(　　)。
   A. 电缆标记　　　　B. 场标记　　　　C. 插入标记　　　　D. 颜色标记

2. 对于插入标记的色标,综合布线系统有较为统一的规定,其中在设备间与干线电缆和建筑群间干线电缆使用(　　)色标进行标记。
   A. 蓝色　　　　　　B. 绿色　　　　　C. 橙色　　　　　　D. 白色

3. 综合布线管理系统宜满足下列(　　)要求。
   A. 管理系统级别选择应符合设计要求
   B. 需要管理的每个组成部分均设置标签,并由唯一的标识符进行表示,标识符与标签的设置应符合设计要求
   C. 管理系统的记录文档应详细完整并汉化,包括每个标识符相关信息、记录、报告、图纸等
   D. 不同级别的管理系统可采用电子表格、专用管理软件或电子配线设备等进行维护管理

4. (　　)是对设备间、电信间的配线设备、缆线和信息插座等设施,按一定的模式进行标识和记录。
   A. 管理　　　　　　B. 管理方式　　　C. 色标　　　　　　D. 交叉连接

二、简答题

1. 在电信间,安装有计算机网络设备的互连方式有几种?
2. 在电信间,没有安装计算机网络设备的互连方式有几种?
3. 在综合布线系统中,电信间通常有哪几种形式?
4. 在综合布线系统中,光缆的极性连接的原理是什么?
5. 常用的标识方式有哪几种?

模块四

综合布线系统工程测试与验收

  一个优质的综合布线系统工程,不仅要设计合理,选择好的布线器材,还要有一支经过专门培训的、高素质的施工队伍,且在工程进行过程中和施工结束时要及时进行测试。目前,在实际网络工程施工中,人们往往对设计指标、设计方案比较关心,对施工质量却不太关心,忽略测试等环节,工程验收形式化。等到开通业务时,发现问题很多,方才认识到测试的重要性。

  实践证明,计算机网络故障70%是由综合布线系统质量引起的。要保证综合布线系统工程的质量,必须在整个施工过程中进行严格的测试。对于综合布线系统的施工方来说,测试主要有两个目的:一是提高施工的质量和速度;二是向建设方证明其所做的投资得到了应有的质量保证。

  下面通过3个工作任务来学习综合布线系统工程测试与验收相关的内容。

  任务14 铜缆链路的测试与故障排除

  任务15 光纤信道和链路测试

  任务16 综合布线系统工程验收

任务 14 铜缆链路的测试与故障排除

电缆敷设工程的最后一步是对布线系统的测试和评估,每个新敷设的布线系统都会存在这样或那样的问题。即使有经验的布线工程承包商,它所新敷设的布线系统也会有失败概率。因此,电缆敷设后需要进行测试。

14.1 任务描述

当综合布线系统工程的布线项目完成后,就进入了布线的测试和验收工作阶段,即依照相关的现场电缆/光缆的认证测试标准,采用公认的经过计量认可的测量仪器对已布施的电缆和光缆按其设计时所选用的规格、标准进行验证测试和认证测试。也就是说,必须在综合布线系统工程验收和网络运行调试之前进行电缆和光缆的性能测试。

14.2 相关知识

14.2.1 综合布线系统测试概述

在综合布线系统中,缆线的连接硬件本身的质量以及安装工艺都直接影响网络的正常运行。综合布线常用的是电缆和光缆两类。

总的来说,可将电缆故障分为连接故障和电气特性故障两类。连接故障大多是施工工艺差或是电缆受到意外损坏所造成的,如电缆连接不严、短路、开路等。电气特性故障是指电缆在传输过程中达不到设计要求,引起电气特性故障的主要原因除了电缆本身的质量外,还包括施工中缆线的弯曲过度、捆绑太紧、拉伸过度和干扰源过近等。

光缆故障可分为光链路的连接故障和光链路的传输特性故障两大类,光链路的连接故障一般是连接不当或几何形变或者轻微污染所造成的,如弯曲过度、受压断裂、熔接不良、核心直接不匹配、接头的抛光接触不良及污染。光链路的传输特性故障主要由传输损耗、色散等引起。

一般来说,综合布线系统的测试内容主要包括以下几点。

(1) 信息插座到楼层电信间配线架的连通性测试。
(2) 主干线包括建筑群缆线和干线缆线的连通性测试。
(3) 跳线测试。
(4) 电缆通道性能测试。
(5) 光缆通道性能测试。

14.2.2 综合布线系统测试类型

综合布线系统工程测试是综合布线系统工程中一个关键性环节,它能够验证综合布线系统前期工程中的设计和施工的质量水平,为后续的网络调试以及工程验收做必要的、定量性的准备,是工程建设过程中的重要环节。综合布线系统的测试分为以下3种。

1. 验证测试

验证测试又称随工测试,是边施工边测试,主要检测缆线的质量和安装工艺,及时发现并纠正问题,避免返工。验证测试不需要使用复杂的测试仪,只需使用能测试接线通断和缆线长度的测试仪(验证测试并不测试电缆的电气指标)。因为在工程竣工检查中,发现信息链路不通、短路、反接、线对交叉、链路超长等问题占整个工程质量问题的80%,这些问题应在施工初期通过重新端接、调换缆线、修正布线路由等措施来解决。

2. 鉴定测试

鉴定测试是在验证测试的基础上,增加了故障诊断测试和多种类别的电缆测试。

3. 认证测试

认证测试又称为竣工测试、验收测试,是所有测试工作中最重要的环节,是在工程验收时对综合布线系统的安装、电气特性、传输性能、设计、选材和施工质量的全面检验。综合布线系统的性能不仅取决于综合布线系统方案设计、施工工艺,还取决于在工程中所选的器材的质量。认证测试是检验工程设计水平和工程质量的总体水平,所以对于综合布线系统必须要求进行认证测试。

认证测试通常分为两种类型,即自我认证测试和第三方认证测试。

1) 自我认证测试

自我认证测试由施工方自己组织进行,按照设计施工方案对工程每一条链路进行测试,确保每一条链路都符合标准要求。如果发现未达标链路,应进行修改,直至复测合格;同时需要编制确切的测试技术档案,写出测试报告,交建设方存档。测试记录应准确、完整、规范,方便查阅。由施工方组织的认证测试可邀请设计方、施工监理方等共同参与,建设方也应派遣网络管理人员参加测试工作,了解测试过程,方便日后的管理和维护。

认证测试是设计方、施工方对所承担的工程进行的一个总结性质量检验。承担认证测试工作的人员应当是经过测试仪供应商的技术培训并获得资格认证。

2) 第三方认证测试

综合布线系统是计算机网络的基础工程,工程质量将直接影响建设方的计算机网络能否按设计要求顺利开通,网络系统能否正常运转,这是建设方最为关心的问题。随着网络技术的发展,对综合布线系统施工工艺的要求不断提高,越来越多的建设方不但要求综合布线系统施工方提供综合布线系统的自我认证测试,而且会委托第三方对系统进行验收测试,以确保布线施工的质量。这是对综合布线系统验收质量管理的规范化做法。

第三方认证测试目前主要采用两种做法。

(1) 对工程要求高,使用器材类别高,投资较大的工程,建设方除要求施工方要做自我认证测试外,还邀请第三方对工程做全面验收测试。

(2) 建设方在施工方做自我认证测试的同时,请第三方对综合布线系统链路做抽样测试。按工程规模确定抽样样本数量,一般1000个信息点以上的工程抽样30%,1000个信息点以下的工程抽样 50%。

14.2.3 综合布线系统测试标准

为了综合布线系统工程施工质量检查、随工检验和竣工验收的技术要求,2016 年 8 月,我国出台了国家标准《综合布线系统工程验收规范》(GB/T 50312—2016)。另外,可以参考通信行业标准《综合布线系统电气特性通用测试方法》(YD/T 1013—1999)。

国家标准《综合布线系统工程验收规范》(GB/T 50312—2016)。该标准包括目前使用最广泛的 5 类、5e 类、6 类、7 类电缆和光缆链路和信道的测试方法,在本任务中以该标准为主线,适当参照其他标准内容进行介绍,以供在综合布线系统工程施工、验收和运行中参考执行。

14.2.4 电缆的认证测试模型

在国标《综合布线系统工程验收规范》(GB/T 50312—2016)中规定了两种测试模型永久链路模型和信道模型。各等级的布线系统应按照永久链路和信道进行测试。

1. 永久链路模型

永久链路又称固定链路,永久链路方式供工程安装人员和用户用以测量安装的固定链路性能。永久链路由最长为 90m 的水平电缆、水平电缆两端的接插件(一端为工作区信息插座,另一端为楼层配线架)和链路可选的转接连接器组成,永久链路不包括两端测试电缆,电缆总长度最大为 90m。永久链路模型如图 14.1 所示。永久链路模型使用永久链路适配器连接测试仪表和被测链路,测试仪表能自动排除测试跳线的影响,排除测试跳线在测试过程中本身带来的误差,因此在技术上消除了测试跳线对整个链路测试结果的影响,使测试结果更准确、合理。

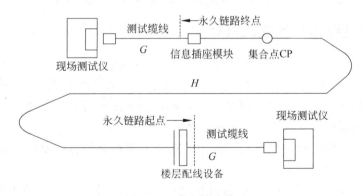

图 14.1 永久链路模型

注: H 为从信息插座至楼层配线设备(包括集合点)的水平电缆长度, $H \leqslant 90m$。

2. 信道模型

信道是指从网络设备跳线到工作区跳线的端到端的连接,包括最长 90m 的水平缆线、水平电缆两端的接插件(一端为工作区信息插座,另一端为楼层配线架)、一个靠近工作区的可选的附属转接连接器,最长 10m 的在楼层配线架和用户终端的连接跳线,信道最长为 100m。信道模型如图 14.2 所示。

信道测试的是网络设备到计算机间端到端的整体性能,是用户所关心的,所以信道也被称为用户链路。

永久链路由综合布线系统施工方负责完成。通常,综合布线系统施工方在完成综合布线

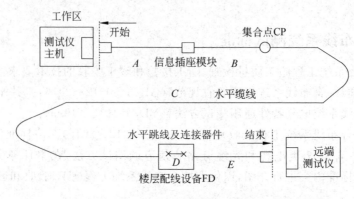

图 14.2 信道模型

注：A 为工作区终端设备电缆长度；B 为 CP 缆线长度；C 为水平缆线长度；D 为配线设备连接跳线长度；E 为配线设备到设备连接电缆长度；$B+C\leqslant 90m$，$A+D+E\leqslant 10m$。

系统工程的时候，布线系统所要连接的设备、器件并没有完全安装，而且并不是所有的电缆都会连接到设备或器件上，所以，综合布线系统施工方只能向用户提交一份基于永久链路模型的测试报告。

从用户角度来说，用于高速网络传输或其他通信传输的链路不仅仅要包含永久链路部分，还应包括用于连接设备的用户电缆，所以希望得到基于信道的测试报告。无论采用何种模型，都是为了认证布线工程是否达到设计要求。在实际测试应用中，选择哪一种测量连接方式，应根据需求和实际情况决定。使用信道模型更符合实际使用的情况，但是很难实现，所以对 5e 类、6 类和 7 类综合布线系统，一般工程验收测试都选择永久链路模型。

14.2.5 对绞电缆布线系统测试规定

对绞电缆布线系统永久链路、CP 链路及信道测试应符合下列规定。

（1）综合布线工程应对每一个完工后的信息点进行永久链路测试。主干缆线采用电缆时也可按照永久链路的连接模型进行测试。永久链路测试是布线系统工程质量验证的必要手段。在工程中不能以信道测试取代永久链路测试。

（2）对包含设备缆线和跳线在内的拟用或在用电缆链路进行质量认证时可按信道方式测试。

信道测试适用于设备开通前测试、故障恢复后测试、升级扩容设备前再认证测试等。信道测试时，由于跳线更换导致每次测得的参数不一致，因此测试的结果不宜作为永久保存的验收文本。信道测试应在工程完工后及时实施，否则经常会因信道的组成缺失器件而无法完成测试工作。所以，永久链路测试应作为首选测试方式，其次选择信道测试方式。

（3）对跳线和设备缆线进行质量认证时，可进行元件级测试。元件级测试适用于布线产品的入库测试、进场测试、选型测试等。

（4）对绞电缆布线系统链路或信道应测试长度、连接图、回波损耗、插入损耗、近端串音、近端串音功率和、衰减远端串音比、衰减远端串音比功率和、衰减近端串音比、衰减近端串音比功率和、环路电阻、时延、时延偏差等，指标参数应符合国标《综合布线系统工程验收规范》(GB/T 50312—2016) 中附录 B 的规定。

（5）现场条件允许时，宜对 EA 级、FA 级对绞电缆布线系统的外部近端串音功率和

(PS ANEXT)和外部远端串音功率和(PS AACR-F)进行抽测。

(6) 屏蔽布线系统应在符合国标《综合布线系统工程验收规范》(GB/T 50312—2016)中第8.0.3条第4款规定的测试内容,还应检测屏蔽层的导通性能。屏蔽布线系统用于工业级以太网和数据中心时,还应排除虚接地的情况。

屏蔽电缆直流电阻不应超过 $R=62.5/D$[其中,R:屏蔽层直流电阻(Ω/km);D:缆线屏蔽层外径(mm)]计算值。

(7) 对绞电缆布线系统应用于工业以太网、POE 及高速信道等场景时,可检测 TCL、ELTCTL、不平衡电阻、耦合衰减等屏蔽特性指标。

14.2.6 电缆的认证测试参数

对绞电缆布线系统链路或信道测试项目和指标参数应符合国标《综合布线系统工程验收规范》(GB/T 50312—2016)中附录 B 的规定。

1. 接线图的测试

接线图应主要测试水平电缆终接在工作区或电信配线设备的 8 位模块式通用插座的安装连接正确或错误。接线图正确的线对组合应为 1/2、3/6、4/5、7/8,并应分为非屏蔽和屏蔽两类,对于非 RJ-45 的连接方式按相关规定要求列出结果。

接线图的测试会显示出所测的每条 8 芯电缆与模块接线端子连接的实际状态,可能出现的结果如图 14.3 所示。

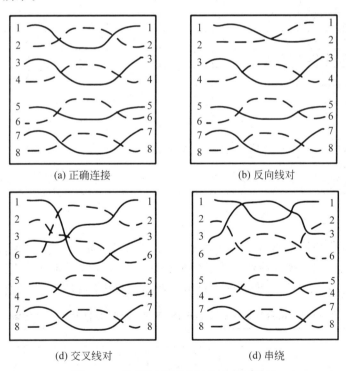

图 14.3 接线图的测试可能出现的结果

(1) 交叉。是指不同线对的线芯发生交叉连接,形成不可识别的回路。

(2) 反接。是指同一线对的两端针位接反。

(3) 错对。是指将一端的一对线接到另一端的另一对线上。

(4) 串绕。就是将原来的线对分别拆开重新组成新的线对,出现这种故障时端与端的连通性正常,用一般的万用表或简单测试仪"能手"检测不出来,需要使用专门的电缆认证测试仪才能检测出来。

2. 长度

布线链路及信道缆线长度应在测试连接图所要求的极限长度范围之内。长度测量采用时域反射原理(TDR)。

3. 测试

在综合布线系统工程设计中,100Ω对绞电缆组成的永久链路或CP链路、信道的测试项目(见表14.1)及性能指标应符合国标《综合布线系统工程验收规范》(GB/T 50312—2016)中附录B的规定。详见国标《综合布线系统工程验收规范》(GB/T 50312—2016)。

表 14.1 100Ω 对绞电缆组成的永久链路或 CP 链路、信道的测试项目

测试项目	等级					
	C	D	E	EA	F	FA
回波损耗(RL)	√	√	√	√	√	√
插入损耗(IL)	√	√	√	√	√	√
近端串音(NEXT)	√	√	√	√	√	√
近端串音功率和(PS NEXT)		√	√	√	√	√
衰减近端串音比(ACR-N)		√	√	√	√	√
衰减近端串音比功率和(PS ACR-N)		√	√	√	√	√
衰减远端串音比(ACR-F)		√	√	√	√	√
衰减远端串音比功率和(PS ACR-F)		√	√	√	√	√
直流环路电阻	√	√	√	√	√	√
最大传播时延	√	√	√	√	√	√
最大传播时延偏差	√	√	√	√	√	√
外部近端串音功率和(PS ANEXT)				√		√
外部近端串音功率和平均值(PS ANEXT$_{avg}$)				√		
外部 ACR-F 功率和(PS AACR-F)				√		√
外部 ACR-F 功率和平均值(PS AACR-F$_{avg}$)				√		

4. 测试结果记录

所有电缆的链路和信道测试结果应有记录,记录在管理系统中并纳入文档管理。电缆系统电气性能测试项目应根据布线信道或链路的设计等级和布线系统的类别要求制定。各项测试结果应有详细记录,作为竣工资料的一部分。测试记录内容和形式宜符合表14.2的要求。

表 14.2 综合布线系统工程电缆(链路/信道)性能指标测试记录

工程项目名称			备注
工程编号			
测试模型	链路(布线系统级别)		
	信道(布线系统级别)		
信息点位置	地址码		
	缆线表示编号		
	配线端口标识码		

续表

测试指标项目	是否通过测试	处理情况
长度		
接线图		
⋮		
测试记录	测试日期、测试环境及工程实施阶段：	
	测试单位及人员：	
	测试仪表型号、编号、精度情况和制造商；测试连接图、采用软件版本、测试对绞电缆及配线模块的详细情况（类型和制造商，相关性能指标）：	

14.2.7 测试仪器

测试仪器是综合布线系统测试和工程验收的重要工具。

1．测试仪器的类型

综合布线系统工程所涉及的测试仪器有许多类型，其功能和用途也不尽相同。从所测试的对象上可以分为铜缆类测试仪和光纤类测试仪两大类，而铜缆类测试仪又可分为 5 类缆线测试仪和 6 类缆线测试仪等类型；从使用级别上可以分为简易测试仪、综合测试仪和认证分析测试仪等类型；从测试仪的大小上又可以分为手执式和台式等类型；从测试仪使用的频率范围上可以分为通用型测试仪和宽带链路测试仪等类型；从测试仪适用的测试对象可以分为电缆测试仪、网络测试仪和光缆测试仪等类型；从测试仪按时域原理和频域原理可以分为模拟式和数字式两种类型，目前，一般采用数字式测试仪。

电缆测试仪具有电缆的验证测试和认证测试功能，主要用于检测电缆质量及电缆的安装质量。

目前，全球有许多公司生产了各种相关的测试仪，用于测试网络中电缆和光缆的参数，常用测试仪表有 AT&T、Fluke、3M、Micro Test 等公司生产的产品。从国内众多综合布线系统商所采用的测试仪器情况看，较权威的测试仪器是 Fluke 公司生产的网络测试仪系列。Fluke（福禄克）公司生产 200 多种测试仪以及 1300 多种附件和选件。

2．常用测试仪表

下面介绍 4 种典型的验证测试仪。

1）简易布线通断测试仪

图 14.4 所示是最简单的电缆通断测试仪，包括主机和远端机，测试时，缆线两端分别连接到主机和远端机上，根据显示灯的闪烁次序就能判断双绞线 8 芯线的通断情况，但不能确定故障点的位置。这种仪器的功能相对简单，通常只用于测试网络的通断情况，可以完成双绞线和

同轴电缆的测试。

2）MicroScanner² 电缆检测仪（MS2）

Fluke MicroScanner Pro2 是专为防止和解决电缆安装问题而设计的，如图 14.5 所示。使用线序适配器可以迅速检验 4 对线的连通性，以确认被测电缆的线序正确与否，并识别开路、短路、跨接、串扰或任何错误连线，迅速定位故障，从而确保基本的连通性和端接的正确性。

图 14.4 "能手"测试仪

图 14.5 Fluke MicroScanner Pro2 测试仪

3）Fluke DTX 系列电缆认证分析仪

福禄克网络公司推出的 DTX 系列电缆认证分析仪全面支持国标《综合布线系统工程验收规范》（GB/T 50312—2016）。Fluke DTX 系列中文数字式电缆认证分析仪有 DTX-LT AP［标准型（350Mbps 带宽）］、DTX-1200 AP［增强型（350Mbps 带宽）］、DTX-11200 AP［超强型（900Mbps 带宽），7 类］等几种类型可供选择。图 14.6 所示为 Fluke DTX-1800 AP 电缆认证分析仪。这种测试仪可以进行基本的连通性测试，也可以进行比较复杂的电缆性能测试，能够完成指定频率范围内衰减、近端串扰等各种参数的测试，从而确定其是否能够支持高速网络。

图 14.6 Fluke DTX-1800AP 电缆认证分析仪

这种测试仪一般包括两部分：基座部分和远端部分。基座部分可以生成高频信号，这些信号可以模拟高速局域网设备发出的信号。电缆认证分析仪可以将高频信号输入双绞线布线系统来测试它们在系统中的传输性能。电缆认证分析仪是评估 5 类、5e 类和 6 类布线系统的最常用的测试设备，综合布线系统工程在认证验收测试中使用的测试仪必须是电缆认证分析仪。

14.2.8 电缆通道测试

对于一个完整的双绞线电缆信道，有时候需要作为一个信道整体来测试，有时候需要分开来测试。通常有以下几种情况。

1. 跳线

测试方法是将要测试的双绞线跳线的两端分别插入测试仪的主测试端和远程测试端的 RJ-45 端口。打开测试仪电源。

2. 永久链路

永久链路根据电信间的设备连接方式通常有以下几种情况。

(1) 从工作区的信息插座到电信间的配线架(FD)的水平链路。
(2) 从电信间的配线架到设备间的配线架(BD)的主干链路。
(3) 从工作区的信息插座到设备间的配线架(BD)的链路,在电信间楼层配线架与建筑物配线架之间通过跳线连接。

3. 信道测试

在永久链路的两端使用跳线代替测试跳线。

14.2.9 解决测试错误

电缆测试过程中,经常会碰到某些测试项目不合格的情况,这说明双绞线电缆及其相关连接的硬件安装工艺不合格,或者产品质量不达标。要有效地解决测试中出现的各种问题,就必须认真理解各项测试参数的内涵,并依靠测试仪准确地定位故障。下面介绍测试过程中经常出现的问题及相应的解决办法。

1. 接线图测试未通过

接线图测试未通过的可能原因有以下几点。
(1) 双绞线电缆两端的接线线序不对,造成测试接线图出现交叉现象。
(2) 双绞线电缆两端的接头有断路、短路、交叉、破裂的现象。
(3) 某些网络特意需要发送端和接收端跨接,当测试这些网络链路时,由于设备线路的跨接,测试接线图会出现交叉。

相应的解决问题的方法如下。
(1) 对于双绞线电缆两端端接线序不对的情况,可以采取重新端接的方式来解决。
(2) 对于双绞线电缆两端的接头出现的短路、断路等现象,首先应根据测试仪显示的接线图判定双绞线电缆的哪一端出现了问题,然后重新端接。
(3) 对于跨接问题,应确认其是否符合设计要求。

2. 链路长度测试未通过

链路长度测试未通过的可能原因有以下几点。
(1) 测试 NVP 设置不正确。
(2) 实际长度超长,如双绞线电缆信道长度不应超过 100m。
(3) 双绞线电缆开路或短路。

相应的解决问题的方法如下。
(1) 可用已知的电缆确定并重新校准测试仪的 NVP。
(2) 对于电缆超长问题,只能重新布设电缆来解决。
(3) 对于双绞线电缆开路或短路的问题,首先要根据测试仪显示的信息,准确地定位电缆开路或短路的位置,然后重新端接电缆。

3. 近端串扰测试未通过

近端串扰测试未通过的可能原因有以下几点。
(1) 双绞线电缆端接点接触不良。
(2) 双绞线电缆远端连接点短路。
(3) 双绞线电缆线对扭绞不良。
(4) 存在外部干扰源影响。

(5) 双绞线电缆和连接硬件性能问题,或不是同一类产品。

相应的解决问题的方法如下。

(1) 对于接触点接触不良的问题,经常出现在模块压接和配线架压接方面,因此应对电缆所端接的模块和配线架进行重新压接加固。

(2) 对于远端连接点短路问题,可以通过重新端接电缆来解决。

(3) 对于双绞线电缆在端接模块或配线架时,线对扭绞不良,则应采取重新端接的方法来解决。

(4) 对于外部干扰源,只能采用金属线槽或更换为屏蔽双绞线电缆的手段来解决。

(5) 对于双绞线电缆和连接硬件的性能问题,只能采取更换的方式来彻底解决,所有缆线及连接硬件应更换为相同类型的产品。

4. 衰减测试未通过

衰减测试未通过的可能原因有以下几点。

(1) 双绞线电缆超长。

(2) 双绞线电缆端接点接触不良。

(3) 电缆和连接硬件性能问题,或不是同一类产品。

(4) 现场温度过高。

相应的解决问题的方法如下。

(1) 对于超长的双绞线电缆,只能采取更换电缆的方式来解决。

(2) 对于双绞线电缆端接质量问题,可采取重新端接的方式来解决。

(3) 对于电缆和连接硬件的性能问题,应采取更换的方式来彻底解决,所有缆线及连接硬件应更换为相同类型的产品。

14.3 任务实施:双绞线链路测试实施

14.3.1 双绞线连通性简单测试

对于小型网络或者对于传输速率要求不高的网络而言,只需简单地做一下网络布线的连通性测试即可。

连通性测试通常可以采用"能手"测试仪。

1. 跳线连通性测试

将要测试的双绞线跳线的两端分别插入"能手"测试仪的主测试端和远程测试端的 RJ-45 端口,将开关开至 ON(S 为慢速挡)逐个顺序闪亮,如图 14.7 所示。

若连接不正常,按下述情况显示。

(1) 若有一根导线断路,则主测试端和远程测试端对应线号的灯都不亮。

(2) 若有几条导线断路,则相对应的几条线都不亮,当导线少于 2 根线连通时,灯都不亮。

(3) 若两头网线乱序,则与主测试端连通的远程测试端的线号亮。

图 14.7 双绞线跳线连通性测试

(4) 当导线有两根短路时,则主测试端显示不变,而远程测试端显示短路的两根线灯都亮。若有 3 根以上(含 3 根)线短路时,则所有短路的几条线对应的灯都不亮。

(5) 如果出现红灯或黄灯,就说明存在接触不良等现象,此时最好先用压线钳压制两端水晶头一次,再测,如果故障依旧存在,就得检查一下芯线排列顺序是否正确。如果芯线顺序错误,那么就应重新进行制作。

2. 永久链路测试

(1) 首先制作两根跳线(或采用的测试跳线),并确认该跳线的连通性完好。
(2) 使用一根跳线连接配线架预测试端口和主测试端。
(3) 使用另一根跳线连接至信息插座(与该配线架端口相对应的端口)和远程测试端。
连接图与图 14.7 类似。测试过程与跳线连通性测试相同。

14.3.2 双绞线链路或跳线验证测试

双绞线验证测试可以采用 Fluke MicroScanner Pro2 验证测试仪。
(1) 启动测试仪。
如果测试仪已经启动并处于同轴电缆模式,按 Y 切换到双绞线测试模式。
(2) 将测试仪和线序适配器或 ID 定位器连至布线中,如图 14.8 所示。

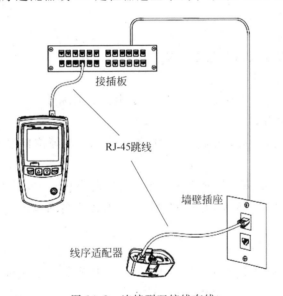

图 14.8 连接到双绞线布线

测试将连续运行,直到更改模式或关闭测试仪。
(3) 分析双绞线测试结果。
图 14.9 所示为 Fluke MicroScanner Pro2 验证测试仪显示屏,各部分含义如下。
① 测试仪图标。
② 细节屏幕指示符。
③ 指示哪个端口为现用端口,RJ-45 端口还是同轴电缆端口。
④ 音频模式指示符。
⑤ 以太网供电模块指示符(PoE)。
⑥ 带 ft/m 指示符的数字显示。

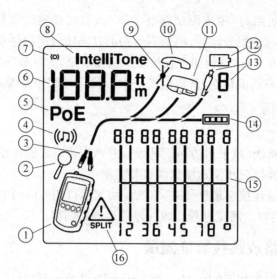

图 14.9 Fluke MicroScanner Pro2 验证测试仪显示屏

⑦ 测试活动指示符,在测试正在进行时会以动画方式显示。
⑧ 当音频发生器处于 IntelliTone 模式时,会显示 IntelliTone。
⑨ 表示电缆上存在短路。
⑩ 电话电压指示符。
⑪ 表示线序适配器连接到电缆的远端。
⑫ 电池电量不足指示符。
⑬ 表示 ID 定位器连接到电缆的远端并显示定位器的编号。
⑭ 以太网端口指示符。
⑮ 线序示意图。对于开路,线对点亮段的数量表示与故障位置的大致距离。最右侧的段表示屏蔽。
⑯ ⚠ 表示电缆存在故障或带有高压。当出现线对串扰问题时,显示 SPLIT(串扰)。

当双绞线布线存在问题,在显示屏上会显示出来,以下各图显示了双绞线布线的典型测试结果。

1) 双绞线布线上存在开路

图 14.10 所示为显示第 4 根线上存在开路。图中所示的 3 个线对长度的段表示开路大致位于至布线端部距离的 3/4 处。电缆长度为 75.4m。要查看与开路处的距离,使用"△"或"▽"来查看线对的单独结果。

注意:

如果线对中只有一根线开路并且未连接线序适配器或远程 ID 定位器,线对中的两根线均显示为开路。

如果线对中的两根线均开路,警告图标不显示,因为线对开路对某些布线应用属于正常现象。

2) 双绞线布线上存在短路

图 14.11 所示为显示第 5 根和第 6 根线之间存在短路,短路的接线会闪烁来表示故障。电缆长度为 75.4m。

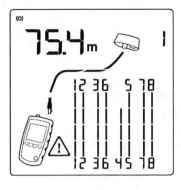
图14.10 链路开路

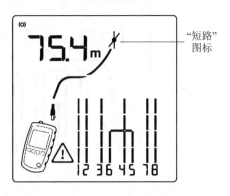
图14.11 链路短路

注意：当存在短路时，远端适配器和未短路接线的线序不显示。

3）线路跨接

图14.12所示为显示第3根和第4根线跨接。线位号会闪烁来表示故障。电缆长度为53.9m。电缆为屏蔽式。检测线路跨接需要连接远端适配器。

4）线对跨接

图14.13所示为显示线对1，线对2和线对3，线对6跨接。线位号会闪烁来表示故障。这可能是由于接错568A和568B电缆引起的，检测线对跨接需要使用远端适配器。

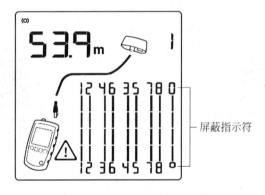
图14.12 线路跨接

图14.13 线对跨接

5）串绕

图14.14所示为显示线对3，线对6和线对4，线对5存在串绕。串绕的线对会闪烁来表示故障。电缆长度为75.4m。在串绕的线对中，端到端的连通性正确，但是所连接的线来自不同线对。线对串绕会导致串扰过大，因而干扰网络运行。

6）查看单独结果

要查看每个线对的单独结果，可用"△"或"▽"在屏幕之间移动。在此模式下，测试仪仅连续测试你正在查看的线对。

图14.15所示为单独结果。其中，图14.15（a）所示线对1和线对2在29.8m处存在短路。图14.15（b）所示线对3和线对6为67.7m长并以线序适配器端接。图14.15（c）所示线对4和线对5在48.1m处存在开路。开路可能是一根或两根接线。

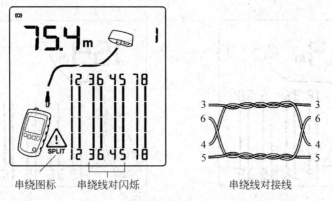

图 14.14 链路串绕

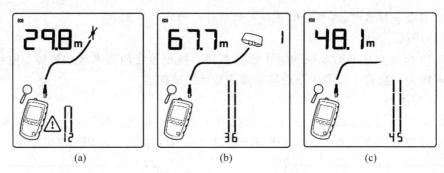

图 14.15 单独线对的结果屏幕

14.3.3 双绞线链路及信道认证测试

双绞线链路及信道认证测试可以使用 Fluke DTX 系列电缆认证分析仪。下面以 Fluke DTX-1800 为例来介绍对双绞线链路及信道认证测试。关于 Fluke DTX-1800 电缆认证分析仪在这里不再详细介绍。

对绞电缆认证测试

1. 基准设置

在使用测试仪之前,首先需要进行基准设置。

基准设置程序可用于设置插入损耗及 ACR-F(ELFEXT)测量的基准,在下面时间运行测试仪的基准设置程序。

(1) 如果要将测试仪用于不同的智能远端,可将测试仪的基准设置为两个不同的智能远端。

(2) 通常每隔 30 天就需要运行测试仪的基准设置程序,以确保取得准确度最高的测试结果。

更换链路接口适配器后无须重新设置基准。

设置基准设置的步骤如下。

(1) 开启测试仪及智能远端,等候 1min,然后才开始设置基准。

(2) 连接永久链路及信道适配器,如图 14.16 所示。

(3) 将测试仪旋转开关转至 SPECIAL FUNCTION(特殊功能)位置,并开启智能远端。

(4) 选中设置基准,然后按 Enter 键,如果同时连接了光缆模块及铜缆适配器,接下来选择链路接口适配器。

(5) 按 TEST 键。

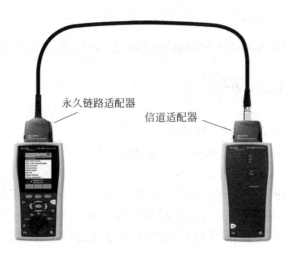

图 14.16 双绞线基准连接

2. 缆线类型及相关测试参数的设置

在用测试仪测试之前,需要选择测试依据的标准、选择测试链路类型(基本链路、永久链路、信道)、选择缆线类型(3 类、5 类、5e 类、6 类双绞线,还是多模光纤或单模光纤)。同时还需要对测试时的相关参数(如测试极限、NVP、插座配置等)进行设置。

具体操作方法是将测试仪旋转开关转至 SETP(设置)位置,用方向键选中双绞线;然后按 Enter 键,对相关参数进行设置。表 14.3 列出了可设置的部分测试参数。

表 14.3　Fluke DTX-1800 双绞线认证测试部分设置参数

设 置 值	说　明
SETP→双绞线→缆线类型	选择一种适用于被测缆线的缆线类型:缆线类型按类型及制造商分类,选择自定义可创建电缆类型
SETP→双绞线→测试极限	为测试任务选择适当的测试极限,其中选择自定义可创建测试极限
SETP→双绞线→NVP	额定传播速度可与测得的传播时延一起来确定缆线长度。选定的缆线类型所定义的默认值代表该特定类型的典型 NVP。如果需要,可以输入另一个值。若要确定实际的数值,更改 NVP,直到测得的长度与缆线的已知长度相同。使用至少 15m(50ft)长的缆线。建议的长度为 30m(100ft) 增加 NVP 将会增加测得的长度
SETP→双绞线→插座配置	输出配置设置值决定测试哪一个缆线对以及将哪一个线对号指定给该线对。要查看某个配置的线序,按插座配置屏幕中的 F1 取样;选择"自定义"可以创建一个配置
SETP→双绞线→HDTDX/HDTDR	仅通过 */失败:测试仪仅以 PASS(通过)*或 FAIL(失败)为 AUTOTEST(自动测试) 显示 HDTDX(高精度时域串绕分析)和 HDTDR(高精度时域反射计分析)结果。 所有自动测试:测试仪为所有自动测试显示 HDTDX(高精度时域串绕分析)和 HDTDR(高精度时域反射计分析)结果
SETP→双绞线→AC 线序	选择启用以通过一个未通电的以太网供电(PoE)MidSpan 设备来测试布线系统
SPECIAL FUNCTION→设置基准	首次一起使用两个装置时,必须将测试仪的基准设置为智能远端。还需每隔 30 天设置基准一次

3. 连接被测线路

为了将测试仪和智能远端连入被测链路，除了需要测试仪主机和智能远端外，还需要一些附件，主要包括以下几项。

(1) 测试仪及智能远端连电池组。

(2) 内存卡(可选)。

(3) 两个带电源线的交流适配器(可选)。

(4) 用于测试永久链路：两个永久链路适配器。

(5) 用于测试通道：两个通道适配器。

链路接口适配器提供用于测试不同类型的双绞线 LAN 布线的正确插座及接口电路。测试仪提供的通道及永久链路适配器适用于测试至第 6 类布线。

如果是信道测试，需要使用两个信道适配器；如果用于测试永久链路，则需要使用两个永久链路适配器。

图 14.17 所示为 Fluke DTX-1800 电缆认证分析仪的永久链路测试连接。如图 14.18 所示为 Fluke DTX-1800 电缆认证分析仪的信道测试连接。

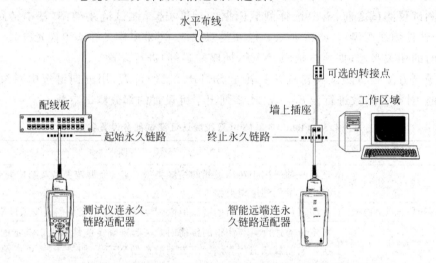

图 14.17　Fluke DTX-1800 电缆认证分析仪的永久链路测试连接

4. 进行自动测试

自动测试是最常用的功能。自动测试会运行认证测试所需的所有测试。测试完毕，所有测试和测试结果全部列出，以便查看每项测试的详细结果。结果可以保存、打印或传送至计算机。

(1) 将适用于该任务的适配器连接至测试仪及智能远端。

(2) 将旋转开关转至设置，然后选择双绞线。从双绞线选项卡中设置以下设置值。

① 缆线类型。选择一个缆线类型列表；然后选择要测试的缆线类型。

② 测试极限。选择执行任务所需的测试极限值。屏幕画面会显示最近使用的 9 个极限值。按 F1 键来查看其他极限值列表。

(3) 将旋转开关转至 AUTOTEST(自动测试)，然后开启智能永久链路测试连接远端。如图 14.17 所示的永久链路测试连接方法或如图 14.18 所示的信道测试连接方法，连接至布线。

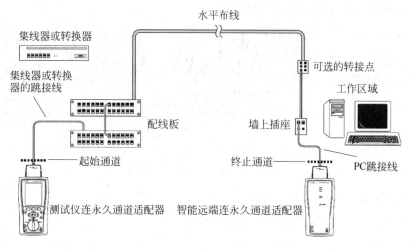

图 14.18　Fluke DTX-1800 电缆认证分析仪的信道测试连接

(4) 如果安装了光缆模块,可能需要按 F1 键更改媒介来选择双绞线作为媒介类型。

(5) 按测试仪或智能远端的 TEST 键。若要随时停止测试,按 EXIT 键。

技巧：按测试仪或智能远端的 TEST 键启动音频发生器,这样便能在需要时使用音频探测器,然后才进行连接。音频也会激活连接布线另一端休眠中或电源已关闭的测试仪。

(6) 测试仪会在完成测试后显示"自动测试概要"屏幕。

(7) 如果自动测试失败,按 F1 错误信息键来查看可能的失败原因。

(8) 若要保存测试结果,按 SAVE 键。选择或建立一个缆线标识码；然后再按一次 SAVE 键。

5．测试结果的处理

测试仪会在测试完成后显示"自动测试概要"屏幕,如图 14.19 所示。

(1) 通过：所有参数均在极限范围内。

失败：有一个或一个以上的参数超出极限值。

通过＊/失败＊：有一个或一个以上的参数在测试仪准确度的不确定性范围内,且特定的测试标准要求"＊"注记。

(2) 按 F2 键或 F3 键来滚动屏幕画面。

(3) 如果测试失败,按 F1 键来查看诊断信息。

(4) 屏幕画面操作提示。使用 ↑↓ 键来选中某个参数；然后按 Enter 键。

(5) "✓"：测试结果通过。

" i "：参数已被测量,但选定的测试极限内没有通过/失败极限值。

" ✗ "：测试结果失败。

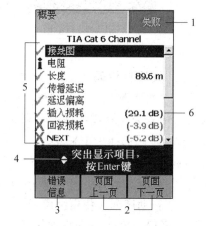

图 14.19　"自动测试概要"屏幕

(6) 通过＊/失败＊结果。

标有星号的结果表示测得的数值在测试仪准确度的误差范围内通过＊/失败＊结果(见图 14.20),且特定的测试标准要求"＊"注记。这些测试结果被视作勉强可用的。勉强通过及接近失败结果分别以蓝色及红色星号标注。

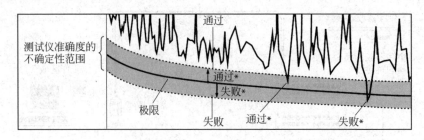

图14.20　通过*/失败*结果

PASS(通过)*可以视作测试结果通过。
FAIL(失败)*的测试结果应视作完全失败。

6. 自动诊断

如果自动测试失败,按F1键以查阅有关失败的诊断信息。诊断屏幕画面会显示可能的失败原因及建议采取的措施来解决问题。测试失败可能产生一个以上的诊断屏幕。在这种情况下,按F2键来查看其他屏幕。图14.21所示为诊断屏幕画面的实例。

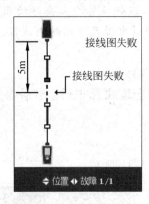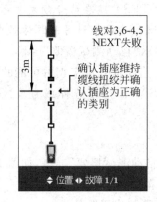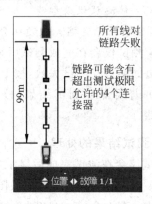

图14.21　诊断屏幕画面的实例

7. 缆线标识码

(1) 每次测试后可从预先产生的列表中选择缆线标识码或者建立一个新的标识码。

(2) 若要选择缆线标识码来源,将旋转开关转至SETP,选择仪器设置值,选择缆线标识码来源,然后选择一个来源。

① 自动递增。每当按下SAVE键时递增标识码的最后一个字符。
② 列表。运行将LinkWare软件所建立的标识码列表下载至测试仪。
③ 自动序列。使用由模板产生的序列标识码列表。水平、主干及园区网模板均需遵循ANSI/TIA/EIA 606A标准所规定的标识码格式。
④ 无。每一次按SAVE键后建立标识码。

(3) 若要建立序列标识码列表,可执行下面的步骤。

从自动序列屏幕中,选择一个模板。
从自动序列屏幕中,选择开始标识码列表。使用软键,在顺序表中输入第1个标识码,完成后按SAVE键。

选择停止标识码。在顺序表中输入最后 1 个标识码,完成后按 SAVE 键。

按 F3 键样本列表键来查看顺序表。

在缆线标识码列表中已使用的标识号以"$"标识。

8. 查看、移动、删除测试结果

若要查看保存的测试结果,执行下面的步骤。

(1) 将旋转开关转至 Special Function,然后选择查看/删除结果。

(2) 如果需要,按 F1 键更改资料夹键来查找想查看的测试结果。

(3) 突出显示测试结果,然后按 Enter 键进入。

若要删除测试结果或资料夹,执行下列步骤。

(1) 将旋转开关转至 Special Function,然后选择查看/删除结果。

(2) 如果需要,按 F1 键更改资料夹键来查找想查看的测试结果。

(3) 执行下面其中一个步骤。

① 若要删除一个结果,突出显示该结果,按 F2 键删除。

② 若要删除当前资料夹中的所有结果或者删除一个资料夹,按 F2 键删除。

9. 测试报告

1) 测试报告的生成

与 Fluke 公司系列测试仪配合使用的测试管理软件是 Fluke 公司的 LinkWare 电缆测试管理软件。LinkWare 电缆测试管理软件支持 TIA/EIA 606A 标准,允许添加 TIA/EIA 606A 标准管理信息到 LinkWare 数据库。该软件可以组织、定制、打印和保存 Fluke 系列测试仪测试的铜缆和光缆记录,并配合 LinkWare Stats 软件生成各种图形测试报告。

使用 LinkWare 电缆测试管理软件管理测试数据并生成测试报告的操作步骤如下。

(1) 安装 LinkWare 电缆测试管理软件。

(2) Fluke 测试仪通过 RS-232 串行接口或 USB 接口与 PC 的串口相连。

(3) 导入测试仪中的测试数据。例如,要导入 DTX-1800 电缆认证分析仪中存储的测试数据,则在 LinkWare 软件窗口中选择 File→Import From→DTA Cable Analyzer 命令。

(4) 导入数据后,双击某测试数据记录,查看该测试数据的情况。

(5) 生成测试报告。测试报告有两种文件格式:ASCII 码文本文件格式和 Acrobat Reader 的.pdf。

2) 评估测试报告

通过电缆测试管理软件生成测试报告后,要组织人员对测试结果进行统计分析,以判定整个综合布线系统工程质量是否符合设计要求。使用 Fluke LinkWare 电缆测试管理软件生成的测试报告中会明确给出每条被测链路的测试结果。如果链路的测试结果合格,则给出 PASS 的结论。如果链路的测试结果不合格,则给出 Fail 的结论。

对测试报告中每条被测链路的测试结果进行统计,就可以知道整个工程的达标率。要想快速地统计出整个被测链路的合格率,可以借助于 LinkWare Stats 软件,该软件生成的统计报表的首页会显示出被测链路的合格率。

对于测试不合格的链路,施工方必须限时整改。只有整个工程的链路全部测试合格,才能确认整个综合布线系统工程通过测试验收。

习 题

一、选择题

1. 将同一线对的两端针位接反的故障,属于(　　)故障。
   A. 交叉　　　　　　B. 反接　　　　　　C. 错对　　　　　　D. 串扰
2. 下列有关电缆认证测试的描述,不正确的是(　　)。
   A. 认证测试主要是确定电缆及相关连接硬件和安装工艺是否达到规范和设计要求
   B. 认证测试是对通道性能进行确认
   C. 认证测试需要使用能满足特定要求的测试仪器并按照一定的测试方法进行测试
   D. 认证测试不能检测电缆链路或通道中连接的连通性
3. 下列有关串扰故障的描述,不正确的是(　　)。
   A. 串扰就是将原来的线对分别拆开重新组成新的线对
   B. 出现串扰故障时端与端的连通性不正常
   C. 用一般的万用表或简单电缆测试仪"能手"检测不出串扰故障
   D. 串扰故障需要使用专门的电缆认证测试仪才能检测出来
4. 下列有关长度测试的描述,不正确的是(　　)。
   A. 长度测量采用时域反射原理(TDR)
   B. 长度 L 值的计算公式为 $L = T \cdot NVP \cdot C$
   C. NVP 为电缆的标称传输速率,典型 UTP 电缆的 NVP 值是 62%～72%
   D. 校正 NVP 值的方式是使用一段已知长度(必须在 15m 以上)同批号电缆来校正测试仪的长度值至已知长度
5. 回波损耗是衡量(　　)的参数。
   A. 阻抗一致性　　　B. 抗干扰特性　　　C. 连通性　　　　　D. 物理长度
6. 接线图错误不包括(　　)。
   A. 反对、错对　　　B. 开路、短路　　　C. 超时　　　　　　D. 串扰

二、思考题

1. 什么是电缆的验证测试?什么是电缆的认证测试?
2. 电缆认证测试的标准或规范有哪些?
3. 什么是基本链路?什么是永久链路?什么是信道?
4. 简述永久链路和信道的区别。
5. 电缆认证测试模型有哪些?试分析各个模型的异同点。
6. 5e 类布线系统和 6 类布线系统在认证测试时分别需要测试哪些参数?
7. 常用的电缆测试设备有哪些?分别可以进行什么测试?
8. 双绞线电缆布线的常见故障有哪些?
9. 分析双绞线电缆近端串扰未通过的原因及解决的方法。
10. 分析双绞线电缆接线图未通过的原因及解决的方法。
11. 分析双绞线电缆链路长度未通过的原因及解决的方法。
12. 分析双绞线电缆衰减未通过的原因及解决的方法。

三、实训题

以一幢大楼的布线为依据,进行电缆认证测试,得出测试报告。

任务 15 光纤信道和链路测试

15.1 任务描述

光缆安装的最后一步就是对光纤进行测试,测试目的是检测光缆敷设和端接是否正确。

15.2 相关知识

光纤链路的传输质量不仅取决于光纤和连接器件的质量,还取决于光纤连接的安装水平及应用环境。

15.2.1 光纤信道和链路测试

1. 光纤信道和链路测试要求

光纤信道和链路测试前应对综合布线系统工程中所有的光纤连接器件进行清洗,并应将测试接收器校准至零位。

在光纤的应用中,对光纤和光纤系统的测试应包括以下内容。

(1) 在施工前进行光纤器材检验时,应检查光纤的连通性。

光纤布线系统每条光纤链路均应测试,也可采用光纤测试仪对光纤信道或链路的衰减和光纤长度进行认证测试。当对光纤信道或链路的衰减进行测试时,可测试光纤跳线的衰减值作为设备光缆的衰减参考值,整个光纤信道或链路的衰减应符合《综合布线系统工程验收规范》(GB/T 50312—2016)附录 C 的规定。

(2) 当 OM3、OM4 光纤应用于 10Gbps 及以上链路时,应使用发射和接收补偿光纤进行双向 OTDR 测试。

(3) 当光纤布线系统性能指标的检测结果不能满足设计要求时,宜通过 OTDR 测试曲线进行故障定位测试。

2. 光纤测试内容

光纤测试应根据工程设计的应用情况,光纤测试应按等级 1 或等级 2 测试模型与方法完成。

(1) 等级 1 测试内容包括光纤信道或链路的衰减、长度与极性。测试使用光纤损耗仪 OLTS 测量每条光纤链路的衰减及计算光纤长度。

一级测试只关心光纤链路的总衰减值是否符合要求,并不关心链路中的可能影响误码率的连接点(连接器、熔接点、跳线等)的质量,所以测试的对象主要是低速光纤布线链路(千兆及以下)。需要使用光缆损耗测试设备。

(2)等级2测试除了包括等级1测试内容外,还包括利用OTDR测试曲线获得信道或链路中各点的衰减、回波损耗值,是否满足设计要求,不应利用OTDR测试曲线作为光纤布线系统传输性能的测试报告,不应使用OTDR的测试替代。

OTDR测试曲线是一条光缆随长度变化的反射能量的衰减图形。通过检查整个光纤路径的每个不一致性(点),可以深入查看由光缆、连接器或熔接点构成这条链路的详细性能以及施工质量。OTDR测试曲线可以近似地估算链路的衰减值,可用于光缆链路的补充性评估和故障准确定位,但不能替代使用OLTS进行的插入损耗精确测量。结合上述两个等级的光纤测试,施工者可以最全面地认识光缆的安装质量。对于关心光纤高速链路质量的网络拥有者(甲方),等级2测试具有非常重要的作用,它可以帮助减少"升级阵痛"(升级阵痛的典型表现是100Mbps或1Gbps以太网使用正常,但升级到1Gbps特别是10Gbps以太网则运行不正常甚至不能连通,检查其长度、衰减值又都符合1Gbps或10Gbps的参数要求)。网络拥有者(甲方)可借助等级2测试获得安装质量的更高级证明和对未来质量的长期保障。

等级2光纤测试需要使用光时域反射仪(Optical Time-Domain Reflect Meter,OTDR),并对链路中的各种"事件"进行评估。这些"事件"可以是熔接点差、连接点差(插头/插座)、端面脏污、擦伤、光洁度不足、凸台、内陷、断裂、气泡、弯曲过度、捆扎过紧等,可以用OTDR测试曲线直接或间接地定位。这其中,端面脏污、擦伤是比例最高的故障原因。

光纤链路通常可以使用光纤故障定位仪进行连通性的测试,一般可达3~5km。光纤故障定位仪也可与光时域反射仪(OTDR)配合检查故障点。

3. 光纤测试标准

光纤链路现场认证测试标准有北美地区的《商业大楼通讯布线标签》(TIA/EIA 568B.3)标准,国际标准化组织的《信息技术——用户基础设施结构化布线》(ISO/IEC 11801:2002)标准和《综合布线系统工程验收规范》(GB/T 50312—2016)。

综合布线系统中,进行等级1测试(Tier 1)时,在计算机网络系统中以选择1Gbps和10Gbps的以太网标准比较常见。

对高速光纤链路,要求高的用户还需要进行等级2测试(Tier 2),以确保高速链路的安装质量。

4. 光纤信道和链路测试方法

光纤信道和链路测试方法可采用"单跳线法""双跳线法"和"三跳线法"。

1)"单跳线"测试方法连接模型

"单跳线"测试方法校准连接方式如图15.1所示,"单跳线"信道测试连接方式如图15.2所示。

图15.1 "单跳线"测试方法校准连接方式

图15.2 "单跳线"信道测试连接方式

2）"双跳线"测试方法连接模型

"双跳线"测试方法校准连接方式如图 15.3 所示，"双跳线"信道测试连接方式如图 15.4 所示。

图 15.3 "双跳线"测试方法校准连接方式

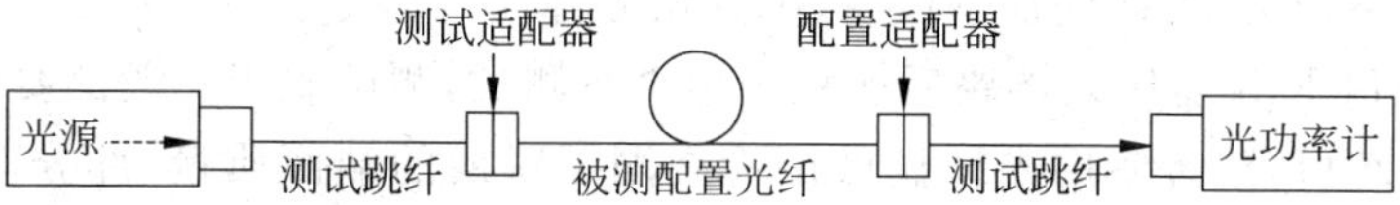

图 15.4 "双跳线"信道测试连接方式

3）"三跳线"测试方法连接模型

"三跳线"测试方法校准连接方式如图 15.5 所示，"三跳线"链路测试连接方式如图 15.6 所示，"三跳线"信道测试连接方式如图 15.7 所示。

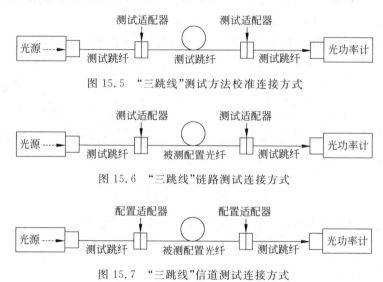

图 15.5 "三跳线"测试方法校准连接方式

图 15.6 "三跳线"链路测试连接方式

图 15.7 "三跳线"信道测试连接方式

5. 测试光源

常用光源的选择，一般单模光纤使用典型的 1310/1550nm 激光光源，多模光纤使用典型的 850/1300nm LED 光源。对于不常用的其他波长测试则选择对应波长的光源。比如，应用测试中 1Gbps 和 10Gbps 以太网大量使用的 850nm 波长的 VECSEL 准激光光源。

光纤连续性是对光纤的基本要求，在进行光纤连续性测量时，通常将红色激光、发光二极管或其他可见光从光纤的一端注入，并在光纤的另一端监视光的输出（**注意**：不要用眼睛对着看，以免激光灼伤眼睛）。如果在光线中有断裂或其他的不连续点，则光纤输出端的光功率就会下降或者根本没有光输出。

6. 测试跳线选择

如何选择测试跳线？被测光纤链路两端的接插件端口有许多规格，常见的如 ST、FC、SC、FDDI 等，还有各种小型连接器如 LC、VF45、MT-RT 等，但仪器上一般只有一个规格的测试接口,这就需要根据被测链路选择测试跳线。这种测试跳线的插头一端与仪器接口相通,一端与被测链路的接口相通。通过灵活选用各种测试跳线,就可以测试几乎任何接口的光纤链路。有时,也可以选择不同的光纤耦合器来进行测试,这种耦合器两端的耦合接口是不同类型的。

如果需要进行等级 2 测试,则 OTDR 测试跳线的选择与等级 1 测试基本相同,只是一般倾向于选择稍长的测试跳线,以便避开测试死区。为了清晰地评估第一个接入的被测光纤链路接头,还可以在被测链路前面加一段"发射补偿光纤"(提高精度并避开死区);为了清晰地评估最后一个链路接头,可以增加一段"接收补偿光纤"。

为了保证 OTDR 仪器接入链路后能稳定地进行测试,测试规程一般都要求在测试前清洁测试跳线和仪器端口,或者使用光纤显微镜检查测试跳线的端面质量,部分 OTDR 仪器在开始测试前会自动评估测试跳线的端面连接质量。

15.2.2　综合布线系统光纤链路测试

1. 光纤链路测试连接

对光纤链路性能测试是对每一条光纤链路的两端在双波长情况下测试收/发情况。在国家标准《综合布线系统工程验收规范》(GB/T 50312—2016)中定义。

(1) 在两端对光纤逐根进行双向(收与发)测试时,连接方式如图 15.8 所示,其中,光纤连接器件可以为工作区 TO、电信间 FD、设备间 BD、CD 的 SC、ST、SFF 连接器件。

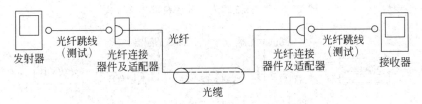

图 15.8　光纤链路测试连接(单芯)

(2) 光缆可以为水平光缆、建筑物主干光缆和建筑群主干光缆。

(3) 光纤链路中不包括光纤跳线在内。

2. 光纤链路衰减

必须对光纤链路上的所有部件进行衰减测试。衰减测试就是对光功率损耗的测试。引起光纤链路损耗的原因主要有以下几点。

(1) 材料原因。光纤纯度不够,或材料密度的变化太大。

(2) 光缆的弯曲程度。包括安装弯曲和产品制造弯曲问题。光缆对弯曲非常敏感,如果弯曲半径大于 2 倍的光缆外径,大部分光将保留在光缆核心内。单模光缆比多模光缆更敏感。

(3) 光缆结合以及连接的耦合损耗。主要由截面不匹配、间隙损耗、轴心不匹配和角度不匹配造成。

(4) 不洁或连接质量不良。主要由不洁净的连接,灰尘阻碍光传输,手指的油污影响光传输,不洁净光缆连接器等造成。

3. 光纤链路测试技术指标

在综合布线系统中,光纤链路的距离较短,因此与波长有关的衰减可以忽略,光纤连接器损耗和光纤接续子损耗是水平光纤链路的主要损耗。

(1) 布线系统所采用光纤的性能指标及光纤信道指标应符合设计要求。不同类型的光缆在标称的波长，每千米最大光缆衰减值应符合表 15.1 的规定。

表 15.1 每千米最大光缆衰减值

光纤类型	多模光纤		单模光纤				
	OM1、OM2、OM3、OM4		OS1		OS2		
波长(nm)	850	1300	1310	1550	1310	1383	1550
衰减(dB)	3.5	1.5	1.0	1.0	0.4	0.4	0.4

(2) 光缆布线信道在规定的传输窗口测量出的最大光衰减(介入损耗)应不超过表 15.2 的规定,该指标已包括光纤接续点与连接器件的衰减在内。

表 15.2 光缆信道衰减范围

级别	最大信道衰减(dB)			
	单模光纤		多模光纤	
	1310nm	1550nm	850nm	1300nm
OF-300	1.80	1.80	2.55	1.95
OF-500	2.00	2.00	3.25	2.25
OF-2000	3.50	3.50	8.50	4.50

注：每个连接处的衰减值最大为 1.5dB。

(3) 插入损耗是指光发射机与光接收机之间插入光缆或元器件产生的信号损耗,通常指衰减。光纤链路的插入损耗极限值可用以下公式计算。
- 光纤链路损耗＝光纤损耗＋连接器件损耗＋光纤接续点损耗。
- 光纤损耗＝光纤损耗系数(dB/km)×光纤长度(km)。
- 连接器件损耗＝连接器件损耗(个)×连接器件个数(个)。
- 光纤连接点损耗＝光纤连接点损耗(个)×光纤连接点个数(个)。

表 15.3 给出了光纤接续及连接器件损耗的参考值。

表 15.3 光纤接续及连接器件损耗值　　　　　　　　　　　　　　单位：dB

类别	多模光纤		单模光纤	
	平均值	最大值	平均值	最大值
光纤熔接	0.15	0.30	0.15	0.30
光纤机械连接	—	0.30		0.30
光纤连接器件	0.65/0.50(高要求工程可选 0.50)		—	
	最大值 0.75 (为采用预端接时含 MPO-LC 转接器件)			

4. 测试记录

同样,所有光纤链路和信道测试结果应有记录,记录在管理系统中并纳入文档管理。各项测试结果应有详细记录,作为竣工资料的一部分。测试记录内容和形式宜符合表 15.4 的要求。

表 15.4　综合布线系统工程光纤性能指标测试记录

工程项目名称				备注
工程编号				
测试模型	链路(布线系统级别)			
	信道(布线系统级别)			
信息点位置	地址码			
	缆线表示编号			
	配线端口标识码			
测试指标项目	光纤类型	测试方法	是否通过测试	处理情况
测试记录	测试日期、测试环境及工程实施阶段：			
	测试单位及人员：			
	测试仪表型号、编号、精度情况和制造商；测试连接图、采用软件版本、测试对绞电缆及配线模块的详细情况(类型和制造商,相关性能指标)：			

15.2.3　光纤测试设备

用于光纤的测试设备与用于铜缆的不同,每个测试设备都必须能够产生光脉冲,然后在光纤链路的另一端对其测试。不同的测试设备具有不同的测试功能,应用于不同的测试环境。一些设备只可以进行基本的连通性测试,有些设备则可以在不同的波长上进行全面测试。

1．光纤识别仪和故障定位仪

光纤识别仪和光纤故障定位仪是一种简单的光纤测试设备。这种设备可以用来定位没有标记的光缆或诊断布线链路中存在的故障。光纤识别仪和光纤故障定位仪可测试长度在5km 以上的光纤链路段,这两种设备在定位和处理光纤链路的故障时都很省时。

光纤识别仪是一种在不破坏光纤、不中断通信的前提下迅速、准确地识别光纤路线,指出光纤中是否有光信号通过以及光信号走向,而且它还能识别 2kHz 的调制信号,光纤夹头具有机械阻尼设计,以确保不对光纤造成永久性伤害,是线路日常维护、抢修、割接的必备工具之一,使用简便,操作舒适,如图 15.9 所示。

光纤故障定位仪是可以识别光纤链路中故障的设备,如图 15.10 所示。可以从视觉上识别出光纤链路的断开或光纤断裂。

图 15.9　光纤识别仪

图 15.10　光纤故障定位仪

2．光功率计

光功率计是测试光纤布线链路损耗的基本测试设备，如图 15.11 所示。它可以测量光缆的出纤光功率。在光纤链路段，用光功率计可以测量传输信号的损耗和衰减。

大多数光功率计是手提式设备，用于测试多模光缆布线系统的光功率计的工作波长是 850nm 和 1300nm，用于测试单模光缆的光功率计的工作波长是 1310nm 和 1550nm。光功率计和激光光源一起使用，是测试评估楼内、楼区布线多模光缆和野外单模光缆最常用的测试设备。

3．光纤测试光源

在进行光功率测量时必须有一个稳定的光源。光纤测试光源可以产生稳定的光脉冲。光纤测试光源和光功率计一起使用，这样，光功率计就可以测试出光纤链路段的损耗。光纤测试光源如图 15.12 所示。目前的光纤测试光源主要有 LED(发光二极管)光源和激光光源两种。VCSEL(垂直腔体表面发射激光)光源是一种性能好且制造成本低的激光光源，目前很多网络互联设备都可以提供 VCSEL 光源的端口。表 15.5 给出了 3 种光源的比较。

图 15.11　光功率计

图 15.12　光纤测试光源

表 15.5　3 种光源的比较

光源类型	工作波长(nm)	光纤类型	带　　宽	元器件	价格
LED	850	多模	>200MHz	简单	便宜
激光	850、1310、1550	单模	>5GHz	复杂	昂贵
VCSEL	850	多模	>1GHz	适中	适中

4. 光损耗测试仪

光损耗测试仪是由光功率计和光纤测试光源组合在一起构成的。光损耗测试仪包括所有进行链路段测试所必需的光纤跳线、连接器和耦合器。光损耗测试仪可以用来测试单模光缆和多模光缆。用于测试多模光缆的光损耗测试仪有一个 LED 光源,可以产生 850nm 和 1300nm 的光;用于测试单模光缆的光损耗测试仪有一个激光光源,可以产生 1310nm 和 1550nm 的光,如图 15.13 所示。

5. 光时域反射仪

光时域反射仪(OTDR)是最复杂的光纤测试设备,图 15.14 所示为 Fluke 公司的 OptiFiber 光缆认证(OTDR)分析仪——OF 500。OTDR 可以进行光纤损耗的测试,也可以进行长度测试,还可以确定光纤链路故障的起因和故障位置。

图 15.13 光损耗测试仪

图 15.14 光时域反射仪

OTDR 使用的是激光光源,而不像光功率计那样使用 LED。OTDR 基于回波散射的工作方式,光纤连接器和接续子在连接点上都会将部分光反射回来。OTDR 通过测试回波散射的量来检测链路中的光纤连接器和接续子。OTDR 还可以通过测量回波散射信号返回的时间来确定链路的距离。

6. Fluke DTX 测试仪选配光纤模块

使用 Fluke DTX 测试仪测试光纤链路时,必须配置光纤链路测试模块,并根据光纤链路的类型选择单模模块或多模模块。

将多模或单模 DTX 光缆模块插入 DTX 电缆认证分析仪背面专用的插槽中,无须再拆卸下来,如图 15.15 所示。不像传统的光缆适配器需要和双绞线适配器共享一个连接头,DTX

图 15.15 Fluke DTX 光纤链路测试模块

光缆测试模块通过专用的数字接口和 DTX 通信。双绞线适配器和光缆模块可以同时接插在 DTX 上。这样的优点就是单键可快速在铜缆和光缆介质测试间进行转换。

无论是光纤等级 1 测试还是等级 2 测试,均可以使用 DTX 系列电缆认证分析仪来完成。对应地需要选择何时的光纤测试适配器。

15.2.4 测试仪器的常规操作程序

测试前需要先回答一组问题:被测链路是通用性测试(存档)还是应用性测试,是一类测试还是二类测试,是单模光缆还是多模光缆,是否需要极性测试,是否选择双波长测试,是否需要精确测试(B 模式),是否需要测试链路结构图等问题。

常见的测试仪器操作程序如下。

(1) 准备测试模块和测试跳线、充电。
(2) 开机。
(3) 选择测试介质(单模、多模、电缆等——如果需要)。
(4) 选择光纤测试标准(Tier1/2、骨干、水平等,通用、应用等,SETP)。
(5) 确定是否需要使用卷轴(心轴,多模光纤,SETP)。
(6) 设置折射率(如果需要,SETP)。
(7) 选择测试模式(建议 B 模式,SETP)。
(8) 安装测试跳线。
(9) 设置参考值(归零)。
(10) 安装补偿跳线(补偿光纤)。
(11) 选择测试范围(如果需要,SETP)。
(12) 按测试键实施测试(衰减/长度/OTDR 测试曲线/事件/链路结构图/端面图等)。
(13) 存储数据(命名/存入)。
(14) 重复完成批量测试。
(15) 取出/打印/转存/处理数据。
(16) 关机(或充电)。

15.3 任务实施:综合布线系统光纤链路测试

15.3.1 连通性简单测试

1. 光纤跳线连通性简单测试

(1) 将光纤跳线的两端与所连接的设备断开。
(2) 用一支激光笔(作为玩具使用的即可)对准光纤跳线的一端,查看另一端是否有光线出来。

如果手头没有激光笔,使用明亮的手电筒也可以。

2. 测试光纤链路连通性

可以使用以下两种方法测试光纤链路的连通性。

方法 1:将待测光纤链路两端的光纤跳线分别从光纤配线架和信息插座拔出,使用激光笔从光纤配线架一端发出光源,查看信息插座一端是否有光线传出。

方法2：先分别测试光纤链路两端光纤跳线的连通性，然后再使用激光笔从一端跳线发射光源，从另一端的光纤跳线观察是否有光线传输。

15.3.2 光缆链路连通性测试

使用 Fluke DTX 测试仪测试光纤链路时，必须配置光纤链路测试模块，并根据光纤链路的类型选择单模模块或多模模块。

光缆链路
故障测试

1．光纤链路连接

按照图 15.12 所示，连接 Fluke DTX 测试仪。

2．测试仪光纤参数设置

开启 Fluke DTX 测试仪电源，将旋转开关调节至 SETP 位置，并选择"光纤"选项。按 Enter 键即可查看需要设置的选项，包括光纤类型、测试极限值和远端端点设置 3 项。按照默认顺序依次进行设置即可。

1）光纤类型选择

选择适合当前测试任务的光纤类型。Fluke DTX 测试仪采用了按照传输模式划分、按照波长划分等多种常用分类标准。例如，按照传输模式进行划分，可分为单模光纤和多模光纤，其中，多模光纤通常有 $50\mu m$ 和 $62.5\mu m$ 两种。

（1）选择"光纤类型"选项后，按 Enter 键即可显示光纤类型选择页面，然后选择对应的光纤型号，也可以根据制造商的不同而选择相应的光纤类型，建议用户选择"通用"选项。

（2）选择"通用"选项后按下 Enter 键即可进入详细的光纤类型选择页面，包含各种分类标准所产生的分类结果，如 Multimode 62.5、Multimode 50、Singlemode 等。

（3）使用上、下键可以选择不同的选项，最后按下 Enter 键即可确认保存选择并返回光纤设置界面。

2）选择测试极限值

为当前任务设定相应的测试极限值，以保证测试结果的准确性。通过移动上、下方位键选中"测试极限值"选项并按下 Enter 键。测试仪默认显示的是 DTX 测试仪自动保存的最近使用的 9 项测试极限值，按照保存时间的长短一次排列。

3）远端端点设置

光纤测试远端端点设置共包括 3 种，分别应用于不同的测试任务。

（1）用智能远端模式测试双重光纤布线。

（2）用环回模式测试跳接线与光缆绕线盘。

（3）用远端信号源模式及光学信号源测试单独的光纤。

4）双向

根据当前执行的测试任务决定是否选择双向模式。例如，若当前测试任务是双向测试，则应选择"是"选项。在"智能远端"或"环回"模式中启用"双向"时，测试仪提示要在测试半途切换测试连接。在每组波长条件下，测试仪可对每根光缆进行双向测量（850/1300nm 或 1310/1550nm）。

5）适配器数目和拼接点数目

输入将在设置参考后被添加至光纤路径的每个方向的适配器数目。如果所选的极限值使用计算的损耗极限值，则输入在设置参数后将被添加至光纤路径的适配器数目。拼接点是指仅有每千米损耗、每连接器损耗、每拼接点损耗最大值的极限值，使用计算极限值作为总损耗。例如，光缆主干的极限值会使用计算损耗值。

6）连接点类型

选择用于待测布线的连接器类型。如果未列出实际的连接器类型，可以选择"通用"选项。

7）测试方法

损耗结果包含设置基准后添加的连接。基准及测试连接可决定将哪个连接包含于结果当中。测试方法是指所含端点连接数，共包括 A、B、C 3 种。

（1）方法 A。损耗结果包含链路一端的一个连接。

（2）方法 B。损耗结果包含链路两端的连接。

（3）方法 C。损耗结果不包含链路各端的连接，仅测量光纤损耗。

以上 3 种测试方法只是对于 DTX 测试设备而言，而其他工业标准中对于相同的测试方法所采用的名称也不同。

8）折射率来源（n）

此设置值不会影响损耗的测试结果，它将与测试结果一同保存以记录所用方法测试仪使用目前选定的光纤类型（默认值）所定义的折射率。

3．光纤类型选择

接下来要选择用于参照测试的光纤类型。

光缆损耗测试

（1）首先将旋转开关调节至"Special Function（特殊参数）"位置，然后选择"设置基准"选项。

（2）按 Enter 键，选择"光缆模块"选项。

（3）按 Enter 键，选择"测试方法"选项。

（4）清洁测试仪上的连接器及跳接线，并连接测试仪及智能远端，然后按 Test 键。

（5）完成参照设置后，DTX 将会以两种波长显示选择信息，并且会同时显示选择的测试方法、参照日期和具体时间。

（6）清洁布线系统中的待测连接器，然后将跳接线连接至布线。DTX 测试仪将显示用于所选测试方法的连接方式，以便进行更精确的测试。

（7）按下 F2（确定）键保存所做的设置，即可开始光纤自动测试任务。

4．光纤自动测试

（1）将旋转开关调节至 AutoTest 位置，确认介质类型为光纤。如果需要切换，按 F1 键即可实现。

（2）按下 DTX 测试仪或智能远端的 Test 键即可开始测试。按下 Exit 键即可取消测试。

（3）测试完成后显示测试结果。包括输入光纤和输出光纤的损耗情况与长度。

（4）选择某项摘要信息后按 Enter 键即可进入查看其详细结果的界面。

（5）最后根据提示信息按 SAVE 键保存测试结果。

在光纤自动测试过程中应特别注意，如果选择了双向测试，在测试过程中可能会中途提示切换光纤，即切换适配器的光纤，而并非测试仪端口的光纤。

5．生成测试报告

与 Fluke DTX 电缆认证分析仪相同。

习 题

一、选择题

1. 不属于光缆测试的参数是（　　）。
   A. 回波损耗　　　　　B. 近端串扰　　　　C. 衰减　　　　　D. 插入损耗
2. 定义光纤系统部件和传输性能指标的标准是（　　）。
   A. ANSI/TIA/EIA 568B 1　　　　　　　　B. ANSI/TIA/EIA 568B 2
   C. ANSI/TIA/EIA 568B 3　　　　　　　　D. ANSI/TIA/EIA 568A

二、思考题

1. 光纤测试的技术指标有哪些？分别代表什么含义？
2. 光纤测试分为哪几类？

三、实训题

以一幢大楼的布线为依据，进行光缆测试，得出测试报告。

任务 16 综合布线系统工程验收

综合布线系统工程经过设计、施工,最后进入竣工验收阶段。工程验收是全面考核工程的建设质量,包括设计质量、主铺料质量、工程施工质量和竣工资料以及相关原始资料质量。工程竣工验收合格后将移交给建设单位使用。

16.1 任务描述

综合布线系统工程验收是一个系统性的工作,主要包括前面介绍的链路连通性、电气和物理特性测试,还包括施工环境、工程器材、设备安装、缆线敷设、缆线终接、竣工验收技术文档等。

16.2 相关知识

16.2.1 工程验收的依据和标准

目前,国内综合布线系统工程的验收应按照以下原则来实行。

(1) 综合布线系统工程的验收首先必须以工程合同、设计方案、设计修改变更单为依据。

(2) 布线链路性能测试应符合国标《综合布线系统工程验收规范》(GB/T 50312—2016),按国标 GB/T 50312—2016 验收,也可按照 TIA/EIA 568B 和 ISO/IEC 11801:2002 标准进行。

(3) 综合布线系统工程验收主要参照国标 GB/T 50312—2016 中描述的项目和测试过程进行。此外,综合布线系统工程验收还涉及其他标准规范,如《智能建筑工程质量验收规范》(GB 50339—2003)、《建筑电气工程施工质量验收规范》(GB 50303—2002)、《通信管道工程施工及验收技术规范》(GB 50374—2006)等。

当工程技术文件、承包合同文件要求采用国际标准时,应按相应的标准验收,但不应低于国标 GB/T 50312—2016 的规定。

在综合布线系统工程施工与验收中,当遇到上述各种规范未包括的技术标准和技术要求时,可按有关设计规范和设计文件的要求办理。

16.2.2 工程验收阶段

对综合布线系统工程的验收工作贯穿于整个工程的施工过程,包括施工前检查、随工验收、初步验收和竣工验收等几个阶段,每一阶段都有其特定的内容。

1. 施工前检查

工程验收应当说从工程开工之日起就开始了,从对工程材料的验收开始,严把产品质量关,保证工程质量。施工前检查包括设备材料检验和环境检查。设备材料检验包括检查产品的规格、数量、型号是否符合设计要求,检查缆线外护套有无破损,抽查缆线的电气性能指标是否符合技术规范。环境检查包括检查土建施工情况,包括地面、墙面、门、电源插座及接地装置、机房面积、预留孔洞等环境。

2. 随工验收

在工程中为随时考核施工单位的施工水平和施工质量,对产品的整体技术指标和质量有一个了解,部分的验收工作应该在随工中进行(比如,布线系统的电气性能测试工作、隐蔽工程等)。这样可以及早地发现工程质量问题,避免造成人力和器材的大量浪费。随工验收应对工程的隐蔽部分边施工边验收,在竣工验收时,一般不再对隐蔽工程进行复查,由工地代表和质量监督员负责。

3. 初步验收

所有的新建、扩建和改建项目,都应在完成施工调试之后进行初步验收。初步验收的时间应在原定计划的建设工期内进行,由建设单位组织相关单位(如设计、施工、监理、使用等单位人员)参加。初步验收工作包括检查工程质量,审查竣工材料,对发现的问题提出处理意见,并组织相关责任单位落实解决。

4. 竣工验收

综合布线系统接入电话交换系统、计算机局域网或其他弱电系统,在试运转后的半个月内,由建设单位向上级主管部门报送竣工报告(含工程的初步决算及试运行报告),并请示主管部门接到报告后,组织相关部门按竣工验收办法对工程进行验收。

工程竣工验收为工程建设的最后一道程序,对于大中型项目可以分为初步验收和竣工验收两个阶段。一般综合布线系统工程完工后,尚未进入电话、计算机或其他弱电系统的运行阶段,应先期对综合布线系统进行竣工验收,验收的依据是在初验的基础上,对综合布线系统各项监测指标认真考核审查,如果全部合格,且全部竣工图纸资料等文档齐全,也可以对综合布线系统进行单项竣工验收。

竣工验收包括两部分,第一部分是物理验收(15.2.4 节);第二部分是竣工技术文档验收(15.2.5 节)。物理验收按物理验收的内容组织实施。竣工技术文档验收按竣工技术文档的内容执行。

16.2.3 综合布线系统工程验收条件、组织和方式

对综合布线系统验收是施工方(乙方)向用户方(甲方)移交的正式手续,也是用户对工程的认可。验收是用户方对综合布线系统施工工作的认可,检查工程施工是否符合设计要求和符合有关施工规范。用户方要确认,工程是否达到了原来的设计目标?质量是否符合要求?有没有不符合原设计的有关施工规范的地方?

1. 综合布线系统工程竣工验收的前提条件

通常,工程竣工验收应具备以下前提条件。

(1) 隐蔽工程和非隐蔽工程在各个阶段的随工验收已经完成,且验收文件齐全。

(2) 综合布线系统中的各种设备都已自检测试,测试记录齐备。
(3) 综合布线系统和各个子系统已经试运行,且有试运行的结果。
(4) 工程设计文件、竣工资料及竣工图纸均完整、齐全。此外,设计变更文件和工程施工监理代表签证等重要文字依据均已收集汇总,装订成册。

2．验收方式

综合布线工程采取以下三级验收。
(1) 自检自验。由施工单位自检、自验,发现问题及时完善。
(2) 现场验收。由施工单位和建设单位联合验收,作为工程结算的依据。
(3) 鉴定验收。上述两项验收后,提出正式报告作为正式竣工报告共同上报上级主管部门或委托专业验收机构组织鉴定。

3．综合布线系统工程验收的组织

工程竣工后,施工方应在工程计划验收 10 日前,通知验收机构,同时送达一套完整的竣工报告,并将竣工技术资料一式三份交给建设方。竣工资料包括工程说明、安装工程量、设备器材明细表、随工测试记录、竣工图纸、隐蔽工程记录等。

联合验收之前成立综合布线系统工程验收的组织机构,建设方可以聘请相关行业的专家,对于防雷及地线工程等关系到计算机网络系统安全的工程部分,还应申请有关主管部门协助验收(如气象局、公安局等)。通常的综合布线系统工程验收小组可以考虑聘请以下人员参与工程的验收。
(1) 工程双方单位的行政负责人。
(2) 工程项目负责人及直接管理人员。
(3) 主要工程项目监理人员。
(4) 建筑设计施工单位的相关技术人员。
(5) 第三方验收机构或相关技术人员组成的专家组。

在验收中,有些工程项目是由工程双方认可,但另外有一些内容并非双方签字盖章就可以通过,比如,涉及消防、地线工程等项目的验收,通常要由相关主管部门来进行。

16.2.4 物理验收

物理验收也就是现场验收。用户方(甲方)、施工方(乙方)以及监理方等共同组成一个验收小组,对已竣工的工程进行验收。作为网络综合布线系统工程,在物理上主要验收的点有以下几个。

1．工作区验收

对于众多的工作区不可能逐一验收,而是由用户方抽样挑选工作间。
工作区验收的重点主要有以下几点。
(1) 线槽走向、布线是否美观大方,符合规范。
(2) 信息插座是否按规范进行安装。
(3) 信息插座安装是否做到一样高、平、牢固。
(4) 信息面板是否都牢固可靠。

2．配线子系统验收

配线子系统验收的重点主要有以下几点。

(1) 线槽安装是否符合规范。
(2) 线槽与线槽、线槽与槽盖是否结合良好。
(3) 托架、吊杆是否安装牢靠。
(4) 水平干线与垂直干线、工作区交接处是否出现裸线,有没有按规范去做。
(5) 水平干线槽内的缆线有没有固定。

3. 干线子系统验收

垂直干线子系统的验收除了类似于配线子系统的验收内容外,要检查楼层与楼层之间的洞口是否封闭,以防火灾出现时,成为一个隐患点。缆线是否按间隔要求固定,拐弯缆线是否留有弧度。

4. 电信间、设备间子系统验收

电信间、设备间子系统验收主要检查设备安装是否规范整洁。验收不一定要等工程结束时才进行,往往有的内容是随时验收的。

具体的验收内容和验收方式参看表 16.1。具体验收标准为国标 GB/T 50312—2016 中的详细要求。验收的主要内容为环境检查、器材检验、设备安装检验、缆线敷设和保护方式检验、缆线终接和工程电气测试等 8 部分。

表 16.1 综合布线系统工程检验项目及内容

阶 段	验收项目	验收内容	验收方式	结 果
一、施工前检查	1. 施工前准备资料	(1)已批准的施工图;(2)施工组织计划;(3)施工技术措施	施工前检查	
	2. 环境要求	(1)土建施工情况:地面、墙面、门、电源插座及接地装置;(2)土建工艺:机房面积、预留孔洞;(3)施工电源;(4)地板铺设;(5)建筑物入口设施检查		
	3. 器材检验	(1)按工程技术文件对设备、材料、软件进行现场验收;(2)外观检查;(3)品牌、型号、规格、数量;(4)电缆及连接器件电气特性测试;(5)光纤及连接器件特性测试;(6)测试仪表和工具的检验		
	4. 安全、防火要求	(1)施工安全措施;(2)消防器材;(3)危险物的堆放;(4)预留孔洞防火措施		
二、设备安装	1. 电信间、设备间、设备机柜、机架	(1)规格、外观;(2)安装垂直度、水平度;(3)油漆不得脱落,标志完整齐全;(4)各种螺丝必须紧固;(5)抗震加固措施;(6)接地措施及接地电阻	随工验收	
	2. 配线模块及8位模块式通用插座	(1)规格、位置、质量;(2)各种螺丝必须拧紧;(3)标志齐全;(4)安装符合工艺要求;(5)屏蔽层可靠连接		
三、缆线布放(楼内)	1. 缆线桥架布放	(1)安装位置准确;(2)安装符合工艺要求;(3)符合布放缆线工艺要求;(4)接地		
	2. 缆线暗敷(包括暗管、线槽、地板下等方式)	(1)缆线规格、路由、位置;(2)符合布放缆线工艺要求;(3)接地	隐蔽工程签证	

续表

阶　段	验收项目	验收内容	验收方式	结　果
四、缆线布放（楼间）	1. 架空缆线	(1)吊线规格、架设位置、装设规格；(2)吊线垂度；(3)缆线规格；(4)卡、挂间隔；(5)缆线的引入符合工艺要求	随工验收	
	2. 管道缆线	(1)使用管孔孔位；(2)缆线规格；(3)缆线走向；(4)缆线的防护设施的设置质量	隐蔽工程签证	
	3. 埋式缆线	(1)缆线规格；(2)敷设位置、深度；(3)缆线的防护设施的设置质量；(4)回土夯实质量		
	4. 通道缆线	(1)缆线规格；(2)安装位置，路由；(3)土建设计符合工艺要求		
	5. 其他	(1)通信路线与其他设施的间距；(2)进线室设施安装、施工质量	随工验收或隐蔽工程签证	
五、缆线终接	1. RJ-45、非 RJ-45 通用插座	符合工艺要求	随工验收	
	2. 光纤连接器件			
	3. 各类跳线			
	4. 配线模块			
六、系统测试	1. 各等级的电缆布线系统工程电气性能测试内容	A、B、C、D、E、EA、F、FA	(1)连接图；(2)长度；(3)衰减(A 级布线系统)；(4)近端串音；(5)传播时延；(6)传播时延偏差；(7)直流环路电阻	竣工验收（随工验收）	
		C、D、E、EA、F、FA	(1)插入损耗；(2)回波损耗		
		D、E、EA、F、FA	(1)近端串音功率和；(2)衰减近端串音比；(3)衰减近端串音比功率和；(4)衰减平远端串音比；(5)衰减平远端串音比功率和		
		EA、F、FA	(1)外部近端串音功率和；(2)外部衰减远端串音比功率和		
		屏蔽布线系统屏蔽层的导通			
		为可选的增项测试(D、E、EA、F、FA)	(1)TLC；(2)ELTLC；(3)耦合衰减；(4)不平衡电阻		
	2. 光纤特性测试	(1)衰减；(2)长度；(3)高速光纤链路 OTDR 测试曲线	竣工验收	
七、管理系统	1. 管理系统级别	符合设计要求	竣工验收	
	2. 标识符与标签设置	(1)专用标识符类型及组成；(2)标签设置；(3)标签材质及色标	竣工验收	
	3. 记录和报告	(1)记录信息；(2)报告；(3)工程图纸	竣工验收	
	4. 智能配线系统	作为专项工程	竣工验收	
八、工程总验收	1. 竣工技术文件	清点、交接技术文件	竣工验收	
	2. 工程验收评价	考核工程质量，确认验收结果	竣工验收	

注：系统测试内容的验收也可在随工中进行检验。

5．物理验收的要求

物理验收的要求如下。

综合布线系统工程，应按表 16.1 综合布线系统工程检验项目及内容所列项目、内容进行检验。检测结论作为工程竣工资料的组成部分及工程验收的依据之一，并应符合下列规定。

(1) 系统工程安装质量检查，各项指标符合设计要求，被检项目检查结果为合格；被检项目的合格率为 100%，工程安装质量判为合格。

(2) 竣工验收时检查随工验收记录报告，如被验收项目指标参数合格率达不到 100%，可由验收小组提出抽测，抽测也可以由第三方认证机构实施。

竣工验收需要抽验时，抽样比例不低于 10%，抽样点应包括最远布线点。

(3) 系统性能检测单项合格判定应符合下列规定。

① 一个被测项目的技术参数测试结果不合格，则该项目应为不合格。如果某一被测项目的检测结果与相应规定的差值在仪表准确度范围内，则该被测项目应为合格。

② 按国标 GB/T 50312—2016 中《附录 B　综合布线系统工程电气测试方法及测试内容》指标要求，采用 4 对双绞线电缆作为水平电缆或主干电缆，所组成的链路或信道有一项指标测试结果不合格，则该水平链路、信道或主干链路应为不合格。

③ 主干布线大对数电缆中按 4 对对绞线对测试，指标有一项不合格，则该线对应为不合格。

④ 当光纤链路、信道测试结果不满足国标 GB/T 50312—2016 中《附录 C　光纤信道和链路测试》的指标要求时，则该光纤链路、信道应为不合格。

⑤ 未通过检测的链路、信道的电缆线对或光纤信道可在修复后复检。

(4) 竣工验收综合合格判定。

① 对绞电缆布线全部检测时，无法修复的链路、信道或不合格线对数量有一项超过被测总数的 1%，应为不合格。光缆布线系统检测时，当系统中有一条光纤链路、信道无法修复，则为不合格。

② 对绞电缆布线抽样检测时，被抽样检测点（线对）不合格比例不大于被测总数的 1%，应为抽样检测通过，不合格点（线对）应予以修复并复检。被抽样检测点（线对）不合格比例如果大于 1%，应为一次抽样检测未通过，应进行加倍抽样，加倍抽样不合格比例不大于 1%，应为抽样检测通过。当不合格比例仍大于 1%，应为抽样检测不通过，应进行全部检测，并按全部检测要求进行判定。

③ 当全部检测或抽样检测的结论为合格时，则竣工验收的最后结论应为合格；当全部检测的结论为不合格时，则竣工验收的最后结论应为不合格。

(5) 综合布线系统管理系统的验收合格判定应符合：标签和标识应按 10% 抽检，系统软件功能全部检测。检测结果符合设计要求应为合格。

智能配线系统应检测电子配线架链路、信道的物理连接，以及与管理软件中显示的链路、信道连接关系的一致性，按 10% 抽检；连接关系全部一致应为合格，有一条及以上链路、信道不一致时，应整改后重新抽测。

16.2.5 文档和系统测试验收

文档验收主要是检查乙方是否按协议或合同规定的要求,交付所需要的文档。系统测试验收就是甲方组织的专家组,对信息点进行有选择的测试,检验测试结果。测试的过程请参看任务13和任务14。

竣工技术文件要保证质量,做到外观整洁,内容齐全,数据准确。

1. 竣工技术文件

竣工技术文件是指为了便于工程验收和今后管理,施工单位应编制工程竣工技术文件,按协议或合同规定的要求,交付所需要的文档。

工程竣工后,施工单位应在工程验收以前将工程竣工技术文件交给建设单位。综合布线系统工程的竣工技术文件应包括以下内容。

(1) 安装工程量。

(2) 工程说明。

(3) 设备材料进场检验记录及开箱检验记录。设备、机架和主要部件的数量明细表,将整个工程中所用的设备、机架和主要部件分别统计,清晰地列出其型号、规格、程式和数量。

(4) 竣工图纸。综合布线系统工程竣工图纸应包括说明、设计系统图及反映各部分设备安装情况的施工图。竣工图纸应包括安装场地和布线管道的位置、尺寸、标识符等;设备间、电信间、进线间等安装场地的平面图或剖面图及信息插座模块安装位置;缆线布放路径、弯曲半径、孔洞、连接方法及尺寸等。

(5) 工程核算。综合布线系统工程的主要安装工程量,如主干布线的缆线规格和长度,装设楼层配线架的规格和数量等。

(6) 系统中文检测报告及中文测试记录。工程中各项技术指标和技术要求的随工验收、测试记录,如缆线的主要电气性能、光缆的光学传输特性等测试数据。

(7) 工程变更、检查记录及施工过程中,需更改设计或采取相关措施,建设、设计、施工等单位之间的双方洽商记录。

(8) 随工验收记录。在施工中的检查记录等基础资料。

(9) 隐蔽工程验收记录及签证。是为直埋电缆或地下电缆管道等隐蔽工程经工程监理人员认可的签证,设备安装和缆线敷设工序告一段落时,经常驻工地代表或工程监理人员随工检查后的证明等原始记录。

(10) 培训记录及培训资料。

2. 竣工技术文件的要求

工程竣工技术文件在工程施工过程中或竣工后应及早编制,并在工程验收前提交建设单位。综合布线系统工程竣工技术文件和相关资料应符合以下要求。

(1) 竣工验收的技术文件中的说明和图纸,必须配套并完整无缺,文件外观整洁,文件应有编号,以利于登记归档。

(2) 竣工技术文件最少一式三份,如有多个单位需要和建设单位要求增多份数时,可按需要增加文件份数,以满足各方要求。

(3) 竣工技术文件和相关资料应做到内容齐全、资料真实可靠、数据准确无误、文字表达条理清楚、文件外观整洁、图表内容清晰，不应有互相矛盾、彼此脱节和错误遗漏等现象。

(4) 竣工技术文件的文字页数和其排列顺序以及图纸编号等，要与目录对应，并有条理，做到查阅方便，有利于查考。文件和图纸应装订成册，取用方便。

16.3 综合布线系统验收实施

根据综合布线系统工程的施工特点，综合布线系统工程验收分为施工前检查、随工验收、初步验收、竣工验收等过程。

16.3.1 施工前检查

根据工程设计方案要求，进行"施工前检查"，检查项目包括表16.1所列，从而确保工程器材和设备符合设计要求。表16.2和表16.3给出了材料进场记录表和设备进场记录表的参考表样。

表16.2 材料进场记录表

项目名称：学院综合实训楼综合布线工程　　　　　　　项目编号：×××Y—××010

序号	材料名称	型号/规格	生产厂家	性能参数	数量
1					
2					
3					

记录人：　　　　　　　　　　监督人：　　　　　　　　　　　　日期：

注：本表一式三份，建设单位、监理单位、施工单位各一份。

表16.3 设备进场记录表

项目名称：学院综合实训楼综合布线工程　　　　　　　项目编号：×××Y—××010

序号	设备名称	设备型号	生产厂家	数量	备注
1					
2					
3					

记录人：　　　　　　　　　　监督人：　　　　　　　　　　　　日期：

注：本表一式三份，建设单位、监理单位、施工单位各一份。

16.3.2 随工验收

在工程施工中重点检查隐蔽工程，可使用"随工验收"，表16.4给出了参考表样。

表 16.4　隐蔽工程报验申请表

项目名称：学院综合实训楼综合布线工程　　　　　　项目编号：×××Y—××010

致：＿＿＿＿＿＿（监理单位）

　　我单位已完成了＿＿＿＿＿＿＿＿＿＿分项工作，经自检具备隐蔽验收的条件，现报上该分项工程隐蔽工程报验申请表，请予以审查和隐蔽验收。

　　附件：

承包单位(盖章)：＿＿＿＿＿＿

项目经理：＿＿＿＿＿＿

日期：　年　月　日

审查意见：

项目监理机构(盖章)：＿＿＿＿＿＿

总/专业监理工程师：＿＿＿＿＿＿

日期：　年　月　日

注：本表一式三份，建设单位、监理单位、施工单位各一份。

16.3.3　初步/竣工验收

在整个综合布线系统工程中，最重要的验收就是在整个工程结束后，分别进行"初步验收"和"竣工验收"。初步验收和竣工验收所用表格如表 16.5～表 16.10。

表 16.5　已安装设备清单

项目名称：学院综合实训楼综合布线工程　　　　　　项目编号：×××Y—××010

序号	设备名称及型号	单位	数量	安装地点	备注
1					
2					

注：1. 本清单一式三份，建设单位、监理单位、施工单位各一份。
　　2. 工程概要内容：中心机房、配线间终端设备安装。

表 16.6　安装设备工艺检查情况表清单

项目名称：学院综合实训楼综合布线工程　　　　　　项目编号：×××Y—××010

序号	检查项目	检查情况
1		
2		

检查人员：　　　　　　　　　　　　　日期：

注：1. 本清单一式三份，建设单位、监理单位、施工单位各一份。
　　2. 工程概要内容：安装 PVC 线管、镀锌铁桥架、安装机柜、敷设光纤、6 类缆线及端接测试。

表 16.7 综合布线系统缆线穿布检查记录表

项目名称：学院综合实训楼综合布线工程　　　　　　　　项目编号：×××Y—××010

施工单位		施工负责人		完成日期	
工程完成情况					
序号	缆线品牌、规格型号		根数	均长	备注
1					
2					
3					
︙					
检 查 情 况					
两端预留长度有无编号					
缆线有无弯折现象					
缆线外皮有无破损					
松紧冗余					
槽、管利用率					
过线盒安装是否符合标准					

检查人员：　　　　　　　　　　　　日期：

注：本表一式三份，建设单位、监理单位、施工单位各一份。

表 16.8 综合布线信息点抽检电气测试验收记录表

项目名称：学院综合实训楼综合布线工程　项目编号：×××Y—××010　抽检日期：　年　月　日

施工单位		施工负责人		完成日期	
工程完成情况					
序号	缆线品牌、规格型号		根数	均长	备注
1					
2					
3					
︙					
检 查 情 况					
两端预留长度有无编号					
缆线有无弯折现象					
缆线外皮有无破损					
松紧冗余					
槽、管利用率					
过线盒安装是否符合标准					

检查人员：　　　　　　　　　　　　日期：

注：本表一式三份，建设单位、监理单位、施工单位各一份。

表 16.9 综合布线光纤抽检测试验收记录表

项目名称：学院综合实训楼综合布线工程　　　　　　　　项目编号：×××Y—××010

光纤总根数		其中室内(分芯数)		室外(分芯数)		拟抽检根数	
光纤厂家型号						端接设备厂家型号	
测试标准						使用的测试仪器	
设计单位						施工单位	

续表

序号	起始电信间（设备间）	终止电信间	光纤类型编号	典型插入损耗	最大回波损耗	插入损耗	回拨损耗	震动（单振幅）	结果
1									
2									
3									
⋮									

测量人员： 监视人员： 记录人员： 日期/时间：

注：本表一式三份，建设单位、监理单位、施工单位各一份。

表 16.10 综合布线系统机柜安装检查记录表

项目名称：学院综合实训楼综合布线工程 项目编号：×××Y—××010

施工单位			施工负责人			完成日期	
工程完成情况							
序号	机柜型号	台数	生产厂家	安装地点	安装方式	备注	
1							
2							
3							
⋮							
检 查 情 况							
机柜稳固情况							
水平度/垂直度							
外管损坏、地脚锈蚀和清洁情况							
接线配线工作方便情况							
电源和接地情况							

检查人员： 日期：

注：本表一式三份，建设单位、监理单位、施工单位各一份。

工程验收过程一般都伴随着验收文档的产生，一般验收文档包含验收报告和技术文档两大类。表16.11给出了验收文档模板，表16.12给出了工程验收证书模板，表16.13给出了验收文档的技术文档目录。

表 16.11 工程竣工初/终验报告

建设项目名称			建设单位		
单位工程名称			施工单位		
建设地点			监理单位		
开工日期		竣工日期		初/终验日期	
工程内容					
验收意见及施工质量评语：					
施工单位代表： 施工单位签章： 日期： 年 月 日					
监理单位代表： 监理单位签章： 日期： 年 月 日					
建设单位代表： 建设单位签章： 日期： 年 月 日					

注：本报告一式三份，建设单位、监理单位、施工单位各一份。

表 16.12　工程验收证书

项目编号		项目名称	
工程名称			
工程地址			
工程总投资		合同日期		验收日期	
开工日期		竣工日期		完工日期	

工程内容简述：

验收意见及评定等级：

验收人员签名：

建设单位 （签章）	施工单位 （签章）	监理单位 （签章）

注：本证书一式三份，建设单位、监理单位、施工单位各一份。

表 16.13　验收技术资料汇总

工程名称：

序号	目　录	页数	备注
1	已安装设备清单		
2	设备安装工艺检查记录表		
3	综合布线系统缆线穿布检查记录表		
4	综合布线信息点抽检电气测试验收记录表		
5	综合布线光纤抽检测试验收记录表		
6	综合布线系统机柜安装检查记录表		
7	隐蔽工程报验申请表		
8	工程材料/构配件/设备报审表		
9	缆线终接检查记录表		
10	缆线终接测试记录表		
11	施工质量自建自测结论		
12	工程设计文件及施工图		
13	深化设计投保文件		
14	变更设计有关文件		
15	工程施工合同或有关协议		
16	器材供应商提供的质量合格文件及有关技术文件		
17	器材抽样检测报告		
18	工程自检报告		
19	工程监理报告		
20	验收检测报告		
21	工程竣工报告		

习 题

一、选择题

1. 综合布线系统工程的验收内容中,验收项目(　　)不属于隐蔽工程签证。
   A. 管道缆线　　　　B. 架空缆线　　　　C. 直埋缆线　　　　D. 隧道缆线
2. 综合布线系统工程的验收内容中,验收项目(　　)是环境要求的验收内容。
   A. 电缆电气性能测试　　　　　　　　B. 施工电源
   C. 外观检查　　　　　　　　　　　　D. 消防器材
3. 下列关于验收的描述中,不正确的是(　　)。
   A. 综合布线系统工程的验收贯穿了整个施工过程
   B. 布线系统性能检测验收合格,则布线系统验收合格
   C. 竣工总验收是工程建设的最后一个环节
   D. 综合布线系统工程的验收是多方人员对工程质量和投资的认定
4. 工程竣工后,施工单位应提供符合技术规范的结构化综合布线系统工程竣工技术资料,其中不包括(　　)。
   A. 安装工程量和设备、器材明细表
   B. 综合布线系统总图和路由图
   C. 综合布线系统信息点分布平面图和各配线区(管理)布局图
   D. 信息端口与配线架端口位置的对应关系表和系统性能测试报告
5. 工程竣工后,施工单位应提供下列(　　)符合技术规范的综合布线工程竣工技术资料。
   A. 工程说明　　　　　　　　　　　　B. 测试记录
   C. 设备、材料明细表　　　　　　　　D. 工程决算

二、思考题

1. 简述综合布线系统验收的标准和依据。
2. 综合布线系统工程验收有几大类?
3. 综合布线系统工程验收人员一般由哪些人员组成?
4. 综合布线系统工程验收分哪几类?
5. 简述综合布线系统验收的项目和内容。
6. 综合布线系统工程的竣工技术资料应包括哪些内容?

模块五

综合布线系统工程管理

通过下面 2 个任务来学习综合布线系统工程项目招投标、项目管理等内容。

任务 17　综合布线系统工程招投标

任务 18　综合布线系统工程项目管理

任务 17 综合布线系统工程招投标

17.1 任务描述

工程建设中,综合布线系统是根据建筑主体专业的功能需求而配套设置的。因此,工程招投标工作中,通常只是伴随在主体项目之内或者包含在工程的弱电系统加以考虑,由于综合布线系统具有很大的专业技术特点,往往由集成商在总承包的条件下实施或进行二次分包。对于规模较大、安全保密性强的工程项目,可以采取对综合布线系统进行单项招投标。

综合布线系统工程如何进行招投标呢?如何制定招标文件、投标文件和签订施工合同呢?

17.2 相关知识

17.2.1 建设方发包综合布线工程

1. 招标的基本概念

(1) 综合布线系统工程招标。综合布线系统工程招标通常是指需要投资建设综合布线系统的单位(一般为招标人),通过招标公告或投标邀请书等形式邀请有具备承担招标项目能力的项目集成施工单位(一般为投标人)投标,最后选择其中对招标人最有利的投标人进行工程总承包的一种经济行为。

综合布线系统工程招标也可以委托工程招标代理机构来进行。

(2) 招标人是指提出招标项目、进行招标的法人或其他组织。

(3) 招标代理机构是指依法设立、从事招标代理业务并提供相关服务的社会中介组织。

(4) 招标文件。一般由招标人或者招标代理机构根据招标项目的特点和需要进行编制。

2. 工程招投标涉及的单位

对于一个建设项目来说,一旦国家规划建设管理单位审批完毕,就进入项目前期规划及各子项目招标过程。综合布线系统工程在智能弱电子系统中占有重要的位置,在布线系统工程招投标过程中,参与运作单位如下。

(1) 招标方。即业主、建设单位,工程发包方,是项目的产权单位,负责为项目提供建设资金和其他必备条件。

(2) 招标公司。受招标方委托,全权负责建设项目的招标和组织评标。

(3) 投标方。即承建单位,是项目的建设安装单位,中标后负责项目的建设与管理。

3. 招标方式

综合布线系统工程项目招标方式主要有以下 4 种。

1) 公开招标

公开招标也称无限竞争性招标,是指招标人或招标代理机构通过国家指定的报刊、信息网站或其他媒介发布招标公告,邀请不特定的法人或其他组织投标的方式。招标公告应当载明招标人的名称、地址、招标项目的性质、数量、实施地点和时间,以及获取招标文件的办法等事项。

任何认为自己符合招标人要求的法人或其他组织都有权向招标人索取招标文件并届时投标。招标人不得以任何借口拒绝向符合条件的投标人出售招标文件。

公开招标必须采取公告的方式,向社会公众明示其招标要求,使尽量多的潜在投标商获取招标信息,前来投标,从而保证招标的公开性。

此种方式对所有参标的单位或承包商提供平等竞争的机会。适用于工程规模较大的项目。

2) 邀请招标

邀请招标也称竞争性谈判,是指招标人或招标代理机构以投标邀请书的方式邀请5~10家(不能少于3家)特定的法人或者其他组织直接进行合同谈判。一般在用户有紧急需要,或者由于技术复杂而不能规定详细规格和具体要求时采用。

此种方式由于受经验和信息不充分等因素,存在一定的局限性,有可能漏掉一些技术性能和价格比更高的承包商未被邀请而无法参标。

3) 询价采购

询价采购也称货比三家,是指招标人或招标代理机构以询价通知书的方式邀请3家以上特定的法人或者其他组织进行报价,通过对报价进行比较来确定中标人。询价采购是一种简单快速的采购方式,一般在采购货物的规格、标准统一、货源充足且价格变化幅度小时采用。

4) 单一来源采购

单一来源采购是指招标人或招标代理机构以单一来源采购邀请函的方式邀请生产、销售垄断性产品的法人或其他组织直接进行价格谈判。单一来源采购是一种非竞争性采购,一般适用于独家生产经营、无法形成比较和竞争的产品。

4. 工程招标程序

一个完整的工程项目招标程序:首先由招标人进行项目报建,并提出招标申请,同时送市招投标中心审查。审查通过后,由招标人编制工程标底和招标文件,并发布招标公告或投标邀请书。在对投标人进行资格审查之后,召开投标会,发放招标文件,最后开标、评标、定标,直至签订合同。

一般招标流程:项目报建→招标申请→市招投标中心送审→编制工程标底和招标文件→发布招标公告或投标邀请书→投标人资格审查→招标会→制作标书→开标→评标→定标→签订合同。

5. 招标公告实例

××大学综合培训楼综合布线工程招标公告,限于篇幅在这里不再详细列出,请参看本书配套课件。

6. 编制招标文件

业主根据工程项目的规模、功能需要、建设进度和投资控制等条件,按有关招标法的要求,编制好招标文件。招标文件是投标者应标的主要依据,因此,招标文件的质量好坏,直接关系到工程招标的成败。

招标文件一般包括以下内容。
(1) 投标邀请书。
(2) 投标人须知。
(3) 投标申请书格式,包括投标书格式和投标保证格式。
(4) 法定代表人授权格式。
(5) 合同文件,包括合同协议格式、预付款银行保函、履约保证格式等。
(6) 工程技术要求的主要内容。

- 承包工程的范围,包括综合布线系统的深化设计、施工、供货、培训以及除施工外的全部服务工程简介。
- 综合布线系统工程布线的基本要求,信息点平面配置点位图及站点统计表。
- 采用的相关标准和规范,包括国标、行标、地标及企标。
- 布线方案,包括设置的工作区、配线间、管理间、干线间、设备间、建筑群、进线间等子系统的要求。
- 技术要求,包括铜缆、光缆、连接硬件、信息面板、接地及缆线敷设等要求。
- 工程验收和质保、技术资格和应标能力。
- 报价范围、供货时间和地点。

(7) 工程量表。
(8) 附件(工程图纸与工程相关的说明材料)。
(9) 标底(仅限决策层知道,不得外传)。

其中,前 5 项属于投标商务条款。

17.2.2 投标

1. 综合布线系统工程投标

综合布线系统工程投标通常是指系统集成施工单位(一般称为投标人)在获得了招标人工程建设项目的招标信息后,通过分析招标文件,迅速而有针对性地编写投标文件,参与竞标的一种经济行为。

2. 投标人及其资格

投标人是响应招标、参与投标竞争的法人或其他组织。投标人应当具备承担招标项目的能力,并且具备招标文件规定的资格条件,投标人的资质证明文件应当使用原件或投标单位盖章后生效。一般投标人需要提交的资质证明文件包括以下几种。

(1) 投标人的企业法人营业执照副本。
(2) 投标人的企业法人组织代码证。
(3) 投标人的税务登记证明。
(4) 系统集成资质证明。
(5) 施工资质证明。
(6) 质量保证体系认证证书。
(7) 高新技术企业资质证书。
(8) 金融机构出具的资信证明。
(9) 产品厂家授权的分销或代理证书。
(10) 产品鉴定入网证书。

(11) 投标人认为有必要的其他资质证明文件。

3. 分析工程项目招标文件

招标文件是编制投标文件的主要依据,投标人必须对招标文件进行仔细研究,重点注意以下几点。

(1) 招标技术要求,该部分是投标人核准工程量、制订施工方案、估算工程总造价的重要依据。对其中建筑物设计图样、工程量、布线产品档次等内容必须进行分析,做到心中有数。

(2) 招标商务要求,主要研究投标人须知、合同条件、开标、评标和定标的原则和方式等内容。

(3) 通过对招标文件的研究和分析,投标人可以核准项目工程量,并且制订施工方案,完成了投标文件编制的重要依据。

4. 编制项目投标文件

投标人应当按照招标文件的要求编制投标文件,并对招标文件提出的实质性要求和条件做出响应。

投标文件的编制主要包括以下内容。

(1) 投标文件的组成。项目概况、施工方案、施工计划、开标一览表、工程量清单、投标分项报价表、资质证明文件、技术规格偏离表、商务条款偏离表、项目负责人与主要技术人员介绍、机械设备配置情况、工程图纸以及投标人认为有必要提供的其他文件。

综合布线系统工程项目招标图纸有一般布线系统图、各布线位置平面图、机房布置图、机柜安装大样图等。

(2) 投标文件的格式。投标人应当按照招标文件要求的格式和顺序编制投标文件,并且装订成册。

(3) 投标文件的数量。投标人应当按照招标文件规定的数量准备投标文件的正本和副本,一般正本1份,其余为副本。并注明"正本"或"副本"字样,如两者有差异,以正本为准。同时,投标人还应将投标文件密封,并在封口启封处加盖单位公章。

(4) 投标文件的递交。投标人应当在招标文件要求提交投标文件的截止时间前,将投标文件送达投标地点。招标人收到投标文件后,应当签收保存,不得开启。

(5) 投标文件的补充、修改和撤回。投标人在招标文件要求提交投标文件的截止时间前,可以补充、修改和撤回已提交的投标文件,并书面同质招标人。补充、修改的内容为投标文件的组成部分。

5. 工程项目投标报价

1) 工程项目投标报价的内容

工程项目造价的估算:一般可以根据项目工程完成的信息点数来估算工程的总造价。

工程项目投标报价的依据:应当对项目成本和利润进行分析,并且参照厂家的产品报价及相关行业制定的工程概况、预算定额,充分考虑综合布线系统的等级、布线产品的档次和配置等因素。

工程项目投标报价的内容:包括主要设备、工具和材料的价格、项目安装调试费、设计费、培训费等。

2) 工程项目投标报价的要求

投标人不得相互串通投标报价,不得排挤其他投标人的公平竞争,损害招标人或者其他投标人的合法权益。

投标人不得与招标人串通投标,损害国家利益、社会公共利益或者他人的合法权益。

投标人不得以低于成本的报价竞标,也不得以他人名义投标或者以其他方式弄虚作假,骗取中标。

17.2.3 综合布线系统工程投标报价

综合布线系统工程预算是综合布线系统设计环节的一部分,它对综合布线系统项目工程的造价估算和投标估价及后期的工程决算都有很大的影响。

综合布线系统工程的预算设计方法通常可以采用两种方法之一:网络工程行业的预算设计方法和建筑行业的预算设计方法。

1. 网络工程行业的预算设计方法

IT 行业的预算设计方法取费的主要内容一般由材料费、施工费、系统设备费、设计费、监理费、测试费、税金等组成。

1) 网络工程预算清单(见表 17.1)

表 17.1 网络工程预算清单

序号	项目	金额(元)	备注
1	网络布线材料费		详见表 17.2
2	网络布线施工费		详见表 17.3
3	网络系统设备费		详见表 17.4
4	设计费		
5	监理费		
6	测试费		
7	税金		
8			

2) 网络布线材料费的主要内容(见表 17.2)

表 17.2 网络布线材料费的主要内容

序号	材料名称	单位	数量	单价(元)	总价(元)	备注
1						
2						
⋮						
合计						

3) 网络布线施工费的主要内容(见表 17.3)

表 17.3 网络布线施工费的主要内容

序号	分项工程名称	单位	数量	单价(元)	总价(元)	备注
1						
2						
⋮						
合计						

4）网络系统设备费的主要内容（见表17.4）

表 17.4 网络系统设备费的主要内容

序号	设 备 名 称	单位	数量	单价(元)	总价(元)	备注
1						
2						
⋮						
合计						

2．建筑行业的预算设计方法

建筑行业流行的设计方法取费是按国家的建筑预算定额标准来核算的，一般有材料费、人工费（直接费小计、其他直接费、临时设施费、现场经费）、直接费、企业管理费、利润税金、工程造价和设计费等。

综合布线系统的概预算编制办法，原则上参考通信建设工程概算、预算编制办法作为依据，并应根据工程的特点和其他要求，结合工程所在地区，按行业和地区计委颁发的有关工程概算、预算定额和费用定额编制工程概预算。如果按通信定额编制布线工程概预算，则参照《通信建设工程概算、预算编制办法及定额费用》要求进行。

另外，各地方政府也制定了地方预算定额，包括综合布线系统工程定额，如《北京市建设工程预算定额》第四册（下册）电气工程第十三章第三节内容。限于篇幅在这里不再介绍，请参看各地方政府预算定额。

17.2.4 评标

1．项目评标组织

评标工作是招投标中的重要环节，一般设立临时的评标委员会或评标小组。由招标公司、业主、业主的上级主管部门、业主的财务部门、审计部门、监理公司及有关技术专家共同组成。评标组织应在评审前编制评标办法，按招标文件中所规定的各项标准确定商务标准和技术标准。

商务标准是指技术标准以外的全部招标要素，如投标人须知、合同条款所要求的格式，特别是招标文件要求的投标保证金、资格文件、报价、交货期等。技术标准是指招标文件中技术部分所规定的技术要求、设备或材料的名称、型号、主要技术参数、数量和单位以及质量保证、技术服务等。

2．项目评标方法

目前，评标方法常用以下两种：综合评价法和最低价中标法。

1）综合评价法

综合评价法能够最大限度地满足招标文件规定的各项综合评价标准，具体有两种操作方式。

（1）专家评议法。主要根据工程报价、工期、主要材料、施工组织设计、工程质量保证和安全措施等进行综合评议，专家经过讨论、协商或投票，集中大多数人的意见，选择出各项条件较为优良者，推荐为中标单位。

（2）打分法。按商务和技术的各项内容采用记名或无记名填表打分，统计获取最高的评分单位即为中标单位。

综合评价法是目前综合布线系统工程,尤其是规模大、技术难度大、施工条件复杂的大型工程普遍采用的评标方法。

2) 最低价中标法

在严格预审各项条件均符合投标书要求的前提下,选择最低位报价单位作为中标者。

3. 项目评标标准

评标的具体标准多种多样,每个项目都有其特点,标准也不尽相同。表17.5提供了一种常见的评分表。

表 17.5 项目评标评分表

评 标 项 目	评 标 细 则	得 分
投标报价(50分)	报价(45分)	
	产品品牌、性能、质量(5分)	
设计方案(10分)	方案的先进性、合理性、扩展性(3分)	
	图纸的合理性(3分)	
	系统设计的合理性、科学性(2分)	
	设备选型合理性(2分)	
施工组织计划(10分)	施工技术措施(3分)	
	先进技术应用(2分)	
	现场管理(2分)	
	施工计划优化及可行性(3分)	
工程业绩和项目经理(10分)	近三年完成同类重大工程(3分)	
	近三年工程获奖情况(2分)	
	项目经理答辩情况(2分)	
	项目经理业绩(3分)	
质量工期保障措施(6分)	工期满足标书要求(3分)	
	质量工期保证措施(3分)	
履行合同能力(6分)	注册资本(2分)	
	ISO 9000 等认证(2分)	
	重合同守信誉及银行资信证明(2分)	
优惠条件(3分)	有实质性优惠条件(3分)	
售后服务承诺(5分)	本地有服务部门(3分)	
	客户评价良好(2分)	
总 分		

4. 定标

业主或上级主管部门根据评标报告的建议,定标和批准由招标单位向中标单位发出中标函,发布中标通知。中标单位接到通知后,到采购部门领取中标通知书,持中标通知书与项目建设单位签订合同,并提供履约保证。并通知未中标者,退回投标保函。

5. 签订合同

中标单位持中标通知书与项目建设单位应在 15 天内签订合同,并提供履约保证。合同签订应参考《中华人民共和国标准施工招标文件》中的通用条款,全文共 24 条 130 款,分为以下 8 组。

(1) 合同主要用于定义和一般性约定。

(2) 合同双方的责任、权利和义务。

(3) 合同双方的施工资源投入。

(4) 工程进度控制。

(5) 工程质量控制。

(6) 工程投资控制。

(7) 验收和保修。

(8) 工程风险、违约和索赔。

17.3 任务实施

17.3.1 拟定招标文件

在本书的配套课件中有一个完整的综合布线系统工程的招标文件,限于篇幅在这里不再介绍。

17.3.2 指定投标文件

在本书的配套课件中有一个完整的综合布线系统工程的投标文件,限于篇幅在这里不再介绍。

17.3.3 签订合同

在本书的配套课件中有一个完整的综合布线系统工程中标后的合同,限于篇幅在这里不再介绍。

习 题

一、选择题

1. 下列不是常用的招标方式的是(　　)。
   A. 公开招标　　　　B. 邀请招标　　　　C. 电视招标　　　　D. 单一来源采购

2. 招标文件不包括(　　)。
   A. 投标邀请书　　　　　　　　　　　B. 投标人须知
   C. 合同条款　　　　　　　　　　　　D. 施工计划

3. 下列描述正确的是(　　)。
   A. 投标人是响应招标、参加投标竞争的法人或其他组织
   B. 综合布线系统招标是指综合布线工程施工招标
   C. 公开招标属于有限竞争招标

D. 邀请招标属于无限竞争招标

4. 投标人应当按照招标文件的要求编制投标文件,并对招标文件提出的实质性要求和条件做出响应。投标文件的组成不包括(　　)。

A. 投标人资质证明文件　　　　　B. 开标专家成员名单

C. 开标一览表　　　　　　　　　D. 施工方案

5. (　　)是指招标人或招标代理机构以投标公告的方式邀请不特定的法人或者其他组织投标。

A. 公开招标　　B. 竞争性谈判　　C. 询价采购　　D. 单一来源采购

6. 在工程项目的招标文件中,有关采购的设备不能指定的选项是(　　)。

A. 技术参数　　B. 规格　　C. 数量　　D. 品牌

7. 招标文件是编制投标文件的主要依据,投标人必须对招标文件进行仔细研究,不属于研究内容的是(　　)。

A. 招标技术要求　　　　　　　　B. 招标商务要求

C. 核准项目工程量　　　　　　　D. 招标人公司规模

8. 按照国家招投标相关法律规定:公开招标项目在实施招标时,投标人少于(　　)个的,投标人应当重新招标。

A. 2　　B. 3　　C. 4　　D. 5

二、思考题

1. 什么是综合布线系统工程招标？一般涉及哪些人员？
2. 招标文件应当包含哪些内容？
3. 工程项目招标的方式主要有哪几种？
4. 简述工程项目招标的一般流程。
5. 投标人应当具备哪些资格？
6. 一份综合布线系统工程的招标文件由哪些内容组成？
7. 工程项目的评标目前通常有哪几种方法？

三、实训题

学院的综合实训楼即将完工,需要进行综合布线系统工程,按照国家规定,需要进行招标。请拟定以下3份文件。

(1) 招标文件。

(2) 投标文件。

(3) 拟定合同。

任务 18 综合布线系统工程项目管理

18.1 任务描述

综合布线系统工程在实施过程中,如何进行组织和管理?工程管理包含哪些内容?监理人员应该完成哪些工作?

18.2 相关知识

18.2.1 概述

1. 工程概况

本工程建筑面积 34 604m²。地上 20 层,1 层主要为大堂、商务中心、西餐厅、商店、消防控制室、安防控制室、大厦管理室等用房;2 层为各类餐厅;3 层为各种娱乐设施、电话及网络机房;4~20 层为客房。请对该工程进行布线设计。

工程范围:本工程范围是指从建筑物设备机房配线架到房间内信息点的所有光缆和电缆布放及成端端接、机架安装、配线架安装、光缆配线架安装、信息插座安装和测试。

本工程的综合布线系统支持通信系统(1 套 800 门的程控交换机、80 条中继线,100 门直通市话电话)、计算机网络系统(骨干万兆互连,千兆到桌面)。

2. 设计目标

此次综合布线的目的是建立智能宾馆,提供高速宽带业务,以满足所需的语音、数据信息综合传输的带宽要求。同时也能满足宾馆内部信息交流和信息管理需求。

3. 设计原则

本设计遵循以下设计原则。

(1) 实用性和经济性。始终贯彻面向应用,注重实效的方针,坚持实用、经济的原则。

(2) 先进性和成熟性。本设计既采用先进的概念、技术和方法,又注意结构、设备的相对成熟。

(3) 可靠性。在考虑技术先进性和成熟性的同时,还要从系统结构、技术措施、设备性能、系统管理、厂商技术支持及保修能力等方面着手,确保系统运行的可靠性。

(4) 可扩展性。为适应网络结构变化的要求,充分考虑以最简便的方法、最低的投资,实现系统的扩展和维护。

4. 设计依据

(1)《综合布线系统工程设计规范》(GB/T 50311—2016)。

(2)《综合布线系统工程验收规范》(GB/T 50312—2016)。

18.2.2 方案设计

1. 需求分析

本工程信息点经与甲方多次协商,经统计核算,数据信息点 785 个,语音信息点 803 个,AP 点 5 个(在 1 层大堂放置 1 个,2 层中餐厅放置 2 个,3 层多功能厅放置 2 个)。具体分配见表 18.1。

表 18.1 信息点一览表

层	信息点数量		备 注
	支持数据	支持语音	
1 层	69 个	75 个	
2 层	14 个	20 个	
3 层	43 个	49 个	需支持 3 层 2 个 AP,2 层 2 个 AP,1 层 1 个 AP
4~15 层	42 个/层	42 个/层	
16~20 层	31 个/层	31 个/层	
合 计	785 个	803 个	

在宾馆 3 层设置电话和网络机房 1 个作为设备间,考虑到各楼层信息点较多,每层楼设电信间 1 个(位于宾馆的大约中间位置)。

2. 总体方案设计

1) 设计思路

考虑建筑物的用途和对信息的需求,了解建设方的要求。合理布置信息点,规划设备间和电信间设置,选择最佳布线路由,采用合适的线材和端接材料。

2) 设计方案

根据与建设方的多次协商和建筑物的使用要求,确定该布线的总体方案为根据用户需求分析,本系统的局域网的骨干采用万兆以太网技术,千兆以太网连接到用户终端设备。

本系统采用星型网络拓扑结构,整座楼设 1 个设备间(即电话及网络机房,在宾馆 3 层),每层设电信间 1 个。数据部分,从设备间配线架到电信间配线架以光缆连接,从各电信间配线架到各信息点用 6 类 4 对双绞线电缆连接;语音部分,从设备间配线架到电信间配线架用 5 类 25 对大对数电缆连接,从各电信间配线架到各信息点用 6 类 4 对双绞线电缆连接。

本系统由建筑群子系统、干线子系统、配线子系统、工作区、设备间、电信间、进线间等构成。

3) 产品选型

针对本工程的需求来看,主干万兆、千兆到桌面,同时根据本综合布线系统的设计原则,数据主干选用多模光缆($50\mu m$),语音主干选用 5 类 25 对大对数电缆,数据和语音配线子系统选择 6 类 4 对双绞线电缆。

机柜的规格为 22U 和 42U。

RJ-45 型模块式配线架的规格为 24 口,IDC 配线架为 100 对,模块式配线架供电设备为 8 口,楼层电信间采用 6 口光纤连接盘,BD 采用 24 口 ST 的光纤配线架。

在电信间,FD 采用 6 类 RJ-45 型模块式配线架用于支持数据,FD 至建筑物主干电缆侧采用 IDC 配线架,至水平电缆侧采用 6 类 RJ-45 型膜宽配线架用于支持语音。在设备间,BD 采用 IDC 配线架支持语音,采用光纤配线架支持数据。

18.2.3 系统设计

综合布线系统由工作区、配线子系统、干线子系统、建筑群子系统、设备间、进线间等组成。由于本宾馆有 20 层,设有 20 个电信间,所以本布线系统采用二级管理方式。

1. 工作区设计

房间信息点分布见图 18.3~图 18.7,其中,在图 18.3~图 18.5 中,数据信息点和语音信息点统一用 TO 来表示,在图 18.6 和图 18.7 中,数据信息点用 TD 表示,语音信息点用 TP 表示,支持 AP 的信息点用 TO 表示。

房间工作区信息插座均为双口 86 盒暗装方式,面板带有永久性防尘门,每个插座配备 1~2 个 6 类信息模块,信息模块卡接缆线统一采用 T568B 方式。通过信息插座可以 100/1000Mbps 速率连接终端设备。

各房间信息点编号用 XYZ 表示,其中,X 代表房间编号;Y 代表信息点类型,用 D、P、O 表示,D 表示数据信息点,P 表示语音信息点,O 表示不确定;Z 代表信息点的顺序,每个房间单独编号,都从 1 开始,房间内顺序可按入门从左往右顺时针方向定义。参见表 18.3 和表 18.4。

2. 配线子系统设计

配线子系统选择非屏蔽 6 类 4 对双绞线电缆,从各电信间配线架到各信息点,单条路由距离在 90m 以内,可以满足 1000Mbps 的传输要求,布线路由为从电信间楼层配线架经由吊顶线槽墙体支管方式,详见图 18.1~图 18.5。

缆线计算方法详见 4.2.3 节。

配线子系统的水平电缆是指水平链路,在任务 13 中已经介绍,在这里由于电信间只有一个机柜,电信间—水平链路标识符格式为 fa-annn。以宾馆 2 层为例,水平链路标识见表 18.2。

表 18.2 宾馆 2 层水平链路标识

序号	水 平 链 路	标 识 说 明
1	201-O-01/02A-A01-A01	端接于:工作区—201 房间信息点 1;电信间—2 层 A 电信间—A 配线架 01 端口
2	201-O-02/02A-A01-A02	端接于:工作区—201 房间信息点 2;电信间—2 层 A 电信间—A 配线架 02 端口
3	201-O-03/02A-A01-A04	端接于:工作区—201 房间信息点 3;电信间—2 层 A 电信间—A 配线架 03 端口
4	201-O-04/02A-A01-A04	端接于:工作区—201 房间信息点 4;电信间—2 层 A 电信间—A 配线架 04 端口
⋮		
35	225-O-01/02A-A01-B09	端接于:工作区—225 房间信息点 1;电信间—2 层 A 电信间—A 列 01 机柜—B 配线架 09 端口
36	225-O-02/02A-A01-B10	端接于:工作区—225 房间信息点 2;电信间—2 层 A 电信间—A 列 01 机柜—B 配线架 10 端口

3. 干线子系统设计

考虑到以后扩容的方便,数据主干不使用双绞线电缆,从设备间到电信间全部敷设 6 芯多模室内光缆,并预留光纤通道,方便光纤敷设或实现光缆升级(芯数或光缆类型)。光缆布放从设备间经水平线槽至弱电间垂直桥架。光缆成端全部采用 ST 头。至各层(区)支持数据的建筑物主干光缆用量计算详见 4.2.4 节。

语音部分,采用 5 类 25 对大对数电缆,可满足语音要求。支持语音的干线子系统大对数电缆用量计算详见 4.2.4 节。

建筑物内主干缆线标识符的格式为 ft1/ft2C,其中,ft1 为端接主干缆线一端的电信间标识符;ft2 为端接主干缆线另一端的电信间标识符;C 为 1 位或 2 位数字,表示为第 n 根。在项目中,从设备间到各电信间的光缆标识符如表 18.3 所示。

表 18.3　建筑物内主干光缆链路标识符

序号	建筑物内主干光缆链路(数据)	标 识 说 明
1	03A-A01-A01-06/01A-A01-A01-06	端接于:设备间—3 层 A 设备间—A 列 01 机柜—A 配线架 01 端口到 06 端口;电信间—1 层 A 电信间—A 配线架 01 端口到 06 端口
2	03A-A01-A07-12/02A-A01-A01-06	端接于:设备间—3 层 A 设备间—A 列 01 机柜—A 配线架 07 端口到 12 端口;电信间—2 层 A 电信间—A 配线架 01 端口到 06 端口
⋮	⋮	⋮
20	03A-A01-A07-12/20A-A01-A01-06	端接于:设备间—3 层 A 设备间—A 列 01 机柜—A 配线架 07 端口到 12 端口;电信间—20 层 A 电信间—A 配线架 01 端口到 06 端口

4. 设备间设计

在 3 层设置电话及网络机房,作为设备间。在设备间,BD 采用 24 口 48 芯的光纤配线架支持数据,采用 100 对的 IDC 配线架支持语音。安装 42U 的 19in 标准机柜。

1) BD 的数据部分

从设备间到各楼层弱电间共有 20 根 6 芯多模光缆,以及 1 根从运营商过来的 6 芯单模光缆。

(1) 至建筑物主干光缆侧光纤配线架

① BD 至各层(区)FD 光缆的总芯数

$$\text{BD 至各层(区)FD 光缆的总芯数 } C_{fg1} = \sum_{n=1}^{N} C_{fn} = 21 \times 6 = 126$$

② 至建筑物主干光缆侧光纤配线架的单元数量

24 口光纤配线架的基本单元数量 $M_{fg1} = C_{fg1} \div 24 = 126 \div 24 = 5.25$(个),取整数值 6 个。

(2) 至核心交换机侧光纤配线架

C_{fg2} = 网络交换机光端口数(每端口为 2 芯光纤)所需的光纤数或建筑群主干光缆的总芯数,在这里假设光纤交换机的光端口数为 36 口。

24 口光纤配线架的基本单元数量 $M_{fg2} = C_{fg2} \div 24 = 72 \div 24 = 3$(个)

(3) BD 光纤配线架总容量

BD 光纤配线架总容量(基本单元数量)$M_f = M_{fg1} + M_{fg2} = 6 + 3 = 9$(个)

(4) 光纤跳线数量

$$光纤跳线数量 = C_{fg1} \div 2 = 126 \div 2 = 63（根）$$

(5) 机柜

跳线管理器 9 个。

这样 BD 光纤配线架总容量和跳线管理器的总高度为 18U。

2) BD 的语音部分

在设备间除了 21 根光缆支持数据网络外还有 41 根 25 对大对数电缆从设备间到各楼层弱电间来支持语音。

$$BD 的 IDC 配线架共支持电话语音插座 T_p = 803 个$$

(1) 至建筑物主干电缆侧配线架

IDC 配线架的 100 对基本单元数量 $M_{ip1} = G_p \times 25 \div 100 = 41 \times 25 \div 100 = 10.25$（个），取整数值 11 个。

(2) 至 PABX、MDF 侧配线架

IDC 配线架的 100 对基本单元数量 $M_{ip2} = T_p \div 100 = 803 \div 100 = 8.03$（个），取整数值 9 个。

(3) IDC 配线架总容量

$$IDC 配线架总容量（基本单元数量）M_{ib} = M_{ip1} + M_{ip2} = 11 + 9 = 20（个）$$

(4) IDC-IDC 专用跳线数量

$$IDC\text{-}IDC 专用跳线数量 T_p = 803 根$$

(5) 机柜

跳线管理器 20 个。

这样 IDC 配线架总容量和跳线管理器的总高度为 40U。

5．电信间设计

在每层设弱电间兼做电信间。安装 19in 标准机柜。机柜内安装一个 6 口光纤连接器成端光缆。根据每层楼的信息点数据量的不同，安装 24 口模块化 6 类配线架成端 6 类双绞线电缆，安装 100 对 IDC 配线架成端语音配线电缆和干线 25 对大对数电缆。

在弱电间，FD 采用 RJ-45 型 24 口模块化配线架支持数据，FD 至建筑物主干电缆侧采用 IDC 配线架，至水平电缆侧采用 RJ-45 型模块化配线架支持语音。

1) 1 层楼层配线设备（1FD）

(1) RJ-45 型配线架。

① 至水平电缆侧配线架。1FD 的 RJ-45 型配线架共支持语音点 $T_{p1} = 75$ 个；RJ-45 型配线架的基本单元数量 $M_{hip1} = T_{p1} \div 24 = 75 \div 24 = 3.125$（个），取整数值 4 个。1FD 的 RJ-45 型配线架共支持数据点 $T_{d1} = 69$ 个；RJ-45 型配线架的基本单元数量 $M_{hrp1} = T_{d1} \div 24 = 69 \div 24 = 2.875$（个），取整数值 3 个。

② 至 SW 侧配线架。1FD 的 RJ-45 型配线架共支持数据点 $T_{d1} = 69$ 个；RJ-45 型配线架的基本单元数量 $M_{brp1} = T_{d1} \div 24 = 69 \div 24 = 2.875$（个），取整数值 3 个。

③ RJ-45 型配线架总容量。RJ-45 型配线架总容量（基本单元数量）$M_{r1} =$ 至水平电缆侧配线架容量+至 SW 侧配线架容量 $= M_{hip1} + M_{hrp1} + M_{brp1} = 4 + 3 + 3 = 10$（个）。

(2) IDC 配线架。1FD 的 IDC 配线架共支持语音点 $T_{p1} = 75$ 个；至建筑物主干电缆 IDC 配线架的基本单元数量 $M_{\text{bip1}} = T_{\text{p1}} \times (1+10\%) \div 100 = 75 \times 1.1 \div 100 = 0.825$(个),取整数值 1 个。

(3) 25 对大对数电缆。25 对大对数电缆的根数 $G_{\text{p1}} = T_{\text{p1}} \times (1+10\%) \div 25 = 75 \times 1.1 \div 25 = 3.3$(根),取整数值 4 根。

(4) 交换机的规格和数量。交换机共支持数据点 69 个,采用 3 台 24 端口交换机。

(5) 光缆的规格及数量。交换机共 1 台,光缆采用 1 根 6 芯光缆。

(6) 光缆连接盘。采用 1 个 6 口光纤连接盘。

(7) 机柜。

① 10 个 RJ-45 型配线架的基本单元,高度共为 10U。

② 100 对 IDC 配线架为 1 组基本单元,高度共为 1U。

③ 3 台 24 端口交换机,高度共为 3U。

④ 1 个 6 口光纤连接盘,高度共为 1U。

⑤ 15 个跳线管理器,高度共为 15U。

1FD 处设备的总高度为 30 个 U。

(8) 跳线。IDC-RJ-45 专用跳线数量 $= T_{\text{p1}} \times 50\% = 75 \times 50\% = 38$(根)。RJ-45-RJ-45 专用跳线数量 $= T_{\text{d1}} \times 50\% = 69 \times 50\% = 35$(根)。光纤跳线数量=交换机群数=1 根(2 芯)。

2) 2 层楼层配线设备(2FD)

(1) 2FD 的 RJ-45 型配线架共支持语音点 $T_{\text{p2}} = 20$ 个。

(2) 2FD 的 RJ-45 型配线架共支持数据点 $T_{\text{d2}} = 14$ 个。

(3) RJ-45 型配线架总容量(基本单元数量)$M_{\text{r2}} = 3$ 个。

(4) 至建筑物主干电缆 IDC 配线架的基本单元数量 $M_{\text{bip2}} = 1$ 个。

(5) 25 对大对数电缆的根数 $G_{\text{p2}} = 1$ 根。

(6) 交换机采用 1 台 24 端口交换机。

(7) 光缆采用 1 根 6 芯光缆和 1 个 6 口光纤连接盘。

(8) 2FD 处设备的总高度为 12 个 U。

(9) IDC-RJ-45 专用跳线数量 12 根,光纤跳线 1 根(2 芯)。

3) 3 层楼层配线设备(3FD)

(1) 3FD 的 RJ-45 型配线架共支持语音点 $T_{\text{p3}} = 49$ 个。

(2) 3FD 的 RJ-45 型配线架共支持数据点 $T_{\text{d3}} = 43$ 个。

(3) RJ-45 型配线架总容量(基本单元数量)$M_{\text{r3}} = 6$ 个。

(4) 至建筑物主干电缆 IDC 配线架的基本单元数量 $M_{\text{bip3}} = 1$ 个。

(5) 6 口模块配线架式供电设备的基本单元数量=1 个。

(6) 25 对大对数电缆的根数 $G_{\text{p3}} = 3$ 根。

(7) 交换机采用 2 台 24 端口交换机。

(8) 光缆采用 1 根 6 芯光缆和 1 个 6 口光纤连接盘。

(9) 跳线管理器 14 个。

(10) 3FD 处设备的总高度为 28 个 U。

(11) IDC-RJ-45 专用跳线数量 148 根,RJ-45-RJ-45 专用跳线数量 149 根,光纤跳线数量 4 根(2 芯)。

4) 4~15 层楼层配线设备(4FD~15FD)(以 4FD 为例)

根据客户的要求,客房的电话及其卫生间的电话线需要在 FD 处并接。

(1) 4FD 的 RJ-45 型配线架共支持语音点 $T_{p4}=42$ 个。

(2) 4FD 的 RJ-45 型配线架共支持数据点 $T_{d4}=42$ 个。

(3) RJ-45 型配线架总容量(基本单元数量) $M_{r4}=3$ 个。

(4) 至建筑物主干电缆 IDC 配线架的基本单元数量 $M_{bip4}=1$ 个。

(5) 25 对大对数电缆的根数 $G_{p4}=2$ 根。

(6) 交换机采用 2 台 24 端口交换机。

(7) 光缆采用 1 根 6 芯光缆和 1 个 6 口光纤连接盘。

(8) 跳线管理器 7 个。

(9) 4FD 处设备的总高度为 14 个 U。

(10) IDC-RJ-45 专用跳线数量 21 根,RJ-45-RJ-45 专用跳线数量 21 根,光纤跳线数量 1 根(2 芯)。

5) 16~20 层楼层配线设备(16FD~20FD)(以 16FD 为例)

(1) 16FD 的 RJ-45 型配线架共支持语音点 $T_{p16}=31$ 个。

(2) 16FD 的 RJ-45 型配线架共支持数据点 $T_{d16}=31$ 个。

(3) RJ-45 型配线架总容量(基本单元数量) $M_{r16}=3$ 个。

(4) 至建筑物主干电缆 IDC 配线架的基本单元数量 $M_{bip16}=1$ 个。

(5) 25 对大对数电缆的根数 $G_{p16}=2$ 根。

(6) 交换机采用 2 台 24 端口交换机。

(7) 光缆采用 1 根 6 芯光缆和 1 个 6 口光纤连接盘。

(8) 跳线管理器 7 个。

(9) 16FD 处设备的总高度为 14 个 U。

(10) IDC-RJ-45 专用跳线数量 60 根,RJ-45-RJ-45 专用跳线数量 60 根,光纤跳线数量 2 根(2 芯)。

(11) 光跳线采用 ST-SC 型,长度 3m;数据跳线采用 RJ-45 直连 3m 型,语音跳线使用单芯双绞线,按实际长度截取。

6. 进线间设计

在 1 层设进线间,光缆和主干语音电缆从室外进入进线间间内,进入室内后缆线进行接地处理。

7. 建筑群子系统设计

由市话网引入 1 根 800 对市话电缆(含 270 条中继线,350 门直通市话电话),由新联通互联网引入 1 根 6 芯单模光缆。

18.2.4 综合布线系统施工方案

施工过程中必须严格按照操作规程进行,防止野蛮施工,以免造成施工质量问题,施工工艺要求如下。

1. 缆线敷设

按照行业标准规范进行。

本工程敷设光缆 20 条,每条光缆中间不设置接头。光缆开剥后,对光缆端口及束管端口应采取充胶密封措施。光缆做成端接头时,所有金属构件均连通并与机架上保护地线连接。

2. 机柜和配线架安装

在设备间和电信间,都需要安装机柜和配线架。机柜背面离墙距离应大于0.8m,以便于安装与施工。

配线架必须安装在设计位置,同时应安装跳线管理器。电缆和光缆均应按设计在配线架处留有一定余量。

3. 信息插座安装

安装在墙体上,宜高出地面300mm。信息插座底座的固定方式以施工现场条件而定,宜采用扩张螺钉、射钉等方式紧固。

18.2.5 综合布线系统的维护管理

布线系统竣工交付使用后,移交给甲方的技术资料如下。
(1) 信息点分布及编号。
(2) 配线架成端分布。
(3) 布线系统管理文档。
(4) 竣工技术文档(配线架电缆卡接位置图;配线架电缆卡接色序;信息点房间位置表;竣工图纸;线路测试报告)。

18.2.6 验收测试

1. 电缆通道测试

按 GB 50312—2007 规定的 6 类标准进行测试,测试内容详见任务14。测试可以采用 Fluke DTX 系列测试仪。

2. 光缆通道测试

按 GB 50312—2007 规定的光纤标准进行测试,测试内容详见任务15。测试可以采用 Fluke DTX 系列测试仪。

3. 测试合格

完成整个系统的测试工作,并填写测试表。若测试结果表明所有通道(包括电缆通道和光缆通道)满足 GB 50312—2007 标准中的要求,可以确认工程合格。

18.2.7 培训、售后服务及保证期

工程竣工后,免费为甲方培训技术人员维护本系统。

工程质保期为一年,对于系统运行出现的故障,一年内免费维修,以后则每次维护收取工本费。

附 件

1. 综合布线系统材料总清单

本工程需布放 6 类 4 对双绞线电缆、5 类 25 对大对数电缆、光缆、安装机柜、光缆配线架、电缆配线架和信息插座,成端 6 类、5 类电缆和多模光纤。具体如表 18.4 所示。

表 18.4 综合布线系统材料清单

序号	名 称	规 格	单位	数量	备注
1	室内光缆	多模			
2	5 类 25 对电缆	5 类			
3	6 类 4 对双绞线	6 类			
4	标准机柜	22U			
5	标准机柜	42U			
6	配线架	IDC			
7	配线架	6 类 24 口模块化			
8	配线架	24 口光纤			
9	光纤连接盘	6 口			
10	跳线	IDC-RJ-45			
11	跳线	RJ-45-RJ-45			
12	光纤跳线				
13	跳线管理器				
14	6 类信息模块				
15	面板				
16	光纤耦合器	ST			
17	浪涌保护器				

2．图纸

（1）布线系统图，如图 18.1 和图 18.2 所示。

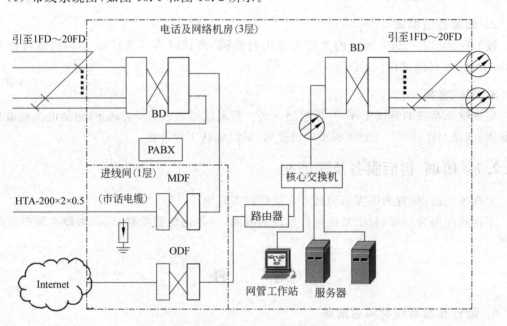

图 18.1 宾馆综合布线系统图(1)

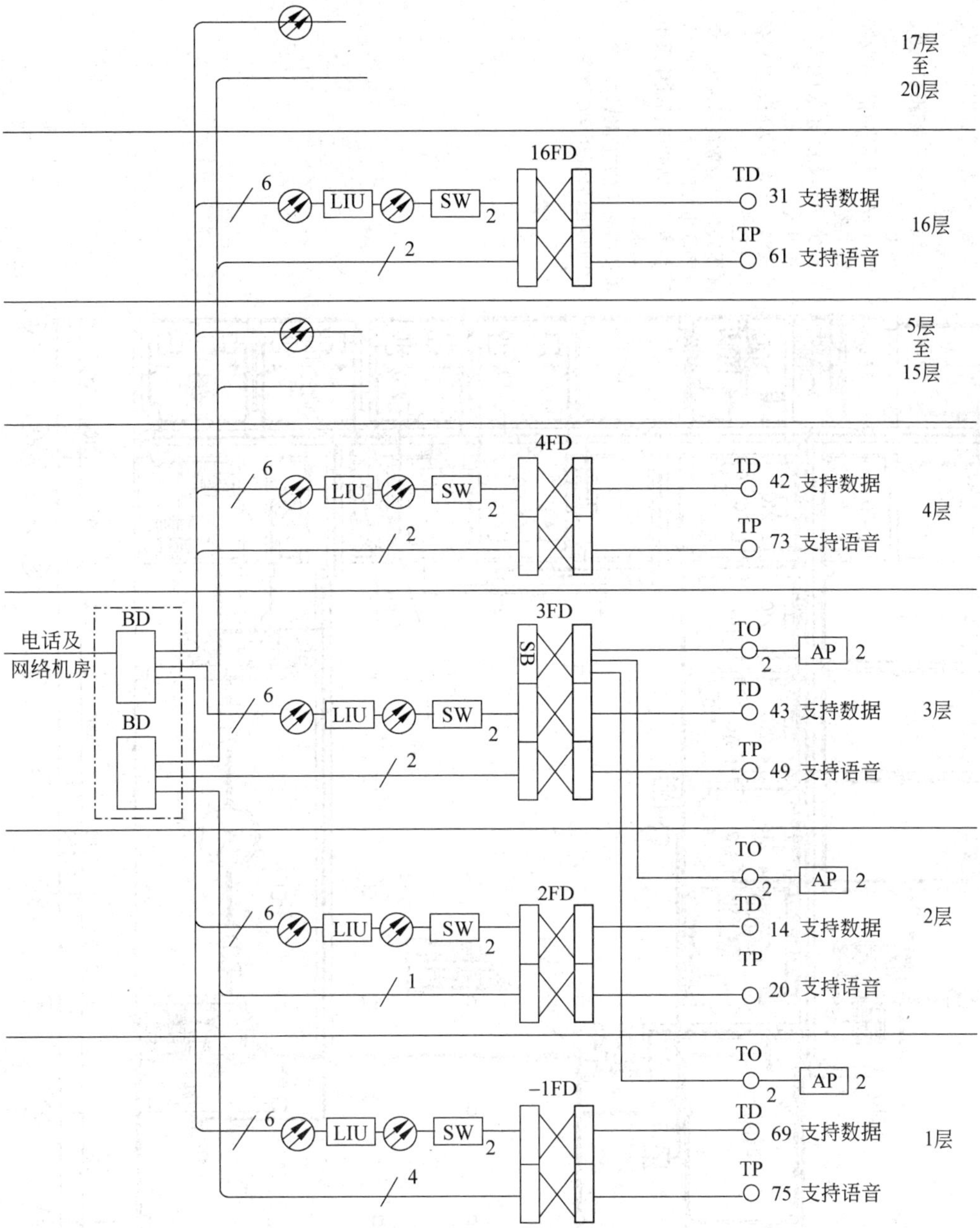

图 18.2 宾馆综合布线系统图(2)

注：(1) 由 BD 至各 SW 光缆上标注的数字为光缆的芯数，光缆采用多模光纤或单模光纤。
(2) 由 BD 至 1FD~20FD 电缆采用 25 对大对数电缆，电缆上标注的数字为电缆的根数。
(3) FD 采用 6 类 RJ-45 模块配线架用于支持数据，采用 3 类 IDC 配线架支持语音。

(2) 楼层信息点分布图和楼层布线路由图。

楼层信息点分布图和楼层布线路由图 18.3~图 18.8 所示。

(3) 工作区信息点编号。

以宾馆 2 层为例来为工作区的信息点编号。在图 18.4 的基础上，为有信息点的房间添加了房间号。工作区各房间信息点编号见表 18.5。

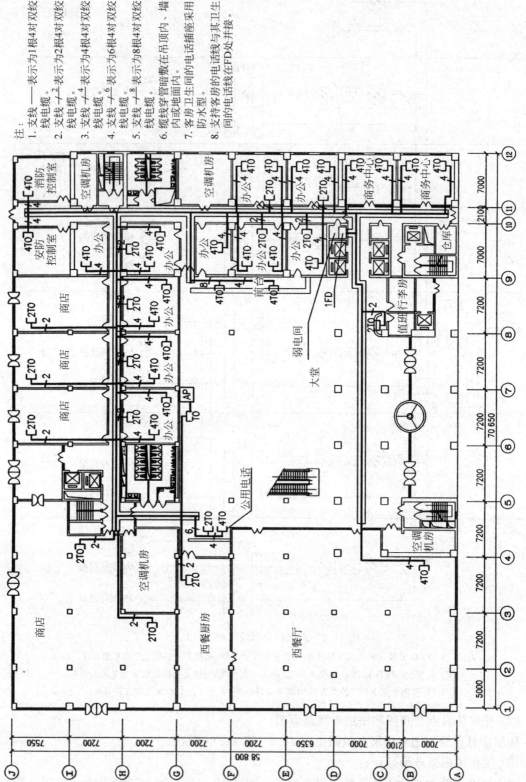

图 18.3 宾馆 1 层综合布线平面图

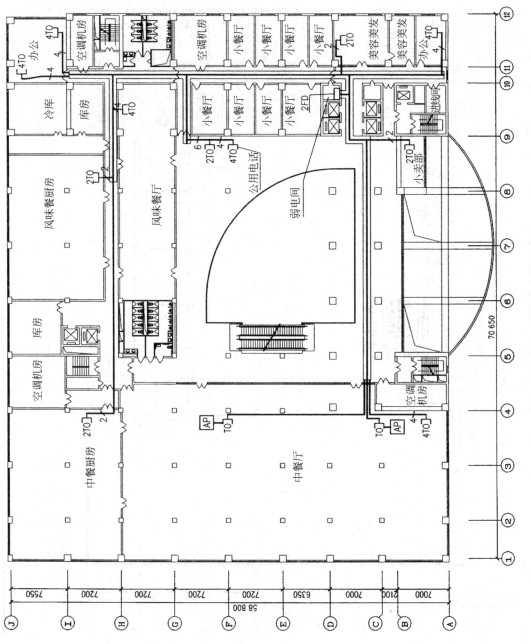

图 18.4 宾馆 2 层综合布线平面图

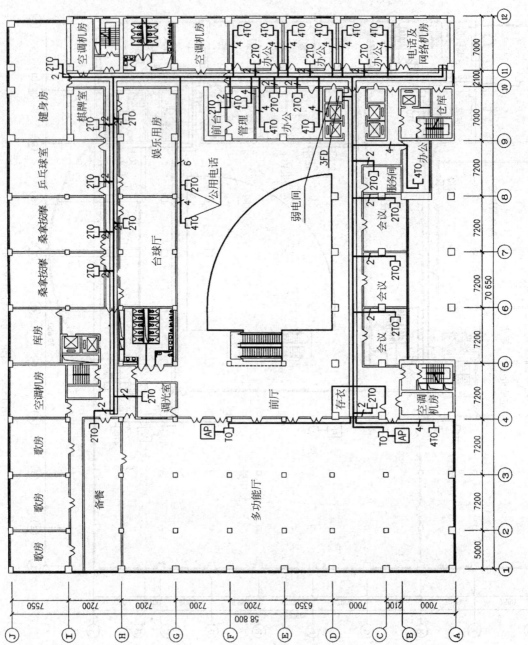

图 18.5 宾馆 3 层综合布线平面图

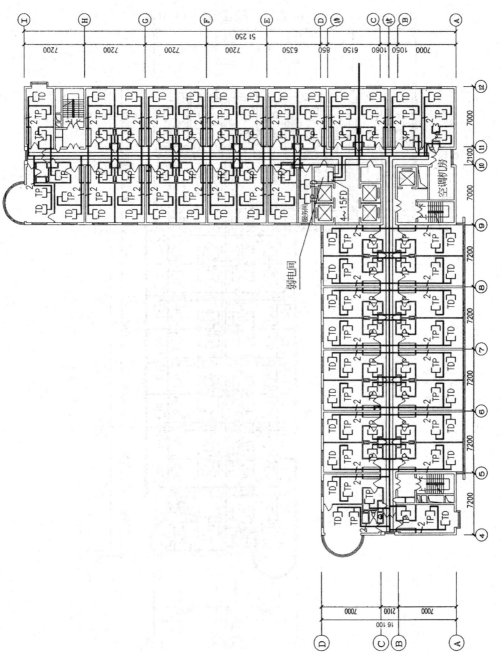

图 18.6 宾馆 4～15 层综合布线平面图

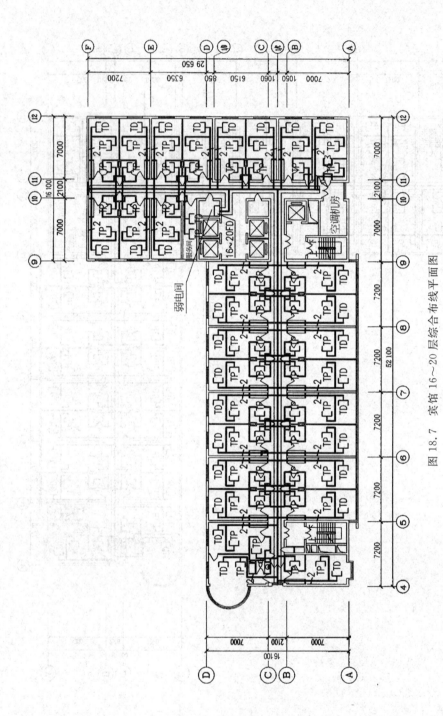

图 18.7 宾馆 16~20 层综合布线平面图

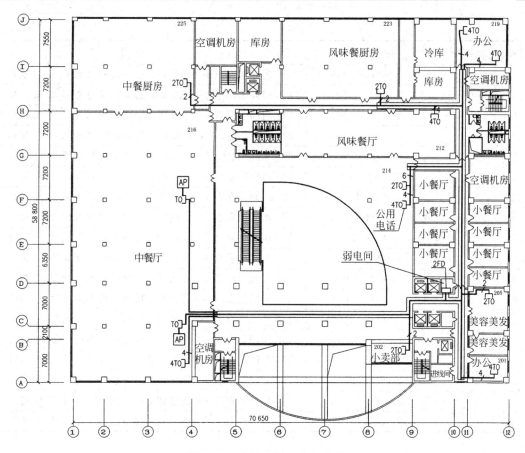

图 18.8 宾馆 3 层信息点编号

表 18.5 宾馆 3 层信息点编号

序号	房间号	标识设计	标识说明
1	201	201O01-02A01	201 房间信息点 1—连接到 2 层电信间 A 配线架 01 端口
2		201O02-02A02	201 房间信息点 2—连接到 2 层电信间 A 配线架 02 端口
3		201O03-02A03	201 房间信息点 3—连接到 2 层电信间 A 配线架 03 端口
4		201O04-02A04	201 房间信息点 4—连接到 2 层电信间 A 配线架 04 端口
5	202	202O01-02A05	202 房间信息点 1—连接到 2 层电信间 A 配线架 05 端口
6		202O02-02A06	202 房间信息点 2—连接到 2 层电信间 A 配线架 06 端口
7	205	205O01-02A07	205 房间信息点 1—连接到 2 层电信间 A 配线架 07 端口
8		205O02-02A08	205 房间信息点 2—连接到 2 层电信间 A 配线架 08 端口
9	212	212O01-02A09	212 房间信息点 1—连接到 2 层电信间 A 配线架 09 端口
10		212O02-02A10	212 房间信息点 2—连接到 2 层电信间 A 配线架 10 端口
11		212O03-02A11	212 房间信息点 3—连接到 2 层电信间 A 配线架 11 端口
12		212O04-02A12	212 房间信息点 4—连接到 2 层电信间 A 配线架 12 端口
13	214	214O01-02A13	214 房间信息点 1—连接到 2 层电信间 A 配线架 13 端口
14		214O02-02A14	214 房间信息点 2—连接到 2 层电信间 A 配线架 14 端口
15		214O03-02A15	214 房间信息点 3—连接到 2 层电信间 A 配线架 15 端口
16		214O04-02A16	214 房间信息点 4—连接到 2 层电信间 A 配线架 16 端口
17		214O05-02A17	214 房间信息点 5—连接到 2 层电信间 A 配线架 17 端口
18		214O06-02A18	214 房间信息点 6—连接到 2 层电信间 A 配线架 18 端口

续表

序号	房间号	标 识 设 计	标 识 说 明
19	216	216O01-02A19	216 房间信息点 1—连接到 2 层电信间 A 配线架 19 端口
20		216O02-02A20	216 房间信息点 2—连接到 2 层电信间 A 配线架 20 端口
21		216O03-02A21	216 房间信息点 3—连接到 2 层电信间 A 配线架 21 端口
22		216O04-02A22	216 房间信息点 4—连接到 2 层电信间 A 配线架 22 端口
23		216O05-03C02	216 房间信息点 5—连接到 2 层电信间 C 配线架 02 端口
24		216O06-03C03	216 房间信息点 6—连接到 2 层电信间 C 配线架 03 端口
25	219	219O01-02A23	219 房间信息点 1—连接到 2 层电信间 A 配线架 23 端口
26		219O02-02A24	219 房间信息点 2—连接到 2 层电信间 A 配线架 24 端口
27		219O03-02B01	219 房间信息点 3—连接到 2 层电信间 B 配线架 01 端口
28		219O04-02B02	219 房间信息点 4—连接到 2 层电信间 B 配线架 02 端口
29		219O05-02B03	219 房间信息点 5—连接到 2 层电信间 B 配线架 03 端口
30		219O06-02B04	219 房间信息点 6—连接到 2 层电信间 B 配线架 04 端口
31		219O07-02B05	219 房间信息点 7—连接到 2 层电信间 B 配线架 05 端口
32		219O08-02B06	219 房间信息点 8—连接到 2 层电信间 B 配线架 06 端口
33	223	223O01-02B07	223 房间信息点 1—连接到 2 层电信间 B 配线架 07 端口
34		223O02-02B08	223 房间信息点 2—连接到 2 层电信间 B 配线架 08 端口
35	225	225O01-02B09	225 房间信息点 1—连接到 2 层电信间 B 配线架 09 端口
36		225O02-02B10	225 房间信息点 2—连接到 2 层电信间 B 配线架 10 端口

以宾馆 16 层为例来为工作区的信息点编号。在图 18.6 的基础上,为有信息点的房间添加了房间号,限于篇幅在这里不再列出。工作区各房间信息点编号见表 18.6。

表 18.6 宾馆 16 层信息点编号

序号	房间号	标 识 设 计	标 识 说 明
1	1601	1601D01-16A01	1601 房间数据点 1—连接到 16 层电信间 A 配线架 01 端口
2		1601P01-16A02	1601 房间语音点 1—连接到 16 层电信间 A 配线架 02 端口
3		1601P01-16A03	1601 房间语音点 2—连接到 16 层电信间 A 配线架 03 端口
4	1602	1602D01-16A01	1602 房间数据点 1—连接到 16 层电信间 A 配线架 01 端口
5		1602P01-16A02	1602 房间语音点 1—连接到 16 层电信间 A 配线架 02 端口
6		1602P01-16A03	1602 房间语音点 1—连接到 16 层电信间 A 配线架 03 端口
⋮			
	1606	1606D01-16A01	1606 房间数据点 1—连接到 16 层电信间 A 配线架 01 端口
		1606P01-16A02	1606 房间语音点 1—连接到 16 层电信间 A 配线架 02 端口
⋮			
	1631	1631D01-16A01	1631 房间数据点 1—连接到 16 层电信间 A 配线架 01 端口
		1631P01-16A02	1631 房间语音点 1—连接到 16 层电信间 A 配线架 02 端口
		1631P01-16A03	1631 房间语音点 1—连接到 16 层电信间 A 配线架 03 端口

(4) 电信间平面图和机柜布置及缆线成端图。

电信间平面图示意图如图 18.9 所示。

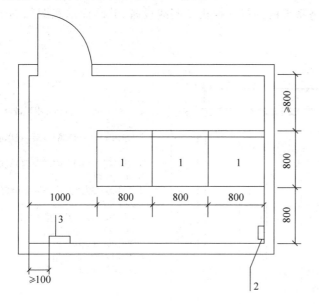

图 18.9 电信间平面示意图

以 2 层电信间为例，根据前面的设计，2 层及 4～15 层、16～20 层的机柜都选用 22U 的 19in 标准机柜。机柜布置及缆线成端图如图 18.10 所示。

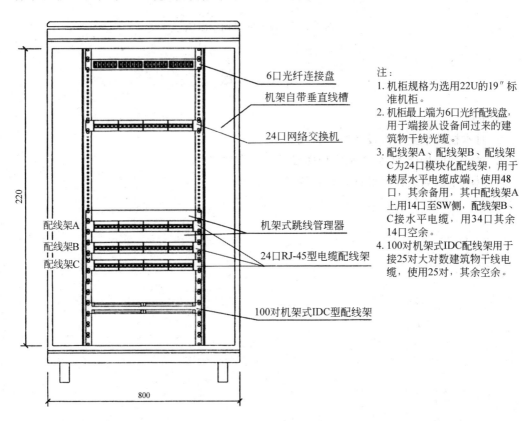

图 18.10 宾馆 2 层电信间机柜布置及缆线成端图

(5) 设备间平面图和机柜布置及缆线成端图。

在宾馆的 3 层设有电话及网络机房，可以作为设备间，在本系统中，设备间中安装有电话系统的程控用户交换机、计算机网络系统的网络交换机及配线设备，其平面示意图如图 18.11 所示。

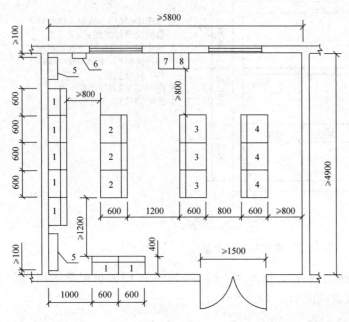

图 18.11　设备间平面示意图

习　题

实训题

1. 对本校的学生小区设计综合布线。
2. 对本校的校园、办公楼和实训楼设计综合布线。
3. 对某小区高层住宅设计综合布线。